“十二五”职业教育国家规划立项教材

U0884102

冷库安装、维修与运行管理

主编　邓锦军　蒋文胜
参编　楼江燕　黄善美　叶海峰
主审　陈圣鑫

机械工业出版社
CHINA MACHINE PRESS

本书是经全国职业教育教材审定委员会审定的“十二五”职业教育国家规划立项教材，是根据教育部于2014年公布的《职业院校制冷和空调设备运行与维修专业教学标准》，同时参考制冷工职业资格标准编写的。

全书分为12个教学单元，主要内容包括冷库的总体认识、冷库制冷系统的认识、冷库控制系统与能量调节的认识、冷库制冷设备的安装、冷库辅助设备的安装、装配式冷库的安装、冷库制冷系统的调试、冷库制冷系统的运行调节、冷库制冷装置的日常维护、冷库制冷装置的运行维护、冷库制冷装置的检修、冷库的安全及能耗管理。

本书可作为职业院校制冷和空调设备运行与维修专业教材，也可作为制冷工岗位培训教材。

为便于教学，本书配套有教学资源，选择本书作为教材的教师可来电（010-88379193）索取，或登录 www.cmpedu.com 网站，注册、免费下载。

图书在版编目（CIP）数据

冷库安装、维修与运行管理/邓锦军，蒋文胜主编. —北京：机械工业出版社，2017.6（2026.1重印）
“十二五”职业教育国家规划立项教材
ISBN 978-7-111-56998-5

Ⅰ.①冷… Ⅱ.①邓… ②蒋… Ⅲ.①冷藏库-安装-中等专业学校-教材②冷藏库-维修-中等专业学校-教材③冷藏库-运行-中等专业学校-教材 Ⅳ.①TB657.1

中国版本图书馆CIP数据核字（2017）第122042号

机械工业出版社（北京市百万庄大街22号 邮政编码100037）
策划编辑：汪光灿 责任编辑：汪光灿 安桂芳
责任校对：刘 岚 封面设计：张 静
责任印制：郜 敏
河北虎彩印刷有限公司印刷
2026年1月第1版第9次印刷
184mm×260mm · 18.5印张 · 449千字
标准书号：ISBN 978-7-111-56998-5
定价：49.80元

电话服务	网络服务
客服电话：010-88361066	机 工 官 网：www.cmpbook.com
010-88379833	机 工 官 博：weibo.com/cmp1952
010-68326294	金 书 网：www.golden-book.com
封底无防伪标均为盗版	机工教育服务网：www.cmpedu.com

前　言

本书是根据教育部《关于职业教育专业技能课教材选题立项的函》（教职成司［2012］95号），由全国机械职业教育教学指导委员会和机械工业出版社联合组织编写的“十二五”职业教育国家规划立项教材，是根据教育部于2014年公布的《职业院校制冷和空调设备运行与维修专业教学标准》，同时参考制冷工职业资格标准编写的。

本书主要介绍冷库的组成与结构、冷库制冷装置的安装、冷库制冷系统的调试与运行、冷库制冷装置的维修与运行管理等方面的内容，涵盖了冷库的基础知识、冷库制冷装置的安装技能、调试及维修与运行管理方法等教学内容。

本书重点强调培养专业技能、实际应用的能力，编写过程中力求体现以下特色。

1. 执行新标准　本书依据最新教学标准和课程大纲要求，对接职业标准和岗位需求，具有较强的针对性和实用性；同时结合现代冷库的发展趋势，引入本领域成熟的新技术、新工艺和新设备，具有先进性和科学性。

2. 体现新模式　本书采用理实一体化的编写模式，突出“做中教，做中学”的职业教育特色，把相关理论知识及方法的学习和工作实践这两个环节与过程有机结合在一起，突出培养的专业技能、职业能力。

3. 还原实际情境　本书以典型的学习性工作任务为课题任务，以具体的工作过程为课题内容，以实际的工作环境为课题背景，根据冷库安装、维修与运行管理的岗位需求，以核心职业能力为中心，以典型的学习性工作任务为课题，教材还原实际工作的情境，学习性工作过程完整、真实，安全与质量并重。

全书共12个教学单元。根据各校的不同情况，本书教学参考学时为140~150学时。为了方便读者学习，在每单元之后配有习题练习，并附有参考答案。

本书由广西机电技师学院邓锦军和柳州职业技术学院蒋文胜任主编，广西科技大学楼江燕、柳州城市职业学院黄善美和柳州市制冷设备公司、叶海峰参编。具体编写分工如下：广西机电技师学院邓锦军编写了绪论、单元八、单元九、单元十和单元十一及各单元练习参考答案；柳州职业技术学院蒋文胜编写了单元一、单元二、单元三、单元四、单元五、单元六、单元十二、附录A及各单元练习参考答案；广西科技大学楼江燕、柳州城市职业学院黄善美和柳州市制冷设备公司叶海峰共同编写了单元七及其单元练习参考答案。全书由邓锦军修改和统稿。

本书由广西工业技师学院陈圣鑫主审，他对书稿提出了许多宝贵意见。本书经全国职业教育教材审定委员会审定，评审专家对本书提出了宝贵的建议，在此对他们表示衷心的感谢！编写过程中，编者参阅了国内出版的有关教材和资料，在此一并表示衷心感谢！

由于编者水平有限，书中不妥之处在所难免，恳请读者批评指正。

编　者

目 录

绪论

随着社会的发展和人们生活水平的不断提高，人们对食品的质量要求也相应提高，促使食品冷藏业及冷库迅速发展。当前冷库朝着大型、专业化方向快速发展，特别是以节能和功能完善著称的大型冷库，得到了广泛的应用，不仅促使冷库安装调试、维修与运行管理方面的专业技术人才需求量增大，同时也对从业人员的专业技能和职业能力提出了更高的要求。

一、冷库的作用及特点

冷库是在特定的温度和相对湿度条件下，加工和储藏食品等物品的专用建筑。与一般的仓库不同，冷库需要通过人工制冷保持库内一定的温度和湿度，气调库还需要控制氧和二氧化碳气体的浓度，从而保证食品等物品储藏的质量。冷库的固定资产投资比例较大，结构复杂，专业技术性强，是加工和储藏鱼肉、蛋奶、果蔬、粮油类食品不可或缺的重要设施。一个国家冷藏业的发展状况，在一定程度上可以反映出人民生活水平的高低。

冷库系统能否正常运行，并保证食品等物品的冷藏质量，除了与工程设计、设备制造等因素有关外，还取决于冷库安装调试、维修与运行管理等方面的质量和水平。

二、冷库是食品冷藏链中重要的组成部分

食品冷藏链是在 20 世纪随着科学技术的进步、制冷技术的发展而建立起来的一项系统工程。它建立在食品冷冻工艺学的基础上，以制冷技术为手段，使易腐败食品从生产者到消费者之间的所有环节，即从原料供应、生产、冷加工、冷藏、运输和销售流通的整个过程中，始终保持合适的低温条件，以保证食品的质量，减少食品的损耗。这种连续的低温环节称为冷藏链。

冷藏链各个环节中的主要设备有原料前处理设备、冷库（含制冷系统、预冷和速冻设备）、冷藏运输设备、销售冷冻冷藏柜、家用电冰箱（冷柜）等。其中冷库是食品冷藏链中最重要的组成部分。食品冷藏链的基本组成如图 0-1 所示。

食品安全是关系生命健康和国计民生的重大问题，是当今世界食品生产与供给中最重要的问题。完善食品冷藏链是确保食品安全的有效途径，而冷库安全运行则是完善食品冷藏链的关键。

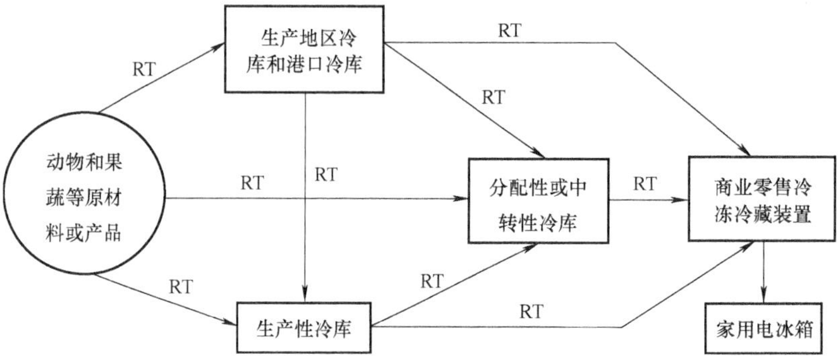

图 0-1 食品冷藏链的基本组成（RT：冷藏运输）

三、国内冷库的现状及发展趋势

国内冷库的单库规模，大型冷库的每座容量为 10000t 以上，小型冷库为 100t 左右。其中，大、中型冷库以多层建筑为主，小型冷库均为单层建筑。国内各类冷库不论规模大小或功能如何，以往大多按土建工程的模式建造，而发达国家于 20 世纪 70 年代初，就以预制装配式冷库部分取代了其他方式建造的冷库。

果品、蔬菜类保鲜一般采用温度为 0℃左右的高温库，水产、肉类保鲜一般采用温度在 -20℃以下的低温库。国内储藏冷库大多为高温库，大型冷库一般采用以氨为制冷剂的集中式制冷系统，冷却设备多为排管，系统复杂；小型冷库一般采用以氟利昂为制冷剂的分散式或集中式制冷系统，冷却设备多为冷风机，系统稍简单。

目前，国内冷库建设发展迅速，主要分布在各果蔬主产区以及沿海大中城市，果品恒温气调库和低温库所占比例有所增加。聚苯乙烯和聚氨酯隔热板生产已形成规模产业，隔热材料也逐渐由软木、稻壳、聚苯乙烯，向性能更好的聚氨酯发展。部分中小型冷库，特别是小型冷库都倾向于采用装配式，其优点是施工周期短，安装调试方便。随着冷库的规模和容量迅速增长，大力推广、应用制冷节能环保技术，已成为冷库发展的必然趋势。另外，建库的技术上也趋于现代化，如土建结构的预制装配化、堆垛运输的机械化及管理控制的自动化，将计算机与自动化技术广泛地应用于整个制冷系统的自动控制中，实现制冷系统运行的最优化控制。

国内冷库在近几年得到了较大的发展，但与国外发达国家相比，无论在设备上还是在技术水平上，还存在一定的差距。

四、冷库系统安装调试的主要内容

1. 冷库库体的安装

一般来说，土建式冷库库体结构的施工应由具有相应资质的专业建筑工程队来完成。因此，冷库库体的安装一般是指装配式冷库的平面布置及其库体的安装。冷库平面布置分室内型和室外型两种；库体的安装包括检查安装平面、底板安装、墙身板安装、顶棚安装、板缝密封和库门安装等内容。

2. 制冷系统的安装调试

冷库系统的冷源——制冷系统的安装调试质量好坏，对系统运行性能和操作维修是否方便，具有长期的影响。制冷系统的安装不仅难度较大，辅助设备也较多，而且涉及的技术、工种面很广（如钳、焊、水、电、木等工种），主要包括制冷压缩机（组）和辅助设备的安装调试、管道的连接与安装、自动控制系统的安装调试等。

3. 水系统的安装调试

冷库的水系统包括冷却水系统、载冷剂水系统和生产性水系统等。冷却水系统是指冷凝器冷却水的循环系统，由冷却水泵、冷却塔和水量调节阀等组成；载冷剂水系统是把蒸发器的冷量输送到冷间的盐水循环系统；生产性水系统提供冷加工、制冰等工艺用水。冷库水系统安装调试的内容包括冷却塔及各类水泵的安装调试、水管的连接与安装、冷却塔及水系统的压力试验等。

4. 冷风机系统的安装调试

冷风机广泛用于冷库中的冷却间、冷藏间及冻结间等场合，其结构包括空气冷却器和通风机两部分。另外，气调库的通风换气、氧和二氧化碳气体浓度的控制，需要通过换气风机的运转来实现。冷风机系统安装调试的内容包括冷风机、换气风机的安装调试，风管局部构件的制作与连接，风管系统的布置与安装调试等。

5. 冷库系统的试运转

冷库系统的设备及管道安装完毕后，需要进行试运转。只有试运转达到规定的要求后，方可交付验收和使用。

机器设备单机试运转包括制冷压缩机（组）的试运转、风机的试运转、水泵的试运转和冷却塔的试运转等。其中，在进行制冷压缩机（组）试运转之前，必须对制冷系统进行吹污和气密性试验。一般来说，气密性试验分为压力试漏、抽真空试漏和充注制冷剂检漏三个阶段。只有经气密性试验，并检验合格后，方可进行制冷压缩机（组）的试运转。

各单体机器设备试运转全部合格后，可对整个冷库系统（含制冷系统、水系统及冷风机系统）进行联合试运转，以检验冷库系统的设计、设备选型是否合理，安装的工程质量是否达到要求；检查各机器、电器设备的性能是否稳定，动作是否准确协调，各保护装置是否安全可靠；检查冷库冷间的温度、湿度及气流速度等参数，是否能满足生产工艺的要求等。

6. 制冷系统设备和管道的防腐与隔热

制冷系统的设备和管道经检验合格后，应按规定刷漆防腐。在制冷系统中，处于低压侧的设备和管道，其表面温度一般均低于周围空气环境温度。为了防止冷量散失，凡是输送和储存低温流体的设备和管道，都应敷设一定厚度的隔热保温层。

冷库系统一次性投资较大，包含的设备品种多，管线长，自动化程度高。为了保证工程质量，冷库的安装调试工作应由专业技术人员严格按照相应的规范和标准及设计要求来进行。

五、冷库系统维修与运行管理的主要内容

1. 制冷压缩机（组）的操作和制冷系统的运行调节

冷库系统投入运行后，能否确保系统安全、经济地运行，与制冷压缩机（组）的操作和制冷系统的运行调节水平有着密切的关系。作为运行操作人员，除了解机器设备的结构组成、工作原理等相关知识外，还应全面掌握制冷压缩机（组）操作和制冷系统运行调节的

方法。只有正确的运行操作，才能确保系统稳定、安全、有效地运行，延长机器设备的使用寿命；只有合理调整系统运行参数，才能提高系统的运行效率，节能降耗，降低运行费用，提高系统运行的经济性。

2. 制冷系统的维修保养

除了正确的运行操作外，冷库系统能否处于完好的运转状态，还取决于合理的维修保养，其内容包括日常维修和定期检修两个方面。日常维修指系统及设备运行过程中的正常操作和保养，如制冷系统的放空气、放油操作，压缩机的加油和蒸发器的除霜操作等；定期检修是指有计划、有步骤地对设备进行预防性检查和修理，如制冷压缩机的定期拆卸检测、维修和装配等。

3. 制冷系统故障的排除

制冷系统由许多机器设备和附件组成，彼此相互联系、相互影响，加上影响运行工况的因素复杂多变，在系统运行过程中，有时会出现故障，这就要求操作人员能够运用有关知识，对故障现象进行分析、判断，找到产生故障的原因，并及时排除故障。例如，制冷压缩机湿行程的调整操作、冷库降温困难的原因分析及排除等。

4. 安全生产及能耗管理

制冷系统在超过正常压力下运行时，压力容器存在爆炸的危险性；系统中的制冷剂（如氨）有毒、易燃易爆，一旦大量泄漏，将危及人身安全。因此，为了确保制冷系统安全、可靠地运行，安全生产管理必须贯穿于冷库安装调试、维修与运行管理的全过程。

在冷库日常维修与运行管理的过程中，还应该做好冷库日常运行记录，计算并分析单位冷量耗电量、单位产品耗冷量、单位产品耗电量等指标，及时采取节能降耗措施；同时注意把新技术、新设备作为提高冷库运行效率、降低运行费用的有效手段，以最大限度地发挥冷库设备的能效。

总之，“冷库安装、维修与运行管理”是一门实践性很强的课程，通过本课程的学习，要求学生掌握冷库相关的专业知识和技术，具有一定的冷库安装调试、维修与运行管理的专业技能和职业能力，以适应制冷与空调业快速发展的需要。

单元一

冷库的总体认识

内容框架

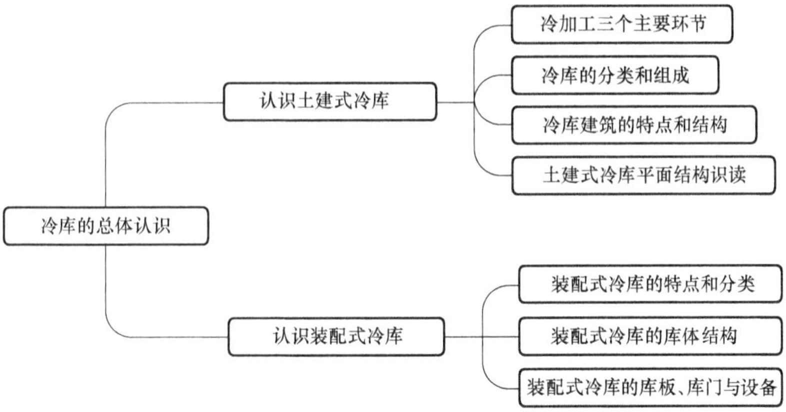

学习引导

目的与要求

1. 知道食品冷加工三个主要环节，能说出几种常见食品冷藏的基本要求。
2. 知道几种常见冷库的性质和用途，能识别不同用途的库房。
3. 知道冷库建筑的特点，能说明土建式冷库的建筑结构及其功能。
4. 知道装配式冷库的特点和分类，能说明装配式冷库的基本结构及其功能。
5. 能识读某个冷库库房平面布置图，并说明冷库各组成部分的用途。

重点与难点

难点：识别不同冷库的建筑结构、功能与用途；识读冷库库房平面布置图，并说明冷库各组成部分的用途。

重点：识别高温库与低温库；识别冷却间、冻结间与冷藏间；识读冷库库房平面布置图，并说明冷库各组成部分的用途。

课题一 土建式冷库的认识

相关知识

冷库是用人工制冷的方法让固定的空间达到规定的低温，便于储藏物品的建筑物。冷库主要用作对食品、乳制品、水产、肉类、禽类、果蔬、冷饮、花卉、绿植、茶叶、药品、化工原料、电子仪器仪表等物品的恒温储藏，广泛应用于食品厂、乳品厂、制药厂、化工厂、果蔬仓库、禽蛋仓库、宾馆、酒店、超市、医院、血站、部队、实验室等。

一、食品冷加工

食品冷加工通常是指冷却、冻结、冷藏，是冷库生产流程的几个重要环节，不同类型的食品，其冷加工工艺不同。

1. 食品的冷却

冷却是将食品的温度降低到不低于食品汁液冻结点的温度的过程。经过冷却的肉、鱼、禽等食品，只能做短期储存，在冷库中大量进行冷却加工的食品是鲜蛋和果蔬。一般冷却食品的温度为-4～4℃。

2. 食品的冻结

冻结是使食品汁液的大部分冻结成冰晶，使微生物失去活动生长的条件甚至死亡，因而使食品长期不易腐败变质，是长期保存易腐食品最常用的方法。一般冻结食品的温度为-23～-18℃。

3. 食品的冷藏

冷藏是在特定的库房温度和相对湿度条件下，将食品做不同期限的储存，分为高温冷藏-2～16℃和低温冷藏-20～-15℃。食品冷藏的基本要求是最大限度地保持食品的品质，减少食品在冷藏期中的干耗。部分常见食品冷藏要求见表1-1。

表 1-1 部分常见食品冷藏要求

食品名称	冷藏温度/℃	相对湿度(%)	储藏期	冰冻点/℃	储藏容积/(m^3/t)
苹果	-1～0.5	85～90	2～6个月	-2	7.5
香蕉	13.3～14.4	85～95	14天	-1.7	15.6
梨子	-0.5～1.5	85～95	1～6个月	-2	7.5
葡萄	-0.6～0	85～90	2周	-4	9.4
洋葱	-1.5	80	3个月	-1	9.4
卷心菜	0～1	85～90	1～3个月	-0.5	15.6
河鲈、虾	-0.6～1.1	95～100	12天	—	—
冷冻鱼	-28.9～-20	90～95	6～12个月	—	—
新鲜猪肉	0～1.1	85～90	3～7天	-2.2	—
冻猪肉	-23.3～-17.8	90～95	4～8个月	—	8.2
新鲜家禽	-2.2～0	95～100	1～3周	—	—

（续）

食品名称	冷藏温度/℃	相对湿度（%）	储藏期	冰冻点/℃	储藏容积/（m^3/t）
冻家禽	-23.3～-17.8	90～95	12个月	—	6.2
新鲜羊肉	-2.2～1.1	85～90	3～4周	—	—
冻羊肉	-23.3～-17.8	90～95	8～12个月	—	6.2
新鲜牛肉	-2.2～1.1	88～95	1周	—	—
冻牛肉	-23.3～-17.8	90～95	6～12个月	—	—
鲜蛋	-1.7～0	80～90	5～6个月	-2.2	—
冻蛋	-17.8	—	12个月	—	—
散装腊肠	0～1.1	85	1～7天	—	—
烟熏腊肠	0	85	1～3周	—	—
乳油	0～2	75～85	2～4周	—	7.5
糖	7～10	<60	12～36个月	0.2	—
米	1.5	65	6个月	-1.7	—
啤酒	0～5	—	6个月	-2	10.6

注：表中所指的储藏期是指保持该食物新鲜与高品质而言的储藏时间，而不是基于营养成分变化而言的。冷藏温度是指长期储藏的最佳温度，是指食物的温度，而不是空气的温度。相对湿度是指库房内空气的相对湿度。

二、冷库的分类

冷库的分类标准有很多，常见以结构形式、使用性质、规模大小、选用工质、库温要求和使用储藏特点等方式进行分类。

1. 按结构形式分类

按结构形式，冷库可分为土建式冷库、装配式冷库和天然洞体冷库。

土建式冷库的主体结构（库房的支撑柱、梁、楼板、屋顶）和地下荷重结构都用钢筋混凝土，其围护结构的墙体都采用砖砌而成，传统式冷库中的隔热材料以稻壳、软木等土木结构为主。

装配式冷库的主体结构（柱、梁、屋顶）都采用轻钢结构，其围护结构的墙体使用预制的复合隔热板组装而成。隔热材料常采用硬质聚氨酯泡沫板或硬质聚苯乙烯泡沫板等。此类冷库还可称为组合式冷库、组合冷库、拼装式冷库、装配式活动冷库。

天然洞体冷库主要存在于西北地区，以天然洞体为库房，以岩石、黄土等作为天然隔热材料，因此具有因地制宜、就地取材、施工简单、造价低廉、坚固耐用等优点。

2. 按使用性质分类

按使用性质，冷库可分为生产性冷库、分配性冷库和零售性冷库。

生产性冷库主要建在食品产地附近、货源较集中的地区和渔业基地，通常是作为鱼类加工厂、肉类联合加工厂、禽蛋加工厂、乳品加工厂、蔬菜加工厂等企业的一个重要组成部分。这类冷库配有相应的屠宰车间、理鱼间、整理间，具备较大的冷却、冻结能力和一定的冷藏容量，食品在此进行冷加工后经过短期储存即运往销售地区，直接出口或运至分配性冷库做较长时期的储藏。

分配性冷库主要建在大中城市、人口较多的工矿区和水陆交通枢纽一带，专门储藏经过冷加工的食品，以供调节淡旺季节、保证市场供应、提供外贸出口和做长期储备之用。它的特点是冷藏容量大并考虑多品种食品的储藏，其冻结能力较小，仅用于长距离调入冻结食品在运输过程中软化部分的再冻结及当地小批量生鲜食品的冻结。

零售性冷库一般建在工矿企业或城市的大型副食品店、农贸市场内，供临时储存零售食品之用。其特点是库容量小、储存期短，其库温则随使用要求不同而异。在库体结构上，大多采用装配式冷库。

3. 按规模大小分类

按规模大小，冷库可分为大型冷库、中型冷库和小型冷库。不同规模冷库的冷藏能力见表 1-2。

表 1-2　不同规模冷库的冷藏能力

冷库规模	冷藏容量/t	冻结能力/(t/天)	
		生产性冷库	分配性冷库
大型冷库	10000 以上	120～160	40～80
中型冷库	1000～10000	40～120	20～40
小型冷库	1000 以下	40 以下	20 以下

4. 按制冷设备选用工质分类

按制冷设备选用工质不同，冷库可分为氨冷库和氟利昂冷库。

氨冷库制冷系统使用氨作为制冷剂，氟利昂冷库制冷系统使用氟利昂作为制冷剂。

5. 按库温要求分类

按库温要求，冷库可分为冷却库、冻结库和冷藏库。

冷却库的库温一般控制在不低于食品汁液的冻结温度，用于果蔬之类食品的储藏。冷却库的保持温度通常在 0～4℃范围内，并以冷风机进行吹风冷却。

冻结库的库温一般在-23～-18℃或-30～-23℃范围内，通过冷风机或专用冻结装置来实现对肉类食品的冻结。超低温冷库的库温≤-30℃，主要用来速冻食品及工业试验、医疗等特殊用途。

冷藏库分为冷却物冷藏库和冻结物冷藏库，它把不同温度的冷却食品或冻结食品分别在不同温度的冷藏间内做短期或长期的储存。通常冷却物冷藏库的库温保持为-2～16℃（视不同食品而定，参见表 1-1），主要用于储存果蔬、鲜蛋等食品，又称高温库；冻结物冷藏库的库温保持为-20～-15℃或-25～-18℃，用于储存冻结肉、鱼等食品，又称低温库。

6. 按使用储藏特点分类

按使用储藏特点，冷库可分为超市冷库、恒温冷库和气调冷库。

超市冷库是用来储藏零售食品的小型冷库。恒温冷库是对储藏物品的温度、湿度有精确要求的冷库，包括恒温恒湿冷库。气调冷库是目前国内外较为先进的果蔬保鲜冷库，它既能调节库内的温度、湿度，又能控制库内的氧气、二氧化碳等气体的含量，使库内果蔬处于休眠状态，出库后仍保持原有品质。

7. 按储藏物品分类

按储藏物品不同，冷库可分为药品冷库、食品冷库、水果冷库、蔬菜冷库、茶叶冷库等。

三、冷库的组成

大中型冷库是一个建筑群，主要由建筑主体（主库）、制冷压缩机房及设备间、其他生产设施和附属建筑组成。土建式冷库的外形如图 1-1 和图 1-2 所示。

图 1-1 某冷藏物流冷库

图 1-2 某肉鸡加工冷库

1. 主库

主库主要由冷却间、冻结间、冷藏间、气调间、制冰间等库房组成。

冷却间是用来对食品进行冷却加工的库房，其室温为 0~4℃，对相对湿度无严格要求。达到冷却温度要求的食品称为冷却物，可转入冷却物冷藏间，如水果、蔬菜、鲜蛋在冷藏前的保鲜，牲畜屠宰后胴体的冷却保鲜（中心温度为-2~1℃）等。鸡肉冷加工冷却间如图 1-3 所示。

冻结间是借助冷风机或专用冻结装置用以冻结食品的冷间，其室温为-23~-18℃或-30~-23℃，对相对湿度无严格要求。对于需长期储藏的食品，需要将其由常温或冷却状态迅速降至-18~-15℃的冻结状态，达到冻结终温的食品称为冻结物。肉类速冻间如图 1-4 所示。

冷却物冷藏间又称高温冷藏间，室温为-2~16℃，相对湿度 80%~95%（视不同食品而定），它主要用于储藏经过冷却的鲜蛋、果蔬等。高温库如图 1-5所示。

冻结物冷藏间又称低温冷藏间，室温为-20~-15℃或-25~-18℃，相对湿度 85%~95%（视不同食品而定），用于较长期地储藏冻结食品，如冷冻肉、鸡翅、鱼等。低温库如图 1-6 所示。

气调间采用降温、控制气体成分进行果蔬储藏，简称“CA”储藏，其作用是抑制果蔬的呼吸作用，延缓其腐败变质速度，延长果蔬的储藏期。一般情况下，气调间相关气体成分

图 1-3　鸡肉冷加工冷却间（螺旋预冷间）

图 1-4　肉类速冻间

图 1-5　高温库

图 1-6　低温库

控制如下：氧气为 2%～5%（质量分数）；二氧化碳为 0%～4%（质量分数）。正在建设中的大型蔬菜储存冷库如图 1-7 所示。

制冰间通常采用盐水制冰，生产工业冰块，库温为-6～-4℃。制冰设备如图 1-8 所示。

图 1-7　正在建设中的大型蔬菜储存冷库

图 1-8　制冰设备

2. 制冷压缩机房及设备间

制冷压缩机房是冷库主要的动力车间，安装有制冷压缩机、中间冷却器、调节站、仪表屏及配用设备等。目前大多将制冷压缩机房设置在主库附近，且单独建造，一般采用单层建筑。对于单层冷库，也有在每个库房外分设制冷机组，采用分散供冷的方法，而不设置集中供冷的制冷压缩机房。冷库机房如图 1-9 所示。

设备间安装有壳管卧式冷凝器、储氨器、气液分离器、循环储液器、氨泵等制冷设备，其位置紧靠制冷压缩机房。在小型冷库中，因机器设备不多，制冷压缩机房与设备间可合为一间，水泵房也包括在设备间内。冷库设备间如图 1-10 所示。

图 1-9　冷库机房

图 1-10　冷库设备间

3. 生产加工车间

生产加工车间包括屠宰车间（宰猪、牛、羊、鸡、鸭等）、整理车间（整理水产、果蔬等）、加工车间（加工食用油、腌腊肉、熟食、副产品、肠衣、药品等）。鸡肉冷加工车间如图 1-11 所示。

4. 其他设施

其他设施有修理间、化验室、冷却水塔、水泵房、一般仓库、铁路专用线等。低温库穿堂如图 1-12 所示。

图 1-11　鸡肉冷加工车间

图 1-12　低温库穿堂

四、冷库建筑的特点

冷库建筑不同于一般的工业与民用建筑，由于其特殊的低温储藏用途，冷库建筑不但要保证库内的低温环境，还必须解决围护结构的隔热、防潮问题，对于某些特殊冷库，如气调库更要解决气密性问题。另外，冷库所处的环境温度、湿度都是变化的，而库内环境却要求恒定，所以进行冷库建筑设计与建造时也需要解决冷库库体始终存在冷热交替变化的问题。

1. 冷库既是仓库又是工厂

冷库是仓库，因此要求货物运输方便、快捷；冷库又是工厂，且以低温生产为主，所以冷库的建筑结构体必须能满足低温生产工艺的要求。

2. 隔热和防冷桥

冷库隔热对维持库内温度的稳定，降低冷库热负荷，节约能耗及保证食品冷藏储存质量有着重要作用，所以冷库墙体、底板、屋盖及楼板均应做隔热处理。此外，冷库还应有一定的强度，其楼板和地坪应有较大的承载能力。隔热层内应避免产生“冷桥”，且要具有持久的隔热效能。冷库隔热层内壁设有保护层，以防装卸作业时损坏隔热材料。

由于冷库的隔热结构中局部构造不同或者损坏，引起该部位隔热性能降低，成为冷量大量传递的通道，称为“冷桥”。发生冷桥的部位，会在高温侧有凝结水产生（如果低温侧温度过低，甚至会结霜结冰），这样会降低隔热材料的隔热性能。一方面导致库房的耗冷量增加，浪费电能；另一方面凝结水或冰霜的长期作用将导致建筑物结构受损，缩短建筑的使用寿命。冷库的隔热结构中常见的冷桥有以下几种。

（1）地坪冷桥　冷库地坪以下的排水层隔热处理不好，很容易形成地坪冷桥，严重时会产生地基和地坪冻胀鼓裂现象，造成冷库的破坏。

（2）管道冷桥　冷库隔热墙体、楼板等处，若管道孔洞预留尺寸比所需绝热厚度小，也会造成冷桥，使附近的墙体、楼板凝露、滴水，从而造成隔热层损坏。

（3）库门冷桥　因库门框与库门之间存在缝隙，导致冷量泄漏，在门框与库门之间缝隙的外侧产生结露或结霜现象。

（4）吊装螺杆冷桥　吊顶式冷风机的吊装螺杆要穿过顶板，若保温处理不好，则穿出顶板的螺杆会出现冷桥。

3. 防潮隔气

由于冷库内外空气温差较大，必然形成与温度差相应的水蒸气分压力差，进而使水蒸气从分压力较高的高温侧通过围护结构向分压力较低的冷库内渗透。当水蒸气进入围护结构内部，到达低于空气露点温度的某温区时，水蒸气即凝结为水或冰，造成隔热结构的破坏，使隔热性能下降。因此，在冷库结构两侧，当设计使用温差等于或大于5℃时，应采取防潮隔气措施，或者在温度较高的一侧设置防潮隔气层。

4. 门、窗、洞

为了减少库内外温度和湿度变化的影响，冷库库房一般不开窗。孔洞尽量少开，生产工艺、水、电等设备管道尽量集中使用孔洞。库门是库房货物进出的必要通道，但也是库内外空气热湿交换量最显著的地方。由于热湿交换，门的周围会产生凝结水及冰霜，经过多次冻融交替作用，将使门附近的建筑结构材料受破坏。所以在满足正常使用的情况下，门的数量也应尽量少。同时，在门的周围应采取措施，如加设空气幕、电热丝等。

5. 减少热辐射

为减少太阳辐射热的影响，冷库表面的颜色要浅，表面应光滑平整，尽量避免大面积日晒。屋顶可采取相应措施，如架设通风层来减少太阳辐射热直接通过屋面传入库内而影响库温。

6. 地坪防冻胀

土建式冷库建筑在地面上，由于地基深处与地表的温度梯度而形成热流，将造成地下水蒸气向冷库基础渗透。当冷库地坪温度降到0℃以下时，则会导致地坪冻胀，毁坏冷库地坪。冷库地坪要采取防冻胀处理措施，其方法有地坪架空、地坪隔热层下部埋设通风管道或对地坪预热等。

典型实例

【实例1】　认识100t食品分配性冷库

该冷库由冻结间、高温库、冻结物冷藏间、机房、公路站台等组成，其平面布置图如图1-13所示，平面布置图的识读过程见表1-3。

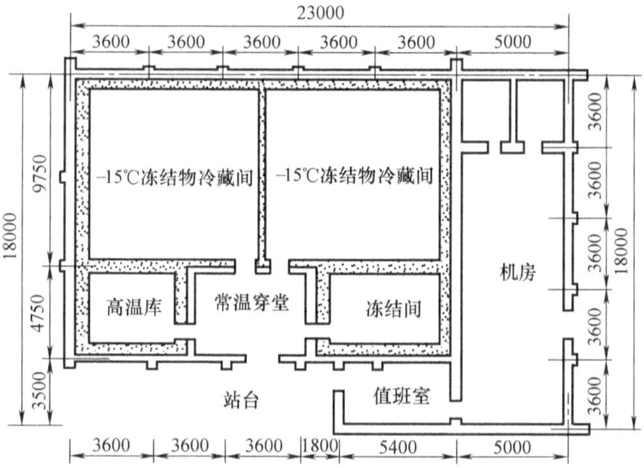

图 1-13 100t 食品分配性冷库的平面布置图

表 1-3 100t 食品分配性冷库平面布置图的识读过程

序号	识读任务	冷库组成部分	各组成部分用途
1	识读库房	冻结物冷藏间	低温库的容量共 100t，分成两间，每间冷藏容量为 50t，均采用顶排管冷却方式，室温为-15℃，相对湿度 95%～98%，用于较长期地储藏冻结食品
2		高温库	高温库容量为 8t，采用墙排管冷却方式，室温为 0～5℃，相对湿度 85%～95%，专门用以储藏鲜蛋、水果等
3		冻结间	冻结间总冻结量为 3.20t，冻结时间 30h。冻结间设有两种冻结方式，对于白条肉可吊挂在钢管制成的架子上（每米挂 5 片）冻结，一次可冻 2t；而对于禽类产品等一些小型食品，又可装盘（每盘 20kg）后放在搁架排管上冻结，一次冻结量为 1.20t
4		常温穿堂	食品进出的通道，并起到沟通各冷间、便于装卸周转的作用
5	识读制冷压缩机房	机房	冷库主要的动力车间，安装有制冷压缩机、中间冷却器、调节站、仪表屏及配用设备等
6	识读站台	站台	装卸冷藏物品的场所
7	识读值班室	值班室	冷库值班人员的办公室

【实例 2】 认识 100t 外贸生产性冷库

该冷库是以冷加工某种食品为主的生产性冷库，由冻结间、冻结物冷藏间、副食品冷藏间、包装间、机房、公路站台及屠宰加工车间等组成，其平面布置图如图 1-14 所示，平面

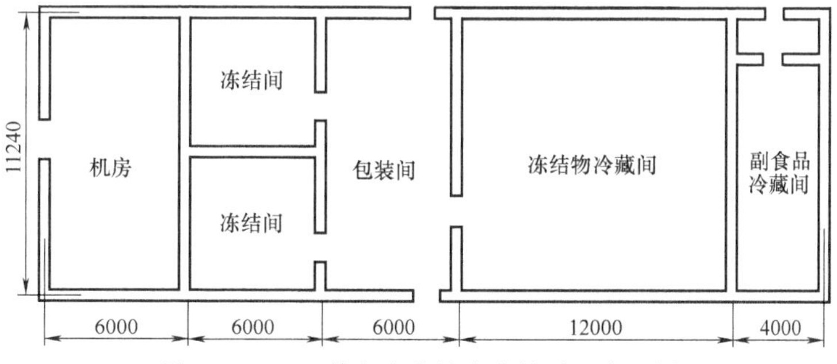

图 1-14 100t 外贸生产性冷库的平面布置图

布置图的识读过程见表 1-4。

表 1-4　100t 外贸生产性冷库平面布置图的识读过程

序号	识读任务	冷库组成部分	各组成部分用途
1	识读库房	冻结物冷藏间	库房一间，库容量为 100t，采用冷风机冷却方式，室温为 -18℃，相对湿度 95%～98%，用于较长期地储藏冻结禽类食品
2		副食品冷藏间	库容量为 30t，室温为 -2～4℃，相对湿度 85%～95%，专门用以储藏鲜蛋、水果等副食品
3		冻结间	冻结间两间，库温为 -25℃，总冻结能力为 8t，冻结时间 24h。因储藏的出口食品均有包装，所以采用冷风机冷却方式对食品干耗的影响不大
4		包装间	禽类产品冻结前进行清洗、分类、整理、装盘、过磅、包装等工序的场所，以保障产品质量
5	识读制冷压缩机房	机房	冷库主要的动力车间，安装有制冷压缩机、中间冷却器、调节站、仪表屏及配用设备等

【实例 3】　识别土建式冷库的建筑结构

土建式冷库库房的库体结构主要由屋盖、墙体、梁、柱、楼板、基础和地坪组成。屋盖和墙体是围护结构，除承受外界风雨侵袭外，还要起到隔热、防潮作用。梁、柱、楼板、基础和地坪是承重结构，主要用于支撑冷库的自重及承受货物和装卸设备的质量，并把所有承重传给地基。土建式冷库的建筑结构示意图如图 1-15 所示。土建式冷库建筑结构的识读过程见表 1-5。

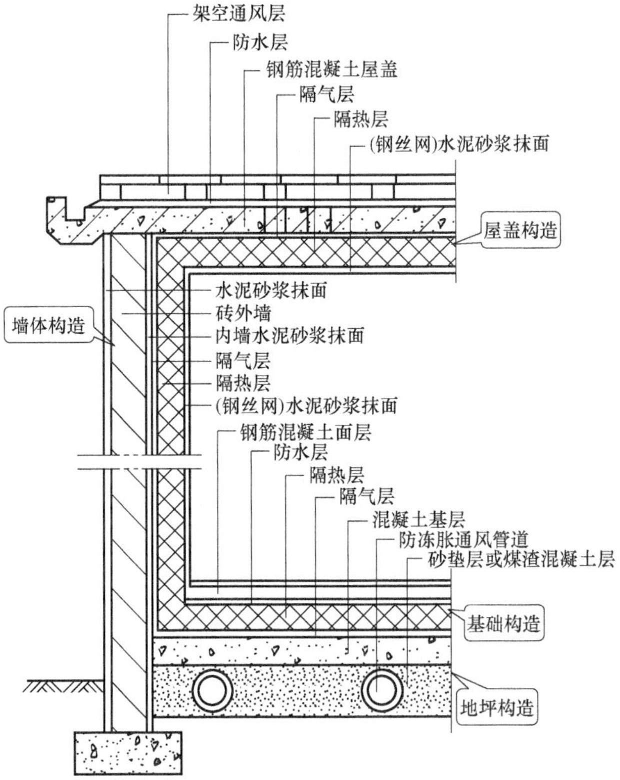

图 1-15　土建式冷库的建筑结构示意图

表 1-5　土建式冷库建筑结构的识读过程

序号	识读任务	建筑构成	结构功能	备　注
1	识读冷库地坪与基础	地坪	承受全部载荷的土层,应有较大的承载能力、足够的强度	地坪上面是基础,基础上面还有防水层、隔热层、隔气层,应具有足够的抗潮湿、防冻胀能力。一般土建式冷库采用柱基础的较多
2		基础	直接承受冷库建筑自重并将冷库载荷均匀地传到地坪上,以免冷库建筑产生不均匀沉降、裂缝	
3	识读冷库的柱和梁	柱	冷库的主要承重物件之一。土建式冷库均采用钢筋混凝土柱,柱网跨度大。为施工方便和敷设隔热材料,冷库柱子的断面均取方形	一般冷库柱子的纵横间距多为 6m×6m,大型冷库为 16m×16m 或 18m×6m
4		梁	冷库重要的承重物件,有楼板梁、基础梁、圈梁和过梁等形式	冷库梁可以预制或现场用钢筋混凝土浇制
5	识读冷库墙体	围护墙体、防潮隔气层、隔热层和内保护层	可以有效地隔绝外界风雨的侵袭和外界温度变化对库内的影响,以及太阳的热辐射,并有良好的防潮隔热作用	围护外墙一般采用砖墙,其厚度为 240~370mm,其外墙两面均以 1∶2(质量比)水泥砂浆抹面。外墙内侧依次敷设防潮隔气层、隔热层及内保护层
6	识读冷库屋盖、楼板	屋盖	满足防水、防火、防霜冻、隔热和密封牢固的要求,同时屋盖应排水良好	主要由防水护面层、承重结构层和防潮隔气层等组成
7		多层冷库的楼板	货物和设备质量的承载结构,应有足够的强度和刚度	楼板可采用预制板,但以现场钢筋混凝土浇制为多

课题二　装配式冷库的认识

相关知识

一、装配式冷库的特点和分类

装配式冷库广泛用于宾馆、饭店、食堂、食品加工、医药科研单位等,做高、中、低温冷冻加工及冷藏用。其组合系列化,在一定范围内可任意组合各种规格及用途的冷库。该系列冷库具有结构简单、装拆方便、密封性好、施工期短、轻质强度高及造型美观等特点。

1. 按安装场地分类

装配式冷库根据安装场地,可分为室外型和室内型两种,其外形如图 1-16 和图 1-17 所示。

室外装配式冷库容量一般为 500~1000t,为独立建筑结构,具有基础、地坪、站台、机房等设施,库内净高在 3.5m 以上,适用于商业、食品加工业使用。

室内装配式冷库又称组合冷库、拼装式冷库或活动装配冷库,其容量一般为 5~100t,必要时可采用组合装配,容量可达 500t 以上。这种冷库大多数采用可拆装结构,其库体结构主要由隔热壁板(墙体)、顶板(天井板)、底板、门、支撑板及底座组成,它们通过特殊结构的子母钩拼装、固定,以保证冷库良好的隔热、气密性。室内装配式冷库安装条件要求不高,地下室、楼上、实验室等都可安装,最适合宾馆、饭店、农贸市场及商业食品流通

图 1-16　室外装配式冷库

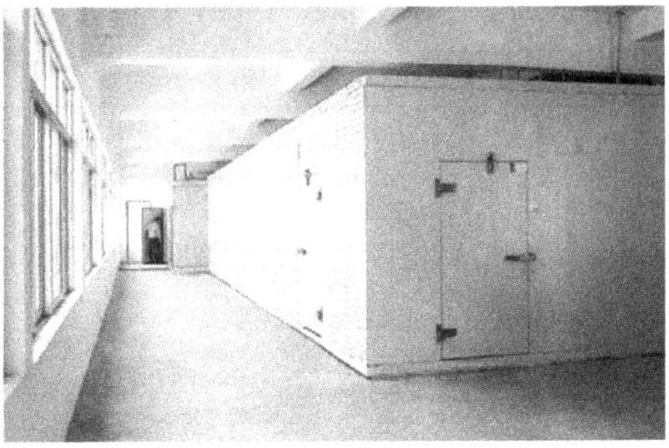
图 1-17　室内装配式冷库

领域使用。

2. 按承重方式分类

装配式冷库根据结构承重方式，可分为内承重结构、外承重结构和自承重结构三种。

内承重结构的冷库内侧设钢柱、钢梁，利用库内的钢框架支撑隔热板、安装制冷设备，并支撑屋顶防雨篷。外承重结构的冷库外侧设钢柱、钢梁，利用库外的钢框架支撑隔热板、安装制冷设备，并支撑屋顶防雨篷。自承重结构的冷库利用隔热板自身良好的机械强度，构成无框架结构，库体隔热板既用作隔热，又用作结构承重。自承重结构多用于室内型，而室外型大多用外承重结构。

3. 按库房的温度分类

根据库房的温度不同，冷库分为单温库（图 1-18）、双温库（图 1-19）和多温库。

图 1-18　单温库

图 1-19　双温库

二、装配式冷库的分级

根据库内温度控制范围不同，装配式冷库分为 L 级、D 级和 J 级三级。

L 级保鲜库主要用于果蔬、蛋类、药材等的保鲜干燥。

D 级冷库主要用于储藏肉类、水产品及适合该温度范围的产品。

J 级低温库主要用于储藏雪糕、冰淇淋、低温食品及医疗用品等。

室内装配式冷库常用 NZL 表示，WZL 表示室外装配式冷库。室内装配式冷库的主要性能参数见表 1-6。

表 1-6　室内装配式冷库的主要性能参数

库级	L 级	D 级	J 级
库温范围/℃	-5~5	-18~-10	-23~-20
公称比容积/(kg/m³)	160~250	160~200	25~35
进货温度/℃	≤32	热货≤32,冷货≤-10	≤32
冻结时间/h	18~24		
库外环境温度/℃	≤32		
隔热材料的热导率/[W/(m·K)]	≤0.028		
制冷剂	R22,R134a		
电源	三相交流,(380±38)V,50Hz		

注：室内装配式冷库标记示例：NZL-20（D）表示库内公称容积 20m³，库内温度为-18~-10℃的 D 级冷库。

典型实例

【实例 1】　识别装配式冷库的库体结构

室外装配式冷库的库体结构示意图如图 1-20 所示，其库体采用外承重结构，由钢柱、钢梁构成库外的钢框架，库体的底板采取隔热、防冻胀措施。

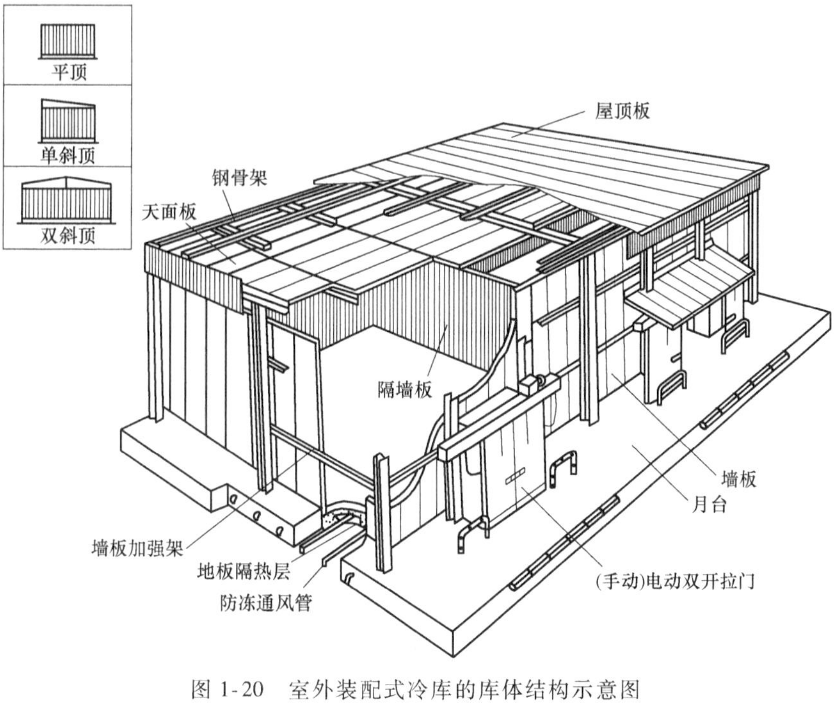

图 1-20　室外装配式冷库的库体结构示意图

室内装配式冷库的库体结构示意图如图 1-21 所示，冷库采用自承重结构，无框架结构，库体由脚踏垫板、底板、壁板和天面板组成，围成单间或多间库房。

【实例 2】　识别装配式冷库的库板

冷库库板采用夹芯板技术制造，具有结构体系重量轻、强度高、隔热效果好及建造方便等优点，能大大缩短建造周期，降低建造成本。

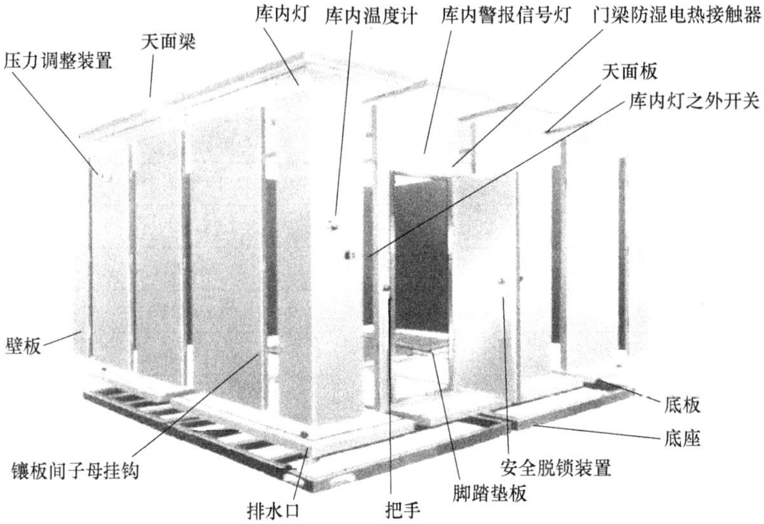

图 1-21　室内装配式冷库的库体结构示意图

冷库库板按夹芯保温材料的不同，分为聚氨酯库板（简称 PU 库板，见图 1-22）和聚苯乙烯库板（简称 EPS 库板，见图 1-23）两种类型。由于聚氨酯库板的强度、隔热等性能优于聚苯乙烯库板，所以聚氨酯库板通常应用于速冻库或低温库；聚苯乙烯库板则由于隔热性能较好且价格适中而通常用于普通低温冷库、高温冷库和食品加工厂等工业与民用建筑上。

图 1-22　聚氨酯库板

图 1-23　聚苯乙烯库板

为了达到科学设计、简单实用、节约施工成本的效果，厂家生产出墙板、角板、T 形板等不同形式的库板，如图 1-24~图 1-26 所示，极大地方便了冷库的安装。

图 1-24　墙板

图 1-25　角板

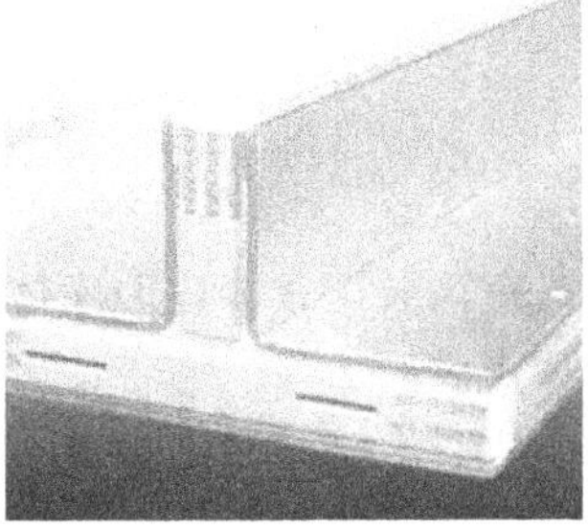

图 1-26　T 形板

装配式冷库库板的识别过程见表1-7。

表1-7　装配式冷库库板的识别过程

序号	识别任务	构　　成	特点及应用	备　　注
1	识别库板夹芯保温材料	聚氨酯硬质泡沫塑料(PU)	具有质轻(密度可调),比强度大,绝缘和隔音性能优越,电气性能好,加工工艺性好,耐化学药品腐蚀,吸水率低等特点,主要应用于冷库、冷罐、管道等部门做绝缘保温保冷材料	聚氨酯库板的强度、隔热等性能优于聚苯乙烯库板
2		聚苯乙烯泡沫塑料(EPS)	具有质轻、坚固、吸振、低吸潮、易成型及耐水性良好、绝热性好、价格低等特点,被广泛地应用于包装、保温、防水、隔热、减振等领域	
3	识别库板金属材料	压花铝板、不锈钢板、彩锌钢板、盐化钢板、镀锌钢板	墙板、顶板可采用压花铝板、不锈钢板、彩锌钢板、盐化钢板,标准地台板可采用1.0mm镀锌钢板	
4	选择库板厚度(单位:mm)	有50、75、100、150、200等规格	分别适用于以下温度:5℃以上、-5℃以上、-25℃以上、-45℃以上、-55℃以上	
5	识别库板的不同形式	库底垫板	库底垫板敷设在校平后的地坪上,主要作用是调整地坪的水平,通风防潮、防腐、防锈。冷库的底部应有融霜水排泄系统,并附以防冻措施	
6		底板	底板由凸边底板、中底板和凹边底板组成,应有足够的承载能力	
7		墙板	墙板分外墙和库内隔墙两种。外墙由角板、双凸墙板、凸凹墙板、双凹墙板组成。隔墙用于将一个库隔成两个隔间,用于不同的食品储备。角板位于库体的四角处,每个完整的冷库有四个角板。每一面不安装库门的墙上必有一个双凸墙板,其余为凸凹墙板	
8		顶板	顶板的组成与底板相似,由凸边顶板、中顶板和凹边顶板组成。如果装在室外,用户须搭设雨篷,保证库体不受日晒雨淋	

所有冷库的库板均采用加硬钢铁制成的偏心拉力锁扣（偏心钩和槽钩钢板）互相扣紧，此偏心拉力锁扣由精确定位的钩形锁臂及一条钢轴组成，确保库体结构更加坚固耐用，如图1-27和图1-28所示。库板接合处为凹凸接口，并有密封胶边（海绵胶带密封），确保库体密封，以防漏冷。偏心拉力锁扣只需两次动作便可完成扣板程序：扣上、转动六角匙锁紧，如图1-29所示。

图1-27　偏心拉力锁扣

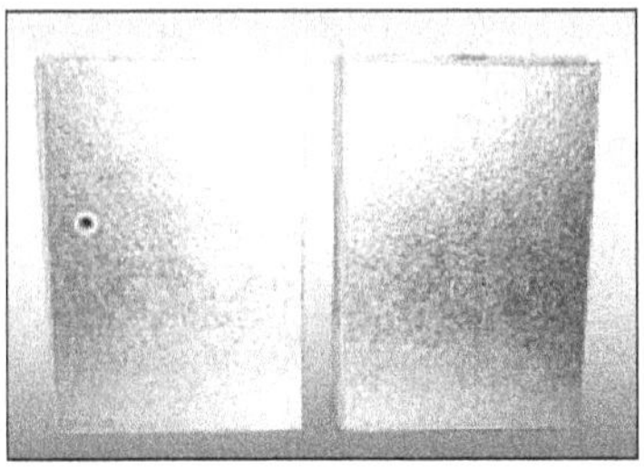

图1-28　装上偏心钩和槽钩钢板的库板

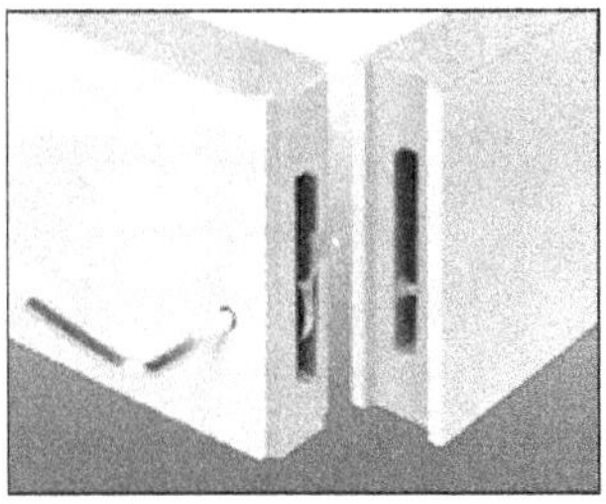

图1-29　偏心拉力锁扣的安装

【实例3】　识别装配式冷库的库门

库门一般由一次性发泡的聚氨酯或聚苯乙烯、金属面板、铰链、门锁、把手和密封条

（选用中空高弹橡胶）组成，库门种类有推拉、平移、电动、手动、双开、单开等，如图1-30~图1-33所示。

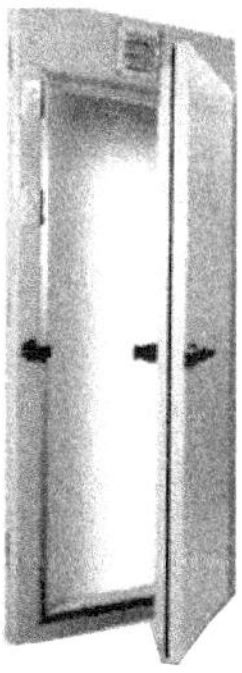

图1-30 手动单开门

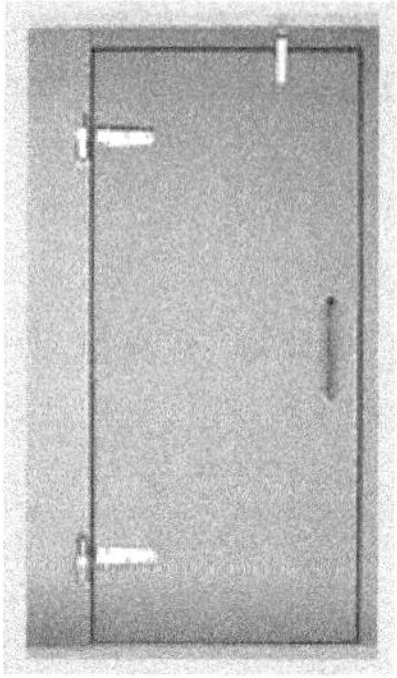

图1-31 自由回归门

图1-32 手动平移气调门

图1-33 电动平移冷藏门

库门铰链（图1-34）固定在门框上，冷库门要装锁和把手（图1-35），同时要有安全脱锁装置（图1-36）。低温冷库门门框上要安装电压在24V以下的电加热器，以防止冷凝水和结露。库内装防潮灯，测温元件置于库内均匀处，温度显示器装在库体外墙板易观察位置。

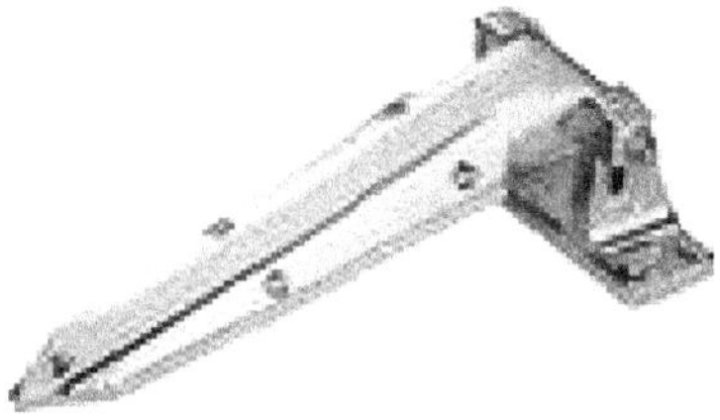

图1-34 库门铰链

图1-35 库门把手

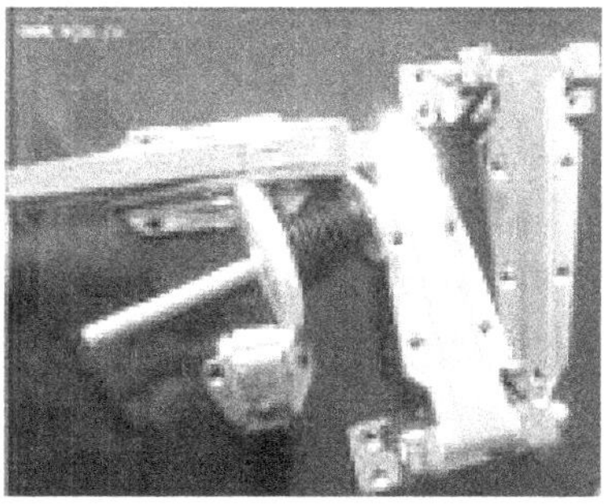

图1-36 库门安全脱锁装置

【实例4】 识别装配式冷库的设备及电气配件

装配式冷库常用的制冷机组有全封闭冷凝机组（图1-37）和半封闭水冷机组（图1-38）。

图1-37 全封闭冷凝机组

图1-38 半封闭水冷机组

装配式冷库常用的冷却设备有吊顶式冷风机、排管等，均安装在库房内，如图 1-39 和图 1-40 所示。

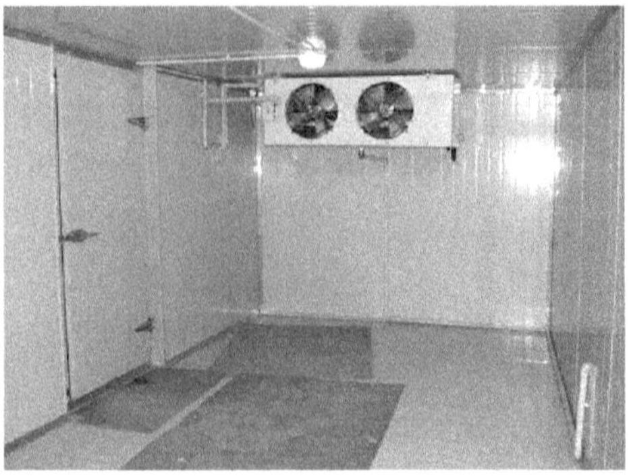

图 1-39　安装吊顶式冷风机的库房

图 1-40　安装排管的库房

常见的电气配件有控制箱、库灯、可缠绕性加热器等，分别如图 1-41 ~ 图 1-43 所示。冷库照明由防潮灯、照明开关、交流变压器（220V/36V）所组成。变压器为冷库照明、门防冻加热器、下水防冻加热器提供一个安全、稳定的交流电源（36V）。门防冻加热器的作用是防止库门在低温下与冷库冻在一起无法打开，下水防冻加热器的作用是防止融霜水在下水管道结冻，以使融霜水顺利排出。一般情况下，低温组合式冷库易发生冻结现象，应采用防冻加热器，而中温组合式冷库不需要。

图 1-41　控制箱

图 1-42　库灯

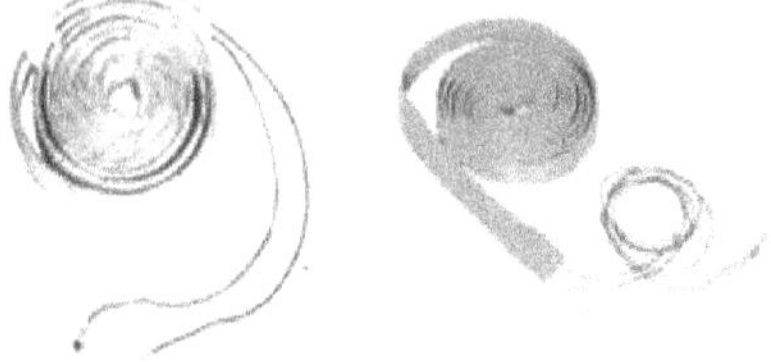

a)　　b)

图 1-43　可缠绕性加热器

a）玻璃纤维加热带　b）硅橡胶加热带

单元练习

一、填空题（将正确答案填写在横线上）

1. 食品冷加工通常是指__________、__________、__________三个重要环节。

2. 冷藏库分为__________和__________，它把不同温度的冷却食品或冻结食品分别在不同温度的冷藏间内做短期或长期的储存。

3. 冷库的隔热结构中常见的冷桥有__________、__________、__________、__________等。

4. 冷库地坪要采取防冻胀处理措施，其方法有____________、____________或____________等。

5. 冷库库板按夹芯保温材料的不同分为____________和____________两种类型。

二、单项选择题（在每小题的四个选项中，选出一个正确的，并将正确答案的序号填写在括号内）

1. 苹果较佳的冷藏温度是（　　）。

A. -2℃　　B. 0℃　　C. 2℃　　D. 13℃

2. 冷库可分为生产性冷库、分配性冷库和零售性冷库，这是按照冷库的（　　）分类的。

A. 结构形式　　B. 规模大小　　C. 使用性质　　D. 使用储藏特点

3. 发生冷桥的部位，会在（　　）有凝结水产生（如果低温侧温度过低，甚至会结霜结冰），这样会降低隔热材料的隔热性能。

A. 高温侧　　B. 低温侧　　C. 高温侧和低温侧　　D. 高温侧或低温侧

4. 在冷库中，属于食品进出的通道，并起到沟通各冷间、便于装卸周转作用的部分是（　　）。

A. 值班室　　B. 月台　　C. 包装间　　D. 穿堂

5. 在设计高档水果冷库时，应选择厚度为（　　）的库板。

A. 50mm　　B. 100mm　　C. 150mm　　D. 200mm

三、判断题（正确的在括号内画"√"，错误的画"×"）

1. 为了确保食品冷藏质量，食品的冷藏温度通常低于库房的空气温度。（　　）

2. 因为冷却库和冷却物冷藏库的库温相接近，所以使用特点相同。（　　）

3. 冻结物冷藏间室温为-25～-18℃，相对湿度95%～98%，用于较短期地储藏冻结食品，如冷冻肉、鸡翅、鱼等。（　　）

4. 由于冷库内外空气温差较大，必然形成与温度差相应的水蒸气分压力差，进而使水蒸气从分压力较高的库内侧通过围护结构向分压力较低的冷库外渗透。（　　）

5. 自承重结构多用于室内型装配式冷库，而室外型装配式冷库大多用外承重结构。（　　）

四、简答题

1. 土建式冷库的基础与地坪结构由上至下依次由哪些部分构成？

2. 装配式冷库的库板与库板之间如何连接安装？

单元二

冷库制冷系统的认识

内容框架

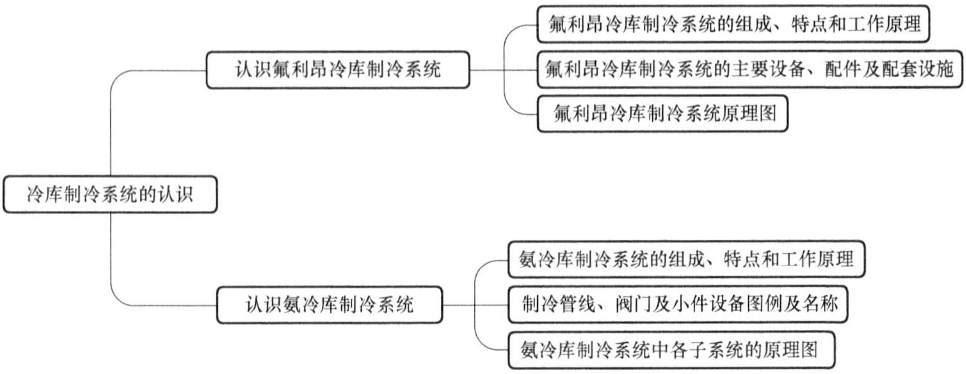

学习引导

目的与要求

1. 知道氟利昂冷库制冷系统的特点，并能说出其制冷系统的组成和工作原理。
2. 能识别氟利昂冷库制冷系统的主要设备、配件及配套设施。
3. 知道氨冷库制冷系统的特点，并能说出其制冷系统的组成和工作原理。
4. 能识别制冷管线、阀门及小件设备图例及名称。
5. 能识读氟利昂冷库制冷系统原理图。
6. 能识读氨冷库制冷系统中各子系统的原理图。

重点与难点

难点：识读氟利昂冷库制冷系统原理图；识读氨冷库制冷系统中各子系统的原理图。

重点：能理解不同制冷系统的特点及工作原理；能识别氟利昂冷库制冷系统的主要设备、配件及配套设施；能识读氟利昂冷库制冷系统原理图；能识读氨冷库制冷系统中各子系统的原理图。

课题一　氟利昂冷库制冷系统的认识

相关知识

一、氟利昂冷库制冷系统的特点

氟利昂因毒性小，蒸发温度低及便于自动控制等，在冷库中应用较多。由于氟利昂价格昂贵，国内在大中型冷库中使用极少，但在一些小型冷库中采用直接供液方式，以热力膨胀阀与电磁阀配合对制冷剂流量进行调节控制，使制冷系统比较简单，操作方便，所以氟利昂冷库制冷系统在小型冷库中应用广泛。氟利昂有 R22、R410a、R404 和 R134a 等型号。

1. 氟利昂的溶油性

R22 能够部分地与矿物油相互溶解，其溶解度随矿物油的种类而变化，随温度的降低而减少。R134a 与传统的矿物油不相溶，但能完全溶解于多元醇酯类合成润滑油，特别是液体氟利昂的溶油性更强，因此可以说系统中凡是有氟利昂的地方就有润滑油。随着氟利昂的流动，润滑油遍及所有设备和管道，系统中的含油量增加。润滑油是高温蒸发的液体，和氟利昂混合后，使氟利昂液体黏度增大，在相同蒸发压力下蒸发温度上升，或在定温下蒸发压力下降。因此，随着蒸发器内润滑油浓度增加，蒸发压力也要随之降低，才能保持给定的蒸发温度不变，结果使得制冷压缩机单位制冷量的功率消耗上升或造成压缩机本身失油等事故。所以，氟利昂制冷系统中的回油问题很关键，应从设备布置、管道配置及供液方式等方面采取相应的措施。

2. 氟利昂的溶水性

氟利昂几乎不溶于水，在蒸发温度低于 0℃ 的制冷系统中，存在的水分将在膨胀阀节流阀孔结冰，使阀孔堵塞，导致停止供液，蒸发器不能制冷。同时由于水的存在，其分解作用会使设备、管道产生腐蚀，这对于铝镁合金尤为明显。因此，在氟利昂制冷系统中膨胀阀前须加装干燥器，以保证膨胀阀正常运行。

3. 供液形式和方式

从供液形式来看，氟利昂制冷系统有直接膨胀供液、重力供液和液泵供液三种。其中，应用最多的是利用热力膨胀阀控制的直接膨胀供液，其主要原因如下。

1）直接膨胀供液系统比较简单，分离设备少，系统充液量也少，这对于价格昂贵的氟利昂来说是合适的。

2）用热力膨胀阀供液并配有热交换器的氟利昂制冷系统，可自动调节供液量且使回气有较大的过热度，高压液体有较大的过冷度，节流时闪发成气体的机会减少，改善了直接膨胀供液系统中调节供液困难及易湿行程等不足。

氟利昂制冷系统在直接膨胀供液中，首先应满足回油要求，其次才考虑供液均匀的问题，因此一般都采用有利于系统回油的上进下出式供液方式，并辅以分液器或在配管上采取措施使其均匀供液。

4. 回热循环

回热循环在氟利昂制冷系统中应用普遍，这是因为采用了回热循环后，首先能使膨胀前的制冷剂具有较大过冷度，膨胀阀前后生成的闪发气体多少与阀前后的温差有关，温差越小，则节流损失也越少，闪发气体也越少。其次，闪发气体多少也影响库温的稳定性，闪发气体多，流经膨胀阀的制冷剂流量时多时少不稳定，阀后分液器内配液也难以均匀，将使蒸发温度不稳定，造成库温的波动。最后，采用热力膨胀阀直接供液的系统中，一般不装气液分离器，在系统负荷变化时，由于膨胀阀调节范围受到限制，容易使制冷剂液体来不及完全蒸发，被压缩机吸入而产生液击。采用回热器后，未蒸发的制冷剂液体在回热器中同液体进行热交换，得到完全蒸发并形成一定的过热度，可避免压缩机的液击。

二、氟利昂冷库制冷系统的组成

氟利昂冷库制冷系统以热力膨胀阀为高低压的分界线，把系统分为高压系统和低压系统。高压系统是指由压缩机排气口、油分离器、冷凝器、储液器、干燥过滤器、热力膨胀阀进液口等组成的系统。低压系统是指由热力膨胀阀出液口、蒸发器、压缩机吸气口所组成的系统。在图 2-1 所示的氟利昂冷库制冷系统中，被油分离器分离下来的润滑油，经浮球阀自动控制或通过手动阀放回压缩机曲轴箱。干燥过滤器设在蒸发器和回热器之间的液体管道上，也可设在储液器和回热器之间的液体管道上。对于小型制冷装置，为减少制冷剂充注量，也可用冷凝储液器代替冷凝器和储液器。在压缩机停机后，电磁阀用以切断冷分配设备的供液，防止制冷剂液体流入蒸发器等低压系统，避免压缩机起动时发生液击。在小型制冷装置中，为简化系统，也有将供液管与回气管捆在一起的情况，同样能起到热交换器的作用。

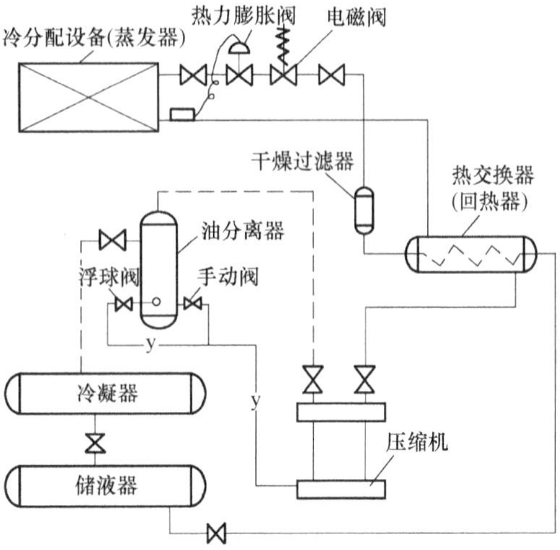

图 2-1　氟利昂冷库制冷系统原理图

典型实例

【实例 1】　识别氟利昂冷库的制冷机组

冷库常用的制冷压缩机有全封闭式活塞压缩机、半封闭式活塞压缩机、开启式活塞压缩机、旋转式压缩机和螺杆式压缩机。

由一台或几台制冷压缩机、冷凝器、储液器，以及附件等组成的组合体称为压缩冷凝机组，简称制冷机组。按照冷凝器的冷却方式不同，制冷机组分为风冷式和水冷式两种，常用作中小型冷库的制冷主机。

常见的冷库制冷压缩机（机组）外形如图 2-2 所示。

【实例 2】　识别冷库的冷却设备

冷库的冷却设备也称为蒸发器，是制冷系统中制冷剂在低温下吸热的热交换器，冷库常

图 2-2　常见的冷库制冷压缩机（机组）外形

a）全封闭式活塞压缩机　b）半封闭式活塞压缩机　c）开启式活塞压缩机　d）半封闭式低温压缩机
e）开启式双螺杆压缩机　f）风冷全封闭压缩机组　g）风冷半封闭压缩机组
h）超低温水冷压缩机组　i）半封闭水冷压缩机组

用的是冷却空气的蒸发器，分为冷风机和排管式蒸发器两种。

冷风机是一种适合用于各种冷库的冷却降温设备，具有结构紧凑、重量轻、不占用冷库使用面积、库温均匀、效率高等优点，可使冷库内储藏的食品迅速降温，大大提高储藏食品的保鲜度。冷库常用冷风机有吊顶式和落地式之分，如图 2-3 所示。

冷库排管分为立管式排管、U 形顶排管、蛇形盘管和搁架式排管四种，其作用是采用冷空气自然对流，管片距大，排管上结的霜对空气对流影响不大，可起蓄能作用，因而库温恒定；因冷空气自然对流，蒸发温度与库温相差小，所以干耗少，储藏的食品品质高。冷库常见的排管如图 2-4 所示。

【实例 3】　识别冷库的配件

装配式冷库常用的配件包括热力膨胀阀、高低压力保护器、电磁阀、视液镜、止回阀、干燥过滤器、球阀、KVP 型蒸发压力调节阀、感温探头、除霜终端、防凝露电热丝、储液器、油分离器、气液分离器等。冷库制冷系统主要配件的外形及用途见表 2-1。

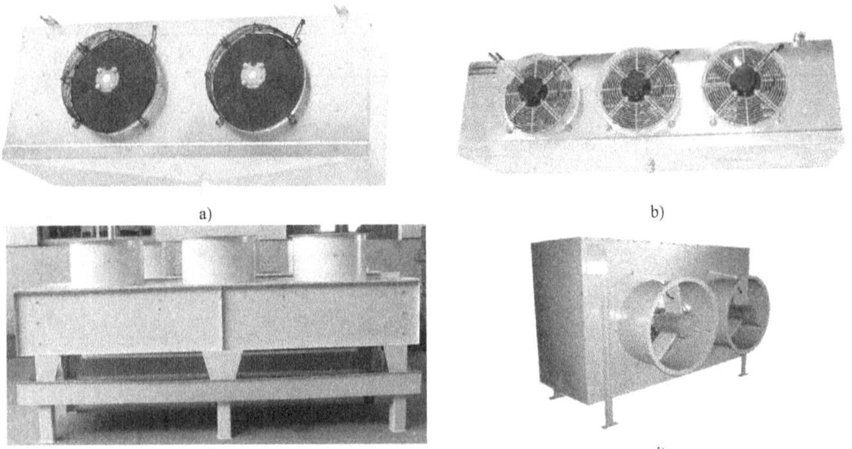

a)　b)　c)　d)

图 2-3　冷库常用冷风机

a）双风扇吊顶式冷风机　b）三风扇吊顶式冷风机　c）落地式顶吹风水冲霜冷风机　d）落地式侧吹风水冲霜冷风机

a)　b)

图 2-4　冷库常见的排管

a）搁架式排管　b）墙排管、顶排管

表 2-1　冷库制冷系统主要配件的外形及用途

外形	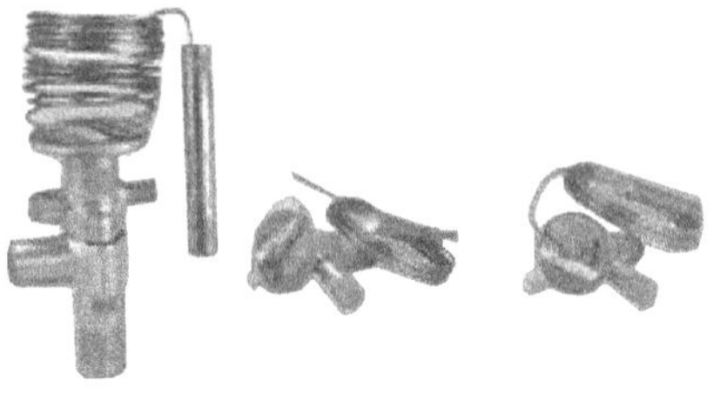	
用途	一种节流元件，主要用于氟利昂制冷系统，起到降压节流的作用，用于调节蒸发器中的液体制冷剂的供给量	一种制冷装置的安全保护器件，用于保护冷藏或空气调节装置中的制冷压缩机，避免压缩机的吸气压力过低或排气压力过高，也被用于制冷压缩机和风冷冷凝器风扇的起动和停止控制

（续）

名称	热力膨胀阀	高低压力保护器
外形		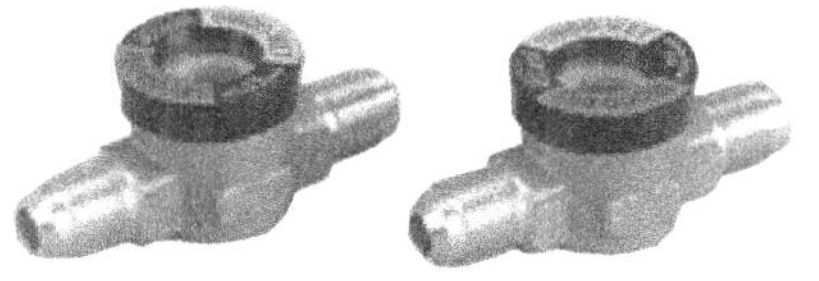
名称	电磁阀	视液镜（干湿镜）
用途	一种电气控制通断制冷系统管路的阀门，用于氟化物制冷剂的液体管路、吸气管路和热蒸气管路	一种指示器件，用于指示制冷装置中液体管路的制冷剂状况、制冷剂中的含水量或用来观察回油管路中来自油分离器的润滑油的流动状况
外形	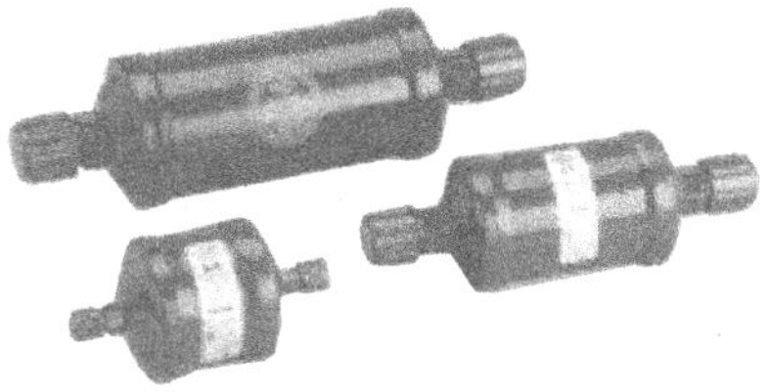	
名称	干燥过滤器	止回阀
用途	一种制冷系统的净化器件，用于清除制冷系统中的水分和污物，防止系统产生冰堵或脏堵	又称为单向阀，一种只允许流体单方向流动的阀门，用于阻止制冷剂反向流动
外形		
名称	球阀	储液器
用途	一种手动控制通断制冷系统管路的阀门，用于氟化物制冷剂的液体管路、吸气管路和热蒸气管路	一种制冷剂存储和收集设备，用来储存供给蒸发器的液体制冷剂

（续）

外形		
名称	油分离器	气液分离器
用途	一种润滑油的分离设备，把来自压缩机的排气中携带的润滑油分离出来，防止压缩机排出的润滑油大量进入制冷系统	一种制冷剂的分离设备，其作用是将来自蒸发器的回气中所含的制冷剂液滴分离出来，以防止压缩机出现湿行程
外形	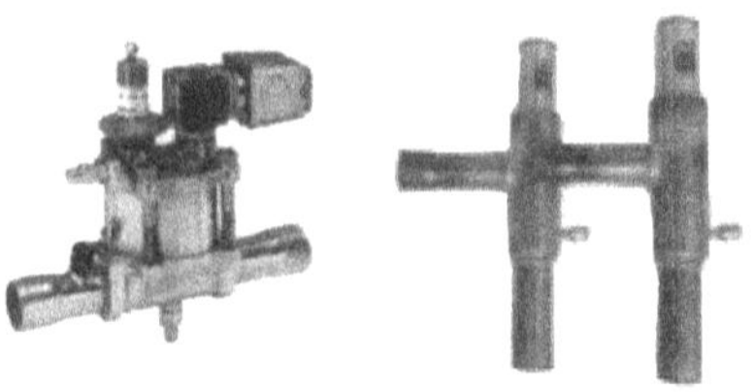	
名称	KVP 型蒸发压力调节阀	感温探头
用途	一种压力调节器件，用来保持蒸发压力恒定，减少库温波动，减少干耗，保证冷藏物品的质量；用于一机多库时，可使不同库温的蒸发器在各自不同的蒸发压力下运行	一种温度检测元件，用于检测库内温度、化霜温度等

【实例 4】　识别冷库的配套设施

装配式冷库的配套设施包括冷库电控箱、风幕机、压力平衡窗、库灯及其开关等，这些配套设施及用途见表 2-2。

表 2-2　冷库的配套设施及用途

外形		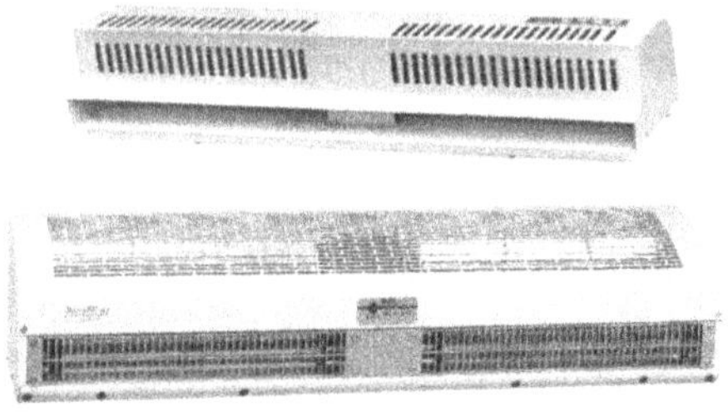
名称	电控箱	风幕机
用途	冷库电控箱常配有微型计算机温控器、电动机综合保护器，具有电源断相保护、吸排气压力保护、压缩机过热保护、蒸发器化霜超温保护、库内高低温超限保护等功能	风幕机安装在经常开关的门框上，当库门开启时能有效地阻断室内外空气对流，具有保持室温，隔湿，防止粉尘、有毒气体、污染气体及昆虫、异味侵入的功能

（续）

外形	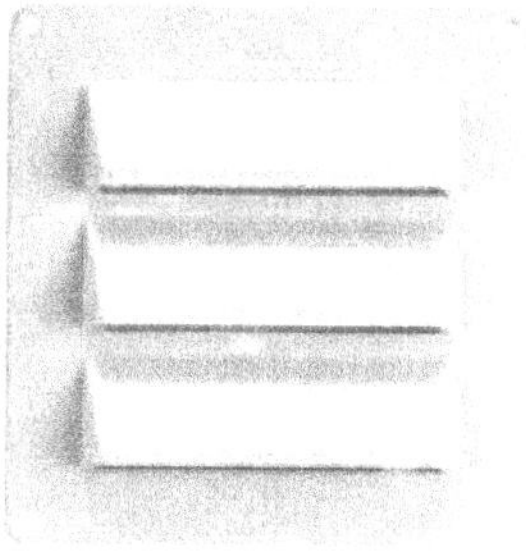	
名称	压力平衡窗	库灯
用途	压力平衡窗能有效地防止因库内的压力增加而造成库板爆裂	供库内照明之用

【实例 5】 识读冷库的制冷系统原理图

图 2-5 所示为小型食品冷库的制冷系统原理图。它有两台压缩机，正常情况下一台工作，一台备用（图中只画出一台压缩机，另一台从略）。该冷库共分三个库，其库温分别是：果蔬库 (4±1)℃，饮料库 (9±1)℃，鱼肉库 (-10±1)℃。小型食品冷库制冷系统原理图识读过程见表 2-3。

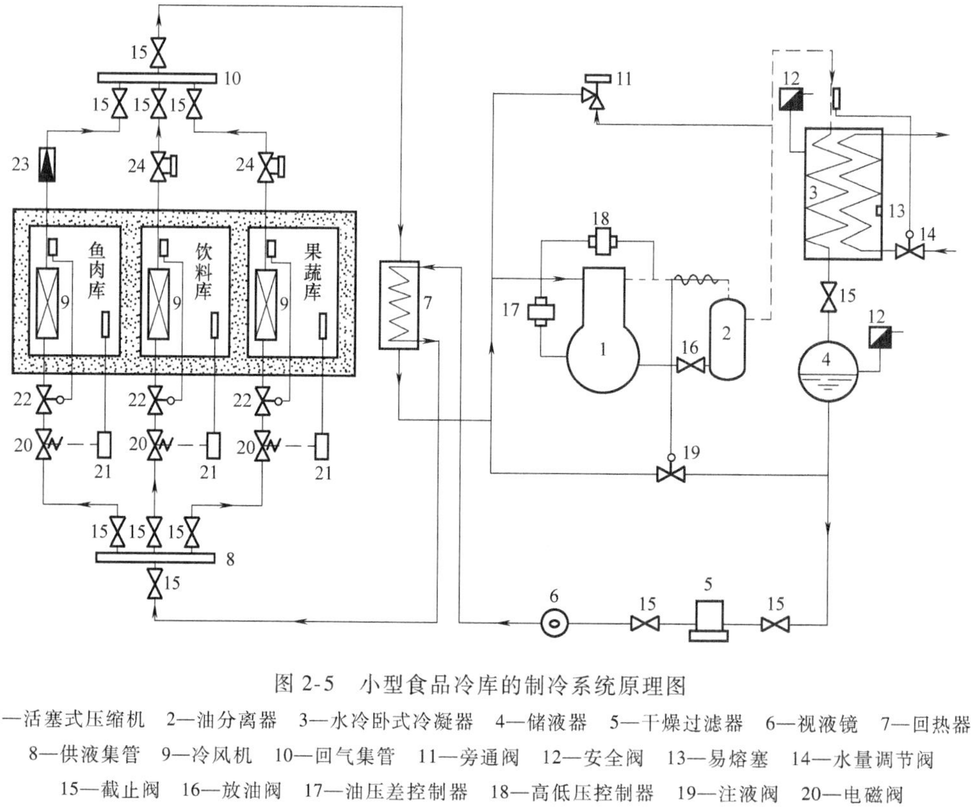

图 2-5 小型食品冷库的制冷系统原理图

1—活塞式压缩机 2—油分离器 3—水冷卧式冷凝器 4—储液器 5—干燥过滤器 6—视液镜 7—回热器 8—供液集管 9—冷风机 10—回气集管 11—旁通阀 12—安全阀 13—易熔塞 14—水量调节阀 15—截止阀 16—放油阀 17—油压差控制器 18—高低压控制器 19—注液阀 20—电磁阀 21—温度控制器 22—热力膨胀阀 23—止回阀 24—蒸发压力调节阀

表 2-3　小型食品冷库制冷系统原理图识读过程

序号（图 2-5）	识读任务	系统组成	设备或配件功能	备注
1	读高压系统	活塞式压缩机	将蒸发器产生的低压过热制冷剂蒸气压缩成高温高压的制冷剂蒸气，为制冷剂在制冷系统中的循环流动提供动力。一用一备配置	2 台
2		油分离器	把来自压缩机的排气中携带的润滑油分离出来，防止压缩机排出的润滑油大量进入制冷系统	1 台
3		水冷卧式冷凝器	将系统产生的热量通过冷却水带出系统	1 台
4		储液器	用于储存供给蒸发器的液体制冷剂	1 只
5		干燥过滤器	用于清除制冷系统中的水分和污物，防止系统产生冰堵或脏堵	1 只
6		视液镜	用于指示制冷装置中液体管路的制冷剂状况、制冷剂中的含水量	1 只
8		供液集管	用于调节分配各库房蒸发器制冷剂的流量	1 只
22	读高低压的分界线	热力膨胀阀	制冷系统高低压的分界线，起到降压节流的作用，用于调节蒸发器中液体制冷剂的供给量	3 个
9	读低压系统	冷风机	用于库房的降温	3 台
24		蒸发压力调节阀	用于保持蒸发压力恒定，可维持蒸发压力固定在果蔬库所需温度（3～5℃），或饮料库所需温度（8～10℃）	2 个
23		止回阀	在压缩机停止运行期间，可以防止制冷剂回流到低温库蒸发器	1 个
7	其他配件	回热器	使膨胀前的制冷剂具有较大过冷度，减少闪发气体，降低节流损失；使回气管中未蒸发的制冷剂液体得到完全蒸发并形成一定的过热度，可避免压缩机液击	1 只
15		截止阀	手动控制通断制冷系统管路，可方便更换元器件或进行维修	11 个
20		电磁阀	用于通断供液管的供液，由温度控制器控制，温度控制器根据感温包的温度来开关电磁阀	3 个
21		温度控制器	用于调节库温	3 只
16		放油阀	用于从油分离器排出润滑油	1 个
17		油压差控制器	用于保护压缩机的油压，当压缩机油压小于设定值时，使压缩机停机	1 只
18		高低压控制器	用于保护冷藏或空气调节装置中的制冷压缩机，避免压缩机的吸气压力过低或排气压力过高，也被用于制冷压缩机和风冷冷凝器风扇的起动和停止	1 只
19		注液阀	当排气温度超过允许值时，一部分制冷剂液体经注液阀节流而进入吸气管，使吸气温度降低，从而达到降低排气温度的目的	1 个
11		旁通阀	当压缩机高低压差超过允许值时，自动打开旁通阀使一部分高压排气进入吸气管，以降低排气压力	1 个

课题二　氨冷库制冷系统的认识

相关知识

一、氨冷库制冷系统的特点

目前氨（NH_3，代号 R717）制冷剂合成工艺成熟，制取容易，价格低廉，因而氨系统在大中型冷库中得到了广泛的应用。氨制冷剂在冷凝器和蒸发器中的压力适中（冷凝压力一般为 0.981MPa，蒸发压力一般为 0.098～0.49MPa）；其单位容积制冷量比氟利昂 HCFC-22（代号 R22）大；制冷系数高，表面传热系数大，故相同温度及相同制冷量时，氨压缩机尺寸最小。

与氟利昂制冷系统相比较，氨制冷系统具有以下特点。

1. 氨的溶水性

在常用制冷剂中，氨是唯一在常压下蒸气密度小于空气的制冷剂，且极易溶于水，溶液呈碱性，遇到大量泄漏的情况，可用水吸收，排除比较容易。

2. 氨的非溶油性

通常的矿物油与氨不能互溶。因此，氨系统一般配备高效油分离器，尽管如此，仍有相当数量的润滑油进入管路和换热器，因而系统中需设置集油器，并不定期排油。

3. 氨的安全性

氨制冷剂的缺点是易燃、有毒（二级毒性）；有强烈的刺激性气味，对眼、鼻、喉、肺及皮肤均有强烈刺激及中毒危险；氨遇水后对锌、铜、青铜合金（磷青铜除外）具有腐蚀作用。所以采用氨作为制冷剂的制冷系统要具备两个特点：其一是安全性，在氨系统中设置紧急泄氨阀，要有完善的密封系统和检漏系统以及完善的报警系统；其二是耐蚀性，在氨制冷装置中，其管道、仪表、阀门等均不能采用铜和铜合金材料。

4. 供液形式和方式

在氨系统中广泛采用氨泵供液形式，对蒸发系统实行强制供液，因供液量大于蒸发量的数倍，蒸发器内制冷剂处于两相流动，所以冷却设备采用满液式蒸发器，从蒸发系统返回的制冷剂先回到低压循环储液器内进行气液分离。

当前，在食品冷藏库的制冷系统中，氨泵供液系统对蒸发器的供液采用下进上出方式，这种方式的特点如下：

1）蒸发器与低压循环储液器的相对位置不受限制，适用性较强。

2）对蒸发器供液量的分配比较易于均匀，因而采用带集管的多通路式蒸发可以简化分液装置，节省调节流量的阀门。

3）低压循环储液器的容积、氨液再循环倍率和氨泵也可以小些。

4）融霜、排液和放油都比上进下出式要麻烦些。

5）停止向蒸发器供液后，蒸发管内的氨液仍能继续蒸发，所以有一定的“冷惰性”作用。这种“冷惰性”对库房温度的影响，一般均在允许的波动幅差以内，对维持库温的相对稳定有利，从而可以减少库温自控的动作频率。

5. 系统复杂性

氨系统由于一直无法找到合适的、与氨互溶的润滑油，需要大量的附件保证系统的回油和降低系统温度，导致系统复杂，需要大量现场安装工作，系统的质量很大程度上取决于安装队伍的素质。国内氨系统对库温的控制一般为全手动控制，根据操作人员对库温的观察，来确定开启或停止压缩机的台数。因为操作人员手动操作，需要依赖于操作人员的技术水平和责任心，所以这项工作对操作人员的素质要求非常高。氨系统要求 24h 有人值班并调整。

二、氨冷库制冷系统的种类和组成

按照向蒸发器的供液方式不同，氨制冷系统可分为重力供液系统和氨泵供液系统；按照压缩机的配置方式不同，氨制冷系统可分为单级压缩供液系统和双级压缩供液系统；按照制冷剂的蒸发温度不同，氨制冷系统可分为-15℃制冷系统、-28℃制冷系统和-33℃制冷系统等。

从工作原理上，氨冷库制冷系统包括供液系统、压缩系统、冷却水系统、融霜系统、排油系统、排除不凝性气体系统、安全泄氨系统等子系统，各子系统的作用简述如下。

1）供液系统是制冷系统的组成部分，它通过一定的方式将制冷剂液体送进蒸发系统，使蒸发器有足够的制冷剂液体汽化吸热。按供液方式的不同，供液系统有直接膨胀供液、重力供液和氨泵供液三种系统。氨冷库广泛采用的是氨泵供液系统。

2）压缩系统的作用是将从蒸发器中出来的低压低温制冷剂蒸气压缩转化为高压高温气体，经冷凝器换热后变成高压液体，以实现制冷循环。根据系统压缩级数的不同，压缩系统分为单级压缩系统和双级压缩系统。单级压缩系统指经过一次压缩从蒸发压力达到冷凝压力的系统，通常在制冷系统中有一台制冷压缩机或几台制冷压缩机并联使用。当冷库制冷系统经过一次压缩无法达到应有的冷凝压力时，就应考虑采用双级压缩形式。这样不仅能使制冷系统安全、经济地运行，还能延长制冷压缩机的使用寿命。

3）冷却水系统用于冷库制冷系统的水冷式冷凝器的散热，利用水来吸收冷凝器中制冷剂蒸气的热量。

4）融霜系统用于融化蒸发器表面的霜层，保持蒸发器的热交换效率。氨冷库通常采用人工扫霜、热氨融霜或水融霜进行除霜。热氨融霜一般用于冷藏间的光滑排管除霜，将氨油分离器的热氨排气引进光滑排管中，利用热氨冷凝所放出的热量，将排管表面的霜层融化。水融霜一般用于冷风机融霜，通过淋水装置向蒸发器表面淋水，使霜层被水流带来的热量融化，霜水从排水管排出。

5）排油系统的作用是把进入制冷系统中的润滑油送回压缩机曲轴箱或通过集油器排出系统外，保证制冷循环顺利进行。在氨制冷系统中，由于压缩机的排气温度比较高，往往会使润滑油轻度炭化，而且会有一定量的制冷剂成分及系统污物。所以各设备通过集油器放出的润滑油，需要经过抽除氨气、蒸发水分、过滤油污等处理才能重复使用。油分离器、冷凝器、高压储液器、中间冷却器等高压侧设备共用一个集油器排油，而低压循环储液器则通过低压集油器排油，不宜与高压侧放油共用集油器，以免由于操作失误或阀门关闭不严而引起“串压”。

6）排除不凝性气体系统的作用是将安装时残留或操作时渗入的，并积聚在系统高压侧的不凝性气体（如空气）排出系统，以维持制冷系统的正常冷凝压力。在氨制冷系统中设置空气分离器，把冷凝器、高压储液器中的不凝性气体与氨的混合物，由放空气管排入空气分离器处理后，不凝性气体从放空气阀排出。

7）安全泄氨系统的安全设备有安全阀、紧急泄氨器。安全阀安装在冷凝器、储液器、中间冷却器等压力容器上，以便产生意外事故时安全阀能自动顶开，保护制冷设备和人员的安全。紧急泄氨器用于氨制冷系统中，其功能是在遇到火警等事故时，迅速排除储液器中的氨液至安全处，以免发生重大事故。

三、制冷系统原理图图例

制冷系统原理图是布置制冷设备、安装管道的依据，用于表达整个制冷装置的构成和系统概况，图中的设备、管道、阀门、阀件等一目了然。为了能看懂制冷系统原理图中各种符号的含义，首先要熟悉图中常见的制冷管线、阀门及小件设备图例，见表2-4。

表 2-4　常见制冷管线、阀门及小件设备图例

序号	符号	名称	序号	符号	名称	序号	符号	名称
1	————	吸气管 回气管	8	—‖—‖—	均压管	15		安全阀
2	– – – – – –	排气管 热氨管	9		直通式 截止阀	16		电磁 止回阀
3	————	液体管	10		直角式 截止阀	17		旁通阀
4	——— - ———	排液管	11		节流阀	18	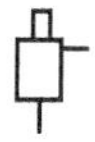	浮球 控制阀
5	—x—x—	放空 气管	12		止回阀	19	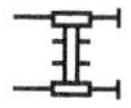	液位 指示器
6	—y—y—	放油管	13		电磁阀	20	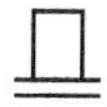	过滤器
7	—xx —xx—	安全管	14	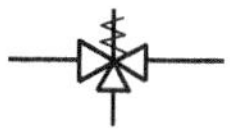	电磁 三通阀	21	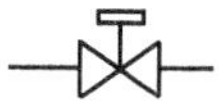	恒压阀

典型实例

下面以 10000t 氨冷库制冷系统（见图 A-1 和图 A-2）为例，将该系统分解为若干组成部分（子系统），分析该氨冷库各制冷子系统的组成及工作原理。

【实例 1】　识读氨泵供液系统原理图

氨泵供液系统是在氨冷库中利用氨泵加压向蒸发器输送低压氨液的一种供液系统，由低压循环储液器、氨泵和低压集油器组成，其供液原理如图 2-6 所示。

1. 低压氨液的储存与气液分离

低压循环储液器在氨泵供液系统中用于储存循环使用的低压氨液，同时又可以起气液分离作用。低压循环储液器的进液来自总调节站的高压饱和氨液、中间冷却器的过冷氨液、低压气体调节站的氨气液共存两相流，以及中间冷却器与热氨融霜排液调节站的排液。来自总调节站的高压饱和氨液、中间冷却器的过冷氨液经过过滤器、电磁主阀、节流阀后，进入低压循环储液器；来自中间冷却器与热氨融霜排液调节站的排液直接进入储液器内；来自低压气体调节站的氨气液共存两相流则在储液器内发生气液分离，分离出来的蒸气汇同节流产生的闪发气体被压缩机吸入，分离出来的液体则参与氨泵加压供液循环。

2. 氨泵的进液与出液

氨泵是氨泵供液系统中的强制供液设备，常用的氨泵有齿轮泵和离心泵两种类型。低压氨液从储液器侧面流出，经过过滤器，将混在液体中的脏物滤除，再进入氨泵。在氨泵的出液管上设有止回阀，可防止氨泵停止运行后因液柱静压作用，造成氨泵反转而损坏氨泵。设置在出液管上的液体旁通管，其截止阀是常开的。当蒸发系统需液量较小时，氨泵出液管压力增大到适当程度，会打开自动旁通阀，多余的液量经旁通管回流至低压循环储液器。氨泵泵体顶部有一根抽气管，与低压循环储液器回气管相连。在氨泵起动之前，打开抽气阀，便可将泵内的氨气排至低压循环储液器，确保氨泵正常起动运转。

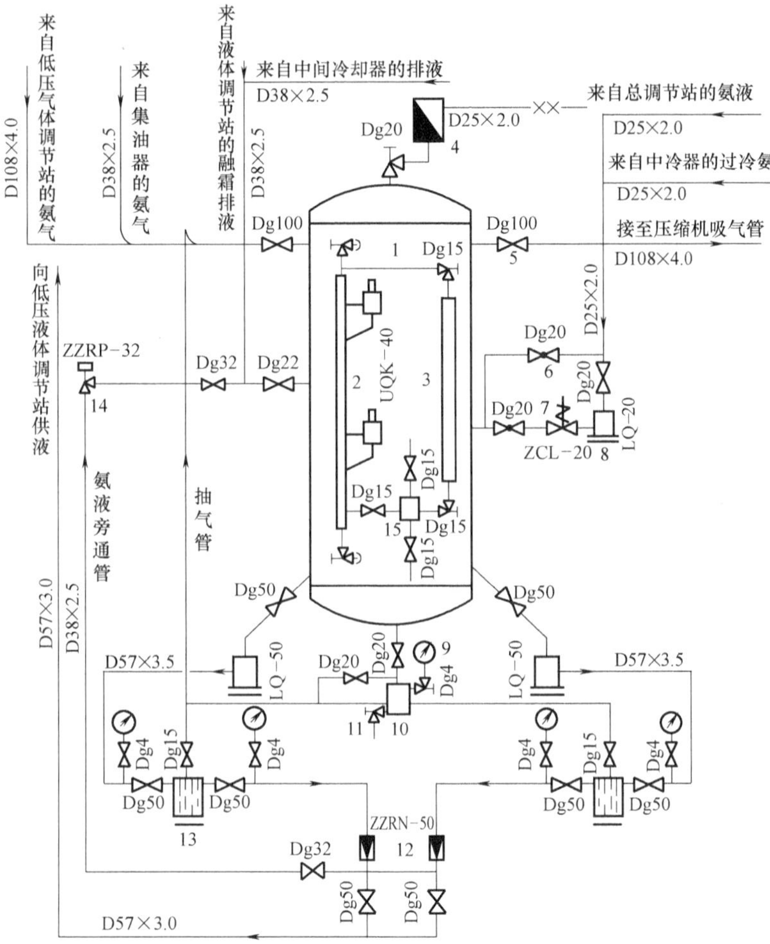

图 2-6　氨泵供液系统原理图

1—低压循环储液器　2—液位控制器　3—液位计　4—安全阀　5—截止阀　6—节流阀　7—电磁阀　8—过滤器　9—压力表　10—低压集油器　11—直角式截止阀　12—止回阀　13—氨泵　14—自动旁通阀　15—阀座

3. 低压循环储液器的液位控制与排油

低压循环储液器液面采用液体电磁阀和液位控制器实现自动控制。当储液器内液面处在正常液位下限时，液位控制器感应信号将电磁阀电源接通，打开阀门，向桶内供液；当储液器内液面达到正常液位上限时，则切断电磁阀电源，关闭阀门，停止供液。低压集油器装在低压循环储液器的底部，供储液器排油之用。集油器上部有一根抽气管与氨泵抽气管连通，排油后将抽气直通式截止阀打开，将集油器内的氨气排出至储液器。

【实例 2】　识读供液与回气、融霜与排液系统原理图

供液与回气、融霜与排液系统由低压液体调节站、低压气体调节站和蒸发排管组成，其系统原理图如图 2-7 所示。低压液体调节站设置在供液管路上，由供液集管（D108mm×4.0mm）和排液集管（D76mm×3.5mm）组成，集管上分别安装一排阀门，既可以实现对各组排管的均匀供液，又可以实现对某组排管的融霜排液，两者之间不会互相干扰。低压气体调节站设置在蒸发排管与低压循环储液器之间的回气管路上，由回气集管（D108mm×4.0mm）和热氨集管（D76mm×3.5mm）组成，集管上也分别安装一排阀门，既可以收集各组排管的回

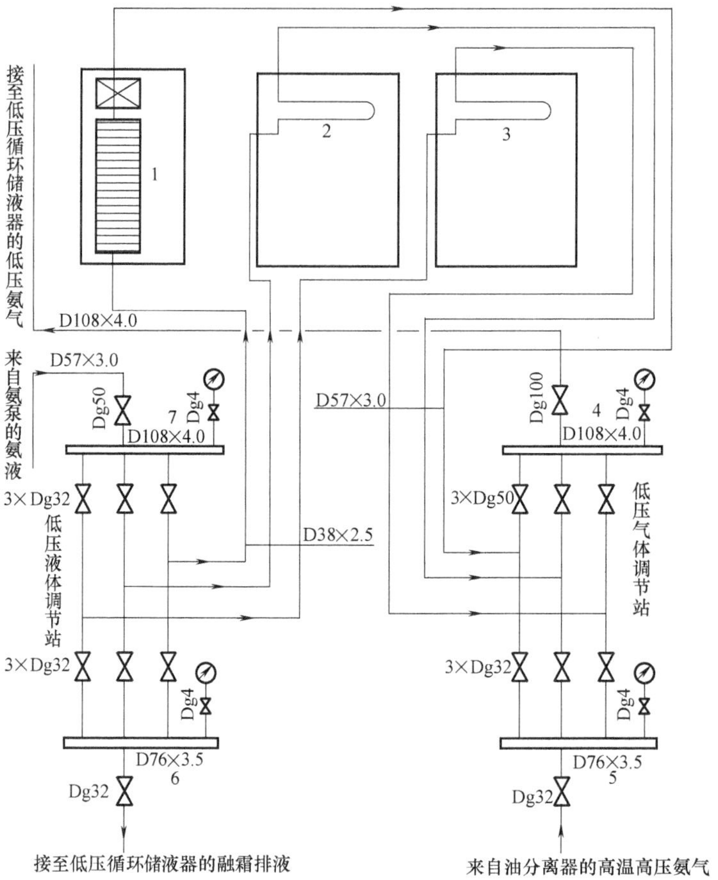

图 2-7 供液与回气、融霜与排液系统原理图

1—搁架式排管 2、3—双层 U 形顶排管 4—回气集管 5—热氨集管 6—排液集管 7—供液集管阀

气，又可以向某组排管输送热氨进行融霜，两者之间同样不会互相干扰。

1. 蒸发器的供液与回气

来自氨泵的氨液先被送至低压液体调节站，由供液集管再以 5~6 倍蒸发量的氨液分别向库房中的搁架式排管、双层 U 形顶排管供液，氨液在排管中吸热蒸发，形成气液两相流体，汇集于低压气体调节站，氨气液两相流体经回气集管被送至低压循环储液器的进气管。

2. 蒸发器的融霜与排液

冷库中，蒸发器表面的温度远低于库房空气温度和冷藏物表面温度，由于这个温差的存在，就导致水蒸气分压力差的存在。在这个水蒸气分压力差的作用下，库房空气和冷藏物表面的水分不断向蒸发器表面转移，并凝结为霜。蒸发器表面结霜后，导致热阻增加，传热系数下降，因此需要定期清除蒸发器表面的霜层。

对于冻结间的搁架式排管和冷藏间的墙顶排管，一般采用人工扫霜和热氨融霜相结合的方法。平时以人工扫霜为主，简单易行，不易引起库房温度的波动。而隔一段时间进行热氨融霜，不仅可以融化人工扫霜难以清除的结冰霜层，还可以清除蒸发器内的积油和污物。

某组排管融霜前，切断低压液体调节站供液集管的该组排管的供液阀门，并将该组排管内的剩余液氨排出。融霜时，打开低压气体调节站热氨集管的该组排管的热氨阀门，将来自油分离器的热氨引进该组排管中，使排管外的霜层吸热融化脱离；排管内的热氨放出热量成为氨液，氨液连同排管内的积油和污物从低压液体调节站的排液集管排入低压循环储液器。

【实例 3】 识读压缩系统原理图

1. 认识单级压缩系统

单级压缩指经过一次压缩从蒸发压力达到冷凝压力，通常在制冷系统中只有一台制冷压缩机或几台制冷压缩机并联使用。确定系统压缩级数的主要根据是压力比值。选用活塞式氨压缩机时，当冷凝压力与蒸发压力的比值小于或等于 8 时，应采用单级压缩。氟系统当冷凝压力与蒸发压力的比值小于或等于 10 时，采用单级压缩。

2. 认识双级压缩系统

当冷库制冷系统的冷凝压力与蒸发压力的比值超出单级压缩要求，如氨系统冷凝压力与蒸发压力的比值大于 8，氟系统冷凝压力与蒸发压力的比值大于 10 时，就应考虑采用双级压缩形式。这样不仅可使制冷系统安全、经济地运行，还能延长制冷压缩机的使用寿命。双级压缩制冷系统有采用配组式双级压缩形式，也有采用单机双级压缩形式。

3. 识读混合式压缩系统

实际上，绝大多数冷库都是使用既有单级压缩又有双级压缩的制冷系统，其压缩机与蒸发系统的配连方案，除考虑单级、双级各自的灵活性外，还应在单、双级系统之间考虑不同系统的相互替代。混合式压缩系统由单级压缩机、双级压缩机、油分离器和中间冷却器组成，其压缩原理如图 2-8 所示。一般在压缩机和冷凝器之间设置油分离器，防止压缩机排出的润滑油大量进入系统，影响系统制冷效果。中间冷却器用于双级压缩制冷系统，其作用是使低压级排出的过热蒸气被冷却到与中间压力相对应的饱和温度，以及使冷凝器后的饱和液体被冷却到设计规定的过冷温度。为了达到这个目的，可向中间冷凝器供液，使之在中间压力下蒸发，吸收低压级排出的过热蒸气与高压饱和液体所需要移去的热量。

对于单级压缩系统，由低压循环储液器来的低温低压氨气，经回气总管被单级压缩机吸入并压缩成高温高压过热氨气，先经过油分离器分离。分离出来的润滑油沉积在油分离器底部，定期打开放油阀向集油器排油。分离出来的过热氨气则流进冷凝器，凝结成高压氨液，然后流进高压储液器中。

在双级压缩系统中，从低压循环储液器来的低温低压氨气由双级压缩机低压级吸入，经压缩成为中压过热氨气并排至中间冷却器进行冷却，冷却后的中压氨气由压缩机高压级吸入，经过压缩成为高压过热氨气，高压过热氨气经油分离器进行润滑油的分离。

氨双级压缩系统普遍采用中间完全冷却系统。由总调节站供应的高压饱和氨液，其中少量氨液经过液体电磁主阀和节流阀进入桶体内，吸收中压过热氨气的热量后，这部分氨液中大部分蒸发为氨气，连同冷却后的中压氨气被压缩机高压级吸入；余下大部分氨液与来自总调节站的高压饱和氨液混合后，经过滤器、电磁主阀、节流阀进入低压循环储液器。中间冷却器的液面一般采用液体电磁主阀和液位控制器实现自动控制，使其液面保持在正常的液位范围内，液位过高容易引起压缩机高压级湿行程；液位过低会使压缩机高压级吸气过热，造成排气温度过高。

中间冷却器顶部安装安全阀，当桶体内压力超过允许压力时，安全阀自动打开，并通过安全管向外排出超压部分的氨气，确保安全。中间冷却器底部安装放油管，用于定期把桶体底部的润滑油排放至集油器。

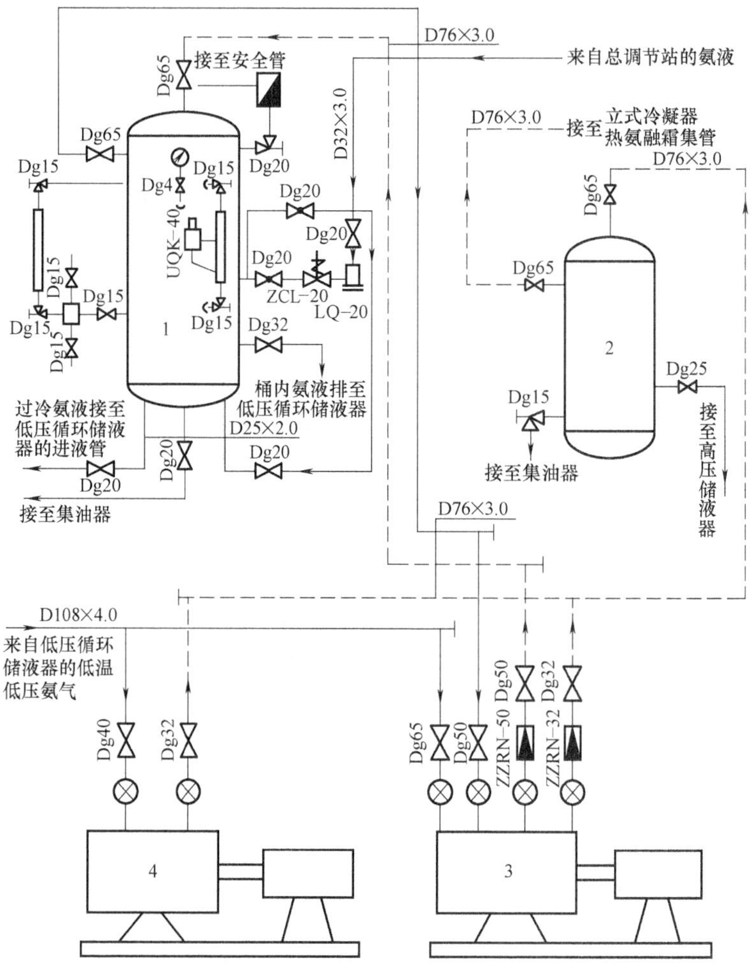

图 2-8　混合式压缩系统的工作原理

1—中间冷却器　2—油分离器　3—双级压缩机　4—单级压缩机

【实例 4】　识读冷凝、储液与供液调节系统原理图

冷凝、储液与供液调节系统由立式冷凝器、高压储液器、总调节站和加氨站组成，其系统原理图如图 2-9 所示。

1. 识读冷凝系统

冷凝器是一个制冷剂向外放热的热交换器。来自油分离器的高压过热氨气从立式冷凝器上部进入冷凝器内，冷凝成高压液体，然后从冷凝器下部流出，进入高压储液器中储存。

冷凝器上部安装安全阀，当冷凝器内压力超过允许压力时，安全阀自动打开，并通过安全管向外排出超压部分的氨气，以防发生事故。冷凝器底部安装放油管，用于定期把冷凝器底部的润滑油排放至集油器。

冷凝器上部和下部安装放空气阀，通过排放空气管排放不凝性气体至空气分离器。

冷凝器与高压储液器之间安装气体均压管，用于保持彼此液面均衡，克服运行期间出现的冷凝压力变动，以及储液器内压力有稍高于冷凝压力的可能，并克服液体管道的流动阻力，以便冷凝氨液能依靠重力很快流到储液器中。

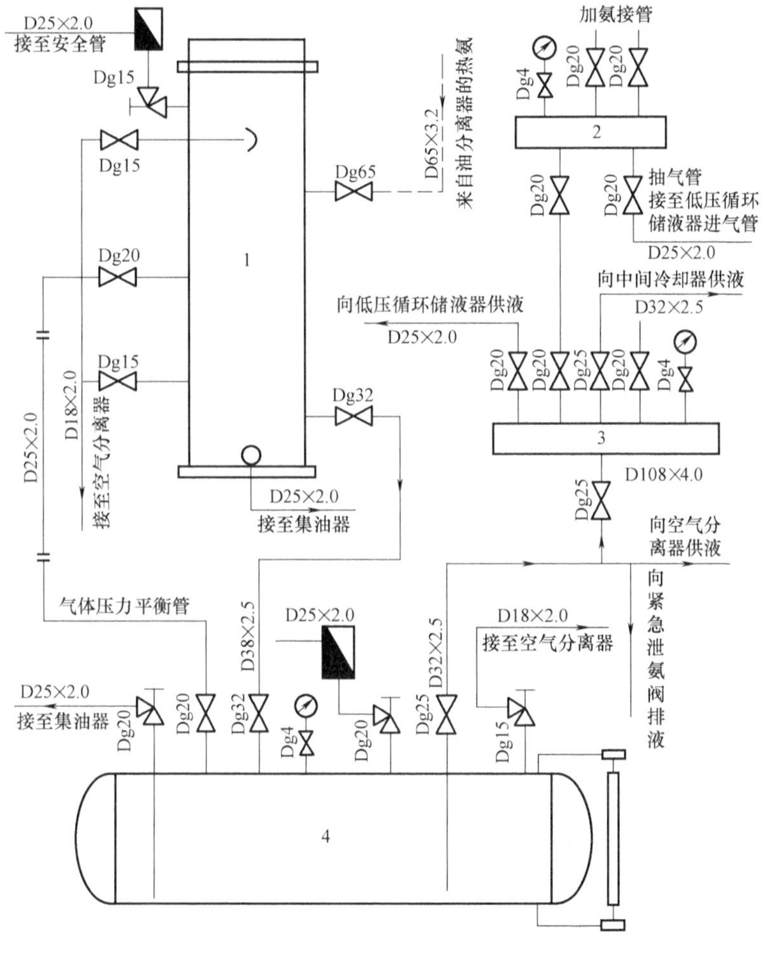

图 2-9 冷凝、储液与供液调节系统原理图

1—立式冷凝器 2—加氨站 3—总调节站 4—高压储液器

2. 识读储液系统

高压储液器用于储存由冷凝器来的高压制冷剂液体，以适应冷负荷变化时调节系统制冷剂的循环量，并减小系统内补充制冷剂的次数，起高、低压间液封的作用，防止高、低压间串通。储液器出液口设在上部，连接一根伸到储液器底部的输液管，在工况变化时能保证向总调节站供液。供液管还连接紧急泄氨器和空气分离器。

储液器上部安装安全阀，当储液器内压力超过允许压力时，安全阀自动打开，并通过安全管向外排出超压部分的氨气，以防发生事故。储液器上部还安装有放油管，放油管插入储液器底部，用于定期把储液器底部的润滑油排放至集油器。

储液器上部安装有放空气阀，通过排放空气管排放不凝性气体至空气分离器。

高压储液器的液位计安装在储液器一侧，用于指示储液量，其液位高度一般不超过桶体直径的 80%。

3. 识读高压液体调节与加氨系统

总调节站由高压液体集管（D108mm×4.0mm）和一排阀门组成，用于集中调节低压循环储液器和中间冷却器等设备的氨液分配。接入总调节站的进液管，有来自高压储液器的高压供液管，也有来自加氨站的液管。总调节站的接出管分别是接至低压循环储液器和中间冷却器的供液管。

当高压储液器、低压循环储液器或中间冷却器的液位降至下限时，可通过加氨站补充足够的氨液。加氨操作完毕，打开接至加氨站的抽气阀，把加氨站中的剩余氨气抽到低压循环储液器中。

【实例5】 识读冷却水系统原理图

冷却水系统用于制冷系统的水冷式冷凝器的散热，利用水来吸收冷凝器中制冷剂蒸气的热量。通常冷却水系统由水冷式冷凝器、冷却塔、循环水泵和水池组成。根据水源条件、冷凝器类型和用途不同，冷却水系统有不同的布置方案。

1. 识读立式冷凝器冷却水系统布置方案

如图2-10所示，该方案只需一个水池、一个循环水泵，冷却塔布置在立式冷凝器的上方，冷却水从冷凝器顶部的配水箱流入换热管中，并在重力作用下以螺旋线状沿管道内表面成膜层自上而下，与管外过热氨气换热后流入水池，水再由水泵送上冷却塔冷却后，循环使用。

2. 识读综合循环冷却水系统布置方案

如图2-11所示，该方案中，冷凝器冷却水、压缩机气缸套冷却水和冷风机融霜用水共用一个水池，实现综合循环用水，耗水量较小，是较好的冷却水系统布置方案。

3. 识读蒸发式冷凝器冷却水系统

该系统如图2-12所示，蒸发式冷凝器主要由换热盘管、冷却水循环系统和风机三个部分组成。该设备自带的冷却水循环系统由挡水板、喷嘴、循环水泵、过滤网、水池、浮球阀组成。水池中的冷却水用循环水泵送至喷淋管，经喷嘴喷淋在换热盘管的外表面上形成一层水膜。水受热后一部分变成蒸汽由空气带走，未蒸发的喷淋水落入下面的水池中，经水泵再送至喷嘴循环使用。水池中有浮球阀调节补充水量，使之保持一定的水位。

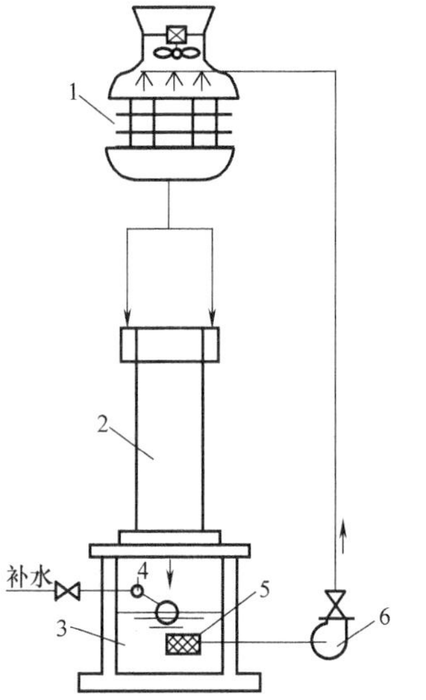

图2-10　立式冷凝器冷却水系统原理图

1—冷却塔　2—立式冷凝器　3—水池　4—浮球阀　5—过滤网　6—冷却水泵

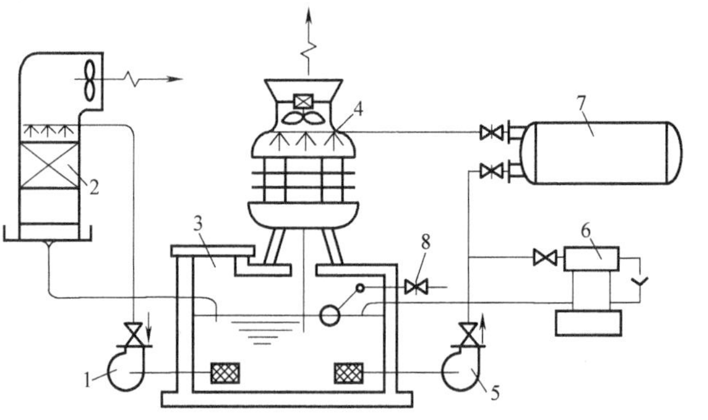

图2-11　综合循环冷却水系统原理图

1—融霜水泵　2—冷风机　3—水池　4—冷却塔　5—冷却水泵　6—压缩机　7—卧式冷凝器　8—补水阀

蒸发式冷凝器利用水的蒸发潜热，以环境干空气为媒介，以环境湿球温度为温差进行热交换，具有传热温差大、换热充分等特点。采用低扬程、小功率、大流量的循环水泵，使运行费用大大降低。采用了风机强制吹风降温，冷凝水热量散发快，水温度低，制冷机排气压力降低，冷凝效率大大提高，并大大降低了电耗及水耗能量。

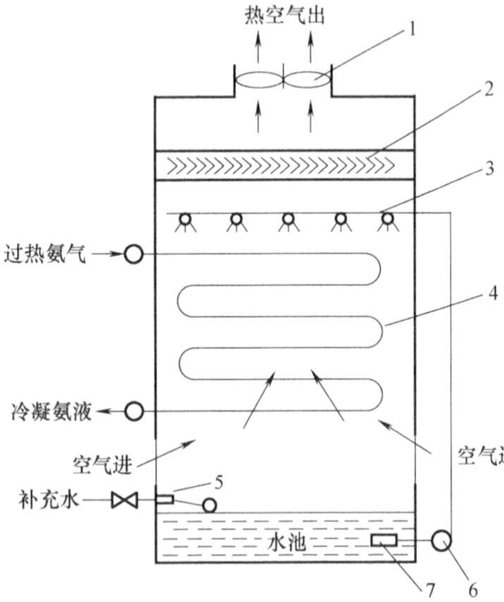

图 2-12　蒸发式冷凝器冷却水系统原理图

1—风机　2—挡水板　3—喷嘴　4—换热盘管　5—浮球阀　6—循环水泵　7—过滤网

【实例 6】　识读排油与不凝性气体排放系统原理图

1. 识读氨制冷系统排油系统原理图

图 2-13 所示为制冷系统中高压侧设备共用的润滑油排放系统（排油系统），来自油分离器、冷凝器、高压储液器和中间冷却器的润滑油通过放油管道，进入集油器，定期打开排油直角式截止阀，排放系统的润滑油。排油后，打开集油器顶部的直角式截止阀，把集油器中的氨气抽回低压循环储液器。

2. 识读氨制冷系统不凝性气体排放系统原理图

空气分离器是排放制冷系统中不凝性气体（主要是空气）并同时回收制冷剂的制冷剂净化设备。它通常只是在大中型的制冷装置中使用，因为大中型的制冷装置中不凝性气体的数量较多。常用的空气分离器有两种结构形式：一种是立式空气分离器，另一种是卧式空气分离器。图 2-14 所示为卧式空气分离器排放不凝性气体系统原理图。

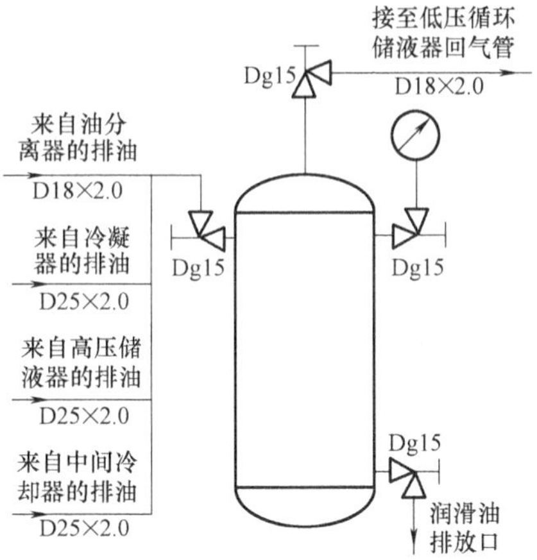

图 2-13　排油系统原理图

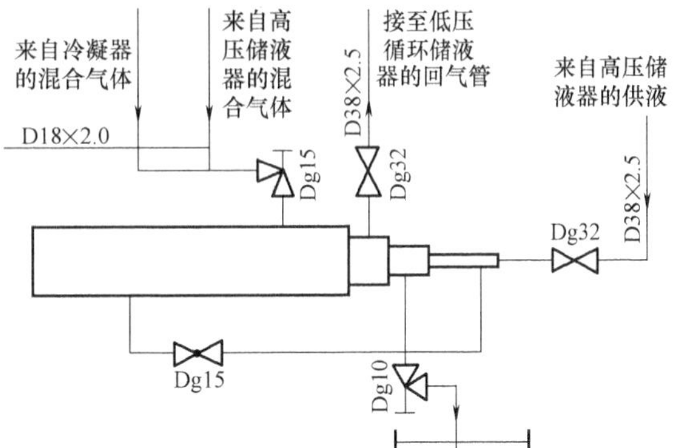

图 2-14　不凝性气体排放系统原理图

卧式空气分离器由四根直径不同的无缝钢管焊接而成，它的第一夹层（即最外夹层）与第三夹层相通，第二夹层与第四夹层（即最里夹层）相通，从高压储液器来的氨液经节流阀节流后进入内管，然后再进入第二夹层；来自高压储液器和冷凝器的混合气体进入第一夹层和第三夹层，低温的氨液经传热管壁吸收混合气体的热量而蒸发，蒸发的气体经回气管去低压循环储液器。混合气体则在较高的冷凝压力和较低的蒸发温度下被冷却，其中的氨蒸气被冷凝为液体，并流到空气分离器的底部，通过节流阀节流后，送往空气分离器的第四夹层供使用。空气等不凝性气体通过放空气管排放至水中，从水中气泡的大小和多少可以判断系统中的空气是否已放尽。当系统中的空气已基本放净时，水中便不再有大的气泡。

【实例 7】 识读安全泄氨系统原理图

氨冷库中安全泄氨系统如图 2-15 所示。氨制冷装置中压力容器如冷凝器、高压储液器、中间冷却器、低压循环储液器上均应安装安全阀，以便发生意外事故时安全阀能自动顶开，把系统中的氨通过安全管排至机房上空，保护制冷装置及人员安全。

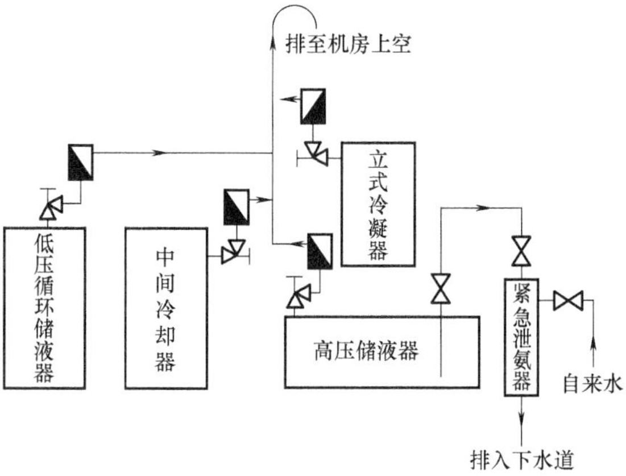

图 2-15 安全泄氨系统原理图

紧急泄氨器用于大中型氨制冷系统中，其作用是遇有火警等事故时，迅速排出容器中的氨液至安全处，以免发生重大事故。紧急泄氨器上部设有一个氨液入口和一个清水入口，发生事故时，先打开水阀，再打开泄氨阀，使氨液与水混合并溶解，最后把氨水排入专用水池。

单元练习

一、填空题（将正确答案填写在横线上）

1. 氟利昂制冷系统中的回油问题很关键，应从________、__________及__________等方面采取相应的措施。

2. 为了满足氟利昂制冷系统的回油要求和供液均匀的问题，一般都采用有利于系统回油的________供液方式，并辅以__________________________上采取措施使其均匀供液。

3. 用来储存供给蒸发器的液体制冷剂的存储和收集设备是____________________。

4. 在氨制冷系统中，氨泵供液系统对蒸发器的供液采用______________方式，这种方式具有适应性较强、供液易于均匀等特点。

5. 压缩系统的作用是将从蒸发器中出来的低压低温制冷剂蒸气压缩转化为______________，经冷凝器换热后变成____________，以实现制冷循环。

二、单项选择题（在每小题的四个选项中，选出一个正确的，并将答案的序号填写在括号内）

1. 下列机组中，属于半封闭压缩机组的是（　　）。

A

B

C

D

2. 关于冷库排管的描述错误的是（　　）。

A. 冷库排管分为立管式排管、U 形顶排管、蛇形盘管和搁架式排管四种

B. 排管是依靠冷空气自然对流而达到冷却空气的目的的

C. 因管片距大，排管上结的霜对空气对流影响不大，可起蓄能作用

D. 因冷空气自然对流，蒸发温度与库温相差小，冷却速度慢，所以干耗多

3. 下列图中的制冷部件，用于自动控制制冷剂的液体管路、吸气管路和热蒸气管路通断的是（　　）。

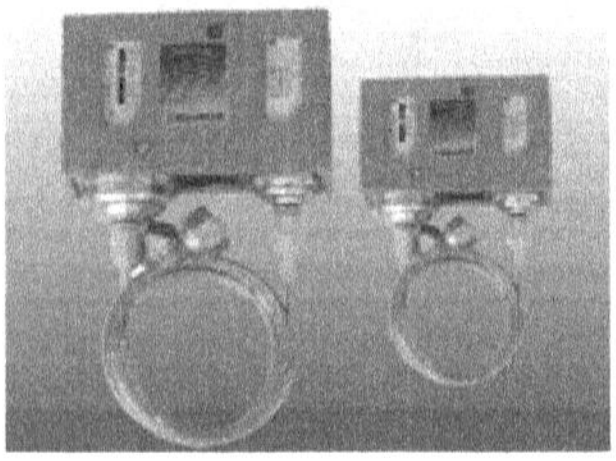
A

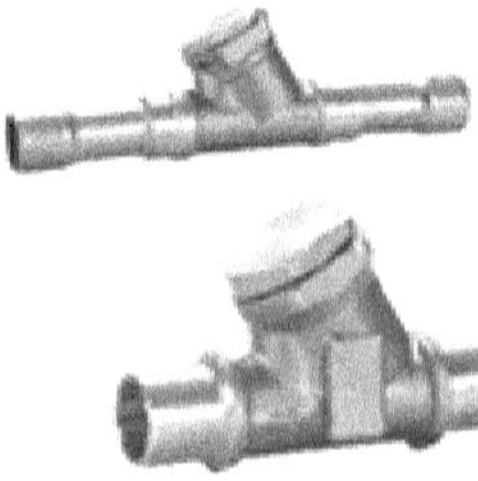
B

C

D

4. 在图 2-6 所示的氨泵供液系统原理图中，设备或部件 7 的作用是（　　）。

A. 把高压氨液压力降低变为低压氨液

B. 控制进入低压循环储液器的氨液流量

C. 把氨液压力升高变为高压氨液

D. 与液位控制器一起对低压循环储液器液面进行自动控制

5. 在图 2-6 所示的氨泵供液系统原理图中，下列（　　）设备或部件需要抽气。

A. 低压循环储液器和过滤器　　B. 氨泵和低压集油器

C. 氨泵和过滤器　　D. 液位控制器和过滤器

三、判断题（正确的在括号内画“√”，错误的画“×”）

1. 氟利昂制冷系统采用了回热循环后，能使膨胀前的制冷剂具有较大过热度，同时使回气管中制冷剂得到过冷。（　　）

2. 因为冷风机具有结构紧凑、重量轻、不占用冷库使用面积、库温均匀、效率高等优点，可使冷库内储藏的食品迅速降温，因此冷风机的冷藏效果比排管好。（　　）

3. 氟系统当冷凝压力与蒸发压力的比值小于或等于 10 时，采用单级压缩。（　　）

4. 在氨系统中广泛采用氨泵供液形式，对蒸发系统实行强制供液，供液采用上进下出方式。（　　）

5. 在氨系统中设置低压循环储液器的原因主要是，库房蒸发器为满液式，蒸发器内制冷剂处于两相流动，从蒸发系统返回的制冷剂液体含量较多。（　　）

四、简答题

1. 在氟利昂制冷系统中普遍应用回热循环的作用是什么？

2. 如何根据压力比值来确定制冷系统的压缩级数？

单元三

冷库控制系统与能量调节的认识

内容框架

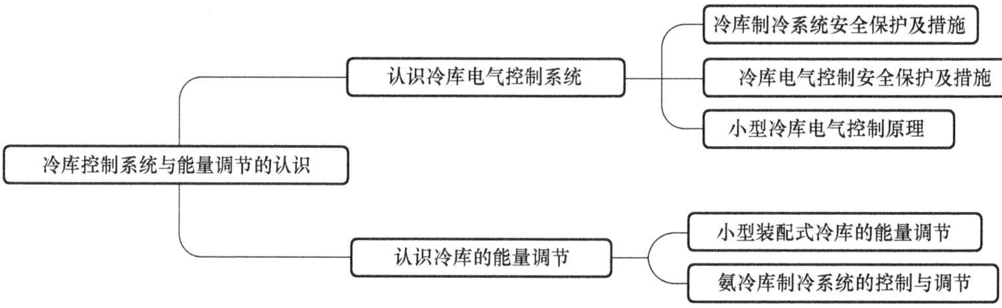

学习引导

目的与要求

1. 会分析冷库制冷系统安全保护及其措施。
2. 会分析冷库电气控制系统安全保护及其措施。
3. 会分析制冷系统能量调节方式。
4. 能识读冷库电气控制电路原理图，并能分析其工作过程。

重点与难点

难点：分析冷库安全保护及其措施，分析冷库电气控制电路原理，分析制冷系统能量调节方式。

重点：分析冷库制冷系统及电气控制系统安全保护及其措施，识读冷库电气控制电路原理图。

课题一 冷库电气控制系统的认识

相关知识

为了使冷库正常、安全工作并达到所要求的工艺指标，需要按照制冷工艺要求对各种制冷设备进行起动、停止操作，并对各类热工参数进行调节，如温度、湿度、压力、流量和液位调节等，因此需要对冷库制冷系统进行控制与调节。冷库基本的控制与调节系统包括冷库制冷系统安全保护和冷库电气控制，大中型冷库控制与调节系统还包括制冷回路控制、制冷机组自动起停程序控制和压缩机能量调节。

一、冷库制冷系统安全保护

制冷系统安全保护系统是冷库控制与调节的必要部分，是保护设备与人身安全的重要措施。制冷系统安全保护包括压力容器安全旁通、压缩机安全保护、氨泵安全保护、液位超高保护、冷凝器断水保护等。

1. 压力容器安全旁通

为了确保安全，冷库制冷系统需要安装一些安全器件，如安全阀、易熔塞、紧急泄氨器等。安全阀安装在制冷系统高压侧的冷凝器、储液器上，当容器内压力高于开启压力（对于 R22 和 R717 容器为 1.8MPa）时，安全阀能自动顶开。易熔塞主要用于小型氟利昂制冷装置或不满 $1m^3$ 的容器上，可代替安全阀，当容器内压力、温度骤然升高，且温度高到一定值时，易熔塞通道内合金熔化（熔点为 75℃左右），制冷剂即被排出。紧急泄氨器用于大中型氨制冷系统中，用于遇有火灾、地震等事故时，迅速排出容器中的氨液至安全处。

2. 压缩机安全保护

为了保证制冷压缩机的安全运行，必须对压缩机高低压、油压、排气温度、油温和气缸冷却水套断水进行保护。压缩机安全保护措施见表 3-1。

表 3-1　压缩机安全保护措施

保护名称	保护器件	保护原理
高低压保护	压力控制器（如 KD、YWK 系列高低压控制器）	当压缩机排气压力高于设定值（对于 R22 和 R717 系统通常取 1.6MPa）或者吸气压力低于设定值（一般比蒸发温度低 5℃所对应的饱和压力）时，压力控制器的微动开关动作，切断压缩机电路电源，使压缩机停机
油压保护	压差控制器（如 JC3.5、CWK 系列压差控制器）	当液压泵出口压力与压缩机曲轴箱压力差降至设定值（一般情况下，无卸荷的压缩机为 0.05~0.15MPa，有卸荷的压缩机为 0.15~0.3MPa）时，压差控制器发出信号，切断压缩机电路电源，使压缩机停止运行
排气温度超高保护	温度控制器（如 WTZK 系列温度控制器）	将温度控制器的感温包贴靠在靠近压缩机排气口的排气管上，当排气温度超过设定值（一般为 140℃）时，温度控制器动作，指令压缩机做事故停机并报警
油温保护	温度控制器、曲轴箱加热器	将温度控制器的感温包放置在压缩机曲轴箱润滑油内，油温保护设定值为 70℃。对于氟利昂制冷系统，要在曲轴箱内装加热器，用于加热润滑油，将溶于油中的制冷剂蒸发出来，确保压缩机正常起动。无论是在起动加热还是在压缩机正常工作时，均不能超过 70℃这个油温保护设定值
气缸冷却水套断水保护	晶体管水流继电器	在大型氨制冷活塞式压缩机中，通常在气缸上部设冷却水套，以降低气缸上部的温度，避免气缸因温度过高而变形造成事故。在水套出水管安装一对电触点，有水流过时，电触点被水接通，继电器使压缩机可以起动或维持正常运行；没有水流过时，电触点不通，压缩机无法起动或执行故障性停机

3. 氨泵安全保护

为了保护氨泵，解决氨泵流量过小、因气蚀现象不上液而采取相应的保护措施有欠电压保护、防止气蚀、流量旁通、防止氨泵出口氨液倒流等。氨泵安全保护措施见表 3-2。

表 3-2 氨泵安全保护措施

保护名称	保护器件	保护原理
欠电压保护	压差控制器（如CWK-11 压差控制器）	氨泵不上液或因气蚀而空转时，氨泵的进出口压差很小或为零，这种状态称为欠电压或无电压运行。氨泵欠电压运行时，氨液流量很小，对于靠氨液来润滑轴承和冷却电动机的氨泵来说，断液时间一长，轴承和电动机就可能烧毁。当实际工作压差小于压差控制器设定值（一般调至0.04~0.06MPa）下限时，压差控制器即发出指令，开始延时和抽气，如果在设置的延时时间（屏蔽泵为8~10s，离心泵为10~15s，齿轮泵为30~50s）内不能建立正常压差，会及时停止氨泵运行，同时发出声光报警信号
防止气蚀	抽气电磁阀（如ZCL-20 电磁阀）接触器 压差控制器	当氨泵较长时间停止运行后，在氨泵内有可能产生氨蒸气，使氨泵出现气蚀现象而不能正常运行。在氨泵的顶部与低压循环储液器的上部进气管之间设置一个抽气电磁阀，此阀受氨泵起动接触器和压差控制器控制，一旦氨泵进出口压差小于设定值（一般调至0.04~0.06MPa）下限时，压差控制器即发出延时指令，同时指令抽气电磁阀打开抽气。在延时时间内，如果压差升至压差控制器设置的上限值，抽气电磁阀就自动关闭，氨泵正常运行，否则氨泵就停止运行，抽气电磁阀也关闭，并发出声光报警信号
流量旁通	旁通阀（如ZZRP-32 旁通阀）	在冷库中，一台氨泵往往同时向几个冷间蒸发器供液，在冷间温度下降至设定值下限时，便逐个关闭供液电磁阀，停止向蒸发器供液降温，到最后必然出现一台氨泵只向一两个冷间供液的情况。此时，氨泵供液量超过合理的循环倍数（液体循环倍数为供液总量与蒸发总量之比，对于自然对流的空气冷却器，其合理的循环倍数为3~4倍；对于强制对流的空气冷却器，其合理的循环倍数为5~6倍），泵压较高，反而不利于降温。因此，需要在氨泵出口与低压循环储液器的排液进口管之间设置一个旁通阀（如ZZRP-32 旁通阀），并调定一定的旁通压力。当氨泵的排出压力超过此调定值时，旁通阀自动打开，将一部分氨液排至低压循环储液器中，这样氨压就能控制在合适的范围内
防止氨泵出口氨液倒流	止回阀（如ZZRN-50 止回阀）	为了防止氨泵停止运行时氨泵出液管内的氨液倒流，特别是防止多台氨泵并联使用时，氨液相互串流的现象出现，每台氨泵的出液管上均装设一个止回阀

4. 其他设备的安全保护措施

其他设备的安全保护措施见表3-3。

表 3-3 其他设备的安全保护措施

保护名称	保护器件	保护原理
液位超高保护	液位控制器（如UQK-40 电感式液位控制器） 电磁阀（如ZCL-32YB 电磁主阀）	冷库制冷系统中的一些设备（如自由液面蒸发器、中间冷却器、高压储液器、低压循环储液器等）需要保持一定的液位，以保证系统能正常供液，液位控制一般通过液位控制器和电磁阀来实现。有些液位控制器除起到液位控制的作用外，还起着液位指示和安全报警作用
冷凝器断水保护	流量开关或压力控制器（如YWK-11 压力控制器）	当冷却水系统的水量不足或缺水时，会导致冷凝压力过高或冷却水泵空转，此时安装在冷却水泵止回阀后的流量开关或压力控制器发出断水信号并报警，从而保护冷却水泵和压缩机的运行安全

二、冷库电气控制安全保护

冷库电气控制是通过电气控制线路实现的。一个完整的冷库电气控制线路除了要按工艺要求起动与停止压缩机、冷风机、氨泵、冷却水泵、融霜电热器等设备外，还要能实现温度、压力、液位等参数的控制与调节，并且必须具备短路保护、失电压保护（零电压保护）、断相保护、设备过负荷保护等保护功能，同时还能反映制冷系统工作状况，进行事故报警，并指示故障原因。冷库电气控制安全保护措施见表3-4。

表 3-4　冷库电气控制安全保护措施

保护名称	保护器件	保护原理
短路保护	断路器或熔断器	短路保护是指当电动机或其他电器、电路发生短路事故时，电路本身具有迅速切断电源的保护能力。当电动机或其他电器、电路发生短路事故时，电力电流剧增很多倍，熔断器很快熔断或断路器自动跳闸，使电路和电源隔离，达到保护的目的
失电压保护（零电压保护）	接触器起动按钮	失电压保护（零电压保护）是指当电源突然断电，电动机或其他电器停机后，若电源又突然恢复供电时，电动机或其他电器不会自行通电起动的保护能力。在制冷系统电气控制电路中，凡是具有互锁环节的电路，就有失电压保护作用。接触器常开触点与起动按钮并联构成了互锁环节，达到了失电压保护的目的
断相与相序保护	断相与相序保护器	断相保护是指能在三相交流电动机的任一相工作电源缺少时，及时切断电动机的工作电源，可防止电动机因断相运行而导致线圈过热损坏的保护；相序保护是指被保护线路的电源输入相序错，立即切断电动机的工作电源，可防止电动机反相运行的保护
设备过负荷保护	电动机综合保护器或热继电器	过负荷保护是指当电动机或其他电器超负荷时，在一定时间内及时切断主电源电路的保护

三、小型冷库的电气控制

小型冷库的被控制设备不多，控制器件也不多，控制原理相对简单。一般小型冷库的被控制设备主要有压缩机、冷风机、化霜器、曲轴箱加热器、冷却水泵、指示灯等，控制器件主要有断路器、微机温控器、交流接触器、过热继电器、电动机综合保护器等，这些控制器件集中安装在电控箱内。使用冷库电控器来控制小型冷库的运行，有“自动”和“手动”两种工作方式。自动运行模式是将电控箱内的全部开关置于“自动”位置，冷库将按照预先设置的参数自动运行；手动工作模式则是将电控箱内的全部开关置于中间位置，分别调整压缩机、冷风机、化霜器选择开关至“手动”位置，以实现手动对压缩机、冷风机及化霜器的控制。

采用微机温控器的冷库电控箱的电气控制框图如图 3-1 所示，MTC-5060 微机温控器显示与操作面板如图 3-2 所示。通过微机温控器操作界面的按键，可设置和查询库温、机组运行参数，也可独立进行强制制冷、强制化霜操作。库温传感器和化霜传感器将实时输入当前

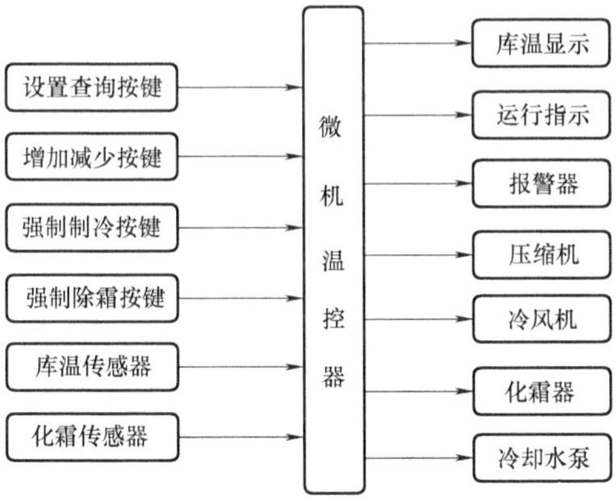

图 3-1　冷库电控箱的电气控制框图

图 3-2　MTC-5060 微机温控器显示与操作面板

库温和当前化霜器温度，以控制机组的运行状态。微机温控器通过对操作信号和温度信号的处理，将执行相应的动作，如压缩机起动和停机、冷风机起动和停机、化霜器起动和结束、报警输出等，同时运行指示灯状态发生相应的变化。若传感器发生故障，则在显示屏上显示相应的故障码。

典型实例

【实例1】 分析小型装配式冷库制冷系统的安全保护

1. 识读制冷系统原理图

图3-3所示为小型装配式冷库制冷系统原理图，图中是由一台压缩冷凝机组（包括压缩机、冷凝器和冷凝风机）、一台低温库冷风机、一台高温库冷风机和一台储液器组成的制冷系统。

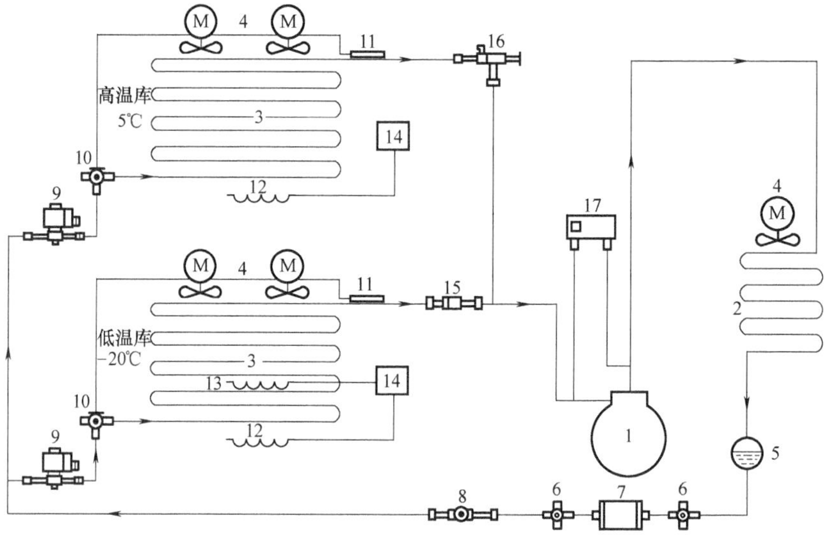

图3-3 小型装配式冷库制冷系统原理图

1—压缩机 2—冷凝器 3—冷风机 4—风机 5—储液器 6—截止阀 7—干燥过滤器 8—视液镜
9—电磁阀 10—热力膨胀阀 11—热力膨胀阀感温包 12—库温传感器 13—化霜传感器
14—微机温控器 15—止回阀 16—蒸发压力调节阀 17—压差控制器

制冷剂液体经干燥过滤器流到热力膨胀阀向高低温库供液，在每个热力膨胀阀前，装有电磁阀，由温度控制器分别控制。温度控制器根据感温包处的温度来开关电磁阀。从低温库蒸发器来的吸气管路上装有止回阀，此阀在压缩机停止运行期间，可以防止制冷剂回流到低温库蒸发器。从高温库蒸发器来的吸气管路上装有蒸发压力调节阀，可维持蒸发压力固定在冷藏室所需温度。压差控制器是一台高低压组合控制器，可防止压缩机吸气压力过低或排气压力过高，从而保护制冷装置。

2. 分析制冷系统的安全保护

为了使制冷系统安全正常地工作，在冷库的电气控制系统和制冷系统中设置了一些必要的安全保护措施，如电路保护、设备过负荷保护、压力保护、温度保护等，见表3-5。

表 3-5 小型装配式冷库的主要安全保护措施

安全保护名称	安全保护目的	安全保护措施
短路保护	当电动机或其他电器、电路发生短路事故时，电路本身迅速切断电源，防止事故扩大	当电动机或其他电器、电路发生短路事故时，电力电流剧增很多倍，熔断器很快熔断或断路器自动跳闸，使电路和电源隔离，达到保护目的
电动机断相与过负荷保护	在三相交流电动机的任一相工作电源缺少、三相电流过低或电动机超负荷时，及时切断电动机的工作电源，保护电动机	在电控箱中安装电动机综合保护器，设置有断相、电流过负荷的保护功能
压缩机过热保护	当某种原因造成电动机线圈热量增加而又不能良好地冷却时，线圈热量就会积累性地增加，严重时就会烧毁线圈。电子保护器件能有效地保证电动机在正常温升下运行	压缩机为半封闭压缩机时，其电动机线圈设在低压侧，正常情况下，线圈运行产生的热量被低压工质气体冷却。电子保护器设在压缩机接线盒内，当线圈温度达到限制值时，电子保护器就会经中间继电器切断压缩机电源，使压缩机停止运转
化霜器过热保护	控制融霜加热器的加热温度，防止冷风机内蒸发盘管温度过高，从而维持库房温度的稳定	执行化霜程序时，融霜加热器通电发热，融化冷风机（蒸发器）内的结霜，霜水经管道流出库外。融霜加热器放出的热量使蒸发器内的温度上升，此时如果除霜继电器仍在除霜阶段运行，则蒸发器内的温度上升到一定值时，化霜温度传感器动作，使融霜加热器停止供电
压缩机高低压保护	控制吸、排气压力，可防止压缩机吸气压力过低或排气压力过高，从而保护压缩机	当压力超过调定值时，压力继电器能切断压缩机的控制电源，待排除压力过高或过低的原因后，需手动复位，压缩机电源才能接通，避免发生严重事故及频繁开机

【实例 2】 识读 ECB5060 型冷库电控箱电气原理图

ECB5060 型冷库电控箱采用 MTC-5060 型微机温控器，是一款人机界面良好、操作简单、温度控制较为精确，具有压缩机多重保护、多功能电控箱。机组适用范围 5HP～15HP，测控温度范围-50～50℃，测控温度精度±1℃，控制压缩机、冷风机最大容量为 5.5～15kW，控制化霜器最大容量为 5.5～15kW。ECB5060 型冷库电控箱的外形及内部如图 3-4 所示。

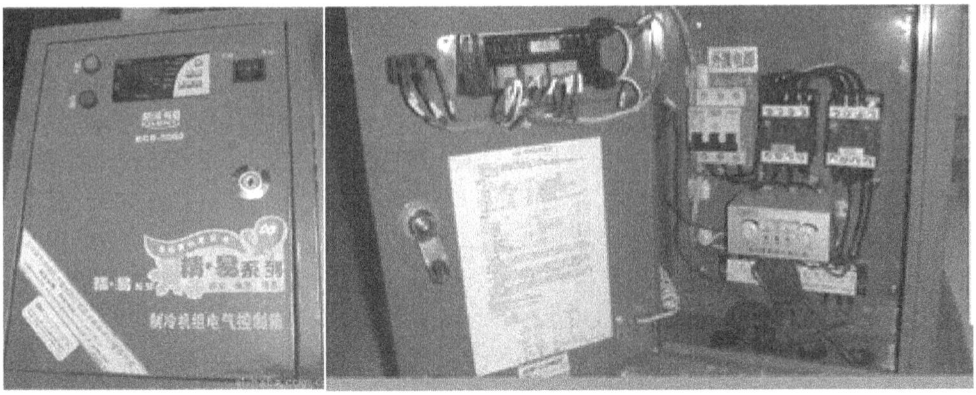

图 3-4 ECB5060 型冷库电控箱的外形及内部图

该电控箱电气控制原理图如图 3-5 所示，该电路有 5 个主回路和 2 个控制回路。自动/手动开关 SA 置于中间位置时，当断路器闭合后，首先得电通电的主回路是曲轴加热器回路、电源指示灯回路和微机温控器回路，这样电源指示灯 HL1 点亮，曲轴加热器和微机温

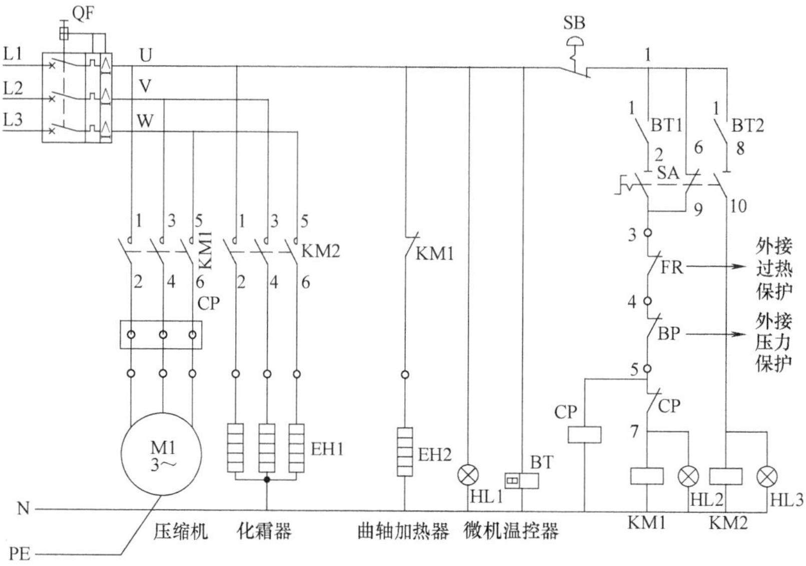

图 3-5 ECB5060 型冷库电控箱电气控制原理图

QF—断路器 KM1、KM2—交流接触器 CP—电动机综合保护器 M1—压缩机 EH1—化霜器 SB—急停按钮 EH2—曲轴加热器 HL1～HL3—电源、制冷、化霜指示灯 SA—自动/手动开关 BT—微机温控器 BT1—温控器内制冷触点 BT2—温控器内化霜触点

控器开始工作。此时，将自动/手动开关 SA 置于手动位置时，压缩机控制回路直接得电通电，交流接触器 KM1 得电，压缩机主回路通电，则压缩机开始工作，制冷指示灯 HL2 点亮，同时常闭触点 KM1 断开，曲轴加热器回路失电，曲轴加热器停止工作；若将自动/手动开关 SA 置于自动位置时，则需要压缩机延时时间超过设定延时（一般设置 3min）及非化霜状态下库温≥设定开机温度时或强制制冷时，温控器内制冷触点 BT1 闭合，压缩机控制回路才得电通电，让压缩机起动运行，制冷指示灯 HL2 点亮。当满足下列条件之一时，温控器内制冷触点 BT1 断开，压缩机停止工作，制冷指示灯 HL2 灭：①自动/手动开关 SA 置于中间位置；②在自动运行状态下，库温≤设定停机温度时或电热化霜开始时或强制制冷结束时。

在自动运行状态下，同时满足以下四个条件，温控器内化霜触点 BT2 闭合，化霜控制回路通电，使化霜器主回路通电，化霜器开始工作，化霜指示灯 HL3 点亮：①化霜时间设置不为 0 时（出厂设定 30min）；②化霜周期设置不为 0 时（出厂设定 6h）；③化霜传感器温度小于设置的化霜停止温度；④化霜周期设定时间到，或强制化霜开始。在自动运行状态下，满足以下任一条件，温控器内化霜触点 BT2 断开，化霜控制回路失电，化霜器结束工作，化霜指示灯 HL3 灭：①化霜时间设置为 0 时；②化霜周期设置为 0 时；③化霜温度高于化霜停止温度；④化霜运行时间结束；⑤化霜时按“强制化霜”键结束化霜。

在机组正常运行过程中，遇到紧急情况，则按下急停按钮 SB，切断所有控制回路的供电，使机组全部停机；若出现过热保护或压力保护或电动机保护故障，则压缩机控制回路失电，使压缩机停机，以保护压缩机。在运行状态下，当发生传感器故障、传感器温度超量程或传感器温度超限时，报警器报警，同时显示屏出现故障码闪烁。若库温传感器故障或库温超限，压缩机则按照停 30min、开 15min 的方式交替运行；若化霜传感器故障或化霜温度超限，则化霜器按照设定的化霜周期和化霜时间运行。

【实例3】 识读ECB30型冷库电控箱电气原理图

ECB30型冷库电控箱采用STC-9200型微机温控器，具有双传感器设置，可同时控制三路负荷，功能完备，保护全面，操作便利，性能稳定可靠。机组适用范围5HP~15HP；测控温度范围-40~50℃，测控温度精度在-10~10℃时为±0.5℃，其余为±1℃；控制压缩机最大容量为5.5~15kW，控制冷风机最大容量4kW，控制化霜器最大容量为5.5~11kW。ECB30型冷库电控箱的外形及内部如图3-6所示。

该电控箱电气控制原理图如图3-7所示，该电路有6个主回路和3个控制回路。

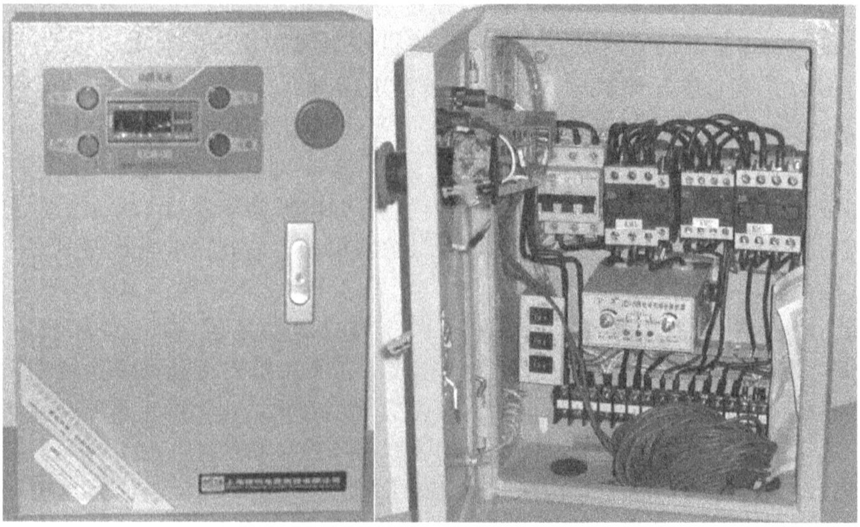

图3-6　ECB30型冷库电控箱的外形及内部图

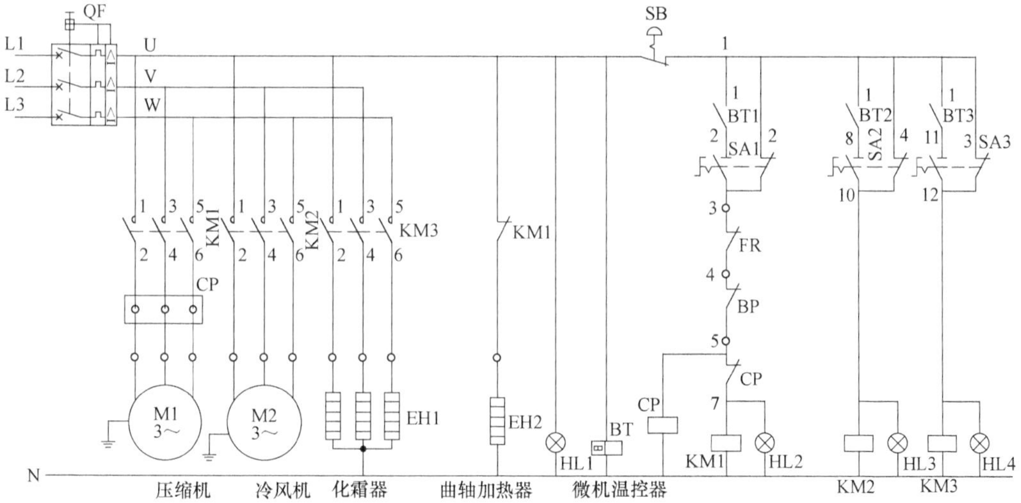

图3-7　ECB30型冷库电控箱电气控制原理图

QF—断路器　KM1、KM2、KM3—交流接触器　CP—电动机综合保护器　M1、M2—压缩机、冷风机　EH1、EH2—化霜器、曲轴加热器　SB—急停按钮　HL1~HL4—电源、制冷、风机、化霜指示灯　SA1~SA3—制冷、风机、化霜自动/手动开关　FR—外接过热保护　BP—外接压力保护　BT—微机温控器　BT1—温控器内制冷触点　BT2—温控器内风机触点　BT3—温控器内化霜触点自动/手动开关 SA1、SA2、SA3 均置于中间位置时，当断路器闭合后，首先得电通电的主回路是曲轴加热器回路、电源指示灯回路和微机温控器回路，这样电源指示灯 HL1 点亮，曲轴加热器和微机温控器开始工作。此时，将自动/手动开关 SA1、SA2、SA3 分别置于手动位置时，可分别测试起动压缩机、冷风机或化霜器的工作，同时制冷指示灯 HL2、风机指示灯 HL3 或化霜指示灯 HL4 点亮。当压缩机工作时，常闭触点 KM1 断开，曲轴加热器回路失电，曲轴加热器停止工作。若将自动/手动开关 SA1、SA2、SA3 均置于自动位置，则当满足压缩机、冷风机或化霜器的工作条件时，这三个控制回路得以通电，设备起动运行。

当同时满足以下两个条件时，温控器内制冷触点 BT1 闭合，若外接热继电器、压力控制器和电动机综合保护器的常闭触点正常，压缩机控制回路才得电通电，压缩机起动运行，制冷指示灯 HL2 点亮：①压缩机延时时间超过设定延时（一般设置 3min）；②非化霜状态下库温≥设定开机温度时或强制制冷时。当满足下列条件之一时，温控器内制冷触点 BT1 断开，压缩机停止工作，制冷指示灯 HL2 灭：①自动/手动开关 SA 置于中间位置；②在自动运行状态下，库温≤设定停机温度时或电热化霜开始时或强制制冷结束时。因热继电器过热保护、压力控制器过压力保护、电动机综合保护器保护，使其中的常闭触点之一断开，压缩机也会失电停机。

出厂时，冷风机设置为受控运行模式，即冷风机起动延时 60s，冷风机起动温度为 -10℃，冷风机停止温度为-5℃。在这种工作模式下，冷风机先行起动并运行完设定的延时时间后，压缩机才能起动，压缩机停止时，冷风机随之停止。化霜温度低于冷风机起动温度时，冷风机起动；当化霜温度高于冷风机起动温度时，冷风机停止。在自动运行状态下，当满足冷风机起动条件时，则温控器内风机触点 BT2 闭合，冷风机控制回路通电，冷风机开始工作，风机指示灯 HL3 点亮；当满足冷风机停机的条件时，则温控器内风机触点 BT2 断开，冷风机控制回路失电，冷风机停止工作，风机指示灯 HL3 熄灭。

在自动运行状态下，同时满足以下四个条件，温控器内化霜触点 BT3 闭合，化霜控制回路通电，使化霜器主回路通电，化霜器开始工作，化霜指示灯 HL4 点亮：①化霜延时满足设定的化霜延时时间（出厂设定 2min）；②化霜温度小于设置的化霜停止温度；③化霜周期设定时间到，或强制化霜开始。在自动运行状态下，满足以下任一条件，温控器内化霜触点 BT3 断开，化霜控制回路失电，化霜器结束工作，化霜指示灯 HL3 灭：①化霜温度高于化霜停止温度；②化霜运行时间结束；③化霜时按“强制化霜”键结束化霜。

在机组正常运行过程中，遇到紧急情况，则按下急停按钮 SB，切断所有控制回路的供电，使机组全部停机；若出现过热保护或压力保护或电动机保护故障，则压缩机控制回路失电，使压缩机停机，以保护压缩机。当库温超限（超出-50～50℃范围）或库温传感器故障，报警器报警，显示屏闪烁显示故障码，此时压缩机按照每停止 45min、运行 15min 的方式交替运行。若化霜传感器故障或化霜器温度超限，则化霜器按照设定的化霜周期和化霜时间运行。

课题二　冷库能量调节的认识

相关知识

冷库的能量调节主要是调节压缩机输出的能量，通过改变压缩机制冷能力，使压缩机与冷库所需要的变化冷负荷相适应，其目的是使制冷系统处于一个经济合理的运行状态，并实现压缩机轻负荷或无负荷起动。常见的活塞式压缩机能量调节方式有压缩机间隙运行、热气旁通能量调节、压缩机数台运行控制和气缸卸荷四种。

1. 压缩机间隙运行

压缩机间隙运行又称压缩机起动控制，是能量调节与负荷平衡的一种最简单形式，一般用于只配置一台无卸荷装置压缩机的小型冷库中。

通常使用低压控制器或温度控制器直接控制压缩机的起停。当吸气压力降到低压控制器设定值的下限时，控制器断开电触点，并切断压缩机主电路电源，使机器停止运行；或者当库房温度下降到温度控制器调定值的下限时，温度控制器上微动开关的电触点断开，切断压缩机控制电路，使压缩机停机。当吸气压力回升到低压控制器设定值的上限时，又接通电源，使压缩机运行制冷；或者当库房温度回升到温度控制器调定值的上限值时，电触点接通控制电路，使压缩机通电正常运行。

2. 热气旁通能量调节

这是将制冷系统高压侧气体旁通到低压侧的一种能量调节方式，其具体实施方案可以根据制冷系统的实际情况而定。

图 3-8 所示为用一台无卸荷装置的压缩机，同时向几个不同库温的库房供应冷量。虽然在设计中选用了不同口径的膨胀阀来满足各库所需的冷量要求，但在实际运行中，各库房是不会同时到达规定温度值的。若 4 个库房中已有 3 个库房降至规定温度值，则相应的 3 个电磁阀关闭，剩下 1 个库房仍需降温。在这种情况下，压缩机只需向一个膨胀阀供液，供液量就大为减少，但压缩机的吸气容积是不变的，因此就导致吸气压力迅速降低，并会引起低压控制器动作，触点断开，造成压缩机停机。此时，由于该库的温度仍未到达规定值，还有液体制冷剂进入库房蒸发器，故很快又使吸气压力回升，使低压控制器触点接通，压缩机再次起动工作。这样在不应该停机的情况下，因低压被抽得过低，使压缩机开停频繁而产生事故隐患。为了避免这种现象，在排、吸气管之间安装一只旁通阀，当吸气压力低于一个给定值（此值高于且接近于低压控制器上的电触点断开的压力值）时，旁通阀自动打开，使一部分排气流过旁通阀直接回到吸气管中，维持吸气压力在给定值以上，避免因低压抽得过低而停机。为了防止高压热气旁通到吸气管后，因吸气温度高而出现排气温度过高的现象，需要在

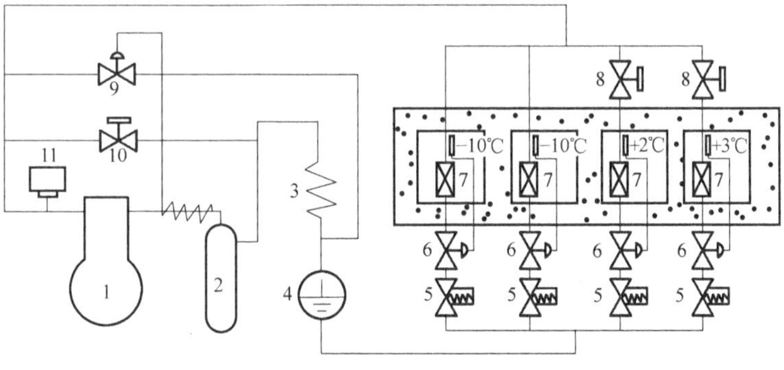

图 3-8　热气旁通调节能量原理图

1—压缩机　2—分油器　3—冷凝器　4—储液器　5—电磁阀　6—热力膨胀阀　7—蒸发器　8—蒸发压力调节阀　9—注液阀　10—旁通调节阀　11—低压控制器

吸气管、冷凝器出液管之间安装一个注液阀（热力膨胀阀）。当排气温度过高时，注液阀及时向吸气管提供低压制冷剂液体，以降低排气温度。只有在4个冷库都达到规定温度值时，相应的4个电磁阀才全部关闭，切断蒸发器的所有供液通道，再由低压控制器来控制压缩机的停机。

3. 压缩机数台运行控制

在大中型冷库中通常采用多台压缩机联合供冷，根据库房热负荷的变化来决定投入运行的压缩机台数，实现能量调节，以减少用电量，降低生产成本。

按照机房压缩机台数和每台压缩机的容量，将能量划分为若干个等级。第1能级（最低能级）为基本能级，受库房温度控制起、停。以后各能级所对应的压缩机的起、停分别用吸气压力（或蒸发温度）控制。将吸气压力 p_s 或蒸发温度 t_0 分成若干个设定值与各能级一一对应。按照运行中吸气压力（或蒸发温度）的变化，自动地起、停压缩机，使机群的能量自动增、减到指定的能级上。

例如，某冷库制冷系统用四台氨压缩机：412.5A（Ⅰ号机）、812.5A（Ⅱ号机）、812.5A（Ⅲ号机）和412.5A（Ⅳ号机）。Ⅰ号机为基本能级，它的起停受库房温度控制：只要有一个库房到指定温度的上限，Ⅰ号机便运行；全部库房都达到指定温度的下限时，Ⅰ号机停机。Ⅰ号机运行后，根据吸气压力变化决定Ⅱ、Ⅲ、Ⅳ号机的工作。用三只压力控制器各控制一台压缩机的起停，每台压缩机起停的压力设定值见表3-6。

表3-6 压缩机起停的压力设定值

压缩机	Ⅱ号机	Ⅲ号机	Ⅳ号机
压力控制器	LPⅡ	LPⅢ	LPⅣ
上限接通压力/MPa(表)	0.20(-9℃)	0.22(-7℃)	0.30(-2℃)
下限断开压力/MPa(表)	0.09(-20℃)	0.11(-18℃)	0.15(-14℃)
差分值/MPa(表)	0.11(11℃)	0.11(11℃)	0.15(12℃)

每级能量调节过程为：任何一个库房温度达到设定值的上限时，温度控制器使Ⅰ号机起动运行。30min后，若吸气压力 p_s 升到0.20MPa，Ⅱ号机的压力控制器LPⅡ使Ⅱ号机运行。Ⅱ号机运行后若 p_s 降到0.09MPa，LPⅡ使Ⅱ号机停机；若 p_s 继续上升到0.22MPa，Ⅲ号机的压力控制器LPⅢ使Ⅲ号机运行，若 p_s 降到0.11MPa，LPⅢ使Ⅲ号机停机；若 p_s 继续上升到0.30MPa，则Ⅳ号机的压力控制器LPⅣ使Ⅳ号机运行。LPⅣ令Ⅳ号机退出运行的 p_s 值为0.15MPa。所有库房温度都降到设定值的下限后，Ⅰ号机停止运行，整个制冷系统停止工作。

4. 气缸卸荷

气缸卸荷控制方式通常是用压力控制器和电磁滑阀控制气缸卸荷。以一台八缸压缩机的气缸卸荷为例，该压缩机有八个气缸，安排其中四个气缸做基本工作缸（Ⅰ组缸和Ⅱ组缸），另外四个气缸做调节缸（Ⅲ组缸和Ⅳ组缸），每次上荷两缸，使压缩机能量分为三级，即1/2、3/4和4/4。调节缸的卸荷机构受油压驱动。当油压作用于卸荷机构的液压缸时，气缸正常工作（上荷）；当油压消失时，卸荷机构上的顶杆将吸气阀片顶开，不能盖住吸气孔，气缸因失去压缩作用而卸荷。

能量调节方法为：用压力控制器LP控制压缩机电动机；用压力控制器P3/4控制第Ⅲ

组气缸卸荷机构油路管上的电磁滑阀 DF1；用压力控制器 P4/4 控制第Ⅳ组气缸卸荷机构油路管上的电磁滑阀 DF2。上述三只压力控制器的设定值见表 3-7。

表 3-7　压力控制器的设定值

压力控制器	P4/4	P3/4	LP
断开压力/MPa(蒸发温度/℃)	0.31(0)	0.30(-1)	0.28(-3)
接通压力/MPa(蒸发温度/℃)	0.36(4)	0.34(3)	0.33(2)
差分压力/MPa(对应温差/℃)	0.05(4)	0.04(4)	0.05(5)

八缸压缩机三级气缸卸荷顺序如图 3-9 所示。

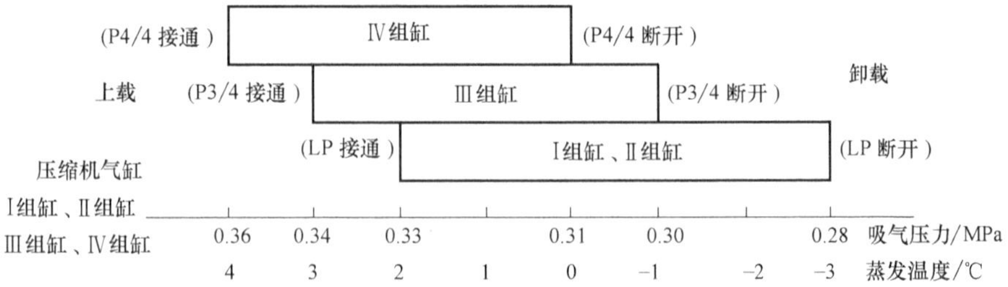

图 3-9　八缸压缩机三级气缸卸荷顺序

当压缩机满负荷工作时，四组八缸全部投入运行。蒸发温度降到 0℃时，压力控制器 P4/4 使电磁滑阀 DF2 失电，滑阀落下，阻断从液压泵送往第Ⅳ组卸荷液压缸去的配油孔，停止液压油供应，该液压缸中的油回流入曲轴箱，第Ⅳ组的两个气缸卸荷，压缩机降到 3/4 能级运行。当蒸发温度降到-1℃时，压力控制器 P3/4 断开，使电磁滑阀 DF1 失电，第Ⅲ组的两个气缸卸荷，压缩机降至 1/2 能级运行。当蒸发温度降到-3℃时，压力控制器 LP 断开，切断电源，整台压缩机停止工作。停机后，若吸气压力回升到 0.33MPa（2℃），压缩机重新起动，基本能级的四个缸投入工作。此后，若吸气压力继续升高，每次上荷两个气缸的过程如图 3-9 所示。

典型实例

【实例 1】　分析小型装配式冷库的能量调节

为了使制冷系统适应冷库热负荷的变化，就需要进行库房的温度调节、蒸发压力调节以及除霜控制等。下面把制冷系统与电气控制系统结合起来，分析制冷系统的能量调节方法。小型装配式冷库制冷系统的能量调节方法见表 3-8。

表 3-8　小型装配式冷库制冷系统（图 3-3）的能量调节方法

控制内容	控制措施	控制原理
压缩机的能量调节	采用微机温控器 14 进行能量调节	当库房温度下降到微机温控器 14 调定值的下限时，控制器上微动开关的电触点断开，切断压缩机控制电路，使压缩机停机。当库房温度回升到微机温控器 14 调定值的上限时，控制器上微动开关的电触点接通控制电路，使压缩机通电正常运行
制冷剂流量控制	采用热力膨胀阀 10 和电磁阀 9 进行制冷剂流量控制	当温度下降到设定值时，微机温控器动作，电磁阀 9 关闭，系统停止向库房供液；当库温回升到设定值后，微机温控器动作，电磁阀 9 得电开启供液，热力膨胀阀 10 节流降压，使制冷系统正常循环

（续）

控制内容	控制措施	控制原理
库房温度调节	采用库温传感器12、微机温控器14、电磁阀9进行库房温度调节	当库房温度回升到调定值的上限时，微机温控器14上微动开关的电触点接通电路，电磁阀9打开供液，冷风机起动工作，压缩机通电正常运行 当库房温度下降到调定值的下限时，微机温控器14上微动开关的电触点断开，分别切断冷风机和电磁阀9控制电路，停止供液降温，冷风机也停止运行。当两个库房的温度都达到调定值下限时，压缩机自动停机
蒸发压力调节与防止倒流	蒸发压力调节阀16可保证两个冷库在各自所需的蒸发压力下工作 止回阀15控制制冷剂的流向，防止制冷剂回流	用于一机多库的制冷系统中，在高温库的蒸发器出口管道上安装蒸发压力调节阀16(也称为背压阀)，使阀前的压力保持在库房温度所对应的压力值上，通过回气压力调节阀后与压力值较低的回气总管相连，这样保证系统中各个蒸发器在各自的要求下正常工作 在调节蒸发压力的同时，从低温库蒸发器来的吸气管路上需装有止回阀15，以免压缩机停止运行期间，高温库蒸发器制冷剂向低温库蒸发器倒流
化霜控制	采用微机温控器14和化霜传感器13进行融霜控制	在微机温控器14上进行每天除霜次数调定，每次除霜时间在15~45min内调校。除霜时间开始时，电磁阀关闭，供液停止，然后化霜加热器通电发热，融化冷风机(蒸发器)内的结霜，霜水经管道流出库外，除霜完毕。若化霜加热器仍在除霜阶段运行，则蒸发器内的温度上升到一定值时，化霜传感器发出信号，微机温控器14动作，停止加热器供电。待除霜阶段结束，微机温控器14发出制冷信号，电磁阀动作，压缩机、冷风机才运转

【实例2】 分析氨冷库安全保护系统

图3-10所示为某氨冷库制冷系统原理图，该系统分为吸排气与回油回路（压缩机与油分离器）、冷凝与储液回路（水冷冷凝器、冷却水泵和储液器）、氨泵供液回路（低压循环

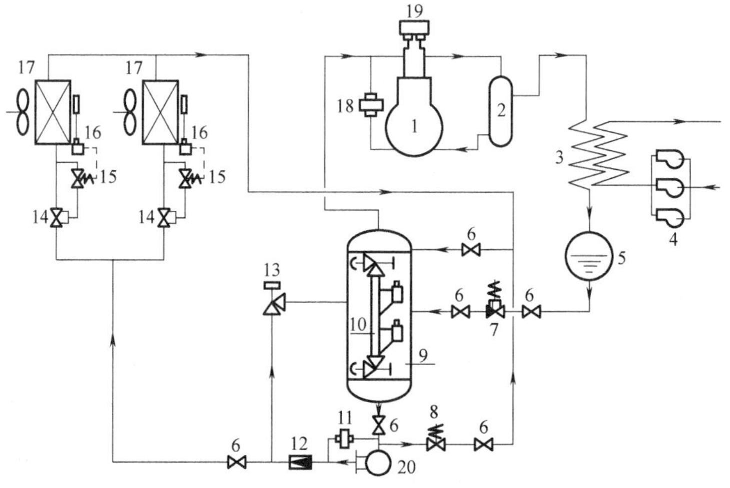

图3-10 某氨冷库制冷系统原理图

1—氨制冷活塞式压缩机 2—油分离器 3—水冷冷凝器 4—冷却水泵 5—储液器 6—截止阀 7—ZCL-32YB型电磁主阀 8—电磁阀 9—低压循环储液器 10—UQK-40型液位控制器 11—CWK-11型压差控制器 12—ZZRN-32型止回阀 13—ZZRP-32型旁通阀 14—ZFS-00YB型主阀 15—ZCL-3型电磁导阀 16—WTZK-50型温控器 17—冷风机 18—CWK-22型压差控制器 19—YWK-22型高低压控制器 20—氨泵

储液器、氨泵和各种控制器）和蒸发回路（冷风机、温控器和控制阀门）。

由图 3-10 所示的制冷系统原理图可知，需要安全保护的部分设备是压缩机、氨泵和低压循环储液器，该冷库的安全保护系统分析见表 3-9。

表 3-9 氨冷库的安全保护系统分析

安全保护名称	安全保护目的	安全保护措施
压缩机高低压保护	防止压缩机排气压力过高，吸气压力过低	采用 YWK-22 型高低压控制器，当排气压力过高和吸气压力过低时即切断压缩机电源
压缩机油压差保护	防止油压过低及由于堵塞而引起的油压过高，保证压缩机正常供油	采用 CWK-22 型压差控制器，当压缩机油压差高于上限或低于下限时，切断压缩机电源
压缩机温度保护	防止压缩机排气温度过高，而使润滑油黏度下降产生炭化，保证压缩机使用寿命	将 WTZK-12 型温控器（图 3-10 中未画出）的温包贴靠在排气管上，并尽可能地靠近排气口，当排气温度超过调定值（一般不超过 140℃）时，温控器动作，指令压缩机做故障停机
压缩机冷却水断水保护	对于大型氨冷库活塞式压缩机，为了降低气缸上部的温度，通常在气缸上部或气缸盖上铸有冷却水套，冷却水通过水套对压缩机头部起冷却降温作用	一般采用晶体管水流继电器（图 3-10 中未画出）做断水保护，当水套内没有水流过时，电触点不接通，继电器使压缩机无法起动或执行故障性停机。为了避免误动作，电触点断开控制压缩机停机的动作要延时 15~30s
氨泵欠电压保护	防止氨泵不上液或因气蚀时空转，而使氨泵的电动机和轴承烧毁	在氨泵的进出口端安装 CWK-11 型压差控制器，当实际工作压力小于压差控制器设定值下限时，即发出指令，开始延时和抽气，如果在设定的延时时间内不能建立正常压差，即停止氨泵运行
防止氨泵气蚀	当氨泵较长时间停止运行后，有可能在氨泵内产生氨蒸气，使氨泵出现气蚀现象而不能正常运行	在氨泵的顶部与低压循环储液器的上部进气管之间设置一个抽气电磁阀，此阀受氨泵起动接触器和 CWK-11 型压差控制器控制，一旦氨泵进出口压差小于设定值（一般调至 0.04~0.06MPa）下限时，压差控制器即发出延时指令，同时指令抽气电磁阀打开抽气。在延时时间内，如果压差升至压差控制器设置的上限值，抽气电磁阀就自动关闭，氨泵正常运行，否则氨泵就停止运行，抽气电磁阀也关闭
氨泵供液量控制	由于一台氨泵向几个库房蒸发器供液，若一部分库房温度已经达到给定值，停止进液降温时，会造成氨泵供液量过剩，引起排出压力过高	在泵的出口安装 ZZRP-32 型旁通阀，并调到一定的旁通压力，当氨泵的排出压力超过给定值时，旁通阀打开，将多余的氨液旁通至低压循环储液器
防止氨泵出口氨液倒流	防止氨泵停止运行时氨液倒流或多台氨泵并联使用时相互串流	在每台氨泵的出液管上均安装一个 ZZRN-32 型止回阀
低压循环储液器液位控制	为保证蒸发器供液和氨泵的正常工作，要求储液器保持一定的液位；另外，为保持气液分离效果，防止液位过高，氨液进入压缩机而产生液击现象，要求限制最高液位	采用 UQK-40 型电感式浮球遥控液位控制器与 ZCL-32YB 型电磁主阀配合使用实现液位控制。当液位下降到下限时，电磁导阀开启，主阀开启，向储液器供液，使液面回升；当液位回升至上限时，电磁导阀关闭，主阀关闭，停止向储液器供液。当储液器液位超高时，液位控制器发出报警信号

【实例 3】 分析氨冷库制冷系统的能量调节

图 3-10 所示的制冷系统原理图中，安装四台压缩机（图中只画出一台，另三台未画出）。在冷库运行过程中，需要根据热负荷的变化来进行压缩机能量调节、库房温度调节、冷凝压力调节以及氨泵控制等。表 3-10 列出了该冷库制冷系统的能量调节方法。

表 3-10　氨冷库制冷系统的能量调节方法

调节名称	调节目的	调节方法	调节原理
压缩机能量调节	使压缩机的产冷量与所需要的热负荷相匹配	系统安装四台压缩机，通过压力控制器（YWK-22 型高低压控制器）控制吸入压力的方法来实现	压缩机能量控制调节中四台压缩机的起停顺序如图3-11所示。Ⅰ号机受库房温度控制器控制，只要有一个库房的温度高于给定上限值，该压缩机就开启。只有当所有库房的温度都到达温度下限时，该压缩机才关闭。Ⅱ、Ⅲ、Ⅳ号机均受压力控制器控制
库房温度调节	将库房温度稳定在所需要的范围内	采用双位控制规律的 WTZK-50 型温度控制器，推动 ZCL-3 型电磁导阀和 ZFS-00YB 型主阀，并联动冷风机和氨泵	当库温高于给定上限时，温度控制器触点接通，发出降温信号，使电磁导阀打开，带动主阀打开，氨泵运转供液，冷风机起动工作，压缩机起动工作。当库温低于给定下限时，电磁导阀关闭，带动主阀关闭，停止库房供液，该库房冷风机也停止运转。当各库房的温度都达到给定下限值，不需要供液降温时，氨泵压缩机自动停止工作
冷凝压力调节	控制冷凝压力不低于下限值	采用三台水泵，用调节水量的方法来控制冷凝压力。水泵受温度控制器（WTZK-50 型温度控制器）、压力控制器（图 3-10 中未画出）控制	水泵Ⅰ的工作受温度控制器控制，只要有任意一库房的温度控制器发出降温信号，则在供液降温的同时，该台水泵投入工作。另外两台水泵受压力控制器控制。水泵的起停顺序如图 3-12 所示
融霜控制	防止蒸发器结霜太厚，降低机组运行性能	应用微压差控制器（图 3-10 中未画出）来控制蒸发器霜层的厚薄，实现不定时自发性融霜	微压差控制器属于双位控制器。当霜层变厚时，冷风机进出口压差明显增大，超过微压差控制器的给定值，控制器触点闭合，将发出融霜信号，实现自动除霜

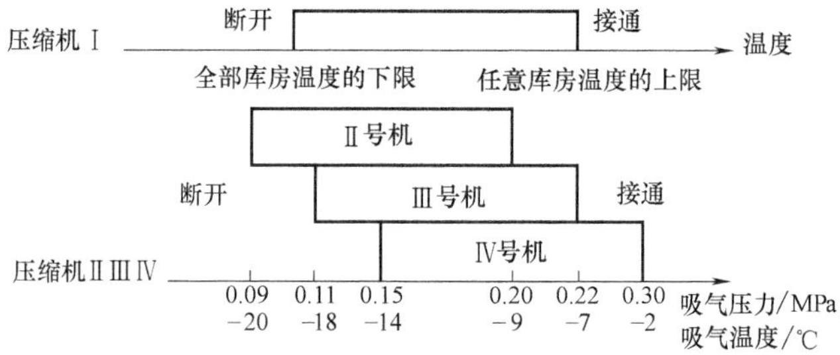

图 3-11　压缩机能量控制调节中四台压缩机的起停顺序

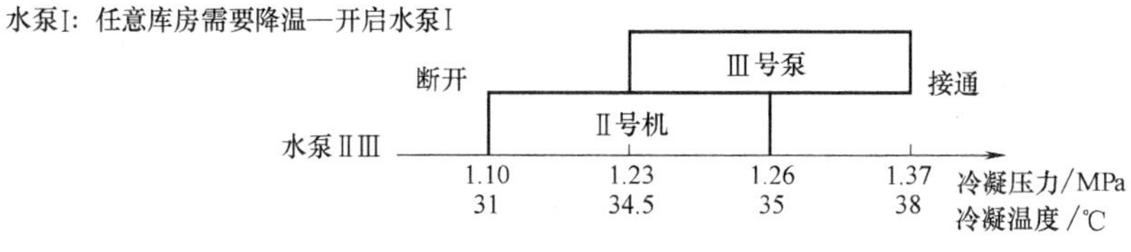

图 3-12　冷凝压力控制中水泵的起停顺序

单元练习

一、填空题（将正确答案填写在横线上）

1. 当________压力与压缩机________压力差降至设定值时，压差控制器发出信号，切断压缩机电路电源，使压缩机停止运行。

2. 高低压组合控制器可防止压缩机＿＿＿＿＿过低或＿＿＿＿＿过高，从而保护制冷装置。

3. 在电控箱中安装电动机综合保护器，设置有＿＿＿＿＿＿、＿＿＿＿＿＿的保护功能。

4. R22 和 R717 容器安全阀的开启压力为＿＿＿＿MPa。

5. 防止氨泵出现气蚀现象而不能正常运行的控制器件有＿＿＿＿＿＿、＿＿＿＿＿＿和＿＿＿＿＿。

二、单项选择题（在每小题的四个选项中，选出一个正确的，并将正确答案的序号填在括号内）

1. 不属于压力控制的元器件是（　　）。

A. 蒸发压力调节阀　B. 冷凝器水量调节阀　C. 低压控制器　D. 电磁阀

2. 不属于温度控制的元器件是（　　）。

A. 热力膨胀阀　B. 温度控制器　C. 电磁阀　D. 旁通调节阀

3. 不属于制冷系统安全保护器件的是（　　）。

A. 高压控制器　B. 安全阀　C. 低压控制器　D. 单向阀

4. 在小型冷库中，通常使用（　　）直接控制压缩机的起停。

A. 低压控制器或温度控制器　B. 交流接触器和热继电器

C. 电磁阀和热力膨胀阀　D. 高压继电器或温控器

5. 在大中型冷库中通常采用（　　）方式，根据库房热负荷的变化来决定投入运行的压缩机台数实现能量调节。

A. 压缩机间隙运行　B. 热气旁通能量调节

C. 压缩机数台运行控制　D. 气缸卸荷

三、判断题（正确的在括号内画“√”，错误的画“×”）

1. 利用低压压力控制器开关来控制压缩机的开、停机，其优点是可以防止压缩机再次起动时产生液击现象。（　　）

2. 在低温库冷风机回气管出口处安装单向阀，以防止在系统运行过程中高温制冷剂蒸气倒流而冷凝在低温蒸发器内，避免起动时产生液击。（　　）

3. 在 R22 和 R717 制冷系统中，压缩机排气压力保护设定值为 1.6MPa。（　　）

4. 防止氨泵出现气蚀现象而不能正常运行的控制器件是抽气电磁阀。（　　）

5. 在氨制冷系统中必须在压缩机与冷凝器之间设置油分离器，以便将混合在氨蒸气中的润滑油分离出来。（　　）

四、简答题

1. 根据图 3-5 所示的 ECB5060 型冷库电控箱电气控制原理图，说明压缩机控制回路的工作原理。

2. 根据图 3-3 所示的小型装配式冷库制冷系统原理图，说明压缩机能量调节和库温调节原理。

单元四 冷库制冷设备的安装

内容框架

- 冷库制冷设备的安装
  - 安装制冷压缩机组
    - 活塞式制冷压缩机组规格型号及其含义
    - 活塞式制冷压缩机组应用场合及使用条件
    - 制冷压缩机组安装的一般要求及安装过程
  - 安装冷凝器
    - 冷凝器的结构及其工作特点
    - 蒸发式冷凝器的结构、特点和技术参数
    - 蒸发式冷凝器的安装过程与注意事项
  - 安装蒸发器
    - 排管和冷风机的形式及其工作特点
    - 顶排管的制作与安装步骤及方法
    - 冷风机的安装步骤及要求

学习引导

目的与要求

1. 知道活塞式制冷压缩机组的规格型号，能说出常用机组规格型号的含义。
2. 知道 8ASJ-17 型活塞式制冷压缩机组的外形特征、应用场合及使用条件。
3. 能说出 8ASJ-17 型活塞式制冷压缩机组安装的一般要求及安装过程。
4. 知道各种冷凝器的结构及其工作特点。
5. 能够解释 CZN-830 蒸发式冷凝器的结构、工作特点及安装过程。
6. 知道排管和冷风机的形式及其工作特点，能够解释冷风机规格型号的含义。
7. 知道顶排管的制作与安装步骤及方法以及冷风机的安装步骤及要求。

重点与难点

难点：识别制冷设备的结构；解释制冷设备的工作特点。

重点：解释制冷设备规格型号的含义；解释不同制冷设备的结构及其工作特点；说出不同制冷设备的安装步骤及方法。

课题一　制冷压缩机组的安装

相关知识

本单元以10000t氨冷库典型制冷系统的主要制冷设备为例，完成相关制冷设备安装的学习任务。该10000t氨冷库平面图及氨冷库制冷系统原理图详见图A-1和图A-2。该冷库为五层建筑，顶层共两间，均为冷却物冷藏间，每间容量为1000t，其余四层均为冻结物冷藏间，每层两间，每间容量为1000t，冷库总容量为10000t。该冷库还建有六间冻结间，每间容量为20t，冻结时间为20h。冷库制冷系统采用氨泵供液，分为-33℃、-30℃、-15℃三个蒸发系统，整个冷库的主要设备配置见表4-1。

表4-1　10000t氨冷库制冷系统主要设备配置

系统名称	设备名称	规格型号	数量/台	备注
-33℃蒸发系统(估算热负荷为648kW)	单机双级活塞式制冷压缩机组	8ASJ-17	4	单机制冷量163kW,电动机功率132kW
	中间冷却器	ZL-8.0	2	单台换热面积8.0m^2
	低压循环储液器	DXZB-3.5	2	单台容积3.5m^3,直径1200mm
	屏蔽氨泵	40PW-40A	4	单台流量5.6m^3/h,扬程32mH$_2$O
	空气冷却器(冷风机)	KLJ-400	24	6间冻结间,每间配4台
-30℃蒸发系统(估算热负荷为186kW)	单机双级活塞式制冷压缩机组	S8-12.5	2	单机制冷量97kW,电动机功率75kW
	中间冷却器	ZL-6.0	1	单台换热面积6.0m^2
	低压循环储液器	DXZB-3.5	2	单台容积3.5m^3,直径1200mm
	屏蔽氨泵	40PW-40A	2	单台流量5.6m^3/h,扬程32mH$_2$O
	光滑顶排管			8间冻结物冷藏间均配排管
-15℃蒸发系统(估算热负荷为174kW)	单级活塞式制冷压缩机组	6AW-12.5	1	单机制冷量187kW,电动机功率75kW
	低压循环储液器	DXZB-2.5	1	单台容积2.5m^3,直径1000mm
	屏蔽氨泵	40PW-40A	1	单台流量5.6m^3/h,扬程32mH$_2$O
	空气冷却器(冷风机)	KLL-400	4	两间冷却物冷藏间,每间配两台
冷凝与储液系统	蒸发式冷凝器	CZN-830	3	单台标准排热量830kW,风量31.4m^3/s,水流量24L/s
	高压储液器	ZA-5.0	2	容积4.98m^3
油分与排油系统	氨油分离器	YF-125	3	与三台冷凝器配套,直径为600mm,进出管径为125mm
	油液分离器	JY-200	1	供三台冷凝器排油,直径为219mm,高为900mm
	高压集油器	JY-300	2	一台供氨油分离器排油;另一台供储液器、油液分离器、中间冷却器排油。直径为325mm,高为1150mm
	低压集油器	JY-300	1	供5台低压集油器排油
		JY-200	5	供5台低压循环桶排油
不凝性气体分离系统	空气分离器	KF-32	1	进液直径为32mm,换热面积为0.45m^2

一、小型、中型活塞式制冷压缩机的型号标识

1）按 GB/T 10079—2001 规定，小型活塞式单级制冷压缩机的型号表示：

□ □ □
- 行程：用阿拉伯数字表示，单位为 mm
- 制冷剂：用 F 表示
- 缸数和缸径：用阿拉伯数字表示，缸径单位为cm

示例 1 ：25F44 表示 2 缸、缸径 50mm、使用氟利昂制冷剂 、行程 44mm 的压缩机。

2）中型活塞式单级制冷压缩机的型号表示：

□ □ □ □
- 冷凝压力：高冷凝压力用 G 表示，低冷凝压力不表示
- 行程：用阿拉伯数字表示，单位为mm
- 制冷剂：R22、R134a 等用 F 表示，R717 用 A 表示
- 缸数和缸径：用阿拉伯数表示，缸径单位为 cm

示例 2： 812.5A110G 表示 8 缸扇形角度式布置、缸径为 125mm、制冷剂为 R717、行程为 110mm 的高冷凝压力压缩机。

3）活塞式制冷压缩机组的型号表示：

□ □-□ □
- 使用温度范围：高温用 G，中温用 Z，低温用 D 表示
- 配用电动机功率：用阿拉伯数字表示，单位为 kW
- 压缩机型号
- 压缩机类别：全封闭式用 Q 表示，半封闭用 B 表示，开启式不表示

示例 3 ：B25F44-3.7G 表示 2 缸、缸径 50mm、使用氟利昂制冷剂、行程 44mm、配用电动机功率为 3.7kW 的高温用半封闭式压缩机组。

二、大型活塞式制冷压缩机组的型号标识

目前各制冷压缩机厂对活塞式制冷压缩机组的表示方法不尽相同，下面以上海第一冷冻机厂有限公司、大连冷冻设备制造有限责任公司和烟台冰轮股份有限公司生产的活塞式制冷压缩机组为例，说明活塞式制冷压缩机组规格型号的含义，见表 4-2。

表 4-2 活塞式制冷压缩机组规格型号的含义

产品类型	产品型号位数表示的含义				
	第一位	第二位	第三位	第四位	第五位
单级产品	表示气缸数，阿拉伯数字	表示制冷剂种类，A 表示氨，F 表示氟利昂	表示气缸布置形式	表示气缸直径，阿拉伯数字，单位 cm	表示传动方式，A 表示直接传动（可省），B 表示间接传动
	注：气缸布置形式有如下类型：Z 型表示立式，V 型表示夹角 90°，W 型表示夹角 60°，S 型表示夹角 45°				
	实例：6AS10 表示气缸数为 6，制冷剂为氨，气缸布置形式为 S 型，气缸直径为 100mm				
单机双级产品（烟冷，上冷）	表示双级，用 S 表示	表示气缸数，阿拉伯数字	表示制冷剂种类，A 表示氨，F 表示氟利昂（有时省略本单元）	表示气缸直径，阿拉伯数字，单位 cm	表示传动方式，同上
	实例：S8A12.5 表示双级压缩机，气缸数为 8，制冷剂为氨，气缸直径为 125mm				

（续）

产品类型	产品型号位数表示的含义				
	第一位	第二位	第三位	第四位	第五位
单机双级产品（大冷）	表示气缸数，阿拉伯数字	表示制冷剂种类，A 表示氨，F 表示氟利昂（有时省略本单元）	表示气缸布置形式	表示双级，用 J 表示	表示气缸直径，阿拉伯数字，单位 cm
	实例：8ASJ10 表示气缸数为 8，制冷剂为氨，气缸布置形式为 S 型，双级，气缸直径为 100mm				

表 4-1 所列的三种压缩机型号的含义分别为：

8ASJ-17 表示 8 个气缸，气缸布置形式为 S 型，气缸直径为 170mm 的单机双级活塞式氨制冷压缩机组。

S8-12.5 表示 8 个气缸，气缸直径为 125mm 的单机双级活塞式氨制冷压缩机组。

6AW-12.5 表示 6 个气缸，气缸布置形式为 W 型，气缸直径为 125mm 的单级活塞式氨制冷压缩机组。

三、制冷压缩机组安装的一般要求

1）收齐制冷装置、系统设计的原始资料、技术文件，熟悉全部内容。

2）检查所有进场设备的完整性、配件数量等细节，备齐各类安装工具、校正垫铁等材料。

3）根据施工图样要求，对制冷压缩机组进行开箱清点和外观检验（如包装、设备名称、规格型号、检验证书、使用说明书、配件以及设备表面等），并做好检查记录。

4）对于整机出厂的制冷压缩机组，要在规定的保证期内安装，且油封、气封应良好，无锈蚀，内部不可拆洗。当超过防锈保质期或有明显缺陷时，应对机组进行拆卸、清洗，并参考制冷压缩机组出厂资料和技术文件。

5）安装制冷压缩机组时，应在基础、底座的基面上找平和调正，有减振要求的应按设计进行。

典型实例

【实例 1】　总体认识 8ASJ-17 型活塞式氨制冷压缩机组

8ASJ-17 型活塞式氨制冷压缩机组是一款单机双级活塞式氨制冷压缩机组，其外形如图 4-1所示。在冷凝温度≤40℃，蒸发温度为-45～-25℃的范围内，可以广泛应用于各种需要实现空调、制冷的场合，如石油、化工、制药等工业产品的低温生产、试验，食品低温加工与冷藏等。压缩机组由压缩机、电动机、联轴器、控制（自动保护）台组成，安装在同一公共底座上。控制台上装有高压、中压、油压继电器，保护机器运行安全可靠。该机组适用于氨工质，采用高速多缸逆流活塞式压缩机，设有能量调节装置，

图 4-1　8ASJ-17 型机组外形图

可实现无负荷起动；设有放油三通阀，可在运转中加油，机器用联轴器直接与电动机连接。其使用条件是：低压级最高排气压力≤0.7MPa（表压），高压级最高排气压力≤1.5MPa（表压）；低压级最高排气温度≤120℃，高压级最高排气温度≤150℃；低压级最大压力差≤0.8MPa，高压级最大压力差≤1.4MPa。

【实例2】 8ASJ-17型机组的安装步骤及方法

1. 基础施工

设备布局放样完成后，即可开始机组基础的施工准备。机组基础一般由土建单位负责施工，机组安装单位配合。为保证基础能承受负荷载重量，确保机组的精度和寿命，8ASJ-17型机组应采用砌体结构或钢筋混凝土的块型基础。

第一步：检查设计图样上的尺寸与机组是否相符，检查机组安装的地脚螺栓数量、规格是否相符。8ASJ-17型机组基础如图4-2所示。

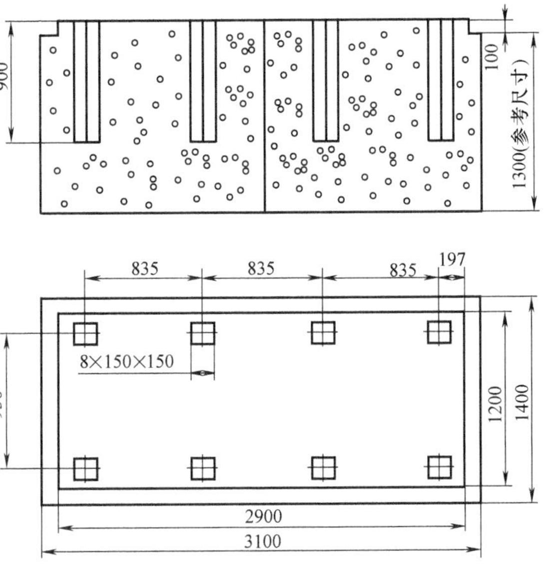

图4-2 8ASJ-17型机组基础图

第二步：照图样尺寸要求装好基础模板及8个地脚螺栓预留孔的模板，定位要准确，预留孔模板应垂直放置。8ASJ-17型机组的电动机功率大于100kW，因此需要在基础模板内适当配置钢筋。此外，还要注意水电等其他预埋件。

第三步：采用标号为100～150的混凝土进行浇灌，浇灌完成后要进行7～10天的浇水养护，使混凝土保持湿润，并以草袋或麻袋覆盖。

第四步：混凝土初凝后（一般约8h），应拆除地脚螺栓的预留孔模板，若不及时拆除，待混凝土完全凝固后，模板就不易拆除。整个模板的拆除要待混凝土强度达到50%时再进行，之后清理基础四周和地脚螺栓的模板及孔内积水等。

2. 基础检查

基础要有足够的强度、刚度和稳定性，才能承受机组的静负荷和动负荷，同时吸收和隔离由动力作用产生的振动。在安装机组前，应对基础进行仔细检查，发现问题及时处理。

第一步：基础强度检查的简易方法为敲击法。即先用小锤在混凝土表面敲击，若敲击声响亮，而且表面几乎无痕迹，用尖錾轻轻錾混凝土表面后，表面稍有痕迹，说明混凝土的强度达到要求。

第二步：用量具检查基础的尺寸。基础尺寸检查的内容有基础的外形结构、平面的水平度、中心线、标高、地脚螺栓的深度和距离、混凝土内的预埋件等。检查完毕，填写表4-3。

经过检查后基础不符合要求的，应由土建单位进行处理。

表 4-3 机组基础检查验收表

检查项目	设计值	实测值	允许偏差/mm	是否合格
1. 混凝土基础 长/mm×宽/mm×高/mm 表面标高/mm (沟坑/mm)/(地脚螺栓孔/mm)/(凸部分尺寸/mm)			 ±20 ±30 ±10	
2. 地脚螺栓(直径<50mm) 标高/mm 中心距/mm 垂直度/(mm/m)			 ±5 ±3 ±10	
3. 中心标板上的冲点位置/mm			±1	
4. 基准点上的标高/mm			±0.5	

3. 机组就位与找正

将机组由包装箱的底座搬到设备基础上，并将其就位到规定的部位，使机组纵横中心线与基础中心线对正。

第一步：用墨线弹出机组纵横中心线和基础中心线。

第二步：在地脚螺栓预留孔的两侧摆好呈 90°放置的一定数量的垫铁，垫铁的支撑面应在同一水平面上且放置平稳。平垫铁露出基础的长度为 10~30mm，斜垫铁露出基础的长度为 10~50mm。

第三步：按照吊装技术的安全规程，利用起重机、铲车、人字架或者滑移的方法将机组吊起，机组底座穿上地脚螺栓，把机组移至基础上方，对准基础中心线，把机组放下，搁置于垫铁上。

第四步：机组就位后，利用量具、线锤、撬杆将机组纵横中心线调整到与基础中心线重合。

在机组就位与找正的过程中，要注意人身和机组的安全，还要注意机组上的管座等部件的方位符合设计要求。

4. 机组初平与精平

经过初平与精平两次水平调整，使设备达到水平状态，其目的是：①保持机组稳定及重心作用力的平衡，防止变形且减少运转中的振动；②减少机组的磨损和动力消耗；③保证机组的正常润滑和正常运转。

第一步：初平。机组中心线对正后，拧上地脚螺栓的螺母（注意不要拧紧），再用框式水平仪校正，使机组保持水平，即机组的纵向和横向水平度应控制在 0.2mm/1000mm 范围内。

水平度超差较大时，可将机组较低一侧的垫铁更换为较厚的垫铁；若超差不大，则可将机组较低一侧的垫铁渐渐打入，使机组水平。

第二步：地脚螺栓孔二次灌浆。机组初平后，应用与基础混凝土标号相同或标号略高的细沙混凝土浇灌地脚螺栓，振动直至填实。

每个地脚螺栓孔的浇注必须一次完成，此后洒水保养，一般不少于 7 天。待混凝土养护达到强度的 70%以上时，才能拧紧螺栓。

第三步：精平。精平是机组安装的重要工序，是在初平之后对机组的水平度做进一步的调整，使之达到规范或设备技术文件要求。对于 V 型与 S 型压缩机组，既可以气缸端面为基准，用角度水平仪来测量，也可以进排气或安全阀法兰端面为基准，用框式水平仪进行测量。对于 8ASJ-17 型压缩机组，可利用曲轴箱的盖面进行测量。按现行的施工规范要求，机组纵向和横向水平度不应超过 0.2mm/1000mm，若机组水平度达不到规范要求，则调整垫铁，直至机组水平度达标。

5. 基础抹面

机组精平后，将机组机座与基础表面的空隙用混凝土填满，并将垫铁埋于混凝土内，用以固定垫铁并将机组负荷传递到基础上。

第一步：机组精平后，再次拧紧地脚螺栓。

第二步：在基础边缘放一圈模板，模板至机组机座外缘的距离不小于 100mm 或不小于机座底筋面宽度。

第三步：将机组机座与基础表面的空隙用混凝土填满，并将垫铁埋于混凝土内。灌浆层的高度在机座外面应高于机座的底面。灌浆层的上表面应略有坡度，坡向朝外，以防油、水流入机座。

第四步：混凝土凝固前，用水泥砂浆进行基础抹面，使基础表面光滑美观。

至此，8ASJ-17 型压缩机组的安装全部完成，填写表 4-4 中的相关内容。

表 4-4　8ASJ-17 型压缩机组安装过程记录表

序号	操作任务	操作内容	出现的问题	解决的方法	效果	备注
1	基础施工					
2	基础检查					
3	机组就位与找正					
4	机组初平与精平					
5	基础抹面					

机组安装注意事项如下：

1）在测量设备的水平时，必须将测量平面的油漆、防锈油刮擦干净。使用框式水平仪时，手不能接触水准器的玻璃管，读数时视线应垂直对准水准器。测量过程中，要轻拿轻放，不能碰撞，更不能在测量表面上来回推动。同一位置一般测量两次，第二次测量时应将水平仪在原位置旋转 180°重新测量，然后利用两次读数的结果加以计算。

2）一般情况下，灌浆及基础养护工作不能在低于 5℃ 的气温下进行。混凝土达到 70% 强度的时间与气温有关，参见表 4-5。

表 4-5　混凝土达到 70%强度所需时间

气温/℃	5	10	15	20	25	30
所需天数/天	21	14	11	9	8	6

课题二　冷凝器的安装

相关知识

在冷库制冷系统中，冷凝器是一种通过制冷剂向系统外释放热量的热交换器。从制冷压缩机经油分离器来的高压过热制冷剂蒸气进入冷凝器后，将热量传递给系统外的冷却介质——水或空气，自身因被冷却凝结为液体。按冷却介质和冷却方式不同，冷凝器可以分为水冷却式、空气冷却式（或称风冷式）、水和空气联合冷却式三种类型。目前，应用于氨冷库制冷系统中的冷凝器主要有立式管壳式冷凝器、卧式管壳式冷凝器和蒸发式冷凝器。

一、立式管壳式冷凝器的结构和工作特点

立式管壳式冷凝器直立安装在水池上方，目前只用于中型及大型的氨制冷装置中，其结构如图4-3所示。

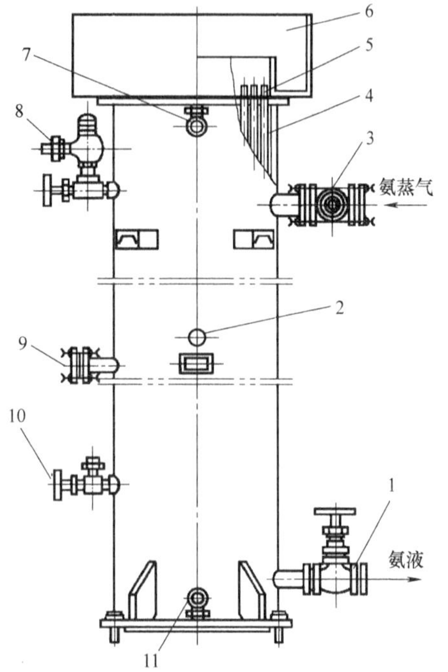

图4-3　立式管壳式冷凝器结构示意图

1—出液管　2—压力表接头　3—进气管　4—传热管　5—导流管嘴　6—配水箱　7—放空气阀　8—安全阀　9—平衡管接头　10—混合气体出口　11—放油阀

1. 立式管壳式冷凝器的结构

立式管壳式冷凝器的外壳由钢板卷制后焊接成圆柱形，两端无端盖，便于冷却水自上而下流动。外壳上设有放油阀、放空气阀、平衡阀和安全阀等管接头。壳内的换热管用焊接或胀接方法与焊接在冷凝器两端的管板紧固。换热管一般采用D38mm×3mm或D51mm×3.5mm的无缝钢管，其长度为4～5m。每个冷凝器的换热管有几十至几百根。

配水箱装在冷凝器顶部，分水器（导流管嘴，见图4-4）装在换热管的顶端入水口，冷却水通过三个斜槽流入换热管中。分水器除了具有使水流均匀、增强传热的作用外，还可降低水流冲击，减缓换热管所受水流的冲击腐蚀。

2. 立式管壳式冷凝器的工作特点

冷却水从配水箱经过每根换热管顶部的分水器，通过三个斜槽流入换热管中，并在重力作用下以螺旋线状沿管道内表面成膜层自上而下，换热后流入水池；水再由水泵送上冷却塔冷却后，循环使用。高压过热氨气从冷凝器外壳的中上部进入冷凝器内的换热管外空间，在换热管外冷却后冷凝成氨液。氨液沿管外流下，并存积在冷凝器底部，从出液管流出。

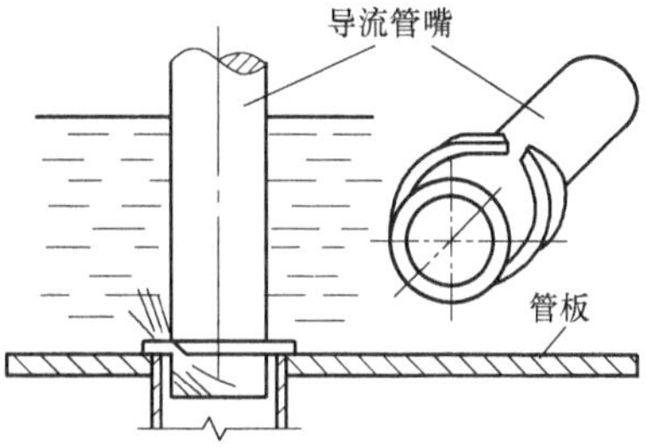

图4-4　分水器结构示意图

二、卧式管壳式冷凝器的结构和工作特点

卧式管壳式冷凝器系水平放置，广泛应用于氨和氟利昂制冷装置中，其结构如图4-5所示。

1. 卧式管壳式冷凝器的结构

卧式管壳式冷凝器的外壳由钢板卷制后焊接成圆柱形，两端用两个端盖封住，端盖用螺栓与管板的外缘紧固在一起，两者之间需要有防漏用的橡胶垫片。冷却水的进、出口可设在同一个端盖上，在端盖的顶部及底部分别装有放气和放水旋塞。外壳上还设有放油阀、放空

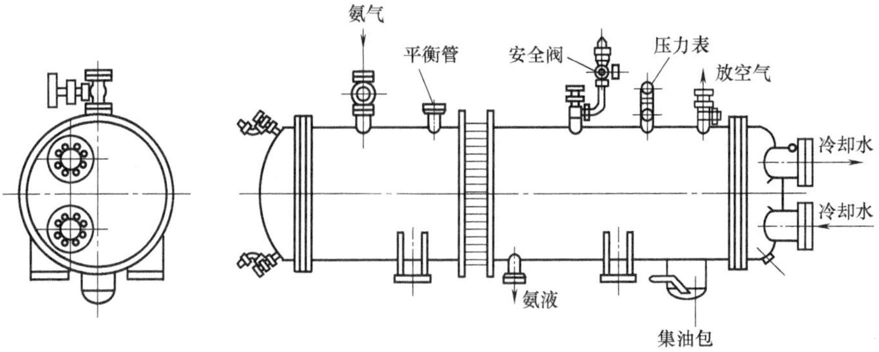

图 4-5　卧式管壳式冷凝器结构示意图

气阀、平衡阀和安全阀等管接头。

冷凝器两端焊有两块圆形的管板，两个管板钻有许多位置对应的小孔，在每对相对应的小孔中装入一根换热管，管子的两端用胀接法或焊接法紧固在管板的管孔内，这样便组成了一组直管管束。换热管一般采用 D25mm、D32mm 或 D38mm 的无缝钢管。为了强化传热效果，钢管肋化成螺纹管、横纹管（管内壁波纹或管外壁压制螺纹）。

端盖内部用隔板分开，两个端盖的分隔要互相配合，以便冷却水能在管子内多次往返流动。冷却水每向一端流一次，称为一个管程（或称一个流程）。冷凝器的管程数一般做成偶数，冷却水的进、出口可设在同一个端盖上，而且冷却水下进上出，可保证在运行中冷却水充满整个冷凝器的换热管。

在端盖的顶部及底部分别装有放气和放水旋塞。上部的放气旋塞在开始充水时，用来排除管内的空气；下部的放水旋塞在冷凝器停止使用时，用来排除其中残留的水，以防管子被腐蚀或冻裂。集油包焊接在冷凝器的下部，用于收集润滑油和机械杂质。

2. 卧式管壳式冷凝器的工作特点

冷却水从冷凝器一端的端盖下部进入桶壳的换热管内，因两个端盖内部有隔板，冷却水能在换热管内往返流动多次，与高温高压氨气换热后，从同一端盖的上部流出。高温高压氨气从冷凝器的上部进入桶壳内，在换热器外表面凝结成液体后，氨液由桶壳的下部流入高压储液器中。

三、蒸发式冷凝器的结构和工作特点

蒸发式冷凝器的结构如图4-6所示。它的外壳为薄钢板制成的长方形箱体，内部设有数组蛇形冷凝管组、淋水装置、雾化冷却装置和挡水栅，底部设有集水盘，箱体外部设有循环水泵。蒸发式冷凝器将水冷式冷凝器、水

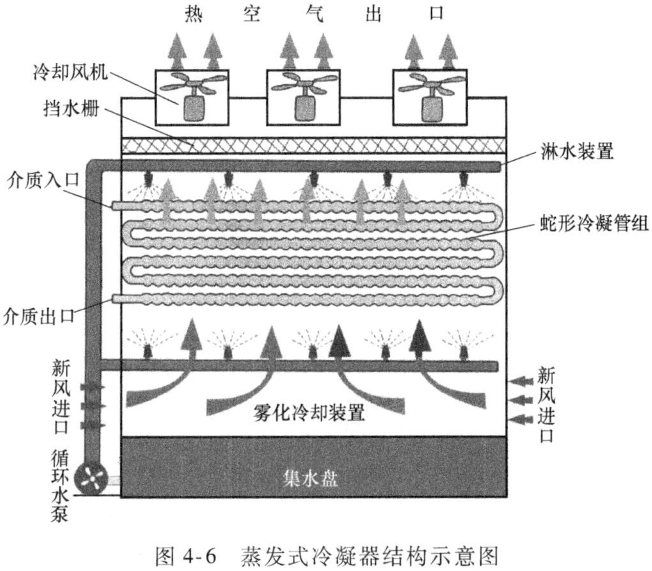

图 4-6　蒸发式冷凝器结构示意图

泵、冷却塔、水池和水连接管路优化组合为一体，具有流程简单、结构紧凑、占地面积小、冷凝效果好、运行费用低、制冷效率高等优点，是新上冷凝器或设备扩能改造的首选。

蒸发式冷凝器工作时，冷却水由循环水泵分别送到冷凝管组下部的雾化冷却装置、上部的淋水装置，均匀地喷淋在冷凝管的外表面，形成很薄的一层水膜。高温制冷剂蒸气从蛇形冷凝管组的上部进入，被管外的冷却水冷凝的液体从下部流出。水吸收了制冷剂的热量以后，部分蒸发变成水蒸气，其余滴落在下部的集水盘内，供水泵循环使用。风机强迫空气以3~5m/s的速度自下向上掠过冷凝管组，促进了水膜的蒸发，强化了冷凝管外的放热，并使吸热后的水滴在落下的过程中为空气所冷却，使蒸发形成的水蒸气随同空气流从挡水栅中排出。挡水栅的作用是阻挡空气流中未蒸发的水滴，并使其落回集水盘，以减少冷却水的消耗。此外，集水盘内还设有浮球阀，当水分不断地蒸发损耗，集水盘的水位过低时，浮球阀就自动打开补充冷却水。

四、三种冷凝器的工作特性比较（见表4-6）

表4-6 三种冷凝器的工作特性比较

序号	冷凝器名称	工作参数	优点	缺点
1	立式管壳式冷凝器	冷却水温升为2~4℃，平均传热温差为3℃，传热系数为698~814W/(m²·K)，冷却水流速为1.0~1.7m/s，单位面积的热负荷为2900~3500W/m²	1)可以露天安装，以节省机房面积 2)可以装在冷却水塔的下面，以简化冷却水系统 3)冷凝器可以在运行中清洗水管，对冷却水质的要求可以放低一些	1)从冷凝放热的特性看，立管要比水平管差一些(因液膜流动的路程长)，因而它的传热系数比卧式冷凝器要低 2)冷却水用量大，体积大，比较笨重 3)冷凝器管内水流速度低，易结水垢 4)当露天安装时，灰沙易落入，因此需要经常清洗
2	卧式管壳式冷凝器	冷却水温升为4~6℃，冷却水流速为0.5~1.5m/s，平均传热温差为5℃，传热系数为698~930W/(m²·K)，单位面积的热负荷为1071~5234W/m²	1)结构紧凑，占地面积小 2)换热管内的水流速度较高，所以传热系数较大 3)冷却水的温升较大，所以冷却水的消耗量较小	1)要求冷却水的水质好，水温低 2)冷却水流动的阻力损失比较大 3)清洗水垢不方便，清洗时需要设备停止工作
3	蒸发式冷凝器	冷却盘管间的风速一般为3~5m/s，传热温差为6~8℃，每1kW的热负荷所需的风量为85~160m³/h，冷却水量为50~80kg/h	1)冷却水耗量小，耗水量仅是水冷冷凝器的5%~10%，补充水量为循环水量的5%~10% 2)传热温差大、换热充分，冷凝水热量散发快，水温度低，冷凝温度低 3)不仅节能，而且占地面积小，便于运输安装	价格较高，冷却水质要求高，清洗、维修困难

典型实例

【实例1】 总体认识CZN-830蒸发式冷凝器

CZN-830蒸发式冷凝器是一款由大连冷冻设备制造有限责任公司生产的高效冷凝器，其外形和结构如图 4-7、图 4-8 所示。该蒸发式冷凝器集水冷式冷凝器、冷却塔、水池于一身，结构紧凑，占地面积小，重量轻，安装方便，效率高，节水、节电，比其他形式的冷凝器运行费用低。

图 4-7　CZN-830 蒸发式冷凝器外形图

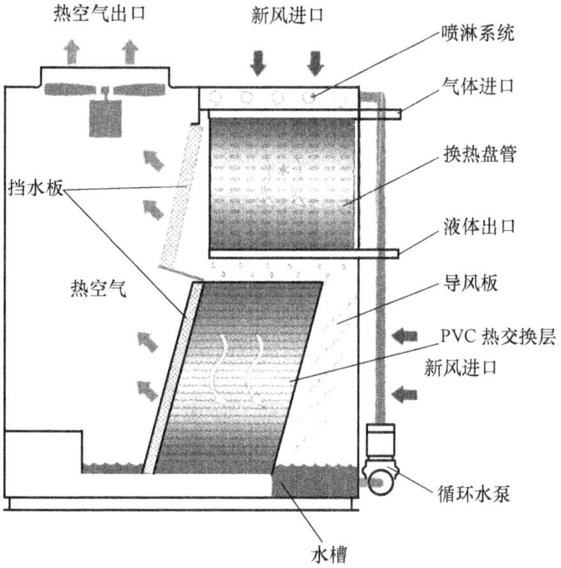

图 4-8　蒸发式冷凝器的结构示意图

1. 认识 CZN-830 蒸发式冷凝器的结构和特点

该冷凝器由盘管系统、喷淋系统、风冷系统、水冷却系统和挡水系统组成。盘管系统由多层蛇形换热盘管与上下进出总管焊接而成，每根管沿制冷剂流向倾斜，便于液体流出，减少了压力损失。喷淋系统由过滤装置、循环水泵、聚氯乙烯管路、喷嘴及水槽等组成，水槽内水位由浮球阀控制。风冷系统采用低噪声、大风量轴流风机，叶片材质为铝合金。电动机采用户外型全封闭式，驱动方式为带传动（A 型）和直接驱动（B 型）。水冷却系统采用高效聚氯乙烯（PVC）压制成凸凹薄板叠合而成的 PVC 热交换层，保证水与空气充分接触，且空气阻力较小。挡水系统由采用耐腐蚀的 PVC 材料用模具压制成曲面的挡水板组成，分组安装，拆卸方便。挡水板使空气流向经过三次改变，有效地将气水分离。其特点如下：

1）由于 CZN-830 蒸发式冷凝器采用了 PVC 热交换层，使水和空气得到充分热交换，换热性能优于其他形式的蒸发式冷凝器，水温低于其他蒸发式冷凝器 4~6℃。

2）水温低、风量大，且风水同向，盘管表面被水膜充分包裹，不易结垢，可保持良好的换热性能，从而减少维护次数。

3）蒸发式冷凝器不仅节能，而且占地面积小，便于运输安装。

4）蒸发式冷凝器的外表面采用不锈钢板或高强度镀锌板，其他钢结构件表面采用热浸锌工艺，延长了设备的使用寿命。

2. 认识 CZN-830 蒸发式冷凝器的技术参数（见表 4-7）

表 4-7　CZN-830 蒸发式冷凝器的技术参数

型号	标准排热量/kW	运输质量/kg	风量/(m^3/s)	风扇电动机功率/kW	水流量/(L/s)	水泵功率/kW	氨充灌量/kg
CZN-830	830	4490	31.4	2×7.5	24	2.2	76

CZN-830 蒸发式冷凝器的外形尺寸如图 4-9 所示。

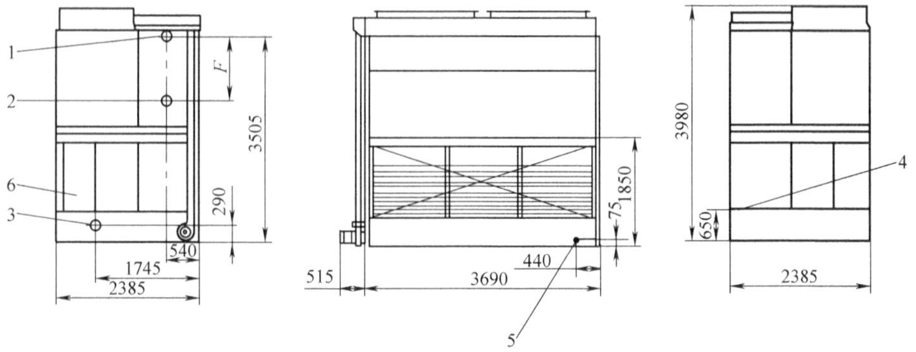

图 4-9　CZN-830 蒸发式冷凝器的外形尺寸

1—制冷剂入口（DN100）　2—制冷剂出口（DN100）　3—溢流孔（DN100）

4—补水孔（DN50）　5—排水孔（DN25）　6—检修门

【实例 2】　蒸发式冷凝的安装步骤及方法

CZN-830 蒸发式冷凝器的安装过程如下：

1. 基础施工

为保证基础能承受负荷载重量，确保设备的安全稳定运行，CZN-830 蒸发式冷凝器应采用工字钢焊接预埋钢板的砌体结构基础，如图 4-10 所示。

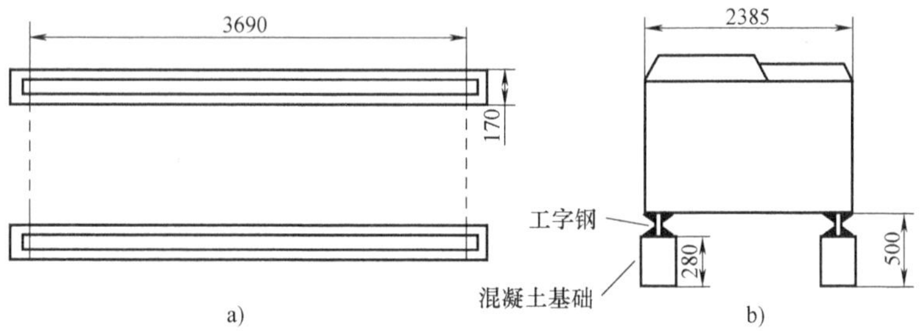

图 4-10　CZN-830 蒸发式冷凝器基础图

a）平面图　b）端面图

第一步：检查设计图样上的尺寸与冷凝器安装要求是否相符，照图样尺寸要求装好基础模板。

第二步：在基础模板内适当配置钢板，采用标号为 100～150 的混凝土进行浇灌，浇灌完成后要进行 7～10 天的浇水养护，使混凝土保持湿润，并以草袋或麻袋覆盖。

第三步：混凝土凝固前，用水泥砂浆进行基础抹面，使基础表面平整、光滑、美观。

第四步：待混凝土强度达到 50%时，拆除整个模板，并清理基础四周模板和预埋钢板的表面等。

2. 基础检查

在安装冷凝器前，应对基础进行仔细的检查，发现问题及时处理。

第一步：基础强度检查的简易方法为敲击法。即先用小锤在混凝土表面敲击，若敲击声响亮，而且表面几乎无痕迹，用尖錾轻轻錾混凝土表面后，表面稍有痕迹，说明混凝土的强度达到要求。

第二步：用量具检查基础的尺寸。基础尺寸检查的内容有基础的外形结构、平面的水平度、中心线、标高、混凝土内的预埋件等。检查完毕，填写表 4-8。

表 4-8 冷凝器基础检查验收表

混凝土基础检查项目	设计值/mm	实测值/mm	允许偏差/mm	是否合格
长			±20	
宽			±20	
高			±20	
表面标高			±30	
钢板水平度			±20	

经过检查后基础不符合要求的，应由土建单位进行处理。

3. 工字钢找正、找平与焊接

采用 22A 号工字钢（220mm×110mm×7.5mm）作为冷凝器的底部承重支撑。

第一步：用墨线弹出工字钢中心线和预埋钢板中心线。

第二步：量出冷凝器底部承重边安装孔 ϕ190mm 的位置，在工字钢安装面上钻出相应的螺栓孔。

第三步：将工字钢放置在基础预埋的钢板上，并对工字钢找正、找平，使工字钢中心线与预埋钢板中心线对齐、重合。

第四步：用水平尺测量工字钢的水平度，用铁垫片来调整工字钢的水平，要求工字钢的水平度保持在 0.17%（即 1.7mm/1m）之内。注意不得在工字钢与冷凝器之间塞垫片来找水平。

第五步：工字钢找正、找平之后，用电焊机将工字钢与预埋钢板焊牢。

4. 冷凝器就位、紧固

第一步：按照吊装技术的安全规程，利用起重机、铲车、人字架或者滑移的方法将冷凝器吊起，把冷凝器移至基础上方，对准基础中心线，把冷凝器放下，搁置于工字钢上。

第二步：冷凝器就位后，利用量具、线锤、撬杆将冷凝器纵横中心线调整到与基础中心线重合，并使冷凝器底部承重边安装孔与工字钢上的螺栓孔对正。在冷凝器就位与找正的过程中，要注意操作者身体和冷凝器的安全，还要注意冷凝器上的管座等部件的方位符合设计要求。

第三步：装上 M16 螺栓，并拧紧螺母，固定冷凝器。

至此，CZN-830 蒸发式冷凝器的安装全部完成，填写表 4-9 中的相关内容。

表 4-9 CZN-830 蒸发式冷凝器安装过程记录表

序号	操作任务	操作内容	出现的问题	解决的方法	效果	备注
1	基础施工					
2	基础检查					
3	工字钢找正、找平与焊接					
4	冷凝器就位、紧固					

冷凝器安装的注意事项如下：

1）在安装冷凝器的过程中进行搬运、起吊时，应注意不能碰撞设备的法兰、接口等部位，还要注意选择起吊点和绳扣的位置。

2）蒸发式冷凝器的安装必须牢固、可靠且通风良好，安装时其顶部应高出邻近建筑物300mm，或至少不低于邻近建筑物的高度。

3）安装时需注意与邻近建筑物的间距。

① 当蒸发式冷凝器四周都是墙时，进风口侧与墙壁的最小间距应为1800mm，非进风口侧与墙壁的最小间距应为900mm。

② 当蒸发式冷凝器的三面是实墙，一面是空花墙时，进风口侧与墙壁的最小间距应为900mm，非进风口侧与墙壁的最小间距应为600mm。

③ 当两台蒸发式冷凝器并联安装时，如两者的进风口侧相邻，它们之间的最小间距应为800mm；如一台的进风口侧与另一台的非进风口侧相邻，它们之间的最小间距应为900mm；如两者的非进风口侧相邻，它们之间的最小间距应为600mm。

4）在安装时还要注意蒸发式冷凝器的底部不得小于500mm，以便管道连接、水盘检漏和防止地面脏物被风机吸入。

课题三 蒸发器的安装

相关知识

蒸发器是冷库制冷系统中制冷剂在低温下吸热的热交换器。按被冷却介质的特性，蒸发器可分为冷却液体载冷剂的蒸发器及冷却空气的蒸发器两大类。冷却液体载冷剂的蒸发器有管壳式、直立管式、蛇形管式、螺旋管式等；冷却空气的蒸发器有直接蒸发式排管和间冷式冷风机等。本课题重点介绍冷库库房常用的排管和冷风机两种蒸发器。

一、排管的形式及其工作特点

在冷库库房中较常用的排管有盘管式排管、集管式排管、搁架式排管等。排管内的制冷剂在管内蒸发，管外空气在管外自然对流，所以这类蒸发器是依靠空气自然对流换热，换热效率低，降温速度慢，但结构简单，安装方便。对于氨冷库用的排管，一般选用D57mm×3.5mm或D38mm×3.0mm的无缝钢管制成，而氟利昂冷库的排管通常采用直径为ϕ(16~22)mm的铜管制成。由于排管外的空气是自然对流，所以传热系数很低，为6~12W/(m^2·K)；翅片管为3.5~6W/(m^2·K)。排管的安装位置对传热系数也有影响，一般顶排管的传热系数比墙排管的要高。

1. 盘管式排管

这种排管适用于氟利昂冷库和氨泵上进下出供液系统，其优点是结构简单、制作方便、适用性强；缺点是排管入口处管段中形成的气体必须经过盘管全长后才能由出口接口排出，制冷剂流动阻力较大，内表面传热受到影响，所以这种排管的单根盘管长度不宜超过50m。单根排管的间距为弯管曲率半径的2倍，一般为140~160mm；双套弯的两根排管间距可采用80~110mm。盘管式排管如图4-11所示。

2. 集管式排管

图 4-11　盘管式排管

这种排管是冷库库房中应用较为广泛的一种排管，适用于氨泵下进上出供液系统。这种排管结霜比较均匀，制作安装也较方便，根据使用要求可以制作成单排或双排的形式。这种排管常用在冻结物冷藏间中，大多采用D32mm、D38mm、D57mm无缝钢管制作，主要有光滑顶排管和光滑墙排管两种形式。对于库房面积较小的冷间，一般选用顶排管后不再配墙排管；对于大中型冷库的冷间，除了选用顶排管外，一般可再配安装位置较高的高位墙排管，采用落地墙排管时，其外围必须加护栏以防碰撞。集管式排管如图 4-12 所示。

图 4-12　集管式排管

3. 搁架式排管

这种排管是集管—盘管式排管的一种变形排管，一般由回气和供液集管连接若干组盘管构成，常设置于冻结间和小型冷库的冷藏间内。为缩短冻结时间，搁架式排管通常采用轴流风机来提高冻结间内的空气流速，增强换热效果。搁架式排管的主要优点是冻结可靠、均匀、省电，可现场安装制作，其缺点是冻结速度慢，进出库劳动强度大，因此仅适合小型冷库。搁架式排管如图 4-13 所示。

二、冷风机的形式及其工作特点

冷风机广泛用于冷库库房中的肉类冷却间、果蔬禽蛋冷藏间、冻结间以及冻结物冷藏间等场合，其结构包括空气冷却器和通风机两部分，其中翅片管空气冷却器的结构如

图 4-14 所示。在这种蒸发器中，制冷剂在管内蒸发，而空气在风机的作用下从管外流动，且管外一般多装有翅片（套片或绕片）。这种蒸发器的优点是结构紧凑，占地面积小，冷量损失小；缺点是气密性要求高，制冷量调节比较困难。冷风机的传热系数比较低，当空气的迎面风速为 2～3m/s 时，冷库冷风机的传热系数为12～20W/(m^2·K)。

根据冷风机在库房中的位置不同，冷风机可分为落地式冷风机和吊顶式冷风机两种。落地式冷风机在库房内靠近墙边落地安装，吊顶式冷风机则悬挂或搁置在库房内的库顶下面。

图 4-13　搁架式排管

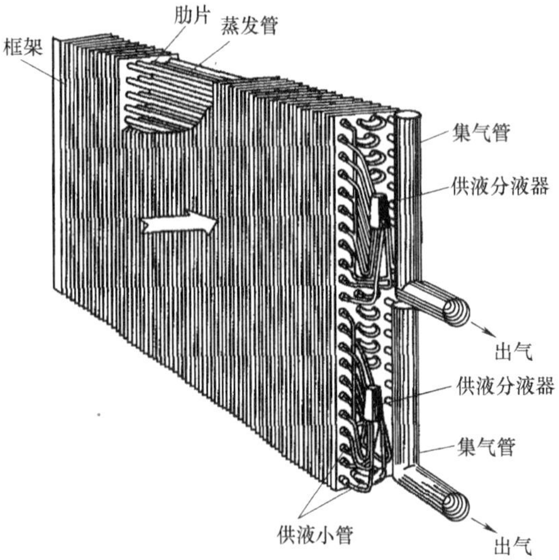

图 4-14　翅片管空气冷却器的结构

1. 落地式冷风机

落地式冷风机按照出风方向不同，分为顶吹式和侧吹式两种。落地式冷风机一般应用于氨冷库，通常采用热氨和水联合融霜，其外壳必须严密不透水，承水盘应不会使融霜水溅入库房内。落地式冷风机的外形图如图 4-15 所示。

落地式冷风机安装简单，便于操作维护，安装与维修费用较低。根据用途可将其分为三类：①KLL型用于冷却物冷藏间（-2～4℃）；②KLD型用于冻结物冷藏间（-25～-18℃）；③KLJ 型用于冻结间（-30～-23℃）。落地式冷风机型号各部分的含义如下：

a)　b)　c)

图 4-15　落地式冷风机的外形图

a)、c) 落地顶吹式冷风机　b) 落地侧吹式冷风机

□ □ □-□

- 数字，表示冷却面积(m^2)
- 字母，表示用途，L 用于冷却物冷藏间，D 用于冻结物冷藏间，J 用于冻结间
- 字母，表示出风方式，L 表示顶吹风，S 表示侧吹风(有些企业的产品忽略此项)
- 字母 KL，表示冷风机

例如，KLLJ-300 表示落地顶吹式冷风机，冷却面积为 300m^2，用于冷库冻结间；KLSD-600 表示落地侧吹式冷风机，冷却面积为 600m^2，用于冷库冻结物冷藏间。

2. 吊顶式冷风机

吊顶式冷风机体积小，不占用地面面积，便于实行自动化控制。根据用途分为三类：①DDKLL型用于库温为 0℃左右的冷却物冷藏间；②DDKLD 型用于库温为-18℃左右的冻结物冷藏间；③DDKLJ 型用于库温为-25℃或低于-25℃的冻结间。吊顶式冷风机的外形图如图 4-16 所示。水融霜吊顶式冷风机常用于氨冷库，而电融霜吊顶式冷风机常用于氟利昂冷库。

a)　　　　b)

图 4-16　吊顶式冷风机的外形图

a）吊顶式冷风机（水融霜）　b）吊顶式冷风机（电融霜）

吊顶式冷风机型号各部分的含义如下：

□ □ □-□

- 数字，表示冷却面积(m^2)
- 字母，表示用途，L 用于冷却物冷藏间，D 用于冻结物冷藏间，J 用于冻结间
- 字母 KL，表示冷风机
- 字母 DD，表示吊顶式

例如，DDKLJ-300 表示吊顶式冷风机，冷却面积为 300m^2，用于冷库冻结间；DDKLD-600 表示吊顶式冷风机，冷却面积为 600m^2，用于冷库冻结物冷藏间。

典型实例

【实例 1】　顶排管的制作与安装步骤及方法

下面以某冻结物冷藏间的光滑顶排管为例，完成顶排管的制作与安装任务。该顶排

管为双层光滑排管，冷却面积为 136.5m²，采用焊条电弧焊焊接，U 形弯头采用冲压成形弯头，焊接前应进行管内外除锈。顶排管组装完成后，其表面应用铁红环氧底漆涂装两遍。

1. 识读顶排管的制作与安装图

某冻结物冷藏间的光滑顶排管制作与安装示意图如图 4-17 所示，该顶排管的材料明细见表 4-10。

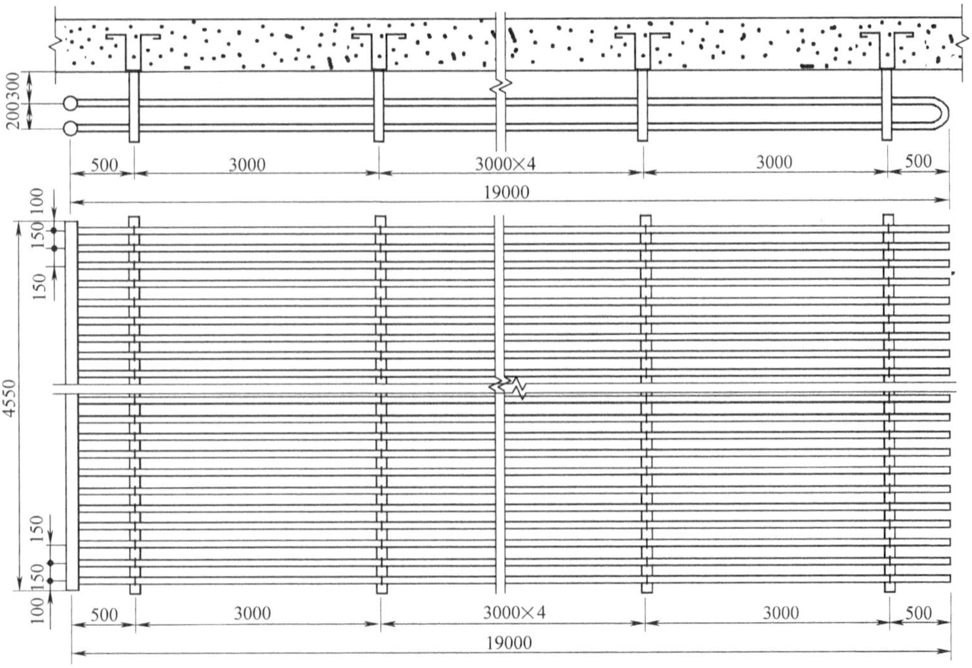

图 4-17　光滑顶排管制作与安装示意图

表 4-10　顶排管的材料明细

序号	材料名称及规格	单位	长度或数量	材质	备注
1	无缝钢管 D38mm×3.0mm	m	1134	10	GB/T 8163—2008
2	供液集管 D57mm×3.5mm	m	4.55	10	GB/T 8163—2008
3	回气集管 D76mm×3.5mm	m	4.55	10	GB/T 8163—2008
4	U 形弯头 D200mm	个	30	10	GB/T 8163—2008
5	封头 DW76	个	4	Q235C	
6	角钢 L70mm×7mm	m	80	Q235A	
7	U 形螺钉管卡(M6+螺母)	套	420	Q235A	GB/T 6170—2015

2. 预制组装顶排管

顶排管的预制组装步骤及方法如下。

(1) 加工 U 形弯头、集管和支架　在预制现场，对管子进行坡口、除锈、调直、弯管等各单项工序的加工处理，然后按图样下好料进行 U 形弯头和集管的加工。U 形弯头采用

D38mm×3.0mm 无缝钢管冲压成形；供液集管采用 D57mm×3.5mm 无缝钢管制作，按图样尺寸开好 30 个 ϕ38mm 的孔；回气集管采用 D76mm×3.5mm 无缝钢管制作，同样按图样尺寸开好 30 个 ϕ38mm 的孔。支架用 L70mm×7mm 角钢按图样尺寸下料，钻好管卡安装孔。

（2）安装上下两组排管　将集管放在预制好的支架上，把下好料的 D38mm 无缝钢管伸入集管中（伸入集管的深度要求为 10mm），并将上下两组排管固定在上下两层支架上。为了保证每根 D38mm 无缝钢管的伸入深度，先用一根 D50mm 钢管和 D38mm 钢管分别插装在 D76mm 钢管和 D57mm 钢管中，这样每根 D38mm 无缝钢管伸入集管的深度就不用尺量即可保证伸入深度的要求。当全部 D38mm 无缝钢管在集管孔内就位后，依次用 U 形螺钉管卡将 D38mm 无缝钢管固定在排管的角钢支架上，然后就可将集管中的 D50mm 钢管和 D38mm 钢管抽出。

（3）排管组对与焊接　在排管一端与集管接好后，另一端用 U 形弯头也接好，即可进行双层组对。按图样检查无误后，用电弧焊机把排管焊接牢固。

（4）吹污、试压与涂装　组对连接结束，对排管用 1.6MPa 的压缩空气进行不少于三次的吹污，随吹污的进行，用锤子敲打管道，把管内坡口的氧化皮吹出。完成吹污工作后，焊接两个集管的封头，再用 1.6MPa 的压缩空气进行整组排管的单体试压，持续 5min 无泄漏，则试压合格。最后进行铲锈处理，并在排管表面应用铁红环氧底漆涂装两遍。

3. 吊装排管

排管的吊装步骤和安装要求如下。

1）按设计要求，事先在顶面楼板上预埋置吊点和吊装螺栓。

2）按图样规定装好各排管的角钢支架和吊点支架，并在排管底部利用槽钢或工字钢再做一吊装托架，以防吊装时排管变形。

3）起吊前，根据排管长度和重量确定吊点数量和位置，预先将楼板上的预埋螺栓校正好。

4）吊装时，用绞车或铲车将排管送至安装位置，应由一人指挥，动作一致，以保证整组排管水平上升。当排管上升至预定位置时，上好预埋螺栓螺母，并拧紧螺母使预埋螺栓伸出螺母四个螺距。在拧紧吊架螺栓时，可在吊架螺栓处加垫垫圈来调整排管的水平和坡度。

排管的安装有一定的技术要求，墙排管中心与墙壁表面间距不小于 150mm，顶排管中心（多层排管为最上层管子中心）与库顶距离不小于 300mm。排管其他基本技术要求见表 4-11。

表 4-11　排管安装技术要求

检查部位	允许偏差	检查部位	允许偏差
集管上套支管孔的位置 沿着轴线方向位移 垂直于轴线方向位移	≤1.5mm 不允许	排管平面的翘曲 （一角扭出平面的距离）	≤3mm
同一冷间各组排管的标高	±5mm	排管的水平误差	≤1mm/2000mm
顶排管各横管的平行度	≤1mm/2000mm	顶排管的上、下弯曲	不允许
立式排管各立管的平行度	≤1mm/1000mm		

排管安装完毕，填写表 4-12。

表 4-12　排管制作与安装过程记录表

序号	操作任务	操作内容	出现的问题	解决的方法	效果	备注
1	加工 U 形弯头、集管和支架					
2	安装上下两组排管					
3	排管组对与焊接					
4	吹污、试压与涂装					
5	吊装排管					
6	排管安装技术检查					

【实例 2】　冷风机的安装步骤及要求

下面以 KLLJ-400 冷风机为例，介绍落地式冷风机的安装，其技术参数见表 4-13，其外形结构尺寸如图 4-18 所示。

表 4-13　KLLJ-400 冷风机技术参数

型号	冷却表面积/m^2	电动机		外形尺寸/mm			质量/kg
		数量/台	总功率/kW	长	宽	高	
KLLJ-400	400	3	6.6	4430	1180	2262	3200

注：试验压力为水压试验 2.4MPa，气密试验 1.6MPa。

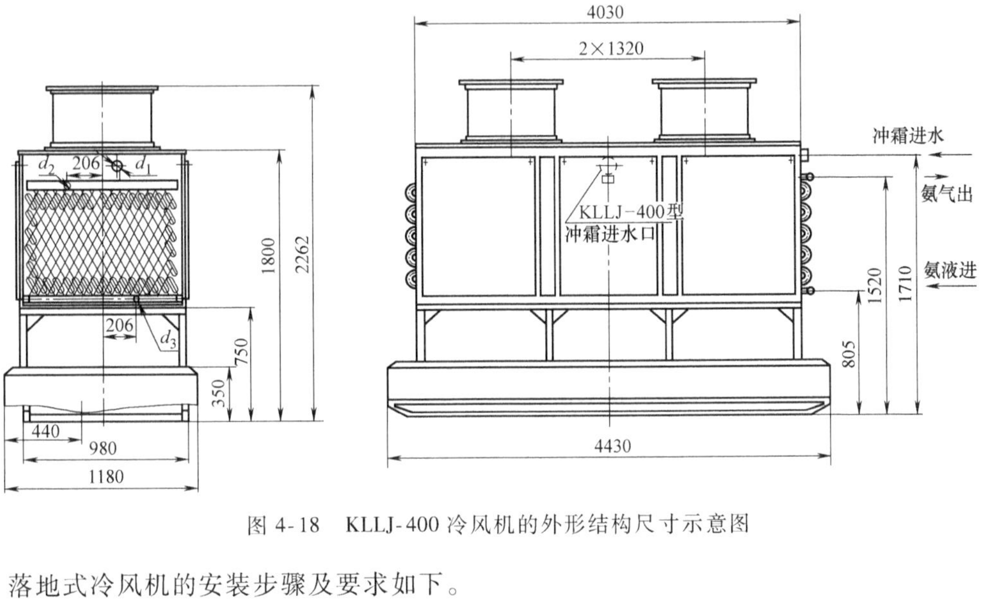

图 4-18　KLLJ-400 冷风机的外形结构尺寸示意图

落地式冷风机的安装步骤及要求如下。

（1）冷风机安装前准备　根据设计图样对冷风机的规格型号及外观质量进行核对和检查，仔细阅读安装说明书。对土建工程为安装冷风机所预埋的吊点或制作的基础尺寸进行核对后，方可进行安装。

（2）冷风机就位　用绞车或叉车将冷风机骨架移至基础上，装正找平后，拧紧地脚螺栓。冷风机离墙一侧应留有 350~400mm 的距离，出风口应高出地面 600~1000mm。

（3）冷风机分层安装　装好冷风机骨架后，焊接水盘，然后分层安装各部件。在各层的法兰之间垫入橡胶垫圈，用螺钉连接，不得有漏风漏水现象。法兰间橡胶垫圈不能对口平接，而应上下斜口搭接，橡胶垫圈的边沿不得凸出法兰外。

（4）安装融霜水系统　融霜供水管应敷设在常年温度大于0℃的穿堂内或其他场所。进入库内的融霜水支管与供水总管的结点位置最高，并按照3%的坡度一直坡向淋水管。这样融霜供水管停止供水后，库内管道中就不会有积水，不会发生冻塞现象。在融霜供水管的库外控制阀后应有排水，以便在融霜结束后排尽融霜供水管内的存水。

（5）安装承水盘　承水盘应架空在冷库地坪上，不可紧贴地面，更不允许嵌入地坪内，以便及时观察是否漏水。承水盘应制作成V形，将淋水反射到承水盘中央，防止淋水外溅。蒸发器的下沿至承水盘底板之间的高度不宜过大，只要满足回风口断面要求即可。承水盘的排水口可开设在承水盘折线上的最低位置。

（6）安装排水管　为保证冷风机融霜排水顺畅，排水管管径应不小于100mm，排水坡度不小于5%，排水管与承水盘的接口应密封不漏水。排水管出口应设水封，管子在库房内应有保温，室外部分保温延伸至1500mm。

（7）安装后调试　冷风机安装完毕后应进行试压、试水和试验风机。冷风机安装结束后应用1.6MPa的压缩空气试压检漏，试压合格后进行试水。试水时要求淋水盘喷淋均匀，下水畅通，冷风机各连接处不漏水，承水盘的排水通畅，不积水。试验风机前应先检查叶轮与机壳有无碰撞情况，并向风机轴承注油，做好试机前的准备。在风机运转时，要求主体不产生抖动，无异常杂音，电动机的电流和温升正常，润滑部件温度符合要求，出风均匀。待风机调试正常后，在冷风机出风口预留螺孔上装上导风板，并根据风量分布要求调整好导风板的安装角度。

冷风机安装完毕，填写表4-14。

表4-14　冷风机安装过程记录表

序号	操作任务	操作内容	出现的问题	解决的方法	效果	备注
1	冷风机安装前准备					
2	冷风机就位					
3	冷风机分层安装					
4	安装融霜水系统					
5	安装承水盘					
6	安装排水管					
7	安装后调试					

单元练习

一、填空题（将正确答案填写在横线上）

1. 为保证基础能承受负荷载重量，确保机组的精度和寿命，8ASJ-17型机组应采用____基础。

2. 蒸发式冷凝器将__________、__________、__________、水池和水连接管路优化组合为一体，具有诸多优点。

3. 卧式壳管式冷凝器中，冷却水能在__________内往返流动多次，而高温高压氨气从冷凝器的上部进入__________内，在__________外表面凝结成液体后，氨液由桶壳的下部流入高压储液器中。

4. 某双级活塞式压缩机的气缸数为8，制冷剂为氨，气缸布置形式为S型，气缸直径为100mm，则压缩机的型号为__________。

5. 在安装蒸发式冷凝器时，要注意其底部距离地面不得小于__________，以便管道连接、水盘检漏和防止地面脏物被风机吸入。

6. 双层光滑排管属于集管式排管，有两个集管，其中位于上层的集管是__________，位于下层的集管是__________。

7. 为保证落地式冷风机融霜排水顺畅，排水管管径应不小于__________，排水坡度不小于__________，排水管与承水盘的接口应密封不漏水。

二、单项选择题（在每小题的四个选项中，选出一个正确的，并将正确答案的序号填写在括号内）

1. 单机双级活塞式氨制冷压缩机组的型号为8ASJ-17，下列描述正确的是（　　）。

A. 表示17个气缸，气缸布置形式为S型，气缸直径为17mm

B. 表示8个气缸，气缸布置形式为S型，气缸直径为17cm

C. 表示6个气缸，气缸布置形式为S型，气缸直径为17mm

D. 表示6个气缸，气缸布置形式为S型，气缸直径为170mm

2. 活塞式制冷压缩机组的型号为B25F44-3.7G，下列描述正确的是（　　）。

A. 5缸、缸径20mm、电动机功率为3.7kW的氟利昂半封闭式压缩机组

B. 5缸、缸径20mm、行程37mm高温用氟利昂半封闭式压缩机组

C. 2缸、缸径50mm、行程37mm氟利昂半封闭式压缩机组

D. 2缸、缸径50mm、行程44mm氟利昂半封闭式压缩机组

3. 某氟利昂半封闭式压缩机组为4缸、气缸布置为V型、行程为100mm，则其型号为（　　）。

A. 4FV10B　　B. 4V-12.5A　　C. 25F10　　D. 6FW-12.5

4. 在冷库制冷系统中，换热效果最好的冷凝器是（　　）。

A. 立式管壳式冷凝器　　B. 卧式管壳式冷凝器

C. 蒸发式冷凝器　　D. 风冷式冷凝器

5. 在冷库制冷系统中，下列换热效果最好的蒸发器是（　　）。

A. 盘管式排管　　B. 集管式排管

C. 搁架式排管　　D. 盘管式与集管式组合排管

6. 下列（　　）冷风机适用于冷库冻结间的吊顶安装，冷风机的冷却面积为350m^2。

A. KLJ-350　　B. DDKLD-200　　C. DDKLJ-350　　D. KLL-350

7. 下列（　　）冷风机适用于冷库高温冷藏间的吊顶安装，冷风机的冷却面积为200m^2。（　　）

A. KLJ-200　　B. DDKLL-200　　C. DDKLJ-200　　D. KLL-200

三、判断题（正确的在括号内画"√"，错误的画"×"）

1. 安装制冷压缩机组时，应在基础、底座的基面上找平和调正，有减振要求的应按设计进行。（　　）

2. 精平是机组安装的重要工序，是在初平之后对机组的水平度做进一步的调整，使之达到规范或设备技术文件要求。（　　）

3. 冷却水的进、出口就可设在卧式管壳式冷凝器的同一个端盖上，而且冷却水上进下出，这样就可保证在运行中，冷却水充满整个冷凝器的换热管。（　　）

4. 蒸发式冷凝器工作时，高温制冷剂蒸气从蛇形冷凝管组的上部进入，被管外的冷却水冷凝后的液体从管组下部流出。（　　）

5. DDKLD-600 表示吊顶式冷风机，冷却面积为 600m^2，用于冷库冻结间。（　　）

6. 盘管式排管中，制冷剂流动阻力较大，内表面传热受到影响，所以这种排管的单根盘管长度不宜超过 50m。（　　）

7. 在冷风机中，制冷剂在管内蒸发，而空气在风机的作用下从管外流动，且管外一般多装有翅片（套片或绕片），因此冷风机的传热系数比排管高。（　　）

四、简答题

1. 安装制冷压缩机组时，在机组就位与找正之后，为什么要经过初平与精平两次水平调整？

2. 吊顶式冷风机根据用途分为哪几类？

3. 冷风机安装完毕后，应如何进行试压、试水和试验风机？

单元五 冷库辅助设备的安装

内容框架

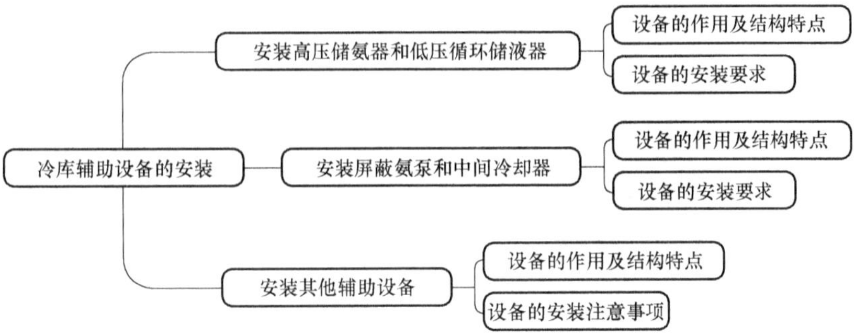

学习引导

目的与要求

1. 能说出高压储氨器、低压循环储液器、屏蔽氨泵和中间冷却器的作用、结构特点。
2. 能解释高压储氨器、低压循环储液器、屏蔽氨泵和中间冷却器的相关安装技术要求。
3. 能说出油分离器、集油器、空气分离器和紧急泄氨器的作用、结构特点。
4. 能解释油分离器、集油器、空气分离器和紧急泄氨器的相关安装注意事项。

重点与难点

难点：理解制冷辅助设备的作用、结构特点；解释制冷辅助设备的安装技术要求。

重点：理解制冷辅助设备的作用、结构特点；解释制冷辅助设备的安装技术要求。

课题一 高压储氨器和低压循环储液器的安装

相关知识

在一个完整的蒸气压缩式制冷系统中，除压缩机、冷凝器、膨胀阀和蒸发器四个主件外，为了保证系统正常、经济和安全地运行，还需设置其他起辅助作用的设备。辅助设备的种类很多，按照它们的作用，基本上可以分为两大类：一是维持制冷循环正常工作的设备，如两级压缩的中间冷却器等；二是改善运行指标及运行条件的设备，如油分离器、集油器、氨液分离器、空气分离器，以及各种储液器（或储液桶）等。

此外，在制冷系统中还配有用以调节、控制与保证安全运行所需的器件、仪表和连接管道的附件等。

一、高压储氨器的作用及结构特点

高压储氨器用于储存来自冷凝器的高压氨液，以适应冷负荷变化时调节系统氨液的循环量，并减少系统内补充氨的次数，起高、低压之间液封的作用，防止高、低压之间串通。

高压储氨器大多制成卧式结构，其上部有压力表、安全阀、进出液口、气体压力平衡管，下部有放油阀等。高压储氨器的液位计用于指示储液量，其液位高度一般不超过桶体直径的80%。因出液口设在容器上部，需装一根伸到容器底部的输液管，在工况变化时能保证供液。高压储氨器的外形结构如图5-1所示。

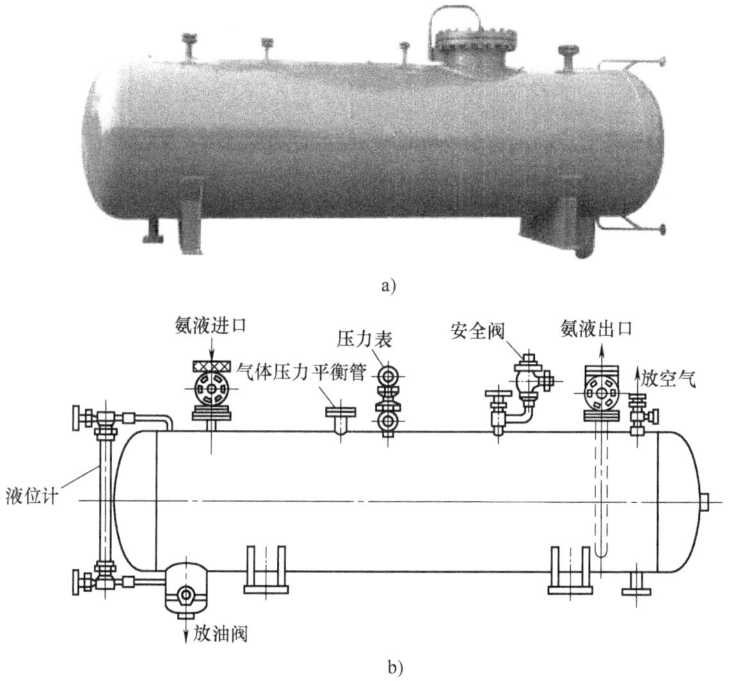

图5-1　高压储氨器的外形结构

a）外形图　b）结构图

二、低压循环储液器的作用及结构特点

低压循环储液器在屏蔽氨泵供液系统中用于储存循环使用的低压氨液，同时又可以起气液分离作用，必要时可专供蒸发器融霜或检修时排液之用。立式低压循环储液器由钢板壳体和封头焊接而成，上部侧面的进气管与库房回气总管相接，其外形结构如图5-2所示。

从库房来的气液两相流体进入容器后，速度骤降至0.5m/s以下，并改变流向，加之伞形挡板的作用，使气液实现分离。为避免进气直接冲击桶底，影响屏蔽氨泵的连续性供液，

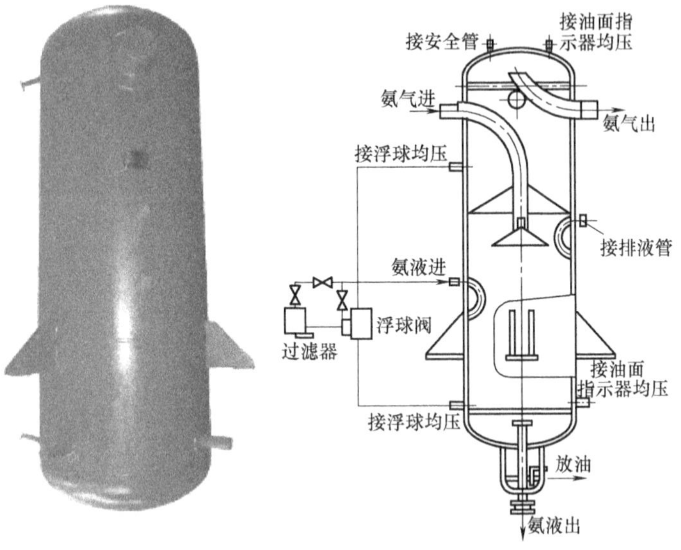

a) b)

图 5-2 立式低压循环储液器的外形结构

a）外形图 b）结构图

进气管下端周围开口，并焊有底板。低压循环储液器的出液管有两个方位：一个方位从底部引出，另一个方位从桶身两侧接出。立式低压循环储液器高度较高，气液分离效果好，对安全运行有利，同时占地面积小，但设备间需要一定的高度。

典型实例

【实例 1】 识读高压储氨器的型号及技术参数

ZA-5.0B 型号的含义：ZA 表示储氨器，5.0 表示储氨器的容积为 5.0m^3，B 表示安装方式为卧式。

ZA-5.0B 高压储氨器的技术参数见表 5-1，产品配套见表 5-2。

表 5-1 ZA-5.0B 高压储氨器的技术参数

型号	容积/m^3	外形尺寸/mm			质量/kg
		长	桶体直径	高	
ZA-5.0B	4.98	4953	1200	1870	1715

表 5-2 ZA-5.0B 高压储氨器产品配套表 （单位：mm）

附件名称	进液氨直通式截止阀	出液氨直通式截止阀	安全阀前截止阀	安全阀(开启压力 1.81MPa)	放空气直角式截止阀	放油直角式截止阀
数量	1	1	1	1	1	1
规格	Dg80	Dg50	Dg32	Dg32	Dg10	Dg15
附件名称	液位计	地脚螺栓	安全阀接管	液位计下接管	直通式压力表阀	压力表（1.5 级）
数量	1 个	4 组	1 根	1 根	1 个	1 块
规格	$L=1400$	M20×400	D25×2.5	$L=500$	Dg4	0~2.5MPa

ZA-5.0B 高压储氨器的外形尺寸如图 5-3 所示。

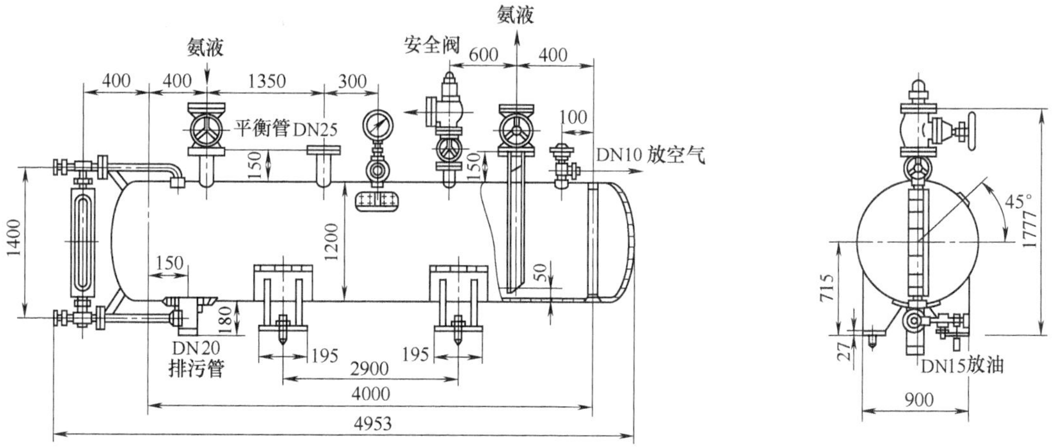

图 5-3　ZA-5.0B 高压储氨器的外形尺寸

【实例 2】　高压储氨器的安装要求

1）安装高压储氨器前，应检查出厂合格证件，核对规格型号，检查是否有损伤，若有损伤应进行牢固性和气密性试验。

2）在混凝土浇筑高压储氨器的基础前必须按实物核对螺栓预留孔洞的定位。

3）安装时，高压储氨器的水平方向应向放油管一侧倾斜，倾斜度为 0.2%~0.3%。安装时应将玻璃管液位指示器的玻璃管拆下，待设备安装好后再将其装上。

4）高压储氨器放置在室外时，应搭建高大的遮阳棚，并保持空气对流。

5）当数台高压储氨器并联使用时，高压储氨器的桶顶应设置在同一水平高度上，并且各高压储氨器之间必须安装液相连通管和气相连通管。

高压储氨器安装完毕，填写表 5-3。

表 5-3　高压储氨器安装操作记录表

序号	操作任务	操作内容	出现的问题	解决的方法	效果	备注
1	安装前检查					
2	检查基础					
3	检查高压储氨器的水平度					
4	检查遮阳与通风情况					
5	检查数台高压储氨器并联的水平度					

【实例 3】　识读低压循环储液器的型号及技术参数

以 DXZ-3.5 低压循环储液器为例，其型号的含义：

DXZ-3.5
- 3.5——容积为 $3.5m^3$
- DXZ——低压循环储液器（接一台氨泵）

DXZB-3.5
- 3.5——容积为 $3.5m^3$
- DXZB——低压循环储液器（接两台氨泵）

DXZ-3.5 低压循环储液器的技术参数见表 5-4。

表 5-4　DXZ-3.5 低压循环储液器的技术参数

型号	容积/m^3	外形尺寸/mm		质量/kg
		壳体直径	高	
DXZ-3.5	3.5	1200	3942	1425

DXZ-3.5 低压循环储液器的外形尺寸如图 5-4 所示。

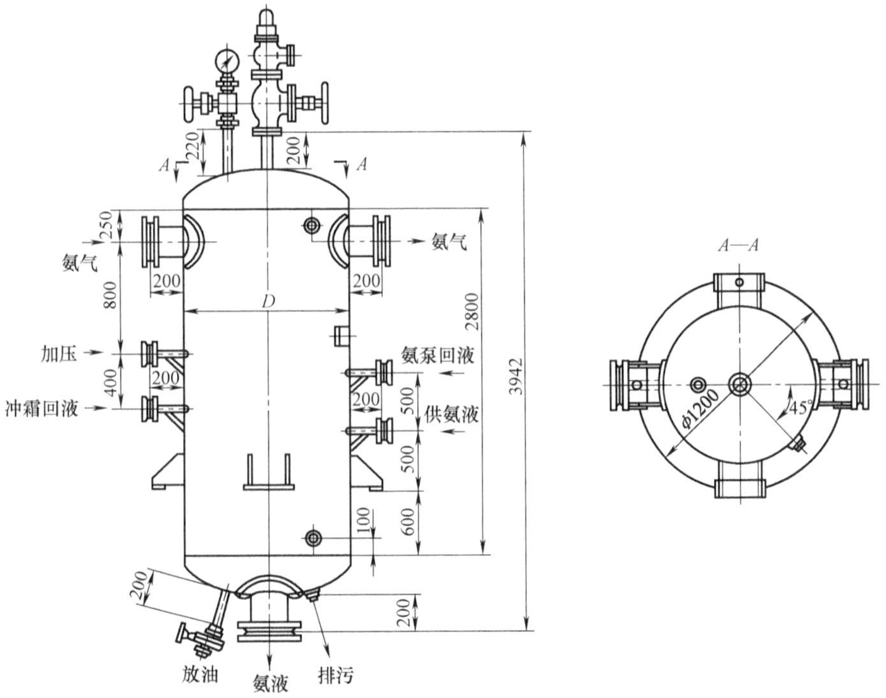

图 5-4　DXZ-3.5 低压循环储液器的外形尺寸

【实例 4】　低压循环储液器的安装要求

1）安装前，应检查低压循环储液器的出厂合格证件，核对规格型号，检查是否有损伤，若有损伤应进行牢固性和气密性试验。

2）一般在设备间里采取中间有楼板的建筑形式来安放低压循环储液器，应根据设计规范和低压循环储液器的直径、保温层厚度，在楼板上预留安装孔洞，并在合适的地方设置预埋地脚螺栓或预埋铁块备用。

3）安装前，应仔细核对预留螺栓与安装孔是否合适，低压循环储液器中心线与标高允许偏差为 5mm。

4）将低压循环储液器吊装就位后，校水平度、垂直度，安装须平直、牢固。

5）为保证屏蔽氨泵的正常工作，低压循环储液器的工作液面与氨泵吸入口中心线的间距一般不小于 1500mm（或按设计图样施工），以防止氨泵气蚀。

低压循环储液器安装完毕，填写表 5-5。

表 5-5　低压循环储液器安装操作记录表

序号	操作任务	操作内容	出现的问题	解决的方法	效果	备注
1	安装前检查					
2	检查安装位置					
3	核对预留螺栓与安装孔					
4	吊装就位后，校水平度、垂直度					
5	检查工作液面与氨泵吸入口中心线的间距					

课题二　屏蔽氨泵和中间冷却器的安装

相关知识

一、屏蔽氨泵的作用及结构特点

氨冷库制冷系统常采用氨泵供液方式，以氨泵作为动力输送低压氨液至库房蒸发器中。氨冷库所用的氨泵是典型屏蔽氨泵，它借助离心叶轮高速回转，把机械能转变为液体的动能和压力能，实现输送氨液的目的。该类屏蔽氨泵结构紧凑，体积小，流量和扬程可选择性大，密封性较好，使用寿命长，但其流量随压头改变影响较大，又易产生"气蚀"。离心式屏蔽氨泵适用性好，只要吸入端有足够的静液柱，即可保证泵的起动和连续性供液。供液屏蔽氨泵的结构分立式和卧式两类，如图 5-5 所示。

a)　　　　b)

图 5-5　屏蔽氨泵外形图

a）立式屏蔽氨泵　b）卧式屏蔽氨泵

二、中间冷却器的作用及结构特点

中间冷却器用于双级压缩制冷系统中，其作用是使低压级排出的过热蒸气被冷却到与中间压力相对应的饱和温度，以及使冷凝器后的饱和液体被冷却到设计规定的过冷温度。中间冷却器的外形结构如图 5-6 所示。

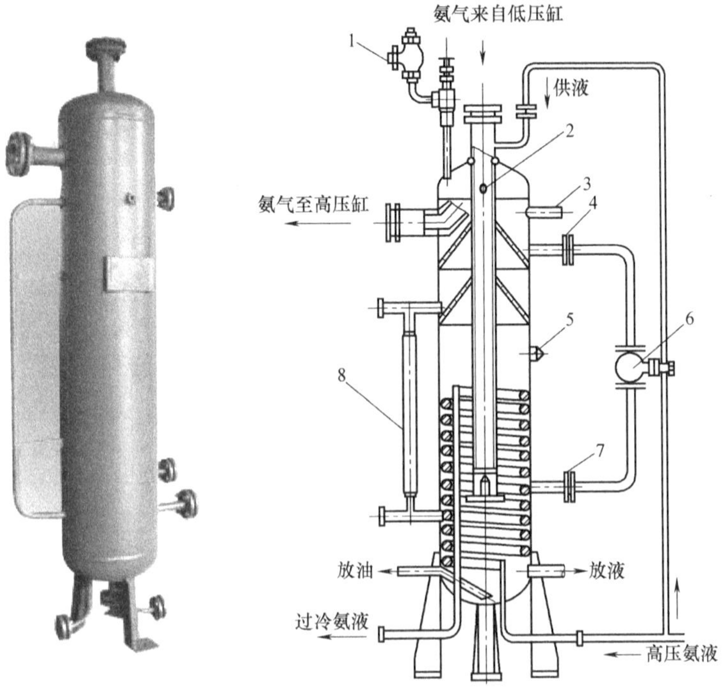

a)　　b)

图 5-6　中间冷却器的外形结构

a）外形图　b）结构图

1—安全阀　2—压力平衡孔　3—压力表接口　4—气体平衡管　5—液位标志　6—浮球阀　7—液体平衡管　8—液位指示计

进气管从桶体顶部封头伸入桶内，一直往下浸沉在正常氨液面下 150~200mm，以保证低压排气能充分被洗涤冷却。进气管下端开口并焊有底板，以避免进气直接冲击桶底，将润滑油冲起。桶上部两块多孔伞形挡板可分离蒸气中的液滴。进气管液面以上的管壁上开有一个压力平衡孔，它可以避免停机时氨液进入氨气管道。已冷却的氨蒸气从上部侧面的出气管去高压压缩机。一组蛇形盘管设置于桶体下部，从储氨器来的高压氨液被管外中间温度的氨液冷却而过冷。桶上排液管与排液桶或低压循环储液器连接。桶上还有放油管、压力表、安全阀及液位计等各种管接头。

高压氨液经过滤器进入中间冷却器，分两部分流动：一小部分氨液经浮球阀节流后，从中间冷却器的上部进液管，以喷雾状氨液与低压排气混合后一起进入中间冷却器桶体内，实现蒸发吸热，同时降低中间冷却器的温度，因此中间冷却器需要保温；另外大部分氨液进入中间冷却器的双螺旋管内进行再冷却，使这部分液体过冷，可以增大制冷设备的制冷量。

典型实例

【实例 1】　识别屏蔽氨泵的型号及技术参数

以 40PW-40×2A 屏蔽氨泵为例，其型号的含义：

40 P W-40×2 A

- A——叶轮第一次切割（第二次用 B 表示）
- ×2——双级（单级无表示）
- 40——设计扬程 $40mH_2O$
- W——卧式（立式无表示）
- P——屏蔽电泵
- 40——入口直径为 40mm

40PW-40A 单级屏蔽氨泵的技术参数见表 5-6。

表 5-6　40PW-40A 单级屏蔽氨泵的技术参数

型号	流量/(m^3/h)	扬程/mH_2O	转速/(r/min)	效率(%)	轴功率/kW	电动机功率/kW	质量/kg
40PW-40A	5.6	40	2850	29	1.61	3.0	88

40PW-40A 屏蔽氨泵的外形尺寸如图 5-7 所示。

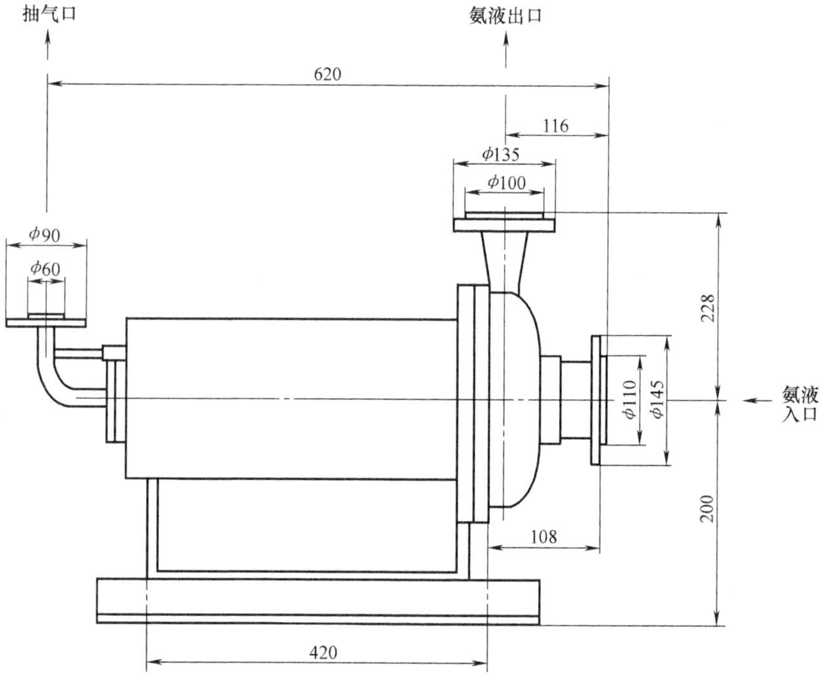

图 5-7　40PW-40A 屏蔽氨泵的外形尺寸

【实例 2】　屏蔽氨泵的安装要求

1）在安装过程中，为防止杂物进入氨泵内，应将氨泵所有的孔均堵好。

2）在安装的管线上，氨泵前面应安装过滤器，过滤器的有效截面积应大于吸入管 3~4 倍，靠近氨泵的吸入管端和排出管端及回流管上安装闸阀，排出管以后的管道必须安装止回阀，回流管应焊接在后端小盖上。

3）氨泵的本身不应承受任何力，吸入管与排出管不能依靠泵体来支撑。

4）氨泵吸入管的安装高度、长度和管径应满足计算值，力求短、直、管径大，减少不必要的损失，并保持在工作时不超过允许的气蚀余量。对所输送气蚀较大的氨液，其安装高度应保持低压循环储液器最低液面至氨泵的基准线在 H 值以上，如图 5-8 所示。

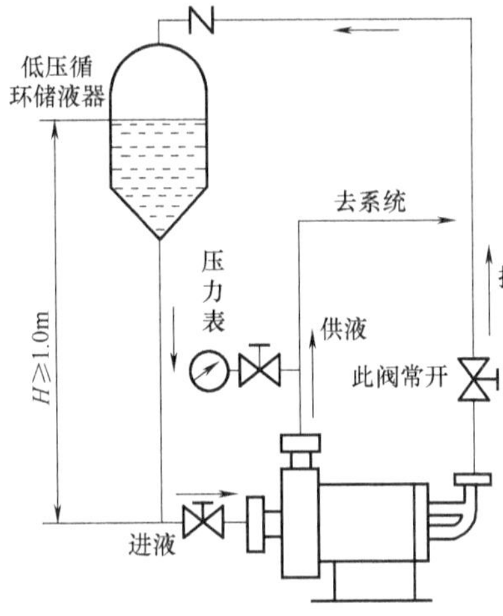

图 5-8　屏蔽氨泵安装示意图

5）机组安装后或长期不使用时，在每次开机之前须用 500V 绝缘电阻表测量定子绕组对机壳的绝缘电阻，其值不得小于 0.5MΩ，如低于此值必须进行干燥处理。

屏蔽氨泵安装完毕，填写表 5-7。

表 5-7　屏蔽氨泵安装操作记录表

序号	操作任务	操作内容	出现的问题	解决的方法	效果	备注
1	安装前检查氨泵所有的孔均堵好					
2	安装泵体					
3	安装过滤器、闸阀、止回阀					
4	安装吸入管与排出管的支撑					
5	检查低压循环储液器最低液面至氨泵基准线的高度					
6	测量定子绕组对机壳的绝缘电阻					

【实例 3】　识别中间冷却器的型号及技术参数

以 ZL-6.0 中间冷却器为例，其型号的含义：ZL 表示中间冷却器，6.0 表示有效换热面积为 $6.0m^2$。

ZL-6.0 中间冷却器的技术参数见表 5-8。

表 5-8　ZL-6.0 中间冷却器的技术参数

型号	换热面积/m^2	外形尺寸/mm		质量/kg
		壳体直径	高	
ZL-6.0	6.0	800	3230	1180

ZL-6.0 中间冷却器的外形尺寸如图 5-9 所示。

【实例 4】　中间冷却器的安装要求

1）安装前，应检查中间冷却器的出厂合格证件，核对规格型号，检查是否有损伤，若有损伤应进行牢固性和气密性试验。

2）在安装时，应根据设计图样核对基础标高及中心线的位置和尺寸，核对无误后再进行安装。

3）中间冷却器应垂直安装，可用水平尺和吊锤找正。还要注意配管的连接，不要接错。

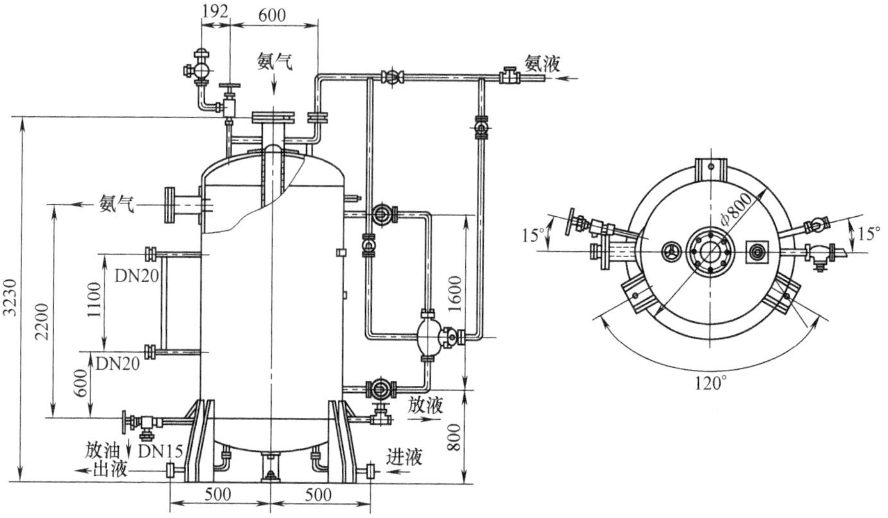

图 5-9 ZL-6.0 中间冷却器的外形尺寸

4）中间冷却器必须靠近压缩机（最佳位置是中、低压设备之间），要求将压缩机与中间冷却器之间的距离控制在 6m 左右。

5）要求管子的裁截工艺、准确性高，要求所有的管段（特别是进、出管段）无应力。

6）制作指示器油包时，注意内部管子不能反向设置。

7）所有靠近中间冷却器的管子应预留有保温层厚度的余量；仪器仪表必须有拆装的空间，以便维修、调试。

中间冷却器安装完毕，填写表 5-9。

表 5-9 中间冷却器安装操作记录表

序号	操作任务	操作内容	出现的问题	解决的方法	效果	备注
1	安装前检查					
2	核对基础标高及中心线的位置和尺寸					
3	垂直安装中间冷却器，检查水平度、垂直度					
4	连接配管、配件					
5	检查压缩机与中间冷却器之间的距离					
6	留出拆装、维修、调试的空间，以及保温余量					

课题三 其他辅助设备的安装

相关知识

一、油分离器的作用

在蒸气压缩式制冷系统中，经压缩后的氨蒸气处于高压高温的过热状态，它排出时的流速快、温度高。气缸壁上的部分润滑油，由于受高温的作用难免成油蒸气及油滴微粒与氨蒸气一同排出，且排气温度越高、流速越快，则排出的润滑油越多。对于氨制冷系统来说，由于氨与油不相互溶，所以当润滑油随氨一起进入冷凝器和蒸发器时，会在传热壁面上凝成一层油膜，使热阻增大，从而导致冷凝器和蒸发器的传热效果降低，降低制冷效果。所以必须在压缩机与冷凝器之间设置油分离器，以便将混合在氨蒸气中的润滑油分离出来。

二、集油器的作用

在氨制冷系统中，如果从油分离器、高压储液器、冷凝器等压力较高的容器中直接放油，对操作人员是很不安全的。另外，在这些容器中氨液也较多。为了保证操作人员的安全并减少氨液的损失，应将系统中各有关容器的油先排至集油器，再在低压下将油从集油器排出。根据放油的需要，可在氨制冷系统中设置高压、低压集油器。

对于氟利昂系统，油分离器分离出来的润滑油一般都通过它下部的手动或浮球自动放油阀直接送回压缩机曲轴箱，其他设备中的润滑油随制冷剂带回压缩机。因此氟利昂制冷系统一般不单独设置集油器。

三、空气分离器的作用

空气分离器是排除制冷系统中不凝性气体（主要是空气）并同时回收制冷剂的制冷剂净化设备。它通常只是在大中型制冷装置中使用，因为大中型制冷装置中的不凝性气体数量较多。在小型制冷装置中通常不设置空气分离器，而直接从冷凝器、高压储液器或排气管上的放空阀把空气等不凝性气体放出，以力求系统的简化。

制冷系统在运行时，由于在充灌制冷工质前系统中有残留空气、添油及充入制冷工质时有空气侵入、检修压缩机时机腔内残留空气、蒸发压力低于大气压时空气经不严密处渗入等原因，制冷系统中往往会混有空气和其他不凝性气体，这些气体一般集中在冷凝器、高压储液器、低压循环储液器或中间冷却器中，因它们的存在妨碍了设备的传热，使压缩机排气压力升高、排气温度升高、压缩机功耗增加，故设一空气分离器，以便将空气及其他不凝性气体分离出去。

四、紧急泄氨器的作用

为防止制冷设备在发生意外事故时爆炸，把制冷系统中有大量氨存在的容器（如储氨器、蒸发器）用管路与紧急泄氨器连接。当情况紧急时，可将紧急泄氨器的液氨排出阀和通往紧急泄氨器的自来水阀打开，排出氨液。

典型实例

【实例 1】 YF-125 型油分离器的结构特点及安装注意事项

目前常见的油分离器有洗涤式、离心式、过滤式及填料式四种结构形式。洗涤式油分离器适用于氨系统，它的主体是钢板卷焊而成的圆筒，两端焊有钢板压制的桶盖和桶底，如图 5-10 所示。进气管由桶盖中心处伸入至桶下部的氨液之内，而且进气管的下端焊有底板，管端四周开有出气孔，以免高压蒸气直接冲击桶底，使已沉淀的润滑油搅动浮起。桶内进气管的中部（位于液面之上）管壁上还开有平衡孔，其作用是当压缩机停车时平衡排气管路、油分离器、冷凝器三者之间的压力，特别是在压缩机发生事故时，可以防止因冷凝器的高压将油分离器中的氨液压回压缩机，造成更大的事故。在进气管的外侧上部还装有多孔伞形挡板，起到分离液滴的作用。桶体下部侧面设有放油管接头，与集油器相连。伞形挡板之上的桶体侧面设有出气管接头，并使出气管伸入桶内有一定的长度，且引出口是朝上开的，其目的是使氨气在排出分离器以前再折流一次，有助于提高分离效果。直立圆筒形桶体和上、下两个椭圆形封头焊成一体，上封头中心伸入一支进气管直至桶体下部，并浸在液氨液面以下，开口处有一挡板，防止气流直冲器底，而由径向开口流出，经液氨洗涤后，较纯净的氨气向上流，经多孔挡板又一次接触分离后，由桶体上部的侧向出气管排出。在桶体中部有供液氨接管，底部有放油阀。

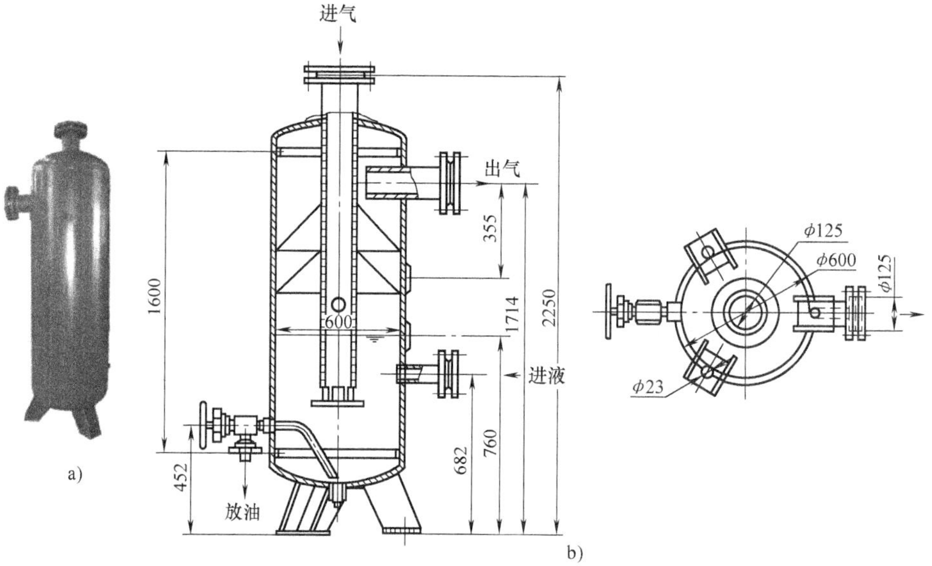

图 5-10 YF-125 型油分离器外形结构示意图

a）外形图 b）外形尺寸

油分离器的安装注意事项如下：

1）安装油分离器时，首先要检查基础标高及中心线尺寸，符合要求后才能实施安装。

2）因进入油分离器的是高温高压气体，易使油分离器产生振动，地脚螺栓固定应采用双螺母或加垫弹簧垫圈并拧紧。

3）洗涤式油分离器中的氨液一般是由冷凝器供给的，为了保证油分离器内有足够高度的氨液，它的进液管应比冷凝器出液口位置低 240～250mm。另外，它一般装在机房外，接近冷凝器的地方，这样可以多台压缩机共同用一个油分离器。

【实例 2】 JY-300 型集油器的结构特点及安装注意事项

集油器是用钢板焊制的立式圆柱形容器，其顶部设有抽气管接头，用于回收氨气的出口和降低筒内的压力，如图 5-11 所示。桶体上侧部设有进油管接头，它与其他容器的放油管相连接，各容器中的油由此进入集油器。桶体的下侧设有放油管，以便在氨回收后将油从桶内放出。此外，为了便于操作管理，在壳体上还装有压力表和玻璃液位指示器，通常集油器的进油量不宜超过其容积的 70%。在放油前，为了加速油中氨液的蒸发，更好地回收制冷剂，常采取在集油器顶部用水淋浇加热的措施。放油时只允许各设备逐一进行，避免压力不同的设备互相串通。

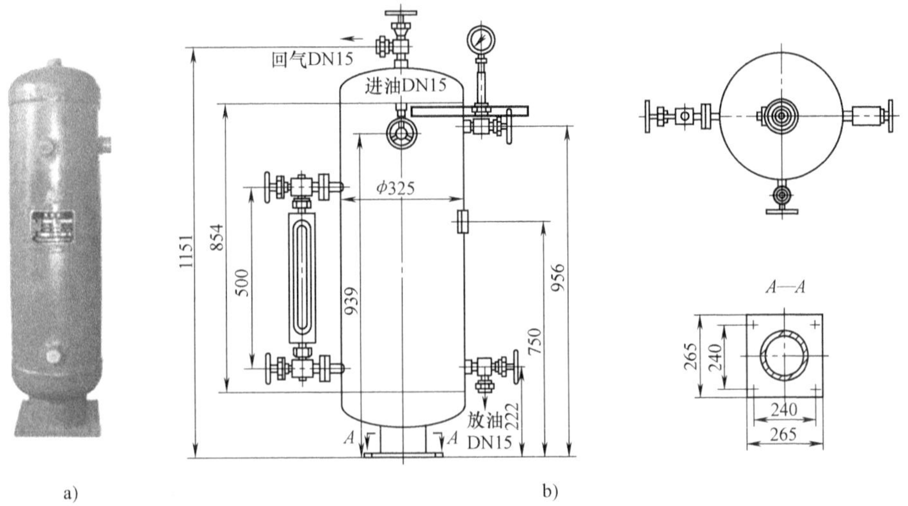

图 5-11　JY-300 型集油器的外形结构示意图

a）外形图　b）外形尺寸

集油器的安装注意事项如下：

1）集油器应安装在室外宽敞通风的场地，以便放油时带出的氨能及时散发，便于及时处理事故等。

2）集油器的减压抽气管应接在距压缩机吸气口稍远处的回气管上，以防抽气时抽出油中的氨液，引起湿行程。

【实例 3】　KF-32 型空气分离器的结构特点及安装注意事项

四重管式空气分离器由四根直径不同的无缝钢管互相套置一起后焊制而成，其外形结构如图 5-12 所示，由内向外数，第一层管与第三层管相通，第二层管与第四层管相通。为了回收混合气体中的氨，在第一层管与第四层管间加一连接管，管上装有节流阀。KF-32 型空气分离器的外形结构如图 5-13 所示。

图 5-12　四重管式空气分离器的外形结构图

制冷系统中空气等不凝性气体实际上是与制冷剂蒸气混合存在的，空气分离器就是在冷凝压力下将混合气体冷却到接近蒸发温度，使混合气体中的大部分制冷剂蒸气凝结成液体，并把空气等不凝性气体分离出来，达到回收混合气体中制冷剂的目的，减少制冷剂随不凝性气体的排出对大气的污染及浪费。从储液器来的氨液经节流阀节流后进入内管，然后再进入

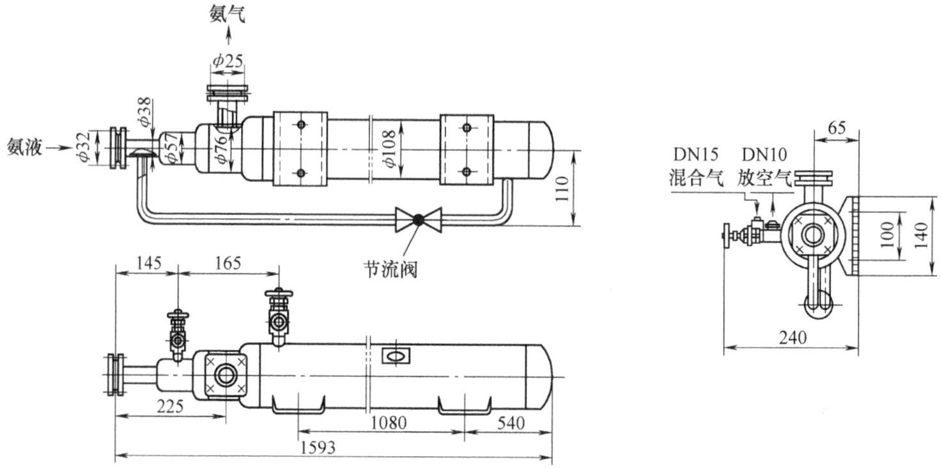

图 5-13　KF-32 型空气分离器的外形结构

第二夹层，来自储流器和冷凝器的混合气体进入第一夹层和第三夹层，低温的氨液经传热管壁吸收混合气体的热量而蒸发，蒸发的气体经回气管去氨液分离器或低压循环。混合气体则在较高的冷凝压力和较低的蒸发温度下被冷却，其中的氨蒸气被冷凝为液体，并流到空气分离器的底部，通过节流阀节流后，送往空气分离器的第四夹层供使用。空气等不凝性气体通过一接管放至水中，从水中气泡的大小和多少可以判断系统中的空气是否已放尽。当系统中的空气已差不多放净时，水中便不再有大的气泡。

四重管式空气分离器的安装注意事项如下：

1）四重管式空气分离器通常安装在墙上，安装标高一般为 1.2m。

2）安装时氨液进口端稍高，一般应有 0.5%的坡度，旁通管应在下部，不得平放。

【实例 4】　JXA-100 型紧急泄氨器的结构特点及安装注意事项

由直径不同的两支无缝钢管套在一起后焊接而成。伸入大直径壳体内的小直径无缝钢管侧面开有许多出液小孔，壳体侧面有一水管接入壳体。当紧急排氨时，侧向水管喷入大量水，将由出液小孔喷出的液氨溶解于水，溶液则由出口放至下水道内。紧急泄氨器的结构及外形尺寸如图 5-14 所示。

紧急泄氨器的安装注意事项如下：

紧急泄氨器的口径不得小于设备上的管径，泄出管下部不允许设漏斗或地漏，不能直接接通排水道，避免产生污染。

单元练习

一、填空题（将正确答案填写在横线上）

1. ZA-5.0B 型高压储氨器的型号中，ZA 表示________，5.0 表示________________，B 表示____________。

2. 当数台高压储氨器并联使用时，高压储氨器的桶顶应设置在同一水平高度上，并且各高压储氨器之间必须安装__________________________。

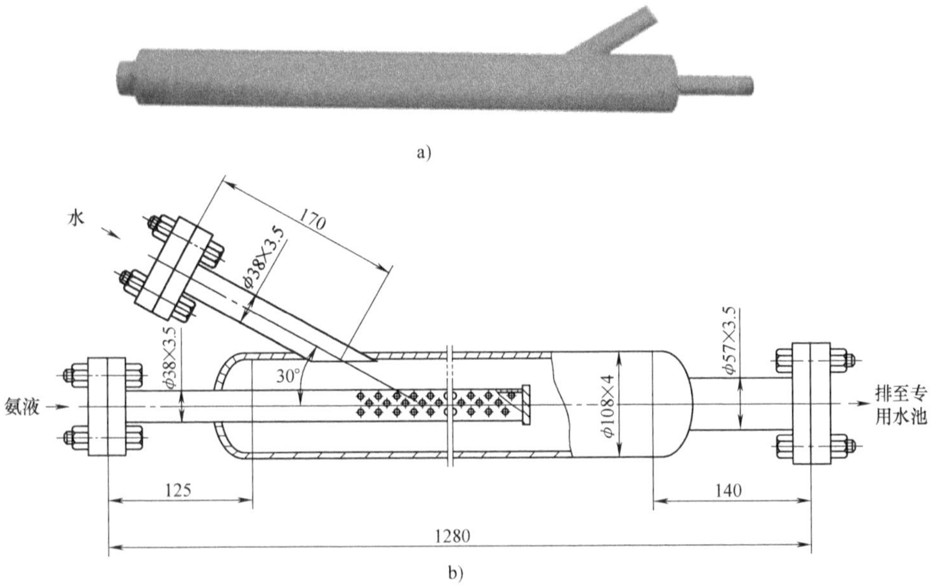

图 5-14　紧急泄氨器的外形尺寸图

a）外形图　b）外形尺寸

3. 为保证屏蔽氨泵的正常工作，低压循环储液器的工作液面与氨泵吸入口中心线的间距一般不小于 1500mm（或按设计图样施工），以防止________________。

4. 40PW-30A 型屏蔽氨泵的型号中，40 表示________________，30 表示____________，P 表示______________，W 表示____________。

5. 空气分离器是排除制冷系统中_______________________并同时回收________的制冷剂净化设备。

二、单项选择题（在每小题的四个选项中，选出一个正确的，并将正确答案的序号填写在括号内）

1. 下列（　　）不是高压储氨器的作用。

A. 用于储存来自冷凝器的高压氨液

B. 适应冷负荷变化时调节系统氨液的循环量

C. 起高、低压之间液封的作用，防止高、低压之间串通

D. 可专供蒸发器融霜或检修时排液之用

2. 下列（　　）不是低压循环储液器的作用。

A. 起高、低压之间液封的作用，防止高、低压之间串通

B. 必要时可专供蒸发器融霜或检修时排液之用

C. 可以起气液分离作用

D. 用于储存循环使用的低压氨液

3. 下列（　　）不是中间冷却器的作用。

A. 用于储存循环使用的低压氨液

B. 使低压级排出的过热蒸气被冷却到与中间压力相对应的饱和温度

C. 使冷凝器后的饱和液体被冷却到设计规定的过冷温度

D. 一组蛇形盘管设置于桶体下部，从储氨器来的高压氨液被管外中间温度的氨液冷却而过冷

4. 关于集油器描述错误的是（　　）。

A. 从氨制冷系统中高压容器中直接放油，对操作人员是很不安全的

B. 从氨制冷系统中高压容器中直接放油，会造成氨液损失

C. 将系统中各有关容器的油先排至集油器，再在低压下将油从集油器排出

D. 可以用 1 个集油器供整个系统排油、放油使用

5. 集油器的减压抽气管应接在距压缩机吸气口稍远处的（　　）上，以防抽气时抽出油中的氨液，引起湿行程。

A. 供液管　　B. 排气管　　C. 回气管　　D. 辅助管

三、判断题（正确的在括号内画“√”，错误的画“×”）

1. 氨冷库制冷系统常采用屏蔽泵供液方式，将低压氨液输送至库房蒸发器中。（　　）

2. 在氨制冷系统中必须在压缩机与冷凝器之间设置油分离器，以便将混合在氨蒸气中的润滑油分离出来。（　　）

3. 油分离器设置在压缩机与中间冷却器之间，以便将混合在氨蒸气中的润滑油分离出来。（　　）

4. 安装空气分离器时，氨液进口端稍高，一般应有 0.5%的坡度，旁通管应在下部平放。（　　）

5. 紧急泄氨器的口径不得小于设备上的管径，泄出管下部可直接接通排水道。（　　）

四、简答题

1. 制冷辅助设备有几类？在冷库制冷系统中起什么作用？

2. 为什么制冷系统会有不凝性气体？这些气体主要存在哪些设备中？

单元六

装配式冷库的安装

内容框架

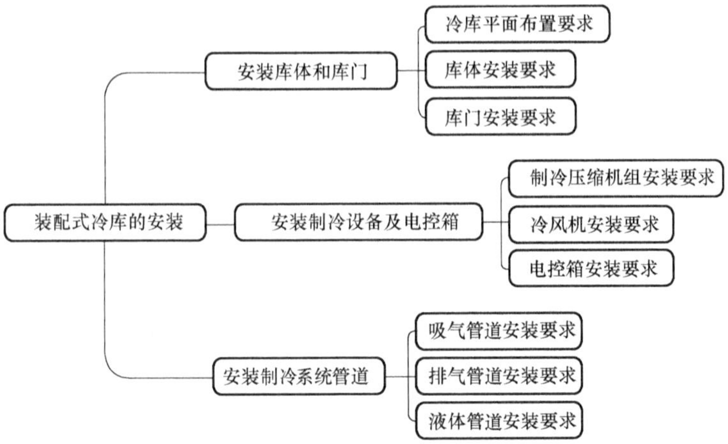

学习引导

目的与要求

1. 知道装配式冷库的使用温度范围及保温板厚度。
2. 知道装配式冷库施工前的准备工作及平面布置要求。
3. 解释库体和库门的安装步骤及安装要求。
4. 解释制冷设备及电控箱的安装要求及注意事项。
5. 解释制冷系统管道的安装步骤及安装要求。

重点与难点

难点：制冷系统管道的安装要求及注意事项。

重点：冷库库体和库门、制冷设备、电控箱以及制冷系统管道的安装要求及注意事项。

课题一　库体和库门的安装

相关知识

装配式冷库广泛使用在超市、连锁餐饮店、宾馆饭店，以及食品加工、副食水产、果蔬批发、工业、医药、研究院等场所。装配式冷库可以按照实际需要，组合成不同高度、宽度或体积的各类冷库，装拆简便。装配式冷库库体外形美观，坚固耐用，保温性好，节能省电，安全可靠。装配式冷库保温层材料一般使用聚氨酯或聚苯乙烯，其中聚氨酯保温板热导率小、强度高。装配式冷库板内外层表面又有多种金属（彩锌钢板、不锈钢板、压花铝板、镀锌板等）可供选择，以适应客户的实际需求和预算。

一、装配式冷库的使用温度范围及保温板厚度

根据不同物品的冷藏需要，装配式冷库具有不同的使用温度范围。

1. 高温库

库温为10℃以上，主要用来储藏水果、药品等，一般用建筑墙体本身隔热，也可选用50mm厚度保温板做隔热；库温为-5～5℃，主要用于储藏果蔬、蛋类，药材保鲜，木材干燥等，保温板厚度选用75mm或以上。

2. 中温库

库温为-18～-10℃，用来储藏肉类、水产品及其他适合该温度范围的物品，保温板厚度选用100mm或以上。

3. 低温库

库温为-28～-23℃，用来储藏雪糕、冰淇淋和低温食品等，保温板厚度选用150mm。

4. 超低温库

库温≤-30℃，主要用在速冻食品加工及工业、医疗等特殊场所，保温板厚度选用150mm以上。

由于保温板和机组的配置不同，温度较高一级的冷库不能替代温度低一级的冷库使用。同时，也不推荐将温度低一级的冷库替代温度高一级的冷库使用，要考虑冷库在设计使用温度范围内运行最经济。

二、装配式冷库施工前的准备工作

装配式冷库在施工前，首先要根据设计说明了解机组的数量和型号、机组冷凝器的冷却方式、所选蒸发器的形式，以及库体所选用的材料；再进一步确定机房的大小、制冷机组基础的尺寸和地脚螺栓孔的位置等。对于机组冷凝器是风冷方式的，通常机组要置于室外，便于更好地通风散热，但必须要对机组进行防雨、防水处理。在人员流动多的场所，机组周围还必须做防护栅栏，以免冷凝器风叶伤人和碰坏机组。

中小型装配式冷库有室内拼装的，也有放置在室外的。对室内装配式冷库，只考虑基础的加固和找平；对室外装配式冷库，除考虑基础的加固和找平外，还必须对库体进行防雨、防水处理。库顶防雨处理常采用的方法是在顶部铺贴防水材料，既节约费用又安全可靠。库

体底部处理方法如下：在做冷库基础时，要使基础留有一定坡度，不能太斜，仅供出水即可；然后找平，组装冷库前在基础上铺垫30~50mm的木板或槽钢。这样做一方面可防止水对库底的侵蚀，另一方面可减缓冷库底部对外传热。

因此，在装配式冷库的施工中，既要考虑制冷设备和库体布置应合理，又要考虑装配式冷库在使用中节省能源和降低冷量损耗。

典型实例

【实例1】　冷库平面布置要求

平面布置分室内型和室外型，两种布置各有其特别之处。

1. 室内型冷库的布置

在布置室内装配式冷库时，应注意下列问题。

1）应有合适的安装间隙，在需要进行安装操作的地方，冷库墙板外侧离墙的距离不小于400mm；在不需要进行安装操作的地方，冷库墙板外侧离墙的距离应为50~100mm。冷库地面隔热板底面应比室内地坪垫高100~200mm；冷库顶面隔热板外侧离梁底应有不小于400mm的安装间隙；冷库门口侧离墙需有不小于1200mm的操作距离。

2）应有良好的通风、采光条件。

3）安装场地及附近场所应清洁，符合食品卫生要求，并要远离易燃、易爆物品，避免有异味气体进入库内。

4）冷库门的布置应便于冷藏货物的进出。

5）库内地面应放置垫仓板，货物应堆放在垫仓板上。

6）制冷设备的布置应考虑振动、噪声对周围场所的影响，也应考虑设备的操作维修、接管长度等。

7）需根据预制板的宽度、高度模数、安装场地的实际情况，综合考虑冷库的平面布置。

2. 室外型冷库的布置

在布置室外装配式冷库时，除了食品卫生要求、安全要求、制冷设备布置要求与室内型冷库相同外，还应满足土建式冷库平面布置的一些要求。另外，还有下列几点特别要求。

1）只设常温穿堂，不设高、低温穿堂。冷库门可设不隔热门斗和薄膜门帘，并设空气幕。

2）门口设防撞柱，沿墙边设600~800mm高的防护栏。

3）冻结间、冻结物冷藏间应设平衡窗。

4）朝阳的墙面应采取遮阳措施，避免阳光直射。

5）轻型防雨篷下应设防热辐射装置，并应考虑顶棚通风。

6）机房、设备间也可用预制板装配而成，与冷库成为一体。

冷库平面布置完毕，填写表6-1。

【实例2】　库体安装要求

1. 检查库体安装平面

安装冷库库体的场地要干燥、平整，其平整度不大于5mm。如果选址在室外，则要在库体上方搭建防雨篷，不能受到其他热辐射和雨水的影响。安装位置应充分考虑通风、排水、维修空间等各项因素。检查库体安装平面是否平整的方法如下：

表 6-1　冷库平面布置记录表

序号	操作任务	操作内容	出现的问题	解决的方法	效果	备注
1	测量冷库的安装间隙					
2	观察通风、采光条件					
3	检查安装场地及附近场所的安全性					
4	检查冷藏货物的进出口及防护措施					
5	观察制冷设备的位置					
6	检查库顶的遮阳及隔热效果					

1）用水平仪检查安装库体地面的水平度，如图 6-1 所示。

2）用细绳索检查对角线，注意绳索要绷紧，使 $AD=BC$，如图 6-2 所示。

图 6-1　检查安装库体地面的水平度

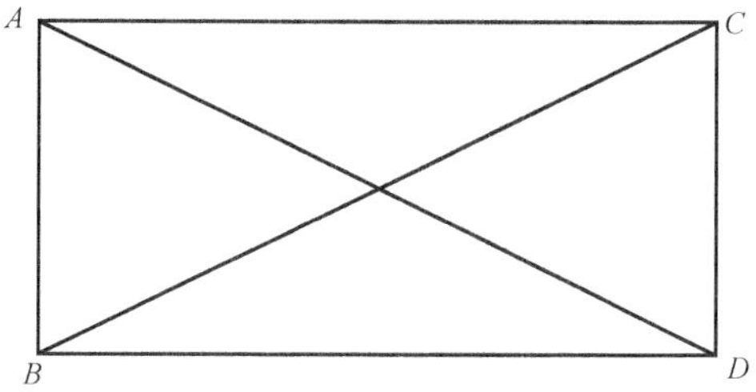

图 6-2　用细绳索检查对角线

2. 安装底板的步骤

1）安装底板前按图 6-3 所示，在板接缝处的点 A、B 打玻璃胶。

2）边与边对齐，并按编号依序用六角匙顺时针方向锁紧底板。

3）用水平尺检查水平，不平整时要垫平，并保证长宽尺寸符合图样要求，如图 6-4 所示。

4）底板安装完后，将底板上表面擦干净。

5）在底板库内侧表面接缝（点 C）打上发泡料。

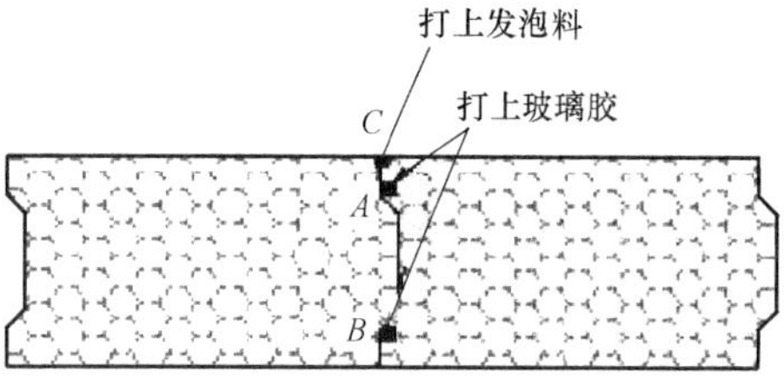

图 6-3　底板接缝的处理

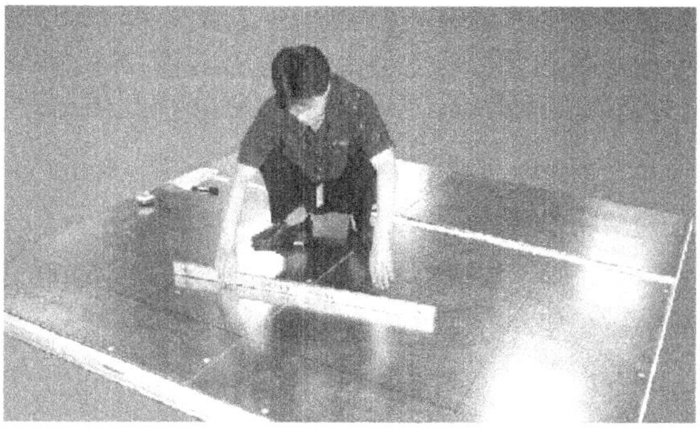

图 6-4　检查底板的水平

3. 安装墙身板的步骤

1）选择靠门一侧的任一角墙身板进行安装，以求稳固，要求与底板平齐，如图 6-5 所示。

2）用铅垂线检查墙身板的垂直度，如图 6-6 所示。

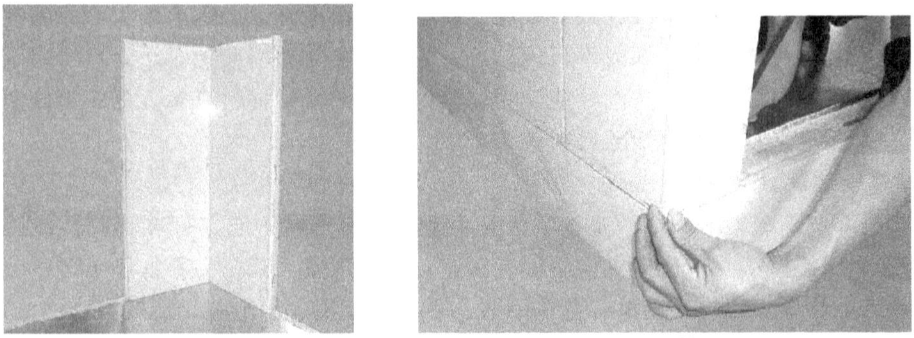

a)　　b)

图 6-5 安装任一角墙身板

a）安装内角示意图　b）安装外角示意图

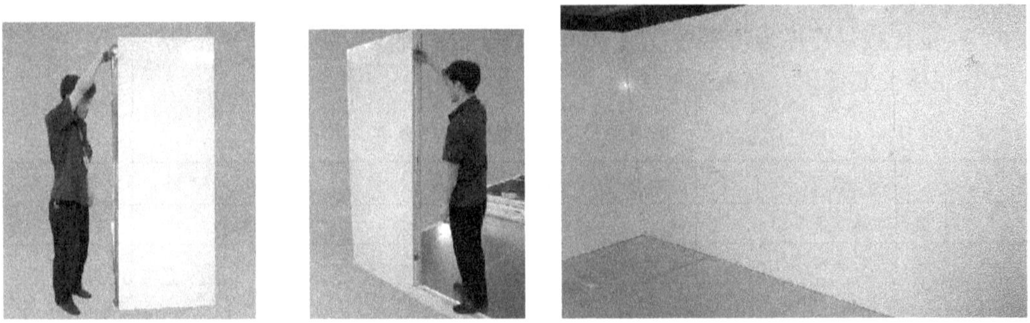

a)　　b)

图 6-6 检查墙身板的垂直度

a）检查墙身板垂直度的示意图　b）墙身板安装后的效果图

3）按顺时针方向安装其余墙身板和间隔墙板（只锁部分锁钩，以不倒为前提）。

4）检查墙身板与底板是否对齐。由于库板的积累误差，墙身板与底板可能会有几毫米不平齐，如墙身板短、底板长，则先锁连接底板的锁钩，再锁墙身板之间的锁钩；反之，先锁墙身板之间的锁钩，再锁连接底板的锁钩。也可将墙身板整体平移，尽可能保证靠门一侧平齐。

5）再次检查墙身板的垂直度。

4. 安装顶棚

如有隔墙板应首先安装隔墙板上的一块顶棚，再向两侧安装。顶棚与墙身板对齐（特别是靠门一侧），如有推拉门导轨座安装在顶棚上的，还应注意墙身板与顶棚的对准线。

对于需要吊顶的冷库，可采用专配的吊钩安装在锁钩处，用来吊住顶棚，每个吊钩可承受 980N 拉力（吊钩自行用调节码调整），也可用大 T 字铝-铝梁吊顶，每米可承受 3920～5880N 拉力，如图 6-7 所示。

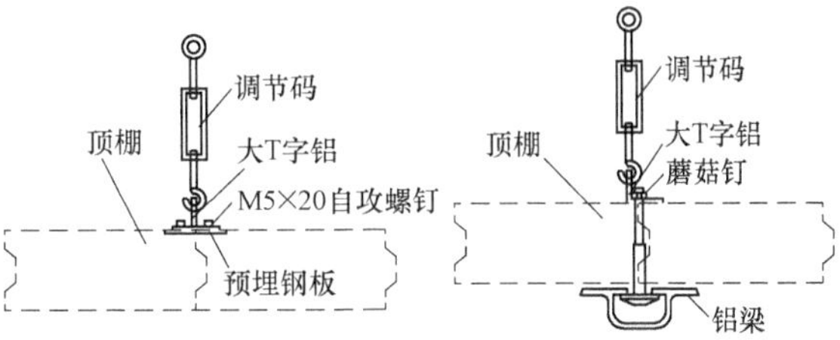

a)　　b)

图 6-7 顶棚吊顶安装示意图

a）安装在锁钩处的吊顶　b）大 T 字铝-铝梁吊顶

5. 板缝密封

板缝密封做得好与坏，对冷库的质

量影响很大。如果材料使用不当，或安装施工时密封做得不好，必定会增大冷库的冷耗，严重时会造成隔热板外侧严重结水或库板内结冰。板缝的密封材料应无毒、无臭、耐老化、耐低温，有良好的弹性和隔热、防潮性能。目前国内常用的密封材料有聚氨酯软泡沫塑料、聚乙烯软泡沫塑料、硅橡胶、丙烯酸密封胶等。

6. 库体安装注意事项

1）将全部锁钩锁紧，仔细检查板与板是否密封，不密封的地方打玻璃胶，最后盖上所有胶塞。库体连接要牢固，连接机构不得有漏连、虚连现象，其拉力不低于1470N。

2）库体板涂层要均匀、光滑、色调一致，而且无疤痕、无泡孔、无皱裂和剥落现象。

3）库体要平整，接缝处板间错位不大于2mm，板与板之间的接缝应均匀、严密、可靠。

4）吊顶的冷库顶部不可超负荷。

5）每个冷库要配有适当的平衡窗，否则易使冷库变形，影响密封。

6）一定要确保冷库地坪平整。底板一定要打玻璃胶，以防渗水。

冷库库体安装完毕，填写表6-2。

表6-2　冷库库体安装记录表

序号	操作任务	操作内容	出现的问题	解决的方法	效果	备注
1	检查库体安装平面					
2	安装底板					
3	安装墙身板					
4	安装顶棚					
5	板缝密封					
6	检查库体安装注意事项					

【实例3】　库门安装要求

装配式冷库的门框架固定在预制板上，既要牢固又要轻巧，还要考虑防撞、防冻。门框架大都采用工程塑料、不锈钢板或硬质木料。库门应装配门锁和把手，并且应有安全脱锁装置，使工作人员在库内外都能开启。门开启应灵活，关闭时密封条应紧贴门框四周。在冻结间与冻结物冷藏间的门或门框上，应安装电压不大于24V的电加热器，以防止凝露和结冰。常见单开门、平移门的安装示意图如图6-8所示。

1. 安装外贴式单开门

此门的安装与墙身板的安装相同，只是一定要打铅垂线，否则可能造成自闭性能差。门扇上有一块L形的脚踏板，应拆下来盖在单开门的U形槽上，并打拉钉固定。门框顶有发热丝和灯开关线，应穿过顶棚上的孔。发热丝电压在线头有注明，如图6-9所示。

外贴式单开门的安装步骤如下：

1）将门框架固定在门框上。

2）在门板上安装铰链，并把门板固定在门框架上。

3）安装门锁和把手。

4）将L形的脚踏板拆下来，盖在单开门的U形槽上，并打拉钉固定。

外贴式单开门的安装效果如图6-10所示。

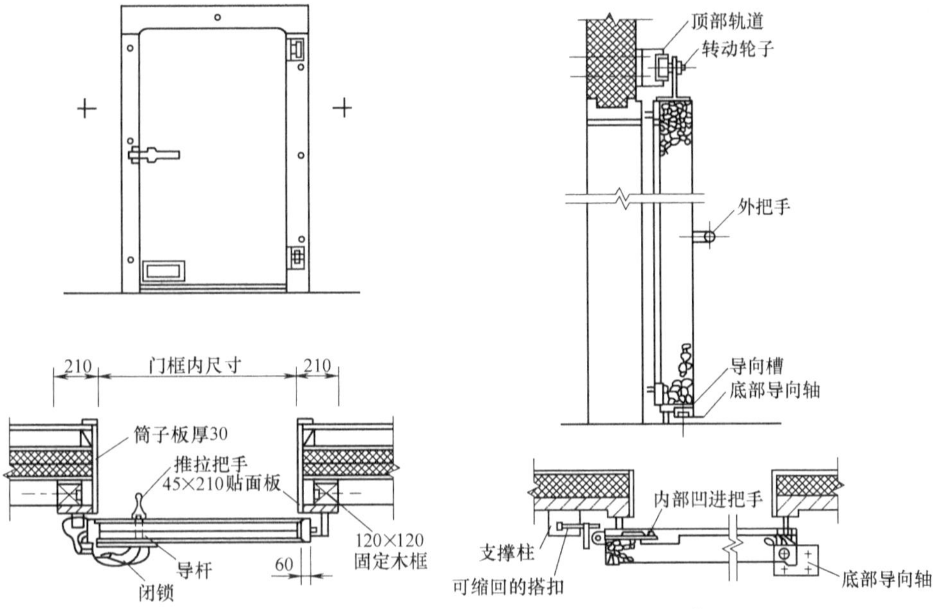

a)　　b)

图 6-8　常见单开门、平移门的安装示意图

a）外贴式单开门　b）手动平移门

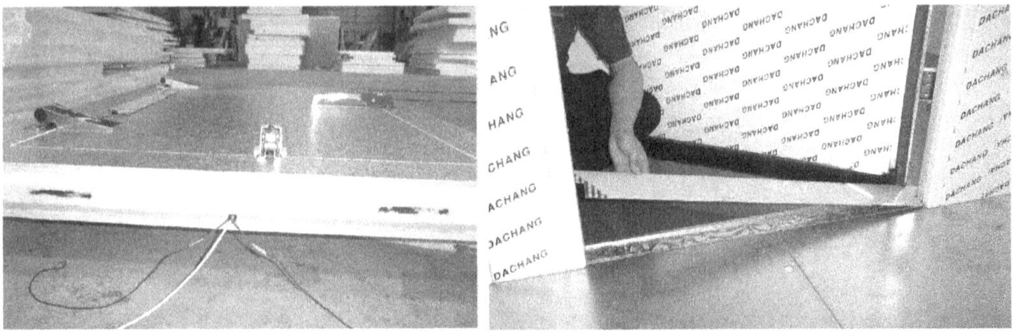

a)　　b)

图 6-9　外贴式单开门的安装示意图

a）安装门框顶的发热丝和灯开关线　b）安装 L 形的脚踏板

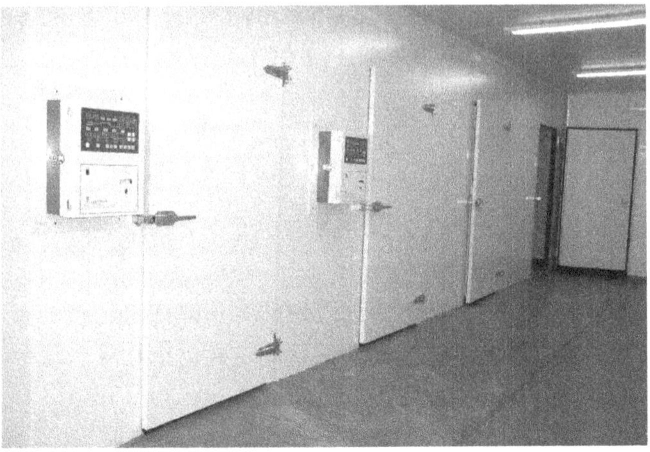

图 6-10　外贴式单开门的安装效果图

2. 安装手动平移门（推拉门）

手动平移门（推拉门）的安装如图 6-11 所示。

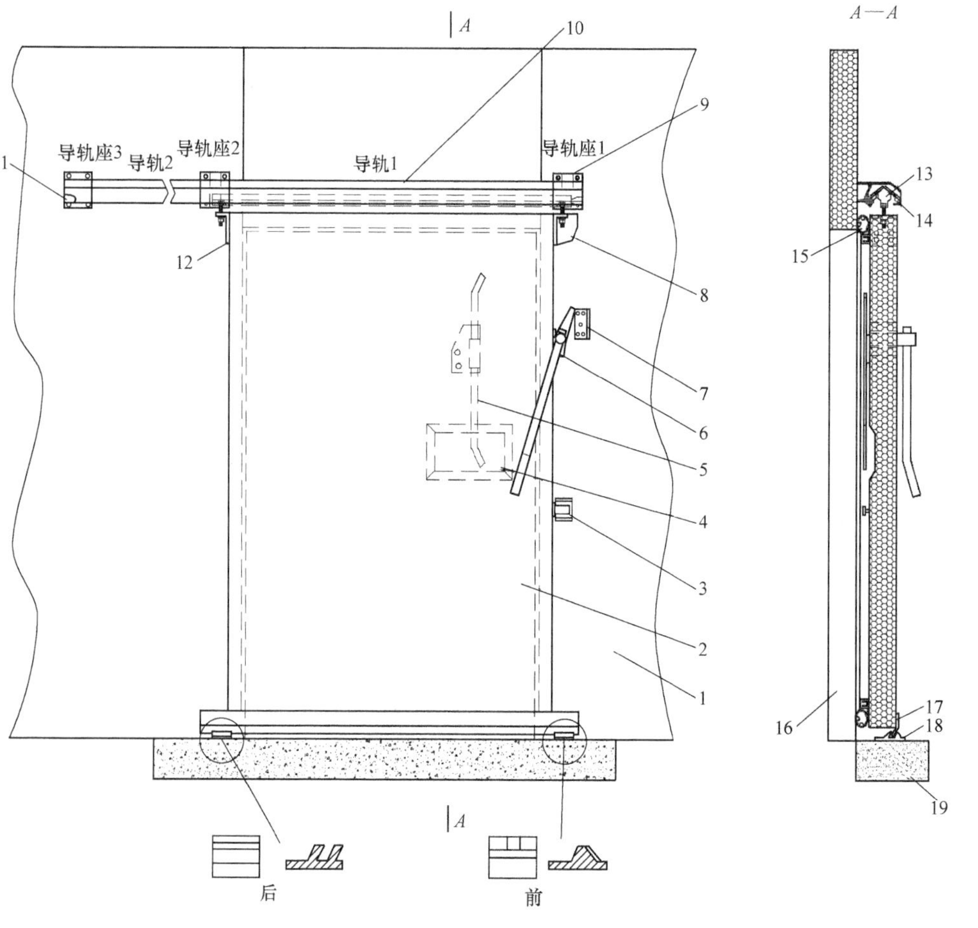

图 6-11 手动平移门（推拉门）的安装

1—门框 2—门扇 3—门锁 4—手拉盒 5—内拉手 6—外拉手 7—外拉手挡块 8—外掩盒 9—导轨座 10—导轨 11—缓冲胶头 12—铝角 13—悬挂梁 14—导轨轮 15—密封胶边 16—胶板 17—压紧轮总成 18—压紧座 19—地基

手动平移门（推拉门）的安装步骤如下：

1）将门级板（也可打水泥台）固定在门体下。

2）将导轨座 1 和导轨座 2 用蘑菇头螺杆固定在墙身上。

3）将门体装进导轨。

4）将导轨座 3 和导轨 2 插进导轨座 2 内，用蘑菇头螺杆固定。

5）装后导向座，再将前导轨座穿进导向板并固定在门级板或水泥台上。

6）装好外拉手挡块、门锁。

7）调节门锁螺母，确保锁孔对齐，同时保证门洞左、右到门体距离为 50mm（出厂前已调节合格，一般不用调节）。

8）同时调节前导向座、后导向座及其螺母，确保门体与门框密封，注意门体下部胶边与门级板（或水泥台）密封，推拉门开关灵活。

9）将发热丝装在门框边的铝槽内，下部发热丝在底板的凹槽内（如底板打水泥，应在水泥地上留有凹槽安装发热丝）。

相关安装说明如图 6-12 所示。

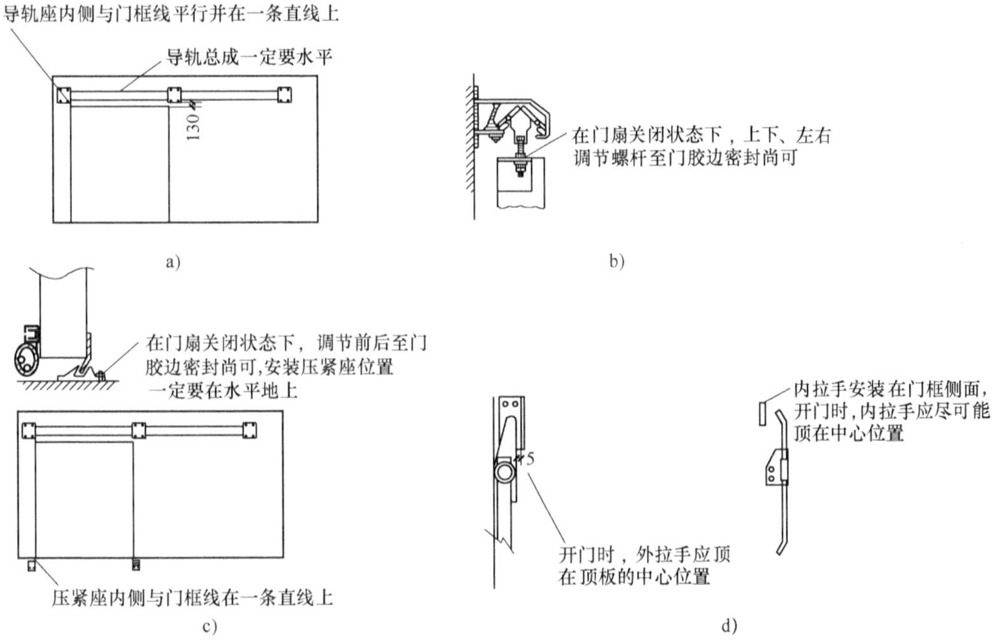

图 6-12 手动平移门（推拉门）的安装说明

a）在平整垂直的门框面上先安装导轨总成 b）在悬梁上安装门扇 c）在门扇关闭状态下安装压紧座 d）在门扇关闭状态下测定内、外拉手顶板位置

手动平移门（推拉门）的安装效果如图 6-13 所示。

图 6-13 手动平移门（推拉门）的安装效果图

冷库库门安装完毕，填写表 6-3。

表 6-3 冷库库门安装记录表（以外贴式单开门为例）

序号	操作任务	操作内容	出现的问题	解决的方法	效果	备注
1	固定门框架					
2	在门板上安装铰链					
3	把门板固定在门框架上					
4	安装门锁和把手					
5	安装 L 形的脚踏板					

课题二 制冷设备及电控箱的安装

相关知识

一、装配式冷库制冷设备概述

装配式冷库的制冷设备由制冷压缩机、冷凝器、热力膨胀阀、蒸发器四大部件和过滤器、电磁阀、视液镜、油分离器、气液分离器、高压储液器等辅助部件组成。

制冷压缩机常用开启式活塞式、半封闭活塞式、全封闭活塞式、全封闭涡旋式几种。冷凝器有风冷式和水冷式两种，其中风冷式冷凝器由翅片盘管和风机组成，通过风机推动空气强制对流使盘管中的高温高压制冷剂气体放热冷凝；水冷式冷凝器为卧式壳管式冷凝器，通过循环水对冷凝器中的高温高压制冷剂气体放热冷凝。水冷式冷凝器与冷却塔、水泵通过水管和阀门连接构成循环水系统，其系统结构比风冷式机组复杂，但其制冷效果相对较好。压缩机与冷凝器组合构成制冷机组，机组上一般配有高低压表、油压表，并设置有高低压控制器和油压差控制器控制高低压和油压差，进行压力保护。

蒸发器通常有冷风机和排管（冷却盘管）两种，冷风机一般为吊顶式侧出风，内部换热器为翅片盘管，低温型冷风机翅片上穿有除霜电热管，冷风机下部设置凝结水或除霜水接口，用塑料管将水引至库外。排管（冷却盘管）一般为蛇形管，用直径为 ϕ16mm、ϕ19mm 或 ϕ22mm 的铜管制作而成，有单层和双侧排管。

热力膨胀阀是节流元件，起节流降压作用，在制冷系统中是高压与低压部分的分界点。热力膨胀阀具有手动和自动调节供液量功能，安装在储液器与蒸发器之间。此外，在冷凝器到蒸发器管路上先后安装过滤器、视液镜、电磁阀。

中型制冷机组的压缩机吸气管上安装有气液分离器，用来分离蒸发器回气中还未蒸发完的制冷剂液体，防止制冷剂液体进入压缩机。在压缩机排气管上装有油分离器，分离压缩机排气中夹带的润滑油，防止润滑油进入冷凝器和蒸发器而影响传热效果。小型制冷机组冷凝器兼作储液器用，风冷式机组和大中型机组另配置储液器，用来储存冷凝器中冷凝出来的制冷剂液体和调节蒸发器制冷剂供液量。

二、装配式冷库的设备安装程序

在完成库体与库门安装、制冷设备选型和设备材料采购工作之后，便进入如下安装程序。

1. 基础制作

制冷机组的安装主要考虑操作方便并消除机组振动需要制作基础，基础高度一般为300~500mm，基础长宽根据机组地脚螺栓尺寸确定，基础离墙面300~500mm。此外，需根据水泵、冷却塔的安装要求确定基础尺寸和做法。

2. 制冷机组安装

制冷机组安装在已做好的底座上，保持水平，地脚螺栓预埋在基础上，小型设备也可用膨胀螺栓打在基础上。此外，要特别注意做好机组减振处理和回油处理。

3. 蒸发器安装

排管分为墙排管和顶排管，墙排管下部落地点用板材垫衬，分散受力，防止排管重力使库底板变形，上部用挂钩固定在墙板上。顶排管用挂钩悬挂在顶板上。吊顶式冷风机安装在库门对面靠后位置的中间，离墙板300mm，保证进风空间。此外，还须做好顶板防变形处理、螺栓冷桥处理和排水管防冻处理。

4. 制冷机组与蒸发器的管路连接

制冷机组与蒸发器的连接有供液管和回气管两支管路，一般采用纯铜管，管径与压缩机、蒸发器进出口管径相对应。管路布置要注意美观，横平竖直，符合三维坐标方向。做好管路的固定措施，防止管路振动磨损和下沉变形。此外，还须做好弯头处理。

5. 电气安装

为确保制冷设备正常运行，减少设备电气故障，必须遵守以下预防措施：所有电气安装工作的实施必须与国家电气法规及现有的当地法规一致；所供电源应与机组铭牌上的参数一致；应提供有足够功率的电源；电压波动超过±7%，相不平衡超过4.5%则必须修正；主电路采用三相电源（380V、50Hz，特殊电压详见订货说明）；控制电路采用单相电源（220V、50Hz，参见机组接线图中的电压要求）；在起动制冷机组前，确保所有熔断器及电动机保护都各就其位且接线牢固；电路连接必须由有专业资格的技工操作；电控箱门上应能找到针对机组故障查找并排除的完整接线图。

典型实例

【实例1】 制冷压缩机组安装要求

1. 制冷压缩机组安装位置要求

制冷压缩机组应安装在机台上，机台可采用混凝土浇筑也可采用型钢焊接成形，机台最好高出地面100mm以上。机台应做在已做好的牢固基础上，以保证机组运行无振动。机台外形尺寸（长×宽）四面均应大于机组底盘100mm以上。风冷式制冷压缩机组如安装在室外，应安装在阴凉通风处并加装防雨篷，尽量防止太阳直射（因阳光直射会使系统压力升高，也会使电线电缆及塑料件加速老化）。安装定位时应考虑检修维护方便，机组四面应留有一定的检修空间，制冷压缩机组安装距墙最小位置图如图6-14所示。

2. 制冷压缩机组减振要求

机组中压缩机安装螺栓配有专用减振弹簧（或橡胶垫），已起到良好的减振效果，制冷机组整机安装时一般不需要再加减振，只需要一个坚实的混凝土浇筑机台或地面。特殊情况如需加减振（如机组安装在屋顶，防止振动产生噪声传入室内），用户可根据需要在机架与

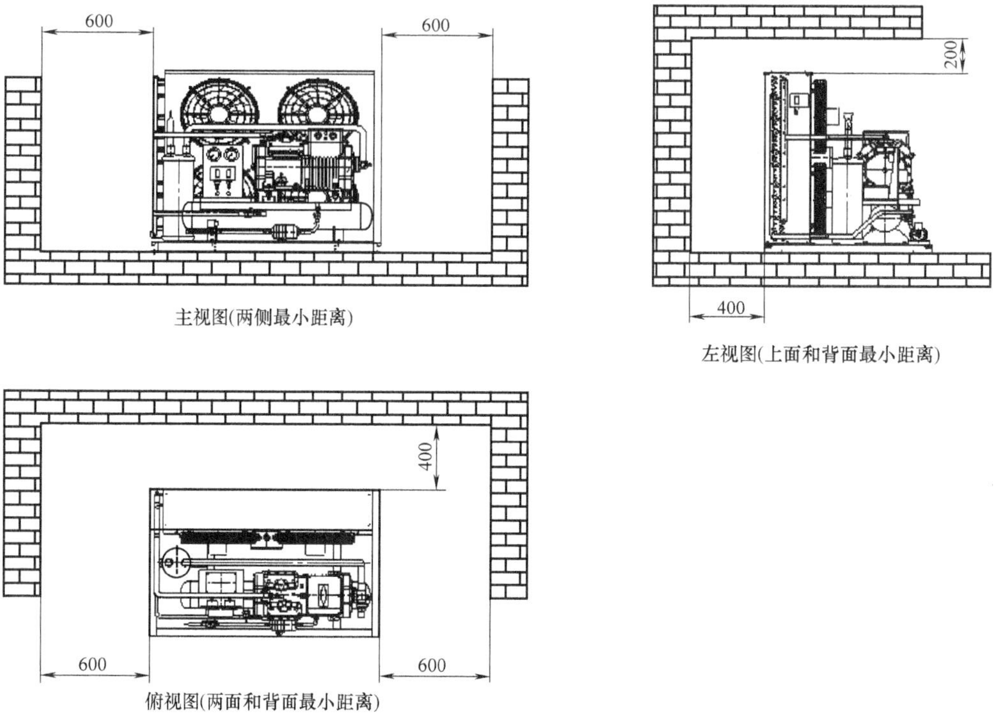

图 6-14　制冷压缩机组安装距墙最小位置图

楼面之间配置合适的橡胶隔振垫或采取相应的减振措施。

注意：机组出厂时为了防止运输振动损坏连接管路，压缩机安装螺栓减振弹簧上加装了运输保护片，机组运转前应将减振弹簧（垫）上面的运输保护片拆除。

3. 制冷压缩机组安装注意事项

1）制冷机组应避免安装在高温环境中，在室外安装时应加设遮阳篷以避免淋雨或阳光直射。风冷冷凝制冷机组的进风侧应远离热源，机组周围应保持足够间距及通畅的空气流道以避免空气短路；水冷冷凝制冷机组在专用机房安装时，应预留定期清洗冷凝器所需的空间，并保证机房的散热通风。如系统布局或压缩机所处位置、环境温度等因素有可能使系统中的制冷剂向压缩机迁移，建议使用曲轴箱加热器，并且在试运行前及长期停机后再起动前对压缩机进行充分的预热。

2）制冷机组应水平安装于足够牢固的机座上并采用有效的避振措施。机组运转前，用以吸收压缩机起动冲击和减少振动传递的压缩机专用底脚弹簧应调整至工作状态，避振管应尽量靠近压缩机且沿压缩机轴向安装，不允许避振管径向水平安装。

3）制冷机组安装时必须可靠接地。用户应根据机组功率配置足够容量的三相五线动力电源及电缆，并安装合适的分断器、熔断器、漏电保护器等保护元件以及配置合适的电气控制系统。电气设施的安装应符合有关标准，并必须注意铭牌上的压缩机型号，以确认其适用的连接方式。

4）制冷机组型号最后一个字母为“X”的均加注有酯类润滑油。这种机组应使用专用工具如真空泵、制冷剂加注和回收设备、管接件等进行安装调试操作，以防止酯类油和矿物油的相互污染。

【实例2】　吊顶式冷风机安装要求

1. 冷风机安装基本要求

首先在位于库体顶板的冷风机安装位置把吊装螺栓孔、铜管孔及电线孔开好，要注意修整所开孔，以防留下漏冷隐患。吊顶式冷风机采用4根或6根长螺栓吊装于库内顶板上，安装后冷风机应保持水平，排水管应保持一定的坡度（≥2%），以便使冷凝水或融霜水能够顺利排出库外。冷风机最好吊放在冷库最长端，取位居中，以便维修，同时出风口最好不要对着门，防止冷量流失。冷风机进风口处不应紧靠墙壁（离墙300mm左右），以保证风机有充分的回流空气。吊顶式冷风机的安装效果如图6-15所示。

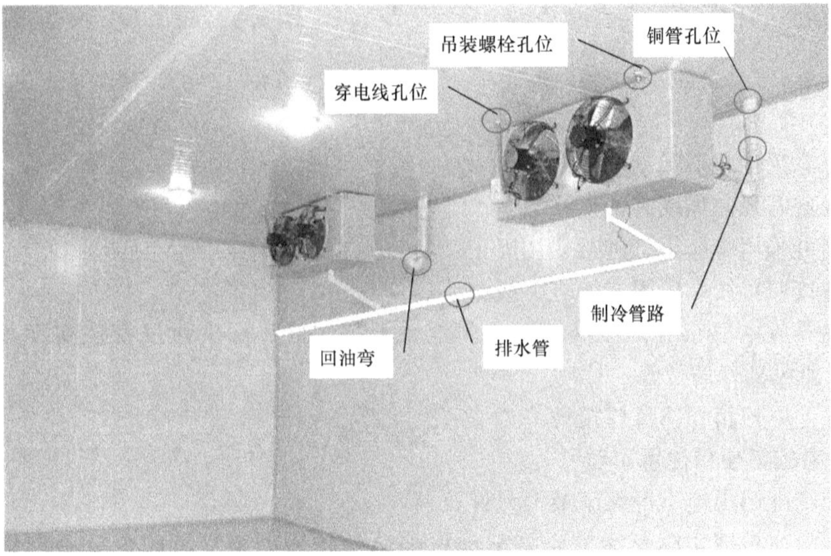

图6-15　吊顶式冷风机的安装效果图

2. 冷风机安装注意事项

1）防止库体顶板变形处理。吊顶式冷风机悬挂在顶板上，当顶板跨度较大时，为了防止顶板局部受力变形，需在顶板上敷设角钢或槽钢，冷风机螺栓固定在角钢或槽钢上，使顶板受力得以分散，不至于变形。

2）吊装长螺栓防止冷桥处理。冷风机的长螺栓穿过顶板容易形成冷桥，穿出部分要做保温处理，防止长螺栓外表面结露或结霜而漏冷。

3）排水管防冻处理。冷风机底部接水盘的水管接口用塑料管接到库外排放，出水口需设置水封，防止工作时热空气通过排水管吸入库内。0℃以下的库房，排水管应内置电热丝，防止排水管结冰堵塞。

【实例3】　冷库电控箱安装要求

装配式冷库电控箱安装实例如图6-16所示，电控箱内部如图6-17所示。

1. 冷库电控箱安装基本要求

1）必须遵守机电设备安装的通用规程。

2）选择通风、干燥、太阳不得直射的安装环境。

图 6-16　装配式冷库电控箱安装实例

图 6-17　电控箱内部

3）不得靠近冷凝器或其他热源。

4）尽量避开强磁场或其他干扰源。

5）机箱可采用膨胀螺钉进行安装固定。

6）严格按照接线端子图连接有关线路。

7）传感器应单独布线，且尽量远离其他强电控制线，探头建议安装在距蒸发器背后20cm左右且回风良好的位置。

8）应保证电控箱壳体良好接地。

2. 冷库电控箱使用注意事项

1）电控箱配用机组不得大于最大允许负荷。

2）使用前应根据实际负荷大小将电动机综合保护器的整定电流值分别调整为合适值（见备注）。

3）自动运行状态：将电控箱内各开关置于“自动”位置。

4）手动工作状态：将电控箱内自动/手动开关置于“手动”位置，调整制冷、风机、化霜开关，以实现对单项负荷的调整。

备注：电动机综合保护器使用说明如下：

① 按接线图连接好电源线、负荷线及压力信号线。

② 将各开关置于停用位置。

③ 依次合上外部电源、内部电源开关。

④ 手动控制压缩机及风机，电动机正常运行，同时面板上运行指示灯亮。

⑤ 逆时针方向缓慢转动右边电流调节旋钮，直到过负荷指示灯亮，再顺时针方向回调一点，至指示灯在1min不闪动一次的临界状态为止。

⑥ 根据负荷情况，将左边延时调节旋钮调整到合适的位置（长些为宜）。

⑦ 再正常起动电动机，待正常运行报警灯不亮时，人工使电动机过负荷，报警灯亮，整个调试过程结束。

⑧ 本保护器若不接负荷，因无法馈电，按断相处理，此时接触器无法工作。

冷库制冷设备及电控箱安装完毕，填写表6-4。

表 6-4　冷库制冷设备及电控箱安装记录表

序号	操作任务	操作内容	出现的问题	解决的方法	效果	备注
1	制冷机组基础制作					
2	制冷机组安装					
3	冷风机安装					
4	电控箱安装					

课题三　制冷系统管道的安装

相关知识

新购的制冷压缩机组已经根据标准或工程商的特殊要求连接了机组内部系统管路。机组内部系统管路及元件出厂前已经过清洗与干燥，供液管口和回气管口已用封帽封闭，系统内部保留 0.2MPa 的正压氮气，连接管路前应先从压缩机吸、排气阀处放出系统内部的氮气。若此时发现没有气压放出，可能机组系统管路在运输中因强烈振动造成管路泄漏，此时应用氮气重新加压至 1.6MPa 找漏，发现漏点应进行修补。确定无泄漏后，放掉内部气体，再用气焊卸下供液管口和回气管口上的封帽，进行系统管路连接（封帽不要过早卸下，以防止外界杂物或潮湿空气进入系统）。安装管道期间应防止外部杂物或露水、雨水进入系统，以保证系统内干燥、洁净。安装所有连接管路时，有条件最好采用管内氮气保护焊，所有制冷系统部件及管路的安装应与制冷行业安装规范一致。为了防止在设备运输、装卸车时由于强烈振动、碰撞、挤压等造成不同程度的设备损坏或管路破裂，建议在管路连接之前，用氮气对机组打压 1MPa，并确保该压力至少在 12~18h 后不掉表（压力不降低），则可以开始管路连接。

在安装制冷管道的过程中，请遵循下列要求。

1）对于吸气和供液管路，需根据制冷安装规范选择恰当的焊条进行焊接，焊接时最好采用干燥氮气保护焊。

2）合理地控制助焊剂的用法和用量，防止焊接头内部污染。

3）不要将干燥过的压缩机或干燥过滤器开口暴露在大气中。

4）应采用符合级别要求的铜管，应保证铜管内部清洁、干燥。

5）如全系统管路一天不能焊完，下班时对外管口进行临时密封处理，防止潮气或杂物浸入管内。

6）应保证回气管路有一定坡度（≥0.01）坡向压缩机。

典型实例

【实例 1】　制冷压缩机吸气管道的布置与安装要求

制冷系统投入运行后，润滑油随着制冷剂进入蒸发器中，液体制冷剂在蒸发器内汽化，润滑油与制冷剂蒸气仍混在一起，吸气管道的布置应使润滑油能顺利地随吸气返回制冷压缩机中。吸气管道与制冷压缩机如何连接，应根据蒸发器与制冷压缩机的相对位置而确定。

1）为保证润滑油随氟利昂气体能顺利地返回压缩机曲轴内，吸气管的水平管段应有不小于0.01的坡度坡向压缩机。

2）蒸发器和制冷压缩机布置在同一水平位置时，吸气管布置应如图6-18所示，使蒸发器与制冷压缩机之间的管路形成倒U形弯，防止停机后液体制冷剂进入制冷压缩机内。

3）蒸发器在制冷压缩机上方时，蒸发器上部管应做成如图6-19所示的倒U形弯。

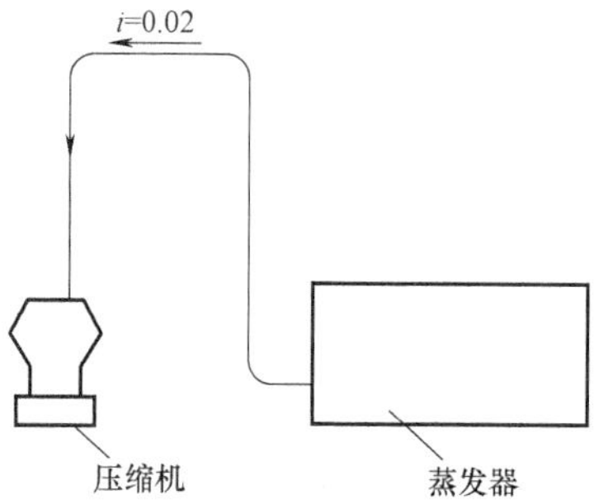

图6-18 蒸发器与制冷压缩机之间的管路形成倒U形弯

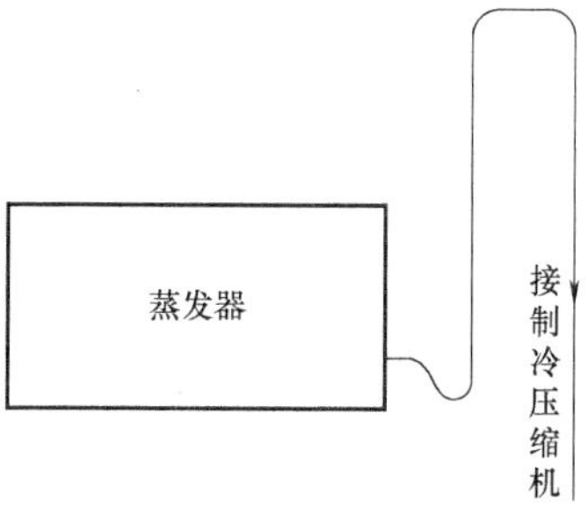

图6-19 蒸发器在制冷压缩机上方，蒸发器上部管做成倒U形弯

4）蒸发器在制冷压缩机下方时，其吸气管的连接方式如图6-20所示。由蒸发器至制冷压缩机的吸气立管，在负荷最小、制冷剂气体流速最低时，必须保证能将润滑油均匀地带入制冷压缩机中。润滑油能否被制冷剂气体经向上的吸气立管带至制冷压缩机，取决于立管中制冷剂气体的流速和密度。

【实例2】 制冷压缩机排气管道的布置与安装要求

安装制冷压缩机排气管道时，应根据下列原则进行。

1）制冷系统排气管的水平管段应有不小于0.01的坡度坡向冷凝器，使制冷压缩机的润滑油流入冷凝器，防止其返回制冷压缩机的顶部。

2）若制冷系统的直立排气管长度达2.5~3m，为防止管内壁沉淀的润滑油进入制冷压缩机顶部，应使排气管上形成如图6-21所示的存油弯。存油弯在停机时存留液体制冷剂和润滑油的混合液体。如直立管较长，除在靠近制冷压缩机处设一个存油弯外，每隔8m再设一个存油弯，以保证存留混合液的容量，如图6-21所示。

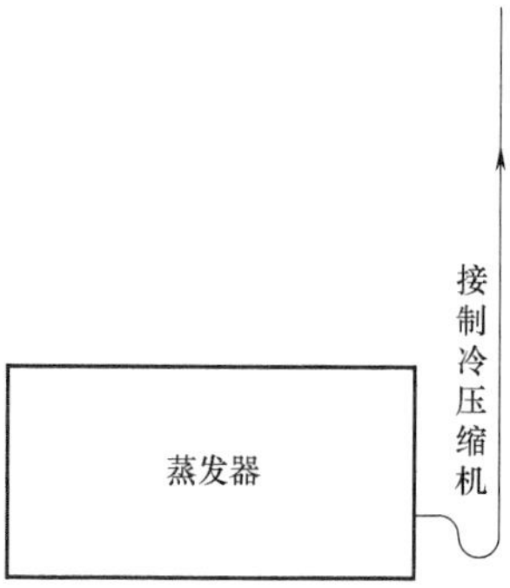

图6-20 蒸发器在制冷压缩机下方时，吸气管的连接方式

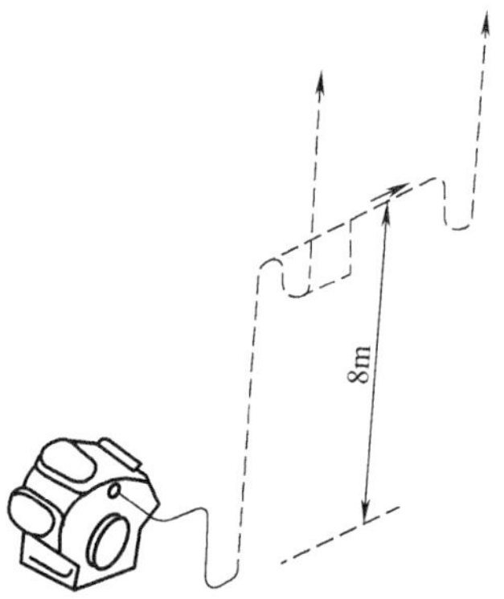

图6-21 排气管至制冷压缩机的存油弯

设有油分离器的排气管，可不设存油弯，系统停机后排气管的润滑油可流入油分离器中，而不会产生倒灌入制冷压缩机的现象。

3）两台或多台制冷压缩机并联时，若排气总管安装在制冷压缩机下方，为防止在运转中制冷压缩机排出的润滑油流入停用的制冷压缩机中，排气管应采取图 6-22 所示的连接方式。

4）排气总管安装在制冷压缩机上方时，制冷压缩机的排气管应从上面接入总管，可防止排气管的润滑油倒流入停用的制冷压缩机内，其连接方式如图 6-23 所示。

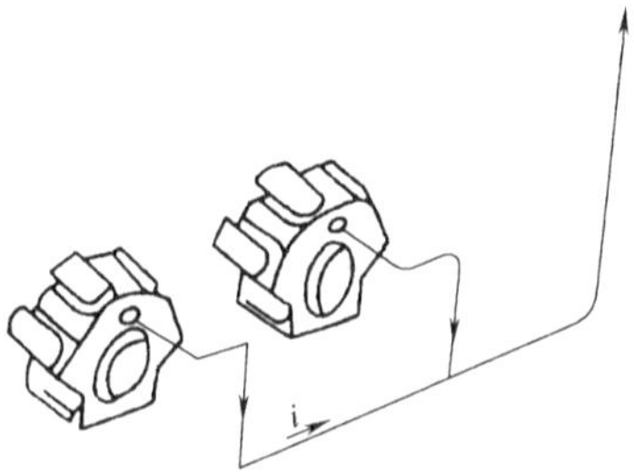

图 6-22 多台制冷压缩机并联的排气管连接方式之一

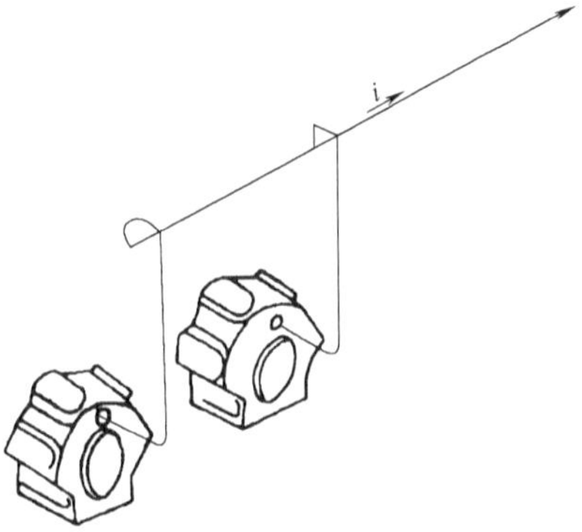

图 6-23 多台制冷压缩机并联的排气管连接方式之二

【实例 3】 冷凝器至储液器的液体管道的布置与安装要求

冷凝器至储液器的液体是靠液体重力流入的，为防止冷凝器排出液体时出现高液位现象，冷凝器与储液器之间应保持一定的高度差，其连接的管道要保持一定的坡度。

（1）卧式冷凝器至储液器的液体管道　管道内的液体流速不应超过 0.5m/s，水平管段的坡度为 0.01，坡向储液器。冷凝器至储液器之间的阀门，应安装在距离冷凝器下部出口处不少于 200mm 的部位，其连接方式如图 6-24 所示。

（2）蒸发式冷凝器至储液器的液体管道　单组冷却排管的蒸发式冷凝器，可用液体管本身进行均压。冷凝液体的流速不应超过 0.5m/s，水平管段的坡度为 0.01，坡向储液器。如阀门安装位置受施工条件所限，可装在立管上，但必须装在出液口 200mm 以下的位置。为了保证系统的正常运转，蒸发式冷凝器排管的出口处应安装放空气阀。如冷凝器与储液器之间不安装均压管时，应在储液器上安装放空气阀，其连接方式如图 6-25 所示。

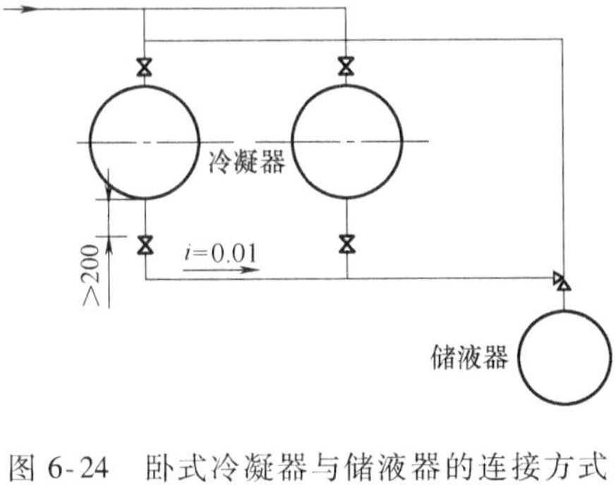

图 6-24 卧式冷凝器与储液器的连接方式

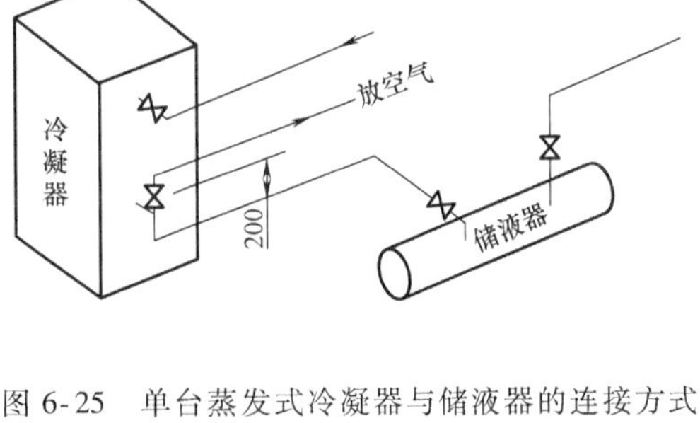

图 6-25 单台蒸发式冷凝器与储液器的连接方式

（3）多台蒸发式冷凝器并联使用液体管道　为防止由于各台冷凝器内的压力不一致而造成冷凝器出液回灌入压力较低的冷凝器中，液体出口的立管段应留有足够高度，以平衡各台冷凝器之间的压力差，抵消排管的压力降。液体总管进入储液器前向上弯起作为液封。冷凝器液体出口与储液器进液水平管的垂直高度应不少于600mm。液体管内的液体流速不应大于0.5m/s，并有0.01的坡度坡向储液器。冷凝器与储液器之间应安装均压管，其连接方式如图6-26所示。

该连接方式仅适用于冷却排管压力降较小的冷凝器（约为0.007MPa）。如压力降较大，则压力降每增加0.007MPa，冷凝器液体出口与储液器进液水平管的垂直高度相应增加600mm。如安装的垂直高度受施工现场的条件所限，可将均压管安装在冷凝器的液体出口管段上，其安装的垂直高度不需考虑冷却排管的压力降，只需考虑克服进液管管件和阀门的阻力，其连接方式如图6-27所示。

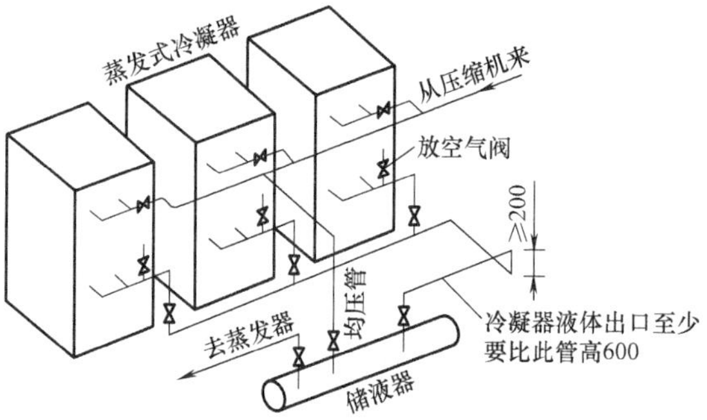

图6-26　多台蒸发式冷凝器与储液器的连接方式之一

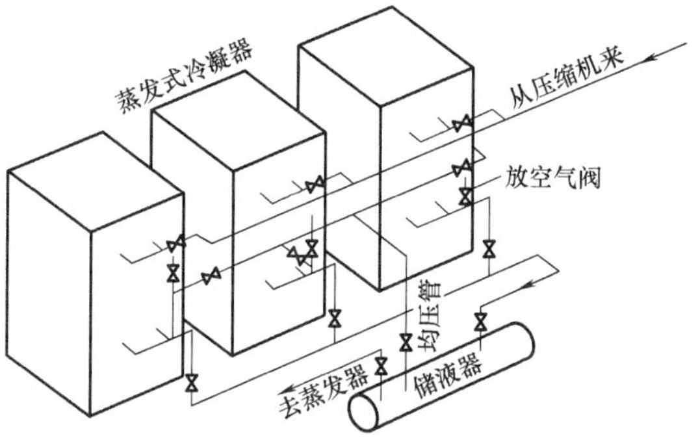

图6-27　多台蒸发式冷凝器与储液器的连接方式之二

该连接方式可以降低冷凝器安装的高度，冷凝器出液口至储液器进液口的高度达到450mm，即可满足要求。需注意，各并联的冷凝器的规格和阻力应相同；在系统运转中，如停用某台冷凝器，必须用阀门将系统切断，以防止制冷压缩机的排气流经停用前冷凝器而倒灌入其他冷凝器的出口端。

（4）冷凝器或储液器至蒸发器的液体管道　在冷凝器或储液器至蒸发器的液体管道上，由于安装有干燥器、过滤器、电磁阀等附件，致使产生膨胀阀前压力损失和供液到高处的静液柱压力损失，且管外浸入的热量使制冷剂温度上升，当以上的因素超过制冷剂的过冷度时，将会出现闪发气体，造成膨胀阀供液量不足，从而降低制冷能力。为防止产生闪发气体，应在制冷系统中设置气液热交换器，使膨胀阀前的液体制冷剂得到一定的过冷。

在氟利昂系统中设置的热交换器，使从储液器引出的高压液体制冷剂与来自蒸发器的低压气体制冷剂进行热交换，使高压液体制冷剂得到过冷，同时在热交换过程中夹杂在低压气体制冷剂中的液滴吸收热量而汽化，可防止压缩机出现湿行程。

为防止环境温度的影响，当液体制冷剂温度低于环境温度时，可采取保温措施。

1）单台蒸发器在冷凝器或储液器下面时的管道连接方式。为防止在制冷系统停止运行时液体制冷剂流向蒸发器，在系统中未安装电磁阀的情况下，应安装倒U形液封管，其高度不低于2000mm，其连接方式如图6-28所示。

2）多台蒸发器在冷凝器或储液器上面时的管道连接方式。采用多台蒸发器在冷凝器或储液器上面时，连接方式如图 6-29 所示。如果液体管道的压力损失较大，则膨胀阀尺寸应比充分过冷时增大一号。

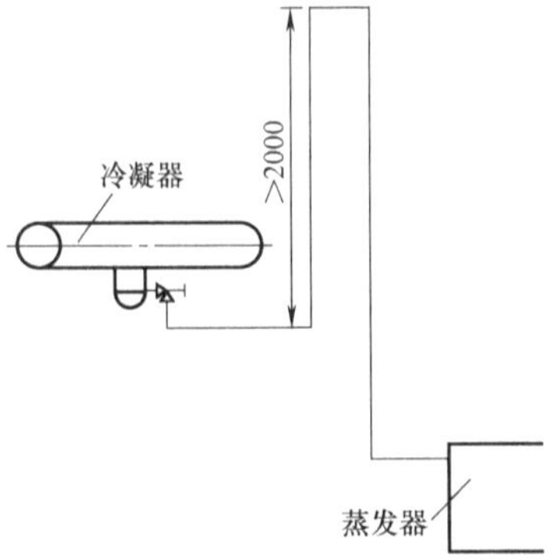

图 6-28　单台蒸发器在冷凝器或储液器下面时的管道连接方式

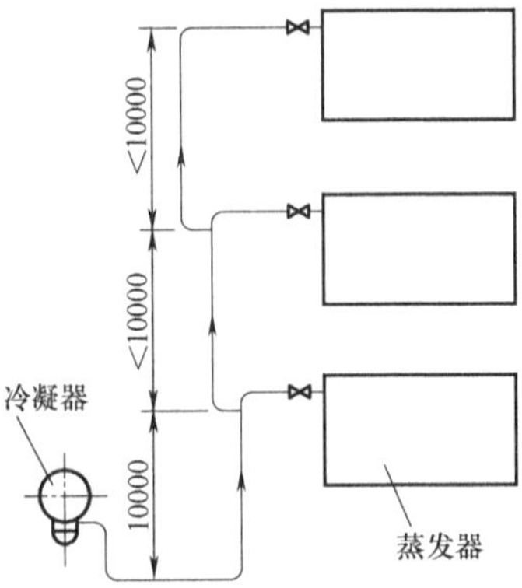

图 6-29　多台蒸发器在冷凝器或储液器上面时的管道连接方式

冷库制冷系统管道安装完毕，填写表 6-5。

表 6-5　冷库制冷系统管道安装记录表

序号	操作任务	操作内容	出现的问题	解决的方法	效果	备注
1	布置制冷压缩机吸气管道					
2	安装制冷压缩机吸气管道					
3	布置制冷压缩机排气管道					
4	安装制冷压缩机排气管道					
5	布置冷凝器至储液器的液体管道					
6	安装冷凝器至储液器的液体管道					

单元练习

一、填空题（将正确答案填写在横线上）

1. 库体要平整，接缝处板间错位不大于__________，板与板之间的接缝应均匀、严密、可靠。

2. 在冻结间与冻结物冷藏间的门或门框上，应安装电压不大于__________的电加热器，以防止凝露和结冰。

3. 中型制冷机组的压缩机吸气管上安装________，用来分离蒸发器回气中还未蒸发完的________，防止制冷剂液体进入压缩机。在压缩机排气管上装有__________，防止__________进入冷凝器和蒸发器而影响传热效果。

4. 制冷机组的安装主要考虑操作方便并消除机组振动需要制作基础，基础高度一般为____________，基础长宽根据机组地脚螺栓尺寸确定，基础离墙面__________。

5. 吊顶式冷风机安装在库门对面靠后位置的中间，离墙板______，保证进风空间。

6. 冷风机底部接水盘的水管接口用塑料管接到库外排放，出水口需设置__________，防止工作时__________通过排水管吸入库内。

7. 冷风机的长螺栓穿过顶板容易形成__________，穿出部分要做__________处理，防止长螺栓外表面结露或结霜而漏冷。

二、单项选择题（在每小题的四个选项中，选出一个正确的，并将正确答案的序号填写在括号内）

1. 如图 6-30 所示，图中 $i=0.02$ 的含义是（　　）。

A. 向压缩机方向倾斜 0.02m

B. 向蒸发器方向倾斜 0.02m

C. 水平管段每米向压缩机倾斜 2cm

D. 水平管段每米向蒸发器倾斜 2mm

2. 如图 6-30 所示，管路设置倒 U 形弯的目的是（　　）。

A. 使润滑油能顺利地随吸气返回制冷压缩机中

B. 防止停机后液体制冷剂进入制冷压缩机内

C. 使润滑油随着制冷剂进入蒸发器中

D. 使液体制冷剂在蒸发器内汽化

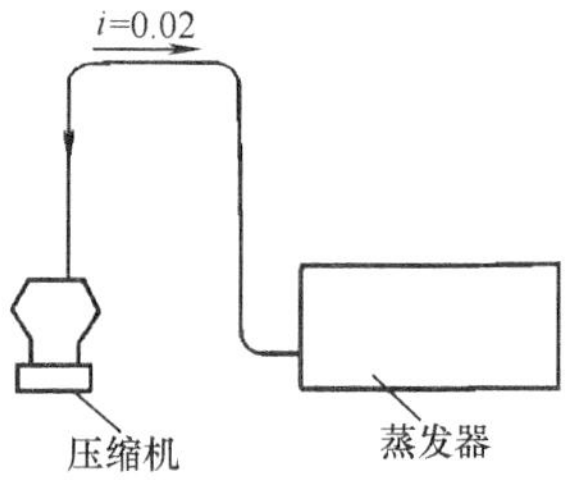

图 6-30　压缩机与蒸发器之间的管路

3. 为保证润滑油随氟利昂气体顺利地返回压缩机曲轴内，吸气管的水平管段应有不小于（　　）的坡度坡向压缩机。

A. 0.01　　B. 0.001　　C. 0.1　　D. 0.02

4. 如图 6-31 所示，设置两个 U 形弯的作用描述正确的是（　　）。

A. 小 U 形弯使润滑油能顺利地随吸气返回制冷压缩机中

B. 小 U 形弯使液体制冷剂在蒸发器内汽化

C. 大 U 形弯使润滑油能顺利地随吸气返回制冷压缩机中

D. 大 U 形弯使润滑油随着制冷剂进入蒸发器中

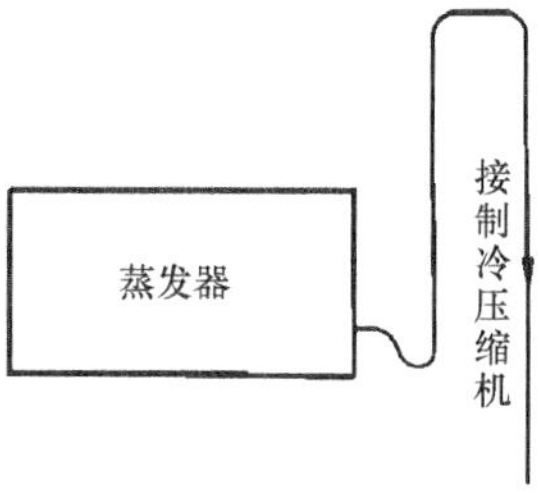

图 6-31　蒸发器出口管路设置

5. 制冷系统排气管的水平管段应有不小于（　　）的坡度坡向冷凝器，使制冷压缩机的润滑油流入冷凝器，防止其返回制冷压缩机的顶部。

A. 0.1　　B. 0.2　　C. 0.01　　D. 0.02

6. 安装制冷压缩机排气管道时，一个重要的原则是（　　）。

A. 使排气管中润滑油顺利排出，防止润滑油倒流进入压缩机

B. 防止润滑油流入冷凝器

C. 防止润滑油流入压缩机

D. 使润滑油流回蒸发器

7. 压缩机吸气管的水平管坡向氨液分离器或循环桶的坡度要求是（　　）。

A. 0.001~0.003　　B. 0.003~0.005　　C. 0.005~0.01　　D. 0.01~0.02

三、判断题（正确的在括号内画"√"，错误的画"×"）

1. 排气总管安装在制冷压缩机下方时，制冷压缩机的排气管应从上面接入总管，可防止排气管的润滑油倒流入停用的制冷压缩机内。（　　）

2. 供液管不应有局部向上弯曲，防止形成气囊；吸气管不应有向下凹的弯曲，防止形

成液囊，以保证供液和回气的顺畅。（　　）

3. 在液体管上接管时，应从主管的底部或侧部接出；在气体管上接管时，应从主管的上部或侧部接出。（　　）

4. 在同一支架上敷设各种管道时，供液管在下，回气管在上，排气管在最上或外侧。（　　）

5. 两管道在同一水平高度时，不应有平面交叉，以免形成∪或∩形的弯曲，造成积液或气阻。（　　）

6. 库体要平整，接缝处板间错位不大于5mm，板与板之间的接缝应均匀、严密、可靠。（　　）

7. 所有制冷机组均需另配置储液器，用来储存冷凝器中冷凝出来的制冷剂液体和调节蒸发器制冷剂供液量。（　　）

四、简答题

1. 在安装室内装配式冷库时，库体底部应做如何处理？

2. 安装制冷压缩机组时，如何 好减振措施？

3. 为什么要在制冷系统中设置气液热交换器，使膨胀阀前的液体制冷剂得到一定的过冷？

单元七 冷库制冷系统的调试

内容框架

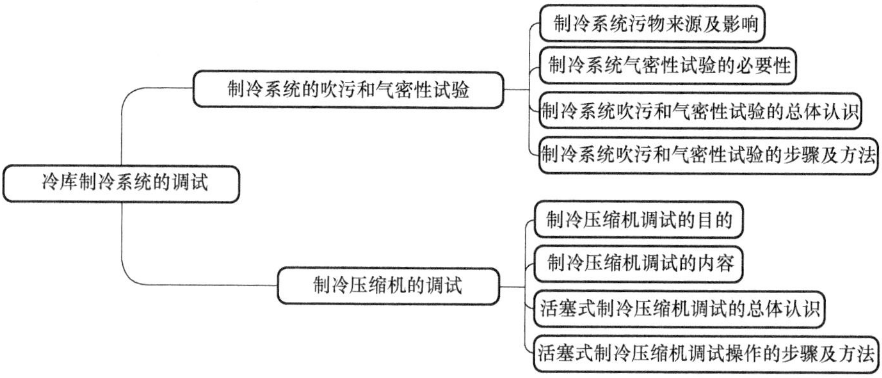

学习引导

目的与要求

1. 知道制冷系统吹污和气密性试验的意义和作用，能说出制冷系统吹污和气密性试验合格的标准。

2. 明确制冷系统吹污和气密性试验的操作流程。

3. 能按要求完成制冷系统的吹污和气密性试验，能准确判断并正确处理制冷系统的泄漏点。

4. 知道制冷压缩机试运转的目的和内容，能说出制冷压缩机调试的操作方法。

5. 能按要求完成制冷压缩机空车、重车试运转的调试。

重点与难点

难点：准确判断并正确处理制冷系统的泄漏点；制冷压缩机调试的操作方法。

重点：制冷系统的吹污和气密性试验；制冷压缩机空车、重车试运转的调试。

课题一　制冷系统的吹污和气密性试验

相关知识

一、制冷系统污物来源及影响

1. 制冷系统污物来源

冷库制冷系统安装完毕后，可能在系统中存有一些机械杂质或其他污物，这些机械杂质和污物主要来源如下：

1）安装过程中残留在系统内的焊渣、铁屑、砂粒等。

2）管道的内锈、内垢、氧化皮等。

2. 制冷系统污物的影响

如果制冷系统中存在机械杂质或其他污物，对系统设备可能产生以下影响。

1）加速摩擦面的磨损，严重时可产生拉缸现象而损坏机器。

2）影响吸、排气阀片与阀座的密闭性能，使压缩机的排气压力降低、吸气压力升高。

3）降低系统的制冷量。如果污物和机械杂质在某些通道较为狭窄的管件，如热力膨胀阀、毛细管和滤网等处堵塞，则会影响制冷剂的正常流动，进而影响制冷压缩机的制冷能力。

4）易造成系统放油困难。制冷系统各设备与集油器连接的放油管及阀门，通径都比较小，一般小于或等于 Dg20，特别是低压、低温设备内的冷冻机油黏度较大，如再有污物混合其中，极易造成阀门或管道堵塞，致使系统中的冷冻机油难以放出，冷库降温越来越困难。

5）降低热交换器的换热效率。污物在热交换器内与油混合，积附在热交换器中，严重影响传热效果，势必造成换热效率降低，制冷量减少，能耗增加。

因此，制冷系统内不允许有机械杂质或其他污物存在。冷库制冷系统安装完毕后，必须进行清污处理，以清除系统内部的焊渣、砂粒和铁屑等杂物。

二、制冷系统气密性试验的必要性

在制冷系统吹污工作合格后，还必须对整个制冷系统进行气密性试验。制冷剂具有很强的渗透性，制冷系统稍有不严密处，就会造成制冷剂大量泄漏，影响系统的正常工作。同时，有的制冷剂还带有毒性，泄漏后对人体有害。例如，氨有毒，泄漏后对人体有严重危害；氟利昂虽无毒，但泄漏量在空气中超过 30%（体积分数）时，也会导致人员窒息休克。另外，如有空气渗入系统，会导致制冷系统工作不正常。

因此，制冷系统应有良好的气密性能。吹污工作完成后，必须对制冷系统进行认真、细致的气密性试验，以检查系统的安装质量，检查系统在压力状态下的密封性能是否良好。

三、制冷系统吹污和气密性试验的总体认识

当冷库制冷系统的设备和管道安装完毕后，应对制冷系统进行吹污及试压、检漏等安装质量检查工作，然后向系统充注制冷剂，为系统投入正常生产做好准备。

1. 制冷系统吹污

用0.6MPa（表压）的氮气，对小型氟利昂制冷系统进行吹污。在距吹污口300mm处以白色标识板检查，直至无污物排出为合格。氟利昂系统吹污不能用压缩空气，压缩空气中含水蒸气，若残留在氟利昂系统内，将会导致氟利昂制冷系统发生冰堵故障。

大型氨制冷系统的吹污，一般可用空气压缩机将空气压缩后排至储气罐中，再由储气罐向管组或系统充入气体。在系统吹污时，如果没有空气压缩机，也可用制冷压缩机进行，吹污压力为0.6MPa，但要注意制冷压缩机的排气温度不应超过125℃，否则会降低润滑油的黏度，引起压缩机运动部件的损坏。冷间排管组装后可进行分管组吹污；低压系统的多层库房可进行分层吹污；高压设备及其他设备可进行分段吹污。

2. 气密性试验

气密性试验一般分为压力试漏、真空试漏和充液试漏三个阶段。

（1）压力试漏　通过对整个制冷系统充以一定压力的氮气或空气，使管壁设备的内壁受压，以检查安装后的接头、法兰、管材、设备等是否有泄漏。因氟利昂系统对残留水量有严格的要求，故多采用工业氮气进行试漏。试验压力的大小，通常由制冷系统所使用制冷剂的种类及试验部位来确定。表7-1是常用的制冷系统气密性试验的压力值。

表7-1　制冷系统气密性试验压力　（单位：MPa）

制冷剂	高压系统	低压系统	制冷剂	高压系统	低压系统
R717	1.76	1.18	R12	1.57	0.98
R22	1.76	1.18			

（2）真空试漏　压力试漏后，让制冷系统处在适当的真空状态下一定的时间，从真空压力表的读数是否变化，来反映和观察空气是否渗入系统，以检验系统的密封性能。同时，抽除系统中残留的气体和水分，也为制冷剂的充注做好充分的准备。

（3）充液试漏　在完成压力试漏和真空试漏后，就应进行充注制冷剂检漏试验（充液试漏），其目的是进一步检查系统的严密性。因为制冷剂的渗透性强，当系统只存在微小的漏点时，仅用上述两种方法，往往难以确定系统是否存在泄漏隐患，还需要用制冷剂检漏。

制冷系统吹污和气密性试验的操作流程如图7-1所示。

图7-1　制冷系统吹污和气密性试验的操作流程

典型实例

一、制冷系统吹污和气密性试验的步骤及方法

1. 氟利昂制冷系统的吹污

由于操作的对象为R12制冷系统，因此必须用氮气进行吹污，吹污气体压力为0.6MPa（表压）。具体操作步骤及方法如下。

第一步：如图7-2a所示，分别断开压缩机吸气截止阀、排气截止阀与制冷系统其他部件的连接口。

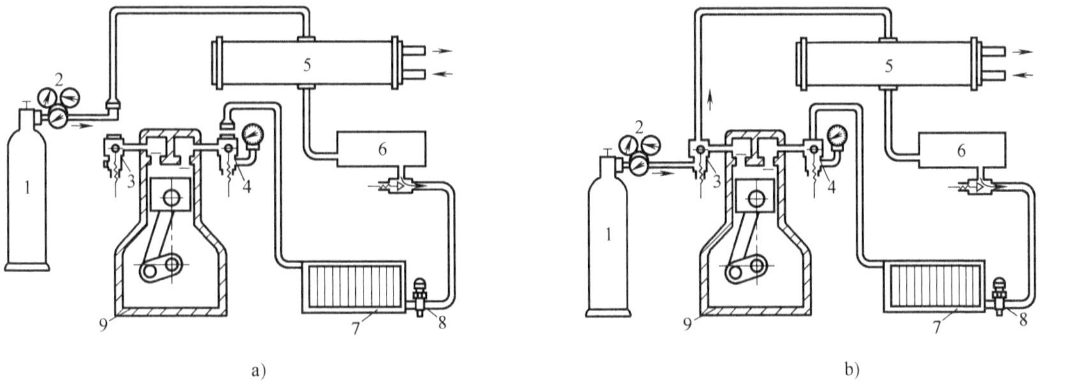

图 7-2　小型氟利昂制冷系统吹污、压力试漏示意图

a）吹污　b）压力试漏

1—氮气瓶　2—减压阀　3—排气截止阀　4—吸气截止阀　5—冷凝器　6—储液器　7—蒸发器　8—膨胀阀　9—压缩机

第二步：把制冷系统中所有的阀门打开（如果是氨制冷系统，安全阀、充氨阀、放空气阀需关闭）。

第三步：将高压氮气经减压阀后，通过转换接头连接到冷凝器进口，减压至 0.6MPa（表压），对压缩机以外的制冷系统进行吹污，吹污时间的长短应视具体情况而定。

第四步：反复多次吹扫（一般不少于 3 次），直到吹污口排出的气体吹在白纸或白布上没有明显污点时为止。

第五步：系统排污结束后，拆卸过滤器及阀门的阀芯进行清洗。

第六步：重新装好过滤器及阀门的阀芯。

实际工作中，可利用气体的爆发力和高速气流进行吹污。其方法是，在排污口装上一个阀门，待系统内压力升高至 0.6MPa（表压）时，快速打开阀门，使气体排出，带出污物。也可用木塞堵住排污口，当系统内压力升高至 0.6MPa（表压）时，将木塞打掉，使气体迅速排出。这种吹污方法效果较好，但存在一定的危险性，操作时应注意安全。在排污过程中，应尽量少开关阀门，以防污物损坏阀门的密封线。

制冷系统吹污操作过程的有关情况，应记录在表 7-2 中。

表 7-2　制冷系统吹污操作过程记录表

序　号	操作任务	过程记录
1	吹污方法	画出小型氟利昂制冷系统吹污示意图
2	操作要点	吹污的气源：________________，吹污的压力：__________ 吹污的方法：（整体、分段、分层），排污口位置：__________
3	吹污结果	第一次吹污白布显示结果：______________________ 第二次吹污白布显示结果：______________________ 第三次吹污白布显示结果：______________________
4	总结反思	操作过程中的疑问：______________________________________ 处理方法：____

2. 氟利昂制冷系统的气密性试验

（1）压力试漏

第一步：如图 7-2b 所示，把氮气瓶减压阀用耐压胶管连接至制冷压缩机的排气截止阀旁通孔。

第二步：打开排气截止阀旁通孔，关闭吸气截止阀，打开系统中其他所有的阀门。

第三步：打开氮气瓶阀门，先充氮气，使系统升压至 0.3~0.5MPa，用肥皂水做初步试漏，认为基本无泄漏后，再分别对高压部分和低压部分进行具体的压力试漏。

第四步：用氮气继续加压，使低压系统的压力升高至 0.98MPa，待压力平衡后，记下压力表的具体读数和环境温度。保持 6h，允许压力降至 0.02MPa 以下。

由于从压力试验气源排出气体的温度高于室温，进入系统后被冷却，前 6h 会产生压力降，其压力降应按式（7-1）计算，不应大于试验压力的 2%~3%。当压力降超过以上规定时，应查明原因，消除泄漏，并应重新试验，直至合格。

$$\Delta p = p_1 - \frac{273+t_1}{273+t_2} p_2 \tag{7-1}$$

式中　Δp——压力降（MPa）；

p_1——试验开始时系统中的气体压力（MPa，绝对压力）；

p_2——试验结束时系统中的气体压力（MPa，绝对压力）；

t_1——试验开始时系统中的气体温度（℃）；

t_2——试验结束时系统中的气体温度（℃）。

第五步：继续保持 18~24h，在环境温度变化不大的情况下，若表压无变化，即认为低压压力试漏合格。

第六步：关闭热力膨胀阀前的出液阀，用氮气继续加压，只向系统的高压部分充压，使高压系统的压力升高至 1.57MPa，待压力平衡后，记下压力表的具体读数和环境温度。保持 6h，允许压力降在 0.02MPa 以下，继续保持 18~24h，在环境温度变化不大的情况下，若表压无变化，即认为高压压力试漏合格。

制冷系统压力试漏操作过程的有关情况，应记录在表 7-3 中。

表 7-3　制冷系统压力试漏操作过程记录表

序　号	操作任务	过程记录
1	操作准备	各阀的状态(开启、关闭或三通)：吸气截止阀______，排气截止阀______，出液阀____________
2	初步试漏	试验压力值：____________ 判断有无泄漏：______(如有泄漏，泄漏点位置：____________________)
3	低压试漏	试验压力值：____________，此时环境温度：__________ 6h 后的压力值：________，压力降：______；此时环境温度：________ 18h 后的压力值：________，压力降：______；此时环境温度：________ 判断有无泄漏：______(如有泄漏，泄漏点位置：____________________)
4	高压试漏	试验压力值：____________，此时环境温度：__________ 6h 后的压力值：________，压力降：______；此时环境温度：________ 18h 后的压力值：________，压力降：______；此时环境温度：________ 判断有无泄漏：______(如有泄漏，泄漏点位置：____________________)
5	操作总结	操作过程中的疑问：______________________________ 处理方法：____________________________________

（2）真空试漏　制冷系统真空试漏，应在系统排污和压力试漏合格后进行，其目的是检查在真空条件下运行的气密性，排出系统中的空气、水分和其他不凝性气体，并为系统充注制冷剂试漏准备条件。

系统抽真空可用真空泵进行，如无真空泵时，可用自身制冷压缩机代替。对于较大的制冷系统，通常用自身抽真空试验法。

1）采用真空泵抽真空试验的具体操作步骤如下。

第一步：如图 7-3a 所示，逆时针方向旋下吸气截止阀旁通孔的细牙螺塞，顺时针方向旋转吸气截止阀杆几圈，使吸气截止阀处于三通状态。

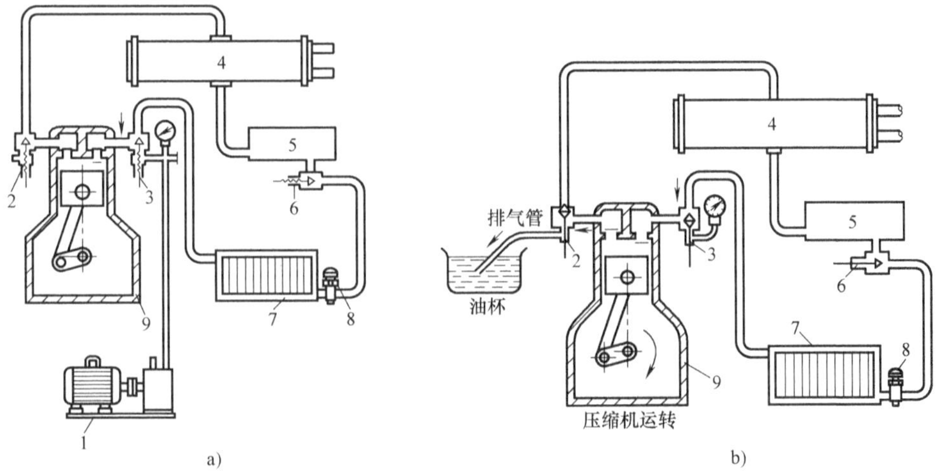

图 7-3　小型氟利昂制冷系统真空试漏示意图

a）用真空泵抽真空　b）用自身压缩机抽真空

1—真空泵　2—排气截止阀　3—吸气截止阀　4—冷凝器　5—储液器

6—出液阀　7—蒸发器　8—膨胀阀　9—压缩机

第二步：用带有三通修理阀和真空压力表的软接管将真空泵与吸气截止阀上的旁通孔连接好。

第三步：把系统内的所有阀门打开（包括电磁阀和手动阀等）。

第四步：接通真空泵电源，对系统抽真空。

第五步：观察真空压力表的读数变化，当真空压力表稳定在-0.1MPa 后，将吸气截止阀杆逆时针方向旋转退出并旋紧，使真空泵停止工作。

第六步：保持 18~24h，若真空度不变，则认为制冷系统真空试验合格。

2）采用自身压缩机抽真空试验的具体操作步骤如下。

第一步：如图 7-3b 所示，将排气截止阀杆顺时针方向旋到底，使系统在压缩机的排气口失去循环通道。

第二步：逆时针方向旋下排气截止阀旁通孔的细牙螺塞，使排气口与大气相通（也可在排气口接一软管，将软管的另一端插入油中）。

第三步：打开系统内的所有阀门。

第四步：短接低压继电器的触点，临时撤去保护功能（事后必须复原）。

第五步：起动压缩机，缓慢打开压缩机的吸气阀门，使系统内的空气排入大气。

第六步：观察低压端的真空压力表，直至真空压力表的读数达到-0.1MPa，观察油杯表面的气泡逸出情况。若在长时间内无气泡逸出，则可关闭排气截止阀旁通孔，然后停止压缩机的工作，抽真空结束。

第七步：保持18~24h，若真空度不变，则认为制冷系统真空试验合格。

一般来说，用自身压缩机抽真空时，抽真空时间不能太长，否则压缩机的运动部件长时间在较高的温度下工作，容易产生磨损和金属疲劳。在观察油杯气泡逸出情况时，若气泡长时间不止，可先关闭压缩机的吸气截止阀，检查压缩机本身是否泄漏。若油中不再出现气泡，说明压缩机本身不泄漏，应是系统中其他部件有泄漏；若气泡仍连续产生，说明压缩机有泄漏，这往往是轴封处不严密所造成的。

制冷系统真空试漏操作过程的有关情况，应记录在表7-4中。

表7-4　制冷系统真空试漏操作过程记录表

序　号	操作任务	过程记录
1	操作准备	采用的抽真空方式：________ 各阀的状态（开启、关闭或三通）：吸气截止阀______，排气截止阀______，出液阀________
2	真空试漏	抽真空时间：________ 判断有无泄漏：______（如有泄漏，泄漏点位置：________）
3	操作总结	操作过程中的疑问：________ 处理方法：________

（3）充液试漏　充液试漏是在真空状态下为制冷系统充入少量制冷剂进行检漏，是气密性试验的最后一个阶段，其目的是进一步检查系统的气密性，并为系统充注制冷剂做好准备。对于氨制冷系统，系统中压力达0.2MPa（表压）即可；对于氟利昂制冷系统，系统中压力达0.1MPa（表压）即可。氨制冷系统的检漏可用酚酞试纸检漏；氟利昂制冷系统的检漏可用卤素灯或检漏仪进行检漏。

氟利昂制冷系统充液试漏的具体操作步骤如下。

第一步：将充氟管一头接至制冷剂钢瓶，另一头接至压缩机吸气截止阀的旁通孔。接旁通孔的螺母暂不拧紧，先把瓶阀开启一点，排除管内的空气，然后马上关闭，拧紧螺母。

第二步：使压缩机吸气截止阀置三通位置，缓慢开启制冷剂瓶阀，因系统内是真空状态，氟利昂在压力差作用下进入低压部分和气缸。因氟利昂以湿蒸气的形式进入制冷系统，所以开启制冷剂瓶阀时要恰当，以防止压缩机发生液击。

第三步：当系统压力上升到0.1MPa时，停止充氟。

第四步：将压缩机的吸、排气阀门都开启，让制冷压缩机同系统连通，用卤素检漏灯进行全面检漏。

第五步：如发现有泄漏，则需把制冷剂回收或放掉，接通大气后，对焊接处进行补焊或将法兰拆下检修，修补完漏点后，必须重新充注制冷剂进行试漏。如无泄漏，则可继续充注制冷剂，直至补足制冷剂。

制冷系统充液试漏操作过程的有关情况，应记录在表7-5中。

表 7-5 制冷系统充液试漏操作过程记录表

序号	操作任务	过程记录
1	操作准备	采用的充注方式:__________ 各阀的状态(开启、关闭或三通):吸气截止阀______,排气截止阀______,出液阀__________
2	充液试漏	充液工质:__________,充液压力:__________ 判断有无泄漏:______(如有泄漏,泄漏点位置:____________)
3	操作总结	操作过程中的疑问:____________________ 处理方法:____________________

二、注意事项

进行制冷系统吹污和气密性试验时，应注意以下事项。

1）在真空状态下查漏时，不能用肥皂水涂抹螺口或疑漏点，否则制冷系统易渗入空气或水分。

2）在对高压系统进行压力试漏时，应注意监测低压侧的压力，以便及时发现排气阀片的渗漏情况。当排气阀片有较严重的渗漏时，高压侧的气压不能充至1.57MPa，因为高压侧气体漏入低压侧后，会破坏某些部件的气密性（如轴封和膨胀阀等）。

3）在压力试漏时，用板刷蘸上肥皂水涂于接头缝隙与焊缝处，每涂一处都必须观察，如果冒出气泡就说明该处有渗漏，发现渗漏点应做出记号。细微的、间断出现的小气泡很难发现，应反复检查2~3次。微小渗漏不易检查时，可先将系统内的氮气放空，充入0.5MPa的氟利昂蒸气，然后用仪器检漏。

4）采用自身抽真空试漏时，在起动压缩机并开启排气截止阀时，若开始运行时发生喷油现象，可使压缩机点动开机，直到不喷油时再转入连续运行。压缩机运转时若油压过低，只允许短时间运转。

课题二 制冷压缩机的调试

相关知识

一、制冷压缩机调试的目的

制冷压缩机是制冷系统的心脏，其正常运转是整个制冷系统正常运行的重要保证。在投产之前对新安装的制冷压缩机进行试车，是为了检查制冷压缩机各部件的装配情况，并使各传动机构、轴封部分互相配合的摩擦件得到必要的磨合。因此，应在制冷压缩机投入正常运转之前，对其进行调试，以便为整个制冷系统的试运转创造条件。

二、制冷压缩机调试的内容

制冷压缩机调试，一般要经过拆卸检查、空车、空气负荷和带制冷剂负荷四个阶段的检查。通过拆卸，可以检查主要零件是否存在制造缺陷。通过三次逐渐加载递进的试车，可以检查零部件的装配质量，使相对运动的零部件得到磨合，各摩擦件间的配合密闭性、摩擦面的表面质量得到进一步提高，并确认油压是否能满足机器正常运转的需要，能量调节装置是否正常。

三、活塞式制冷压缩机调试的总体认识

制冷压缩机的调试是一项技术性很强的工作，参加调试工作的人员应是制冷专业的技术人员，或是熟练的制冷压缩机操作维修人员。同时，应组织电气、焊接等其他工种人员参加调试。建设单位或设备生产厂家的技术人员也应到场参加调试。

1. 调试前的准备

在调试前应做好以下各项准备工作。

（1）技术资料的准备　在制冷压缩机试车前，应根据施工图对制冷压缩机的安装质量进行检查和验收，并认真研究使用说明书和随机的技术资料，依据压缩机使用说明书提供的调试要求及各种技术参数，对压缩机进行调试。试车时要认真填写试车记录表，作为技术档案保存。

（2）供电准备　在试车时，机组应有独立的供电系统。电源应为380V、50Hz的交流电，电压要求稳定。在电网电压变化较大时，应配备独立的电压调节器，使电压的偏差值不超过额定值的±10%。接入的试车电源，应配备电源总开关及熔断器，并配置三相电压表和电流表。试车用的电缆配线容量应按实际用电量的3~4倍考虑。要求设备接地可靠，接地应采用多股铜线，以确保人身安全。

（3）系统所需水、油、工质的准备　调试制冷压缩机前，要将制冷系统所需的材料准备就绪，以保证试车工作的正常进行。当制冷系统的冷凝器采用循环冷却水冷却时，应预先对循环水池注水，冷却水泵和冷却塔应可正常运转；准备制冷压缩机使用说明书规定的润滑油、清洗用的煤油，以及进行制冷压缩机负荷试运转时所需充注的制冷剂及其他工具和物品。

（4）压缩机的安全保护设定检查　试车前，要对制冷压缩机的自控元器件和安全保护装置进行检查，要根据使用说明书上提供的调定参照值，对元器件进行校验。制冷压缩机安全保护装置的调定值，在出厂前已调好，不得随意调整。自控元器件的调定值如需更改，必须符合制冷工艺和安全生产的要求。

2. 拆卸检查和清洗

冷库的压缩机大多是开启式压缩机，整机出厂的制冷压缩机（组），在规定的产品保质期、规定的产品防锈保证期内安装，油封、轴封应良好且无锈蚀，其内部一般不需要拆卸检查和清洗。

如果所安装的制冷压缩机（组）已经明显超过了产品的保质期、防锈保证期或有明显缺陷时，应与产品的生产企业（供应商）联系，由其派人按设备技术文件的要求，对机组内部进行拆卸、清洗，检查机器的主要零部件是否存在制造缺陷，机件是否有损坏或拉毛现象，连杆螺栓的松紧是否适度等，对轻微缺陷可及时进行处理。如果发现有严重缺陷，应与制造厂协同解决。

拆卸时，应测量主要零部件的装配间隙，对照产品说明书检查是否合乎技术要求。同时，应对机体及零部件进行清洗，清洗曲轴箱、吸气腔、排气腔等清砂不容易干净的部位，

清除由于机器久置不用而引起的锈迹，清洗吸、排气阀组，并检查其密封性，若密封不好要重新拆卸组装；清洗必须至无杂物为止，按出厂说明注入规定牌号的润滑油，方能进行试车。

另外，拆卸时应对各部件的安装位置做好标记，即使是可以互换的零件（如气缸套、阀组、活塞、连杆等）也不要调错位置，以免影响余隙容积。拆下的零部件清洗完毕后应妥善保存，轻移轻放，不可碰撞，用氮气吹净，然后在摩擦部位涂上冷冻机油。

3. 空车试运转

经过拆卸、检查、清洗、测量、调整和装配后，就可以进行空车试运转。空车试运转的目的是检查压缩机润滑系统的供油情况是否良好，油分配阀和卸荷装置是否灵活准确，还可提高各摩擦部位配合的密封性、摩擦面的表面质量，同时借助大气压调节油压，以达到要求的数值。

空车试运转前，要将压缩机的气缸盖拆下，取出安全弹簧和吸、排气阀组。在活塞顶部加入少量的润滑油，用专用试验夹具把气缸套压紧，以防止活塞上下运动或将气缸套打出气缸之外。安装夹具时直接用缸盖上的螺栓紧固即可，如图 7-4 所示。需要注意的是：

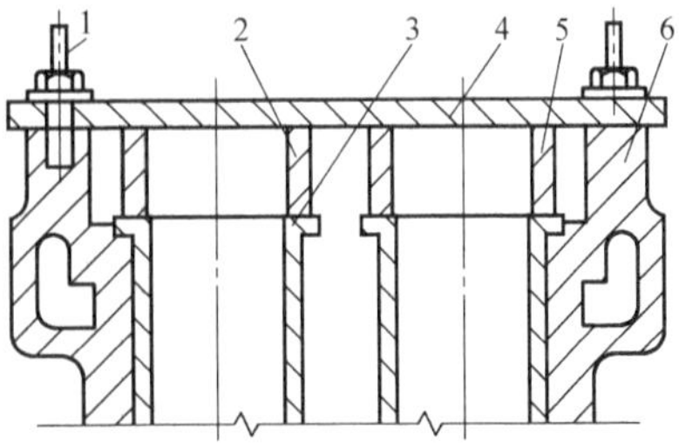

图 7-4 空车试运转专用夹具

1—缸盖螺栓 2、5—试车夹具 3—缸盖 4—压板 6—机身

1）用夹具压气缸套时，不要碰伤气缸套上的密封线。

2）气缸套固定后，用干净的白布将气缸口包扎起来，防止灰尘掉入。

3）固定好试验夹具后，就可以起动压缩机。首次起动时应点动 2~3 次，观察压缩机的正反转及机件的组装情况，观察油压能否建立，有无异常声响等。确认压缩机一切正常后可合闸运转，正式试车。

开始试车后，不可连续运转，运转时间应逐渐增加，首次约 3min，然后再运行 10min 后停机检查，主要检查各运动部位的温度，如连杆大头轴瓦的温度以及配合情况，若发现问题应及时调整。一切正常后运转时间逐渐增加到 4h。需要注意的是：

① 在压缩机起动时，操作人员不要站在气缸附近，防止气缸套飞出伤人。

② 在压缩机试运转时，应有一名操作人员负责看管控制开关，不得离开，当机器发生意外故障或情况紧急时，可及时停机，防止事故的发生。

③ 在压缩机试运转时，因为新机器各零部件间的间隙较小，需要磨合，应将油压调得高些（可调至 0.3MPa）。

制冷压缩机在空车试运转时，除正常的机件摩擦声外，不应有其他的机件敲击声和杂音。油压表指示读数应稳定，气缸体、油泵、前后轴承及轴封等摩擦部位的温升应正常，温升不应高于 25~30℃，即摩擦部位的最终温度不应高于：室内温度+温升（25~30℃）。

4. 重车试运转

重车试运转是在空车试运转后进行的，分为空气负荷试运转和连通系统负荷试运转两种。

空气负荷试运转是用空气作为压缩对象进行的试运转。空气负荷试运转的目的是观察在有负荷的情况下，机器各运动摩擦部位的工作性能。

试车前要先拆下活塞连杆组，检查气缸壁及活塞连杆组的状况，更换润滑油，清洗过滤器，并将空车试运转时拆下的吸、排气阀组、安全弹簧和气缸盖重新装好。试车时首先关闭压缩机的吸、排气阀门，松开压缩机吸气过滤器法兰螺栓，留出缝隙，扎上防尘纱布作为压缩机的吸气口，拆下压缩机的排空阀作为压缩机的排气口，以便空气排放，然后即可起动压缩机，进行空气负荷试运转。试运转时，排气压力调整在 0.25~0.4MPa，运转时间应不少于 4h。

制冷压缩机空气负荷试运转，除达到空车试运转的要求外，还应注意吸、排气阀片的跳动声应均匀正常。油压差应为 0.15~0.3MPa，要求每个气缸准确上荷和卸荷，油温比室温高 20~30℃，轴封温度不应超过 70℃，压缩机的排气温度应低于 120℃，气缸盖、气缸冷却水套的水温不应超过 45℃。

在空气负荷试运转后，可对连通系统进行负荷试运转。应当注意的是，连通系统负荷试运转必须在整个制冷系统已经过吹污、试压、真空试漏，全系统充灌制冷剂后方可进行。进行连通系统负荷试运转前，要检查压缩机的密封性。可利用排空阀将压缩机排空，2h 后压缩机的压力应保持为-0.1MPa，否则应找到渗漏点并进行处理。

连通系统负荷试运转的时间也应不少于 4h。进行连通系统负荷试运转时，对制冷压缩机的操作应符合正常的操作规定。

5. 活塞式制冷压缩机调试的操作流程（图 7-5）

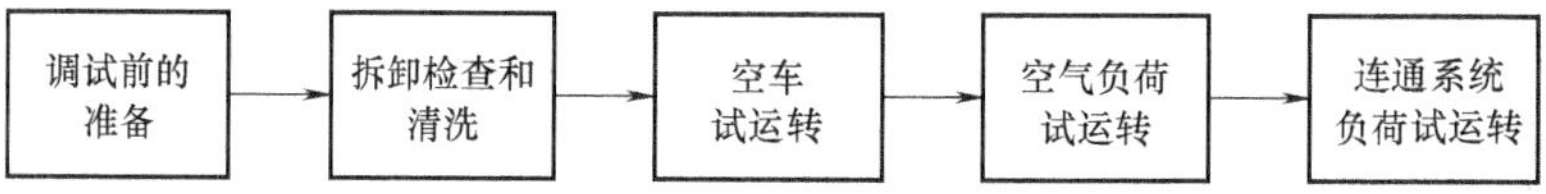

图 7-5 活塞式制冷压缩机调试的操作流程

典型实例

一、活塞式制冷压缩机调试操作的步骤及方法

1. 调试前的准备

先认真阅读施工图、说明书等技术资料。用万用表测量电源电压，电压应正常；检查系统的工质、油、水的液位，各液位指示应正常；参照说明书，校验压缩机上的自控元件及安全保护装置的设定值，检查压缩机上的高、低压继电器、油压差继电器的动作是否正常。

2. 拆卸检查和清洗

第一步：拆卸压缩机的主要零部件。拆卸时要注意以下问题。

① 要按顺序拆卸，拆下的零件分别放置，小零件在上，并对各部件的安装位置做好标记。

② 拆卸时不可用力过猛，锤击时要用软材料垫好。

③ 经拆卸后的开口销一律换新。

拆卸顺序为：卸下水管与油管→卸下吸气过滤器→拆开气缸盖→取出安全弹簧及排气阀组（安全盖)→放出曲轴箱内的润滑油→拆下侧盖→拆卸连杆下盖→取出连杆螺栓和大头下轴瓦→取出吸气阀片→取出气缸套→取出活塞连杆组→拆卸联轴器→卸下油泵盖、取出油泵。

第二步：检查压缩机内部主要零部件的固定情况。检查主要零部件是否存在制造缺陷，检查机件是否有损坏或拉毛现象，检查连杆螺栓的松紧是否适度等，对轻微缺陷可及时进行修理，若发现有严重缺陷，应与制造厂协同解决。

第三步：清洗油管、油路。清洗曲轴箱、阀组、吸气腔、排气腔等清砂不容易干净的地方。清洗时要注意以下问题。

① 首次清洗，相当于机器的中修，密封器部分可不必拆卸。

② 清洗用的汽油、煤油等易燃品应注意保管，禁止其与明火和高温物体接近，以防发生火灾。

③ 油管、油路等清洗后要用压缩空气吹几次，检查是否干净畅通，清洗后，管端要用布封住，防止进入尘土、污物。

第四步：测量并调整主要零部件的装配间隙，对照产品说明书检查是否合乎技术要求。

第五步：重新装配压缩机。曲轴箱内加油，一般先加到侧盖孔底部，装上侧盖继续加油到玻璃视孔 1/2 处。

3. 空车试运转

第一步：运转前的准备。将压缩机的气缸盖取下，取出假盖弹簧、排气阀组，用自制的夹具压住气缸套，注意不要碰坏缸套密封线，也不要影响顶杆的升降。在气缸顶部浇适量冷冻机油，以形成油膜。缸口用布盖好，防止进入灰尘。用铁管或铁棒插入联轴器顶部的孔内，拨动曲轴，检查转动有无障碍。

第二步：合闸点动压缩机。开机让压缩机点动运行 2~3 次，观察压缩机旋转方向是否正确，联轴器转动是否灵活，油压是否正常，发现问题应检查处理后再试运行。合闸时，操作人员不要站在气缸套处，防止气缸套飞出伤人，也不能离开电闸。当机器运转声音不正常、油压未建立及发生意外故障时，可及时停机，防止压缩机损坏和发生事故。

第三步：间隙起动压缩机。起动压缩机，使压缩机做间隙运转，时间间隔分别为 5min、15min 和 30min，直至运行 4h。在间隙运转中观察以下几个项目，看是否符合要求。

① 电压表、电流表指针应稳定。

② 气缸体、主轴承外部、轴封腔等摩擦部件温度不高于 25~30℃，轴承温度不高于 65℃。

③ 润滑油油压应比吸气压力高 0.15~0.3MPa。

④ 轴封无漏油现象。

⑤ 试车过程中各部位不应有杂音，运行时间不少于 4h，气缸奔油量不大（压缩机是一个特殊的气泵，大量制冷剂气体在被排出的同时，也夹带走一小部分润滑油）。压缩机奔油是无法避免的，不同的压缩机奔油量有所不同。半封闭活塞式压缩机排气中有 2%~3%（质量分数）的润滑油，而涡旋式压缩机为 0.5%~1%（质量分数）。

第四步：更换润滑油，调整间隙。空试合格后，根据润滑油的清洁度确定是否更换，调整好余隙的间隙，检查联轴器的防振橡胶是否磨损。

第五步：重新装配阀组。将安全压板弹簧及排气阀组重新装好，拧紧压缩机气缸盖。

4. 空气负荷试运转

第一步：处理压缩机进、排气口。松开压缩机吸气过滤器法兰螺栓，留出缝隙，外面包上防尘纱布作为吸气口。在压缩机的放空气阀上接管引到室外。

第二步：检查能量调节装置。将压缩机的能量调节装置手柄（图 7-6）从“0”位逐步移向“1”位，根据吸气阀片的声响判断卸荷机构是否动作。若不动作，应检查修复，再试车。

第三步：调节运行压缩机。开压缩机水套，起动压缩机，逐步调节排气压力到 0.4MPa，并工作 2h，调节油压比吸气压力高 0.15～0.3MPa，润滑油温度不超过 40℃，压缩机轴封、主轴承外侧面温度不超过 70℃；排气温度不超过 120℃（温度过高，可卸荷几只缸，待排气温度回落后再逐步上荷）；冷却水进口温度不大于 35℃、出口温度不大于 45℃；各连接部位密封良好；吸、排气起跳声音正常。

图 7-6　制冷压缩机的能量调节装置

第四步：检查各部位摩擦情况。曲轴箱油温一般比室温高 20～30℃，密封器内油温不超过 70℃。各参数应符合空车试运转的间隙运转要求。

第五步：连续运转。一切运行正常后，连续运转 4h。试运转时，因为新机器各零部件间的间隙较小，需要磨合，应将油压调得高些。

第六步：全面检查。运行结束后，对整台压缩机进行全面检查，清洗换油一次，同时做好运转记录。

5. 连通系统负荷试运转

第一步：排除压缩机内的空气。

第二步：使压缩机和其他制冷系统连通。

第三步：连续运转压缩机。压缩机连续运转 24h，观察方式同空气负荷试运转。

活塞式制冷压缩机调试操作过程的有关情况，应记录在表 7-6 中。

表 7-6　活塞式制冷压缩机调试操作过程记录表

序　号	操作任务	过程记录
1	拆卸检查和清洗	1)拆卸部件的顺序:____ ____ 2)检查清洗:____
2	空车试运转	1)起动前准备:________________ 2)点动压缩机:压缩机转向__________,联轴器转动情况______________,油压情况____________,出现的问题____________,原因______________ 3)间隙起动压缩机:电压表情况___________,电流表情况______________,气缸体温度______,主轴承外部温度______,轴封腔温度____,主轴承温度______ 4)油压__________,轴封情况__________________,奔油量________________
3	空气负荷试运转	1)排气压力:______,吸气压力:______,油压:________ 2)各部件温度情况: 油温:______,轴封温度:______,主轴承外侧面温度:____,排气温度:______,冷却水进水温度:______,出水温度:________ 3)各部位的声音:________
4	连通系统负荷试运转	1)排气压力:______,吸气压力:______,油压:________ 2)各部件温度情况: 油温:______,轴封温度:______,主轴承外侧面温度:______,排气温度:______,冷却水进水温度:______,出水温度:________ 3)各部位的声音:________

二、注意事项

在调试制冷压缩机的过程中，应注意以下事项。

1）在制冷压缩机调试全过程中，必须严格遵守各项检修和安全操作规程，落实各项安全措施。

2）拆卸检查和清洗制冷压缩机前，必须关闭所有与压缩机相关联的外管阀门，挂牌警示。一定要打开压缩机放空阀，接通大气，确保将吸排气腔、曲轴箱和气缸内的气压卸为常压后，才能开始进行下一步的拆卸检查和清洗工作。

3）拆卸检查和清洗制冷压缩机前，必须可靠地切断压缩机的所有电源，挂牌警示，并有专人监护，禁止合闸。

4）工作环境应保持良好通风，防止制冷剂浓度超标；拆卸过程中应用安全行灯照明。

单元练习

一、填空题（将正确答案填写在横线上）

1. 如果____________在某些通道较为狭窄的管件，如热力膨胀阀、毛细管和滤网等堵塞，则会影响制冷剂的____________，进而影响制冷压缩机的____________。

2. 在制冷系统____________合格后，还必须对整个制冷系统进行____________。制冷剂具有很强的渗透性，制冷系统稍有不严密处，就会造成____________，影响系统的正常工作。

3. 气密性试验一般分为________、________和________三个阶段。

4. 在投产之前对新安装的压缩机进行试车，是为了检查压缩机____________，并使各____________互相配合的摩擦件得到____________。

5. 制冷压缩机调试，一般要经过________、________、________和________四个阶段的检查。

二、单项选择题（在每小题的四个选项中，选出一个正确的，并将正确答案的序号填写在括号内）

1. 污物在热交换器内与油混合，积附在热交换器中，严重影响传热效果，势必造成（　　）。

A. 换热效率降低，制冷量减少，能耗增加

B. 换热效率增加，制冷量减少，能耗降低

C. 换热效率增加，制冷量增加，能耗降低

D. 换热效率降低，制冷量增加，能耗降低

2. 在系统吹污时，如果没有空气压缩机，也可用制冷压缩机进行，吹污压力为 0.6 MPa，但要注意制冷压缩机的排气温度不应超过（　　）℃，否则会降低润滑油的黏度，引起压缩机运动部件的损坏。

A. 105　　B. 125　　C. 135　　D. 145

3. 在压力试漏过程中，用氮气加压，使低压系统的压力升高至 0.98MPa，待压力平衡

后，记下压力表的具体读数和环境温度，保持6h，允许压力降在（　　）MPa以下。

A. 0.02　　B. 0.04　　C. 0.06　　D. 0.08

4. 在压缩机试运转时，应有一名操作人员负责看管（　　），不得离开，当机器发生意外故障或情况紧急时，可及时停机，防止事故的发生。

A. 油分配阀　B. 卸荷装置　C. 冷却水泵　D. 控制开关

5. 调试操作制冷压缩机前，应参照说明书，校验压缩机上的自控元件及安全保护装置的设定值，检查压缩机上（　　）的动作是否正常。

A. 油分配阀

B. 卸荷装置

C. 高、低压继电器、油压差继电器

D. 冷却水泵

三、判断题（正确的在括号内画"√"，错误的画"×"）

1. 实际工作中，可利用气体的爆发力和高速气流进行吹污。（　　）

2. 在气密性试验中，由于从压力试验气源排出气体的温度高于室温，进入系统后被冷却，前6h会产生压力降，不应大于试验压力的5%~7%。（　　）

3. 在气密性试验中，继续保持8~12h，在环境温度变化不大的情况下，若表压无变化，即认为低压压力试漏合格。（　　）

4. 拆卸检查和清洗制冷压缩机前，必须关闭所有与压缩机相关联的外管阀门，挂牌警示。一定要打开压缩机放空阀，接通大气。（　　）

5. 拆卸检查和清洗制冷压缩机前，必须可靠地切断压缩机的所有电源，挂牌警示，并有专人监护，禁止合闸。（　　）

四、简答题

1. 制冷系统为什么要进行气密性试验？

2. 制冷压缩机调试的内容是什么？

单元八 冷库制冷系统的运行调节

内容框架

- 冷库制冷系统的运行调节
  - 新建冷库投产前的降温调试
    - 新建冷库系统投产前运行调试的作用
    - 制冷系统试运行与冷库降温调试的关系
    - 新建冷库必须缓慢降温的原因
    - 新建冷库投产前降温调试的总体认识
    - 新建冷库投产前降温调试的步骤及方法
  - 制冷压缩机的操作
    - 正确操作制冷压缩机的重要性
    - 对制冷压缩机操作人员的基本要求
    - 冷库制冷压缩机操作的总体认识
    - 制冷压缩机操作的步骤及方法
  - 制冷系统的运行调节
    - 制冷系统运行工况的主要参数
    - 需要对制冷系统进行调节的原因
    - 蒸发温度和冷凝温度的读取
    - 冷库制冷系统运行调节的总体认识
    - 冷库制冷系统运行调节的步骤及方法

学习引导

目的与要求

1. 能说出新建冷库必须缓慢降温的原因，掌握充灌制冷剂量的计算方法。
2. 能按要求完成新建冷库投产前降温调试的操作。
3. 知道正确操作制冷压缩机的重要性，熟悉制冷压缩机正常运行的标志。
4. 能按要求完成单、双级氨制冷压缩机（组）开机、运行和停机的操作。
5. 知道需要对冷库制冷系统进行调节的原因，熟悉蒸发温度、冷凝温度的选择范围。
6. 能按要求完成氨制冷系统冻结间降温调节的操作。

重点与难点

难点：新建冷库充灌制冷剂量的计算方法；制冷压缩机正常运行的标志；正确制订冷库降温冻结的调整方案。

重点：新建冷库投产前降温调试的操作；单、双级氨制冷压缩机（组）开机、运行和停机的操作；氨制冷系统冻结间降温调节的操作。

课题一 新建冷库投产前的降温调试

相关知识

一、新建冷库系统投产前运行调试的作用

新建冷库系统运行调试就是对冷库系统进行初步检查后，进一步对其进行检测和调试，这是冷库投产前的重要工作。通过调整制冷系统各设备的运行参数，使制冷系统进入正常工作状态；通过控制库房的降温速度，使库房温度逐渐降至设计温度，避免库房土建结构因急剧降温而遭受破坏。同时，这也是对冷库的整体设计水平和安装质量进行检验的过程。此外，通过调试，还可以发现设计、施工过程中存在的不足及质量问题，以便进一步改进和完善。

二、制冷系统试运行与冷库降温调试的关系

一般而言，新建冷库系统投产前的运行调试主要包括制冷系统试运行和冷库降温调试两方面，两者相互关联，但侧重点不同。两者的区别与联系见表 8-1。

表 8-1 制冷系统试运行和冷库降温调试的区别与联系

冷库调试	工作内容	调试重点	调试目的	调试时间	相互关系
制冷系统试运行	调整自动控制系统、冷却水系统和制冷系统的运行状态；确保各机构动作准确协调，保护装置安全可靠	制冷系统的运行参数	确保制冷系统能安全有效地运行	投产前后、生产过程	1）冷库降温调试是制冷系统试运行的重要准备和基础 2）制冷系统试运行的结果，往往可通过蒸发温度和降温速度体现出来，而良好的降温效果又依赖于系统的有效运行 3）冷库降温调试一般只是单一机组、系统的运行，制冷系统试运行往往涉及多台机组、系统的协同运行
冷库降温调试	制冷系统抽真空、充制冷剂检漏合格后，充灌制冷剂，冷库降温	冷库的降温速度和温度	避免库房土建结构遭到破坏	投产前	

三、新建冷库必须缓慢降温的原因

1）冷库缓慢降温，有利于建筑工程的水分向外排泄，使库房土建结构中所含的游离水分在降温过程中逐渐挥发出来，达到一定的干燥程度，防止建筑物在水分过高的时候结冰，避免土建结构在低温时因水分冻结而遭到破坏，减少冷库的安全隐患。

2）从库房起始温度降至设计温度的最初阶段，是防止冷库外墙结构遭受破坏的一个关键阶段。若温度下降太快，会严重损害外墙结构。这是因为当库房温度急剧下降时，较热的外墙材料骤然遇冷而收缩的缘故。为防止和减少这种冷缩现象对冷库外墙的影响，必须缓慢降温，使库房温度逐渐降至设计温度。

3）冷库各楼层、各房间的降温应同时进行，使主体结构的温度应力及干缩率保持均衡，避免建筑物产生裂缝。

四、新建冷库投产前降温调试的总体认识

新建冷库制冷系统经气密性试验、抽真空试验和充灌制冷剂试漏合格，且设备和管道隔热施工已经完成后，方可充灌制冷剂；如果是土建冷库，土建工程也应全部竣工并已充分干燥，砌体结构应达到充分的强度。此时，可进行制冷系统试运行和冷库降温调试。

1. 系统抽真空的作用与要求

虽然在冷库制冷系统的吹污和气密性试验中，已实施了压力试漏、真空试漏和充液试漏，但是在充灌制冷剂之前，仍要进行系统抽真空，以进一步检查系统的严密性，排除空气和其他不凝性气体，并消除系统中的水分，确保充灌制冷剂后，系统能安全高效运行并顺利降温。

1）氨系统抽真空后的剩余压力应小于7.91kPa（约60mmHg）。若当地的大气压为101.33kPa（约760mmHg），则真空度应大于（760−60）mmHg = 700mmHg。氟利昂系统抽真空后的剩余压力应小于1.3kPa（约10mmHg），则真空度应大于（760 − 10）mmHg = 750mmHg。

抽真空后应保持24h以上，真空（压力）表示值回升不超过6.67×10^2Pa（约5mmHg）为合格。若压力上升较快，则应及时查明原因并加以消除。

2）抽真空时，最好用专门的真空泵进行抽真空。若无真空泵，也可用制冷压缩机代替真空泵进行抽真空，但要注意压缩机的油压和排气温度。在起动压缩机前，应关闭压缩机的吸、排气阀，排空气阀则应打开。起动压缩机，待油压正常后慢慢打开吸气阀，能量调节装置放在最小档。因为压缩机排空气阀通径较小，所以吸气阀不能开得很大，能量调节装置也不能放在高档。

当系统内压力降低至真空度为39kPa（约300mmHg）以上时，可开足吸气阀，全部上荷，增加吸气量。压缩机的油压最低不得低于50kPa。压缩机抽真空时采用间断抽真空法。当真空度抽至86kPa（约650mmHg）时，压缩机的油压已经很低，不能再继续抽真空。抽真空结束后要对压缩机进行拆洗，更新冷冻机油。

2. 两次充氨试漏的目的

一般来说，大中型冷库多为氨制冷系统，系统较庞大且安装工艺复杂，投产后如有泄漏，尤其是低压系统泄漏，需拆除隔热层寻找漏点，修补十分困难。因此，在系统投入运行前需要充氨试漏。

（1）保温前的充氨试漏　尽管制冷系统已通过气密性试验和抽真空试验，但仍可能存在未发现的微量泄漏。因为氨的渗透性较强，有时在这两项试验合格后，用少量氨试漏还能发现泄漏部位。因此，在系统隔热保温工作前进行充氨检漏，是一项必不可少的试验工序。

（2）保温后的充氨试漏　在系统隔热保温施工期间，因受到振动、压力和温度变化等

因素的影响，系统管道和设备某些连接部位可能会松动，充氨后，仍可能会出现泄漏。因此，在隔热保温工作完成后，充灌制冷剂时，一般也要进行充氨检漏。

可见，两次试漏在做法上虽有相似之处，但属于两个不同的工序，而且目的也不同。前者是为了查寻系统中存在的微量泄漏，为下一道工序绝热保温工作提供良好的质量保障；后者主要是为了消除保温期间可能造成的泄漏。

（3）充氨发现泄漏点后的处理方式　若发现泄漏点，必须将系统中的氨抽净，并与大气连通后方能补焊，严禁在系统含氨的情况下补焊。若泄漏点补焊两次后还漏气，应切除泄漏段，换上新管，重新焊接。在泄漏处紧法兰螺栓时，应找出漏气的原因并排除后，再均匀拧紧螺栓，且用力不能太大，以免损坏法兰。阀门关闭时，不能紧阀盖螺栓，以免损坏阀盖或压坏阀线。安全阀起跳后泄漏或原来就关闭不严，应换新阀或对阀进行拆卸修理，校验合格后再用。

3. 系统需要充灌制冷剂的量

充灌氨制冷剂的量，应根据系统中制冷设备的大小和数量，按充灌容积百分比和氨液的密度来计算，即

$$系统需要充氨量=\sum(设备的容积\times充灌氨量的容积百分比\times氨液密度) \tag{8-1}$$

各制冷设备充灌氨量的容积百分比见表 8-2。氨液的密度按 0.65kg/L 计算。

表 8-2　各制冷设备充灌氨量的容积百分比

设备名称	充灌氨量(%)	设备名称	充灌氨量(%)
各式冷凝器	15	氨液管	100
储氨器	70	回气管	60
再冷却器	100	氨泵强制供液系统	
中间冷却器	50	“上进下出”排管	25
立式低压循环储液器	35	“上进下出”冷风机	40~50
卧式低压循环储液器	25	“下进上出”排管	50~60
氨液分离器	20	“下进上出”冷风机	60~70
壳管式蒸发器	80	重力供液系统	
平板冻结器	50	排管	50~60
搁架式排管	50	冷风机	70

式（8-1）和表 8-2 同样适用于其他制冷系统充灌制冷剂量的计算。R12 制冷剂的密度为 1.43kg/L，R22 制冷剂的密度为 1.3kg/L。

系统充灌氨后，应对制冷压缩机（组）逐台进行带负荷试运转，每台压缩机最后一次连续运转时间不得少于 24h，每台压缩机累计运转时间不得少于 48h。制冷系统试运转合格后，应将系统内的过滤器拆下，进行彻底清洗并重新组装。

4. 新建冷库降温的速度

由于各种冷库采用的建材不同，新建冷库降温的速度也不同。

1）土建冷库试车降温，必须缓慢地逐渐进行。当库温在 4℃ 以上的水分冻结前阶段，每天降温不宜超过 3℃；在 -4~4℃ 的水分冻结区，每天降温不宜超过 1℃，其中库温降到 2℃ 左右时，需保温 48h 以上；在 -4℃ 以下的水分冻结后阶段，降温速度可比水分冻结区稍快些，但每天降温不宜超过 2℃。

2）地坪表层为砌体结构的装配式冷库降温时，每天降温以 5~7℃ 为宜。库温在 2℃ 时，需保温 48h 以上；库温在 2℃ 以下时，每天允许降温 4~5℃。

3）对于地坪表层为非混凝土的小型装配式冷库，地坪也采用预制隔热板拼装而成，空库降温速度不受上述规定的限制，可将库温缓慢地降至设计温度。

例如，在生产实践中，某企业规定，室内装配式（组合式）冷库的空库降温时间，可参考表 8-3。

表 8-3　室内装配式（组合式）冷库的空库降温时间

冷　库	单间库容/m^3	降温时间/h			
		G(高温) -2～12℃	Z(中温) -10～-2℃	D(低温) -20～-10℃	J(冻结) -30～-20℃
冷冻冷藏	≤100 101～500 501～1000	≤1.0 ≤2.0 ≤3.0	≤1.5 ≤2.5 ≤3.5	≤2.5 ≤3.5 ≤4.5	≤3.5 ≤5.00
气调	500～800 501～1000	≤3.0 ≤4.0	≤3.5 ≤4.5	≤4.0 ≤5.0	

库温降至设计温度后，应检查库体外表面，应无结露、结霜等现象。

5. 新建冷库投产前降温调试的工艺流程（图 8-1）

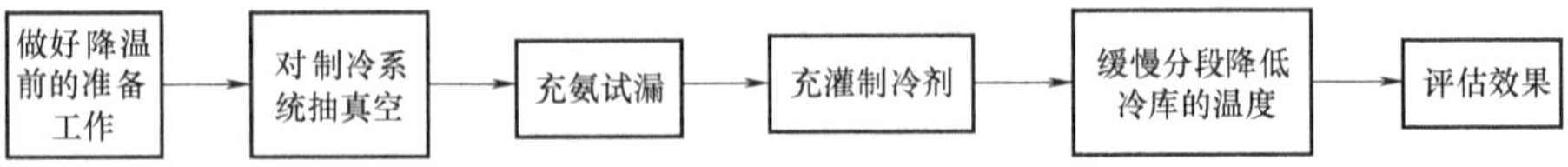

图 8-1　新建冷库投产前降温调试的工艺流程

典型实例

一、新建冷库投产前降温调试的步骤及方法

制冷系统充氨试运行与冷库降温调试可同时进行。冷库降温调试过程是在给系统加入接近足量氨的情况下进行的，具有一定的危险性，要求在进行此项工作的过程中要严谨细心、严格遵守安全操作规范，并认真做好各种参数的记录。

1. 做好降温前的准备工作

制订好调试方案及工作进度表，安装、操作及安全方面的技术人员到场，并明确各自职责。各种工具、仪表及防护用品应齐备，供水、供电设施安全可靠。

2. 对制冷系统抽真空

系统试压合格后，可靠关闭制冷系统与外界（大气）相通的所有阀门（如排空气阀、紧急泄氨阀等），并将制冷系统中的阀门全部开启。将真空泵的吸管与加氨站上的进液阀相接并全开，起动真空泵对制冷系统抽真空。

可采用真空（压力）表或 U 形管式水银压力计测真空度。系统中的空气很难抽尽，抽真空要分数次进行，使系统内压力均匀下降。经抽真空后，氨系统的剩余压力应小于 7.91kPa（约 60mmHg）。

当系统内剩余压力小于 7.91kPa（约 60mmHg）时，保持 24h，真空（压力）表回升不超过 0.667kPa（约 5mmHg）为合格。

制冷系统保持真空状况的有关情况，应记录在表 8-4 中。

表 8-4 制冷系统保持真空状况记录表

序 号	保持时间/h	剩余压力/kPa	真空度/kPa	温度/℃	压力回升/kPa	结 论
1	0					
2	6					
3	12					
4	18					
5	24					

若压力上升较快，则应查明原因并排除。如发现泄漏点，补焊后应重新进行气密性和抽真空试验。

3. 充氨试漏和充灌制冷剂

制冷系统经抽真空试验合格后，可利用系统的真空度充入部分氨，再起动制冷压缩机继续完成充氨工作。

氨有较强的毒性，当氨气在空气中浓度达到 0.5%~0.6%（体积分数）时，人在此环境停留 30min 可产生致命的后果；当氨气在空气中的浓度达到 15%~27%（体积分数）时，遇明火即有爆炸的危险。因此，充氨时必须严格按照有关操作规程进行操作。充氨前要准备好工具、急救药品等物品，充氨操作时，必须使用防毒面具、护目镜、橡胶手套等护具，做好安全防护，并有人可靠地监护。充氨现场应通风良好，严禁吸烟和明火作业。应检查氨的检验合格证，要求液氨的含水率不得超过 0.2%（质量分数）。

（1）分段充氨试漏　用无缝钢管或耐压 3.5MPa 以上的橡胶充氨管，将氨瓶（氨槽车）上的充氨阀与加氨站（总调节站）上的进液阀相接，如图 8-2 所示。管接头需要有防滑沟槽，并用钢箍扎紧接头，以防脱开发生危险。可微开氨瓶阀门，检查管连接是否牢固。操作人员开关氨瓶阀门时，应站在阀门接管的侧面，缓慢开启阀门。

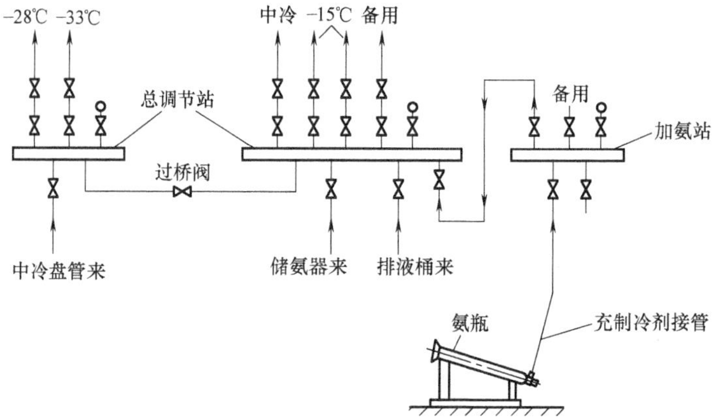

图 8-2　由加氨站接管充灌制冷剂示意图

将氨瓶下倾 30°左右，用台秤计量。应先开启加氨站通往低压系统的阀门，再缓慢开启氨瓶上的阀门 1/2~1 圈（不可多开）。因系统内是真空状态，可利用氨瓶与系统的压差将氨充入。

当系统氨气压力达 0.2MPa（表压）时，先关闭氨瓶上的阀门，再关闭加氨站（或调节站）上的阀门，进行氨气试漏。可用酚酞试纸分段检漏，将试纸用水湿润后，放在各焊缝、法兰接头和阀门接口等处进行检漏，如有渗漏，试纸遇氨则变为红色，应做好有关记录。

制冷系统充氨试漏过程的有关情况，应记录在表 8-5 中。

表 8-5　制冷系统充氨试漏过程记录表

序　号	检测部位	表压力/MPa	温度/℃	试纸颜色	是否渗漏
1					
2					
3					

如果发现泄漏点，应将修复段的氨气排净，并与其他部分隔断，连通大气后方可进行补焊修复，严禁在管路内含氨的情况下补焊。

只有在充氨试漏合格后，方可进行系统隔热保温工作，以保证工程质量。

（2）充灌制冷剂　在系统隔热保温工作已完成，且最后一次充氨试漏合格后，为了避免系统局部压力过大，可将氨液分段充入各冷间的系统管道、容器中。充灌氨液的量，应根据式（8-1）和表 8-2 来计算。充灌氨液时，应逐步、少量进行，不得将设计用氨量一次注入系统，具体操作如下：

第一步：继续利用压差充氨。经全面试漏检查，无异常情况后，开启氨站阀门，再缓慢开启氨瓶上的阀门 1~2 圈，利用氨瓶与系统的压差，再继续充制冷剂，直至系统压力与氨瓶压力相等时，略关小氨瓶上的阀门 1/2~1 圈。

第二步：运行冷却水循环系统。将冷凝器的进出水阀打开，起动冷却水循环水泵，向冷凝器足量供水，起动冷却塔散热风机，使冷却水循环系统进入正常工作状态。

第三步：起动制冷压缩机充氨。关闭系统高压储液器的出液阀后，关小压缩机的吸气阀，全开压缩机的排气阀，将能量调节装置放在最小档。起动压缩机，调节能量和吸气阀，适当开大氨瓶上的阀门 1/2~1 圈，使低压系统中的压力处于低压状态，使氨液能通过低压段缓慢注入系统。

第四步：结束充灌制冷剂操作。当充灌达到系统需要总氨量的 50%~60%时，先关闭氨瓶上的阀门，再关闭加氨站上的阀门，停止充氨。继续运行制冷系统，以观察系统各容器设备的液面及各部位的结霜情况。

在充灌过程中，当氨瓶下部结霜又融化时，说明氨瓶已空。这时应先关闭氨瓶上的阀门，再关闭加氨站上的阀门，然后换上新的氨瓶继续充灌。

制冷系统充灌氨液操作过程的有关情况，应记录在表 8-6 中。

表 8-6　制冷系统充灌氨液操作过程记录表

序号	操作任务	表压力/MPa	温度/℃	出现的现象及问题	解决的方法	实际已加氨量		允许加氨量（氨量的 50%~60%）
						新加	累计	
1	充氨试漏							
2	继续利用压差充氨							
3	运行冷却水循环系统							
4	起动制冷压缩机充氨							
5	结束充灌制冷剂操作							

4. 缓慢分段降低冷库的温度

制冷系统充氨后，随着试运行的进行，冷库开始降温。为了保证库房土建结构免遭破坏，必须缓慢地降温，每天降温的速度与库房的温度有关。

新建土建冷库降温的速度一般控制在2℃/24h左右，并要维持一段时间暂停，绝对不能一下把库温降下来，否则库房结构不能适应温度变化可能产生裂缝。库房的降温过程分三个阶段，即水分冻结前（+4℃以上）、水分冻结（-4~4℃）及水分冻结后（-4℃以下）。

新建冷库降温过程因受到进程的限制，在较长的一段时间内回气压力会较高。因此，前、中期只宜用单级机缓慢地逐步降温，后期库房温度较低时，才可用双级机缓慢降温。

第一步：检查和调整各控制阀门。冷库降温前，应对制冷系统的各控制阀门进行检查和调整，使需要降温的库房低压系统管道畅通，压缩机至冷凝器、储液器和高压调节站的高压管路也必须畅通，并关紧各库房门。

第二步：对蒸发器适当供液。降温开始时，先对蒸发器适当供液，系统内有一定氨液后，照正常起动程序开动氨压缩机，使机器投入正常运行。

第三步：分段缓慢降温。调整对蒸发器的供液量，使氨液在系统内不断正常循环，库温逐渐下降。库房温度达到一定程度后，应停止供液，关停压缩机，暂停降温，等到了规定时间后再继续降温，直至达到设计要求的低温为止。

例如，某新建氨土建冷库试车降温过程前，实测到环境温度为30℃，库房内温度为28℃，冷冻间最低设计温度为-28℃。试问应如何控制冷库冷冻间的降温速度与进程？

土建冷库冷冻间的降温速度与进程控制见表8-7。

表8-7　土建冷库冷冻间的降温速度与进程控制

降温阶段	时间顺序(24h)	最大降温速度/(℃/24h)	24h后，库房最低温度/℃
第一阶段：4~28℃	第一天	2	26
	第二天	2	24
	第三天	2	22
	第四天	2	20
	第五天	3	17
	第六天	3	14
	第七天	3	11
	第八天	3	8
	第九天	2	6
	第十天	2	4
第二阶段：-4~4℃ 保温至干燥（保温期）	第一天	1	3
	第二天	1	2
	第三天	0	2
	第四天	0	2
	第五天	1	1
	第六天	0	1
	第七天	0	1
第二阶段：-4~4℃ 保温至干燥（保温期）	第八天	1	0
	第九天	1	-1
	第十天	1	-2
	第十一天	1	-3
	第十二天	1	-4
第三阶段 -28~-4℃	第一天	2	-6
	第二天	2	-8
	第三天	2	-10
	第四天	2	-12
	第五天	2	-14
	第六天	2	-16
	第七天	2	-18
	第八天	2	-20
	第九天	2	-22
	第十天	2	-24
	第十一天	2	-26
	第十二天	2	-28

在整个降温过程中，应将个别冷库门稍打开一些，以免由于空气冷却收缩引起局部真空而损坏库房建筑。

第四步：结束降温操作。当库温降到设计值（-28℃）后，应停机封库24h以上，观察并记录库房自然升温情况及隔热效果。

降温过程中，应注意观察库房各冷间内排管的结霜情况，并做好记录，对结霜不好的管段应进行原因分析。如果是设计安装不理想所致，应会同设计或安装单位采取整改措施。如管内有污物堵塞而造成结霜不良，应抽空后切开排除。

冷库冷冻间降温操作过程的有关情况，应记录在表 8-8 中。

表 8-8　冷库冷冻间降温操作过程记录表

序号	操作任务	时间	蒸发温度	库房温度	降温速度	排管结霜	库房结构			备注
							升温情况	隔热效果	是否开裂	
1	调整控制阀门									
2	对蒸发器供液									
3	分段缓慢降温									
4	结束降温操作									

降温后，如果库温回升过快，应检查隔热层是否不平或受潮，施工质量是否有问题等。

5. 冷库冷冻间降温效果的评估

对新建冷库降温效果的评估是冷库工程验收的重要组成部分，是一项复杂的系统工程，涉及制冷系统、库房结构、控制系统和冷却水循环系统的方方面面，应依据国家有关冷库工程验收规范进行。

一般而言，在各系统设备运行、调节正常的情况下，冷冻间良好的降温效果至少应表现为，在限定时间内，蒸发温度、库房温度可降至设计值，降温速度达到要求，排管结霜正常；库房自然升温情况正常，保温性能良好；经分段缓慢降温后，库房墙体已基本干燥且无裂缝与变形。

将观察到的有关数据和现象填入表 8-9 中，对冷库冷冻间的降温效果进行评估。

表 8-9　冷库冷冻间降温效果评估记录表

降温阶段	保持时间/h	蒸发温度/℃		库房温度/℃		降温速度/(℃/24h)		自然升温/(℃/h)		墙体干燥(含水量,%)		裂缝与变形		结论
		要求	实测	要求	实测	要求	实测	要求	实测	降温前	降温后	降温前	降温后	
第一阶段：4~28℃														
第二阶段：-4~4℃														
第三阶段：-28~-4℃														

在生产实践中，新投产土建冷库降温时间的长短，与当地气温、冷库的大小和种类、工程建设质量及调试人员的技术水平有关。例如，有些土建冷库需要 30 天左右才能完成降温调试，而有些土建冷库只需 20 天左右就可完成降温调试。

冷库降温情况良好，库温达到设计要求，机器设备运行正常后，冷库可以投入试生产。

二、注意事项

在新建冷库降温调试过程中，应注意以下事项。

1）首次充氨时注意，一般先加到系统需要总氨量的 50%~60%，不能一次充得太多，可在系统正常运行后，高压储液器显示出氨循环量不足时再补加。否则，可能因温度变化而使蒸发器的蒸发量过大，容易造成压缩机的湿行程，产生“液击”事故。

2）在充加前应称出每瓶氨的总质量，充完后再称出空瓶质量，以便算出实际加氨量，同时注意将空瓶与装有氨液的氨瓶区分开。

3）在冷冻间的降温过程中，要根据库温的变化情况，随时调整制冷系统的运行状况，避免因降温速度过快而导致库房墙体开裂与变形。

4）若库温降不下来，达不到设计要求，应根据情况具体分析、处理。库温降不下来的原因有很多，有设计上制冷系统选择不当，如压缩机能力过小，节流阀口径或管道直径选择不合理，库房蒸发器蒸发面不够等；也可能是安装上接管有错误或安装位置不当，或者管内局部阻塞，蒸发器排管不结霜等；也可能是操作时阀门未调整好，蒸发器供液不足等。

课题二 制冷压缩机的操作

相关知识

一、正确操作制冷压缩机的重要性

为了保证冷库制冷压缩机的安全运行，提高制冷运行的经济性，节能降耗，降低检修费用，延长机器设备的使用期限，应严格遵守安全操作规程，正确操作制冷压缩机。

如果操作不当，即有发生事故的可能，除了造成冷库生产性损失以外，还易造成设备损坏和人身伤害。例如，某冷库氨双级压缩系统，由于操作不当，中间冷却器供液过多，造成高压级压缩机严重冻结敲缸，而操作人员没有按规定紧急停机，导致压缩机严重损坏。经检查，连杆弯曲，活塞、阀片都已被敲成碎片。另外，氨有毒、易燃、易爆，一旦因设备事故而大量泄漏，不仅造成制冷剂的大量浪费和环境污染，还会危及人身安全。

因此，操作人员要以预防为主，落实岗位责任制，在运行中正确操作、定期检查，保证机器设备的安全运行，防止事故的发生。

二、对制冷压缩机操作人员的基本要求

在日常管理中，要遵守交接班制度，明确岗位工作职责，熟悉操作规程及相关注意事项，清楚当班生产及机器运转、供液、供水、温度等情况，了解机器设备运行中存在的隐患及应急措施。

在操作机器设备过程中，要做到“四要，五勤，六及时”。“四要”是指要确保安全运行，要稳定机器工作温度，要尽量降低冷凝压力，要提高制冷效率、努力降低能耗。“五勤”是指勤看仪表，勤查机器运行状况，勤听机器运转有无杂音，勤调节阀门，勤查系统有无“跑冒滴漏”现象。“六及时”是指及时排除电气故障，及时排除故障，及时加油、放油，及时放空气，及时清洗或更换过滤器，及时清除冷凝器水垢。

此外，还应努力提高操作技术水平，自觉接受安全教育及安全技术训练，初步具备处理紧急情况的能力。

三、冷库制冷压缩机操作的总体认识

1. 制冷压缩机的吸气温度

吸气温度是指压缩机吸入口处的气体温度，通常由设置于压缩机吸气端的温度计测得。

在制冷压缩机的操作调节中，吸气温度是判断系统工作状态的重要指标之一。

1）在氨制冷装置中，吸气过热将使制冷系数下降，能耗增大；另外，吸气过热使压缩机排气温度升高，直接影响压缩机的安全、正常运行。

2）如果蒸发温度不变，吸气温度过高，说明蒸发器的供液量不足，或系统中缺乏制冷剂，也可能是回气管道的隔热层损坏等；吸气温度过低，说明回气中带有制冷剂液滴，这是湿行程的前兆，应当尽量避免。

因此，压缩机的吸气温度既是运行效率和能耗水平的标志，又是安全正常运行的标志。在实际操作中应密切监控，及时调整，使其维持在合理的范围内。

2. 制冷压缩机的排气温度

排气温度是指压缩机排气阀处的制冷剂温度，可以通过排气阀处的温度计进行测量。排气温度的高低，取决于吸气压力、排气压力、吸入气体的过热度和干度。在其他参数不变的情况下，压缩机吸、排气的压力比越大，吸气的过热度越大，排气温度越高；吸气的含湿量越大，排气温度越低。

1）压缩机的正常排气温度可以根据吸入状态和排气压力，在制冷剂压-焓图上查得。国家标准规定了小型和中型活塞式压缩机的最高排气温度。为了保证压缩机的正常运行，操作调节中不能超出允许的最高排气温度。

2）压缩机的排气温度应与蒸发温度和冷凝温度相适应。活塞式压缩机的排气温度可用经验公式估算，即

$$排气温度=(蒸发温度+冷凝温度)\times 2.4 \tag{8-2}$$

其中，蒸发温度、冷凝温度均取绝对值。

例如，某冷库制冷系统蒸发温度为-15℃，冷凝温度为30℃，则压缩机排气温度=(15℃+30℃)×2.4=108℃。

3）在生产实践中，也可根据排气温度速查表（表8-10），迅速查出制冷压缩机相应的排气温度。

表8-10　单级活塞式氨制冷压缩机排气温度速查表

排气温度/℃ 蒸发温度/℃	冷凝温度/℃						
	20	22.5	25	27.5	30	32.5	35
0	45	53	60	65	70	73	80
-2	50	58	64	69	74	77	85
-4	55	63	68	73	78	81	90
-6	62	69	79	82	89	92	95
-8	66	74	80	87	93	96	100
-10	71	79	85	92	98	101	105
-12	75	83	89	96	103	106	110
-14	80	87	93	101	108	111	115
-16	84	92	99	106	113	116	120
-18	89	99	101	111	119	121	125
-20	93	102	109	116	123	126	130
-22	98	107	114	121	128	131	136
-24	103	113	120	126	133	**136**	**140**
-26	109	118	125	130	**137**	**140**	**143**
-28	114	123	130	**134**	**140**	**143**	**146**
-30	120	128	**133**	**138**	**143**	**146**	**150**

其中，双级压缩机高压级排气温度也适用于表 8-10，但蒸发温度应以中间温度代替。在表 8-10 中，粗折线右下方的工况压缩比大于 8。

在实际操作中，如果发现排气温度与式（8-2）或表 8-10 的要求不相符，且温差超过 12℃，可能是由于操作不当引起的，应注意检查调节站供液膨胀阀的开启情况。

4）制冷压缩机排气温度过高的危害。排气温度过高，会引起压缩机过热，对压缩机的工作有严重的影响，具体如下：

① 降低压缩机的输气系数，增加能耗，增加冷凝器的负荷和冷却水的消耗量。

② 降低润滑油的黏度，使摩擦表面油膜不易形成，润滑性能下降，运动部件磨损增加，轴承易产生异常的摩擦损坏，甚至引起烧瓦事故。

③ 易使润滑油炭化、结焦，增加气缸、活塞和活塞环的磨损，使工作条件恶化，影响压缩机正常运行。如果积炭燃烧，还可能引起爆炸事故。

3. 氨制冷压缩机正常运行的标志

一般来说，在制冷压缩机运行过程中，如果其温度、压力、声音、油压和结霜等相关重要指标参数能稳定在一定范围和水平，就标志着压缩机处于正常的运行状态。

因此，压缩机是否正常运行，可以从制冷工况、润滑状况、机件温度、冷却状况、运转声音和结霜情况等指标项目来判断，其相关指标参数也是运行调控的重要依据。活塞式氨制冷压缩机正常运行的标志见表 8-11。

表 8-11 活塞式氨制冷压缩机正常运行的标志

序号	指标项目	运行参数	正常数值与现象	
1	制冷工况	系统蒸发温度	比冷间温度低 8~10℃	
		压缩机吸气温度	比蒸发温度高 5~15℃	
		压缩机排气温度	单级机(国产系列)	70~145℃
			双级机(国产系列)	低压级:70~90℃
				高压级:80~120℃
2	润滑状况	压缩机油压	有卸荷	比吸气压力高 0.15~0.30MPa
			无卸荷	比吸气压力高 0.05~0.15MPa
		曲轴箱油面	保持在侧盖视镜的 1/2 处(只有一个视镜时)	
		曲轴箱油温	保持在 45~60℃,最高不宜超过 70℃	
		轴封漏油量	轴封处滴油正常,2~3min 内不超过 1 滴	
3	机件温度	压缩机机体	不应有局部发热现象	
		轴承温度	不应过高,一般为 35~60℃	
		轴封处温度	不应超过 70℃	
		各摩擦件温度	超过环境温度不应多于 30℃	
4	冷却状况	冷却水进、出口温差	3~5℃	
5	运转声音	压缩机运转声音	气缸及曲轴箱中无敲击声,吸、排气阀片起落声清晰,曲轴转动声音均匀而有节奏	
6	结霜情况	压缩机结霜情况	吸气管、阀部分结干霜,气缸外面机体部分不结霜	

其中，制冷压缩机的排气温度应按压缩机的型号和压缩级数来确定。油压的高低，也应根据压缩机的型号来确定。油压应保持在规定值范围内，若油压过低，则输油量减少，将会造成摩擦部件磨损严重；而油压过高，则机器用油量过大，润滑油会随高压气体进入冷凝器而影

响换热效果，甚至引起液击事故。当油压达不到规定值时，可通过油压调节阀进行调节。

制冷压缩机正常运转时，气缸与活塞、活塞销、连杆轴承，以及安全盖等部位均不应有敲击声。曲轴箱中无敲击声表明主轴承与连杆轴承的间隙适中。此外，压力表指针应平稳或小幅均衡摆动，若指针摆动剧烈，且摆幅较大，说明制冷系统可能有空气存在。

4. 制冷压缩机开机前的准备

在开机前，应查看机器运行记录，了解制冷压缩机的前次运行情况、停机的原因和时间，若是正常停机，应对制冷系统各设备的状态进行检查，确保正常开机。若因事故停机或机器定期修理，应检查机器是否已修复。若是安装后首次开机，应确定已经具备开机条件，且开机时应有相关领导和技术人员到场。此外，还应了解各库房温度及进出货情况，以便确定开机台数。

（1）检查制冷压缩机的状况

1）压缩机与电动机各运转部位应无障碍物，联轴器安全保护罩应固定良好。

2）起动前，曲轴箱的压力不应超过 0.2MPa（表压），否则应先降压。若经常发生此种情况，应查明原因，并加以消除。

3）侧盖上只有一个油面视镜的制冷压缩机，油面应在油面视镜的 1/2 以上；有两个油面视镜的，油面应在下油面视镜的 2/3 以上、上油面视镜的 1/2 以下。

4）压缩机的各压力表应准确灵敏，且表阀应全部打开。

5）能量调节装置上荷手柄应拨在“0”位，或处于最小档位上。

6）冷凝器及压缩机水套的冷却水系统应能正常通水。

7）油三通阀门的手柄应处于“运转”或“工作”位置上。

8）油压差继电器、高低压继电器等自动保护装置的设定值应符合要求。

（2）检查氨制冷系统相关阀门的开启状态

1）制冷压缩机的吸气阀、排气阀都应关闭，总调节站的节流阀也应关闭。

2）高压系统管路上的阀门应开启。例如，从压缩机排出管路，经油分离器、冷凝器、高压储液器，到总调节站的有关阀门，都应开启。

3）低压系统管路上的阀门应开启。例如，从总调节站起，经低压循环储液器或氨液分离器、氨泵、液体分调节站至冷库各冷间蒸发器，再经气体分调节站、低压循环储液器或氨液分离器，回到压缩机吸入管路的有关阀门，都应开启。

4）各设备上的压力表阀、液面指示器阀应开启；安全阀前的截止阀、均压阀都应保持常开。

5）系统其他辅助设备的阀门应关闭。例如，热氨冲霜阀、加压阀、放油阀，空气分离器、集油器上的各种阀门都应关闭。

5. 单级与双级氨制冷压缩机的操作流程（图 8-3 和图 8-4）。

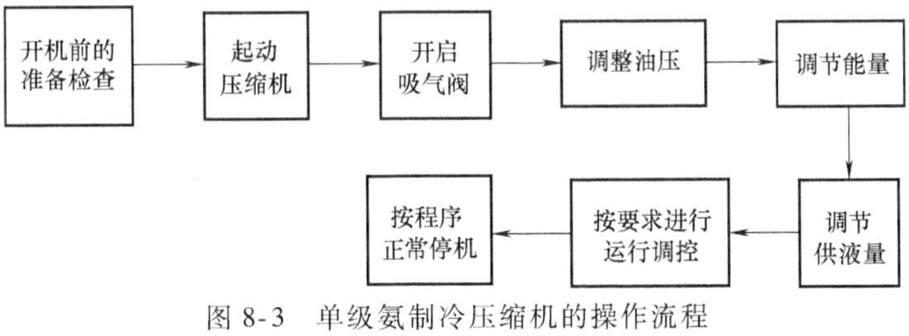

图 8-3　单级氨制冷压缩机的操作流程

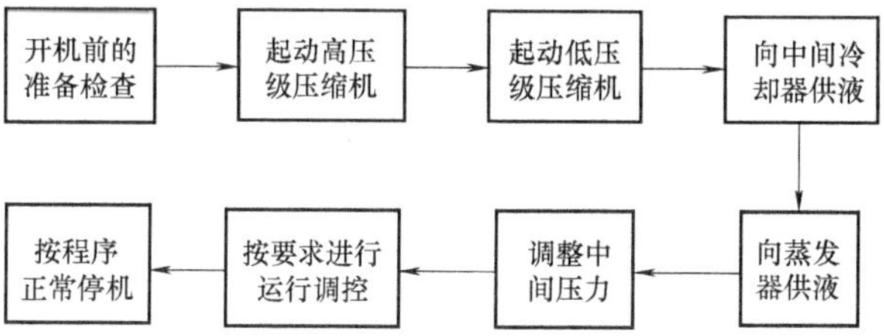

图 8-4　双级氨制冷压缩机的操作流程

典型实例

【实例 1】 制冷压缩机的操作步骤及方法

一、单级活塞式氨制冷压缩机的操作步骤及方法

1. 制冷压缩机开机前的准备检查工作

按照制冷压缩机开机前准备工作的具体要求，对相关内容进行逐项检查，确认具备开机条件后，在确保用电安全、有人监护的情况下，可向压缩机的电控柜供电，并起动冷却水循环系统。

2. 单级活塞式氨制冷压缩机的开机、运行操作

开机前，应确认冷却水循环系统已运行，水泵已向冷凝器和压缩机正常供水，且水压（量）和温度符合要求，方可进行压缩机的开机、运行操作。制冷压缩机及其吸、排气阀如图 8-5 所示。

第一步：起动压缩机。接通制冷压缩机电源，起动制冷压缩机电动机，同时迅速全开压缩机的排气阀，然后再倒回 1/8 圈。当电动机全速运转后，检查润滑系统是否已建立起相对稳定的油压，若无油压，应立即停机检查、修理。

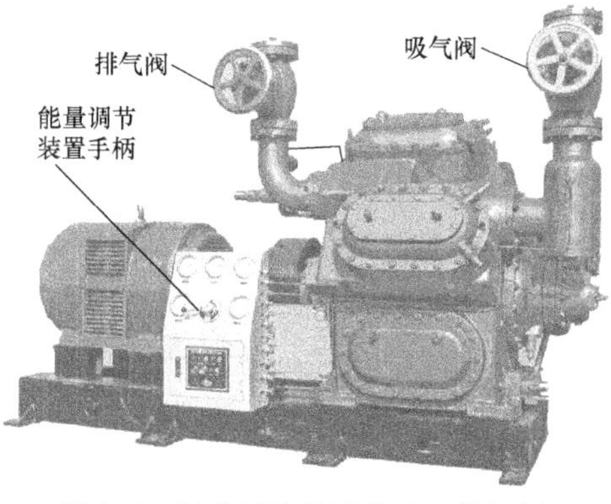

图 8-5　制冷压缩机及其吸、排气阀

第二步：开启吸气阀。缓慢开启制冷压缩机吸气阀，并逐渐开大，直到完全开启。开启吸气阀的过程中，若听到液击声则要迅速关闭或关小吸气阀，待液击声消除后再缓慢打开。此过程中，应注意观察压缩机排气压力表与电流表的读数，排气压力不得高于 1.3MPa，工作电流应符合额定值，若电流表读数剧烈升高，则应立即停机检查。

第三步：调整油压。当制冷压缩机运转正常后，应调整油压，使润滑系统油压比吸气压力高 0.15~0.30MPa。

第四步：调节能量。根据热负荷的需要，将能量调节装置手柄逐级调到所需位置，以逐渐调节容量。一般应每隔 3~4min 拨一档，如果容量调大后听到液击声，应立即调小容量，待 5~10min 才能再增加容量，并注意每拨一档时观察油压有无变化。

第五步：调节供液量。根据制冷压缩机的负荷及高压储液器的液面情况，开启调节站的有关膨胀阀，向氨液分离器或低压循环储液器供液，其开度一般为 1/8~1/4 圈。如果是氨

泵供液系统，待制冷压缩机运转正常后，再起动氨泵，向冷库冷间的蒸发器供液。若低压循环储液器的液面高于50%，则应先开启氨泵，再开启制冷压缩机。

第六步：运行调控。在制冷压缩机的运行过程中，应以氨制冷压缩机正常运行的标志为主要参考依据，对压缩机的运行状况进行实时监测与调控。单级氨制冷压缩机运行调控的工作内容（部分）见表8-12。

表8-12　单级氨制冷压缩机运行调控的工作内容（部分）

序号	调控的内容	参数与现象		影响状况	常见的操作性原因	一般的调控方法(部分)
		正常值	实测值			
1	吸气温度与蒸发温度之差（过热度）	5～15℃	偏大	降低制冷循环的经济性	1)压缩机吸气阀的开度过小 2)压缩机工作容量过小 3)系统供液量过少	1)适当开大压缩机吸气阀 2)将能量调节装置调至高档 3)适当开大膨胀阀
			适中	可正常运行	1)制冷量与热负荷平衡 2)供液量与蒸发量平衡	维持
			偏小	易发生湿行程	1)压缩机吸气阀的开度过大 2)压缩机工作容量过大 3)系统供液量过多	1)适当关小压缩机吸气阀 2)将能量调节装置调至低档 3)适当关小膨胀阀
2	压缩机排气温度	70～145℃	偏高	1)降低运行的安全性 2)降低循环的经济性	1)冷凝器冷却水量不足，冷却水温过高 2)系统供液量不足，压缩机吸气过热	1)增开水泵，加大冷却水量，或补充低温水 2)适当开大膨胀阀，增加供液量
			适中	可正常运行	1)制冷量与热负荷平衡 2)供液量与蒸发量平衡	维持
			偏低	易发生湿行程	1)压缩机吸气阀的开度过大 2)压缩机工作容量过大 3)系统供液量过多	1)适当关小压缩机吸气阀 2)将能量调节装置调至低档 3)适当关小膨胀阀
3	油压与吸气压力之差	0.15～0.3MPa	偏大	机器用油量过大，则易引起液击事故	油压调节阀开启过小，旁通（泄油）量过小	适当开大油压调节阀
			适中	可正常运行	油压调节阀开启合适	维持
			偏小	输油量减少，将造成摩擦部件的严重磨损	1)油压调节阀开启过大，旁通（泄油）量过大 2)系统在低于大气压下运行	1)适当关小油压调节阀 2)调整机器，使系统在高于大气压下运行
4	曲轴箱油温	45～60℃	偏高	降低了油的黏度，润滑性能下降	1)供液量不足，吸气温度过高 2)曲轴箱冷却水量不足，冷却水温过高 3)压缩机高低压旁通阀漏气	1)适当开大膨胀阀，增加供液量 2)增开水泵，加大冷却水量，或补充低温水 3)关严压缩机高低压旁通阀
			适中	可正常运行	冷冻机油对机体润滑、散热的状况良好	维持
			偏低	增大了油的黏度，油压下降，润滑作用降低	系统供液量过大，有液体制冷剂进入曲轴箱	1)关小或关闭压缩机吸气阀 2)适当关小或关闭膨胀阀
5	冷却水进、出口温差	3～5℃	偏大	1)降低运行的安全性 2)降低制冷循环的经济性	冷凝器冷却水量不足，冷却水温过高	增开水泵，加大供水量，或补充低温水
			适中	可正常运行	冷凝器冷却水量合适，冷却水温合适	维持
			偏小	增加了冷却水系统循环的能耗	冷凝器冷却水量过大	停开部分水泵，减少供水量

（续）

序号	调控的内容	参数与现象		影响状况	常见的操作性原因	一般的调控方法(部分)
		正常值	实测值			
6	主轴承温度	35~60℃	偏高	润滑、冷却不良，机件磨损增大	油压调节阀开启过大，旁通（泄油）量过大	适当关小油压调节阀
	轴封温度	≤70℃				
	摩擦件温升	≤30℃				
7	吸气管（阀）结霜范围	吸气管、阀部分结干霜，气缸外面机体部分不结霜	过多	易发生湿行程	系统供液量过多	适当关小膨胀阀
			适中	可正常运行	供液量与蒸发量平衡	维持
			过少	降低循环经济性	系统供液量过少	适当开大膨胀阀

另外，操作人员还应经常监听机器运转的声音，分析制冷压缩机的运转状况；平时要注意观察压力表指针摆动的幅度，判断制冷系统是否有空气存在。

3. 单级活塞式氨制冷压缩机的正常停机操作

氨制冷压缩机正常停机前，应设法减少蒸发器的存液，降低蒸发器的压力，并尽量将曲轴箱内的制冷剂排出，为机组下一次正常起动创造有利条件。因此，在正常情况下，应按一定的程序停机，而不能以简单的断电停机了事。

第一步：关闭供液阀。停机前12~15min，先关闭调节站上向氨液分离器或低压循环储液器供液的供液阀，关闭有关直接供液的供液阀。若无调节站，可关闭有关向蒸发器直接供液的供液阀。

第二步：逐档卸荷。逐档调节卸荷装置手柄，减少压缩机工作缸数，但至少保留两个气缸工作，待吸气压力降到0.06MPa（表压）以下时，再缓慢关闭压缩机的吸气阀。

第三步：切断电源。关闭吸气阀后，应继续运转0.5~1min，待曲轴箱内压力进一步降低，制冷剂基本被排出后，切断压缩机电动机的电源，在压缩机停止转动的同时，快速关闭排气阀。

第四步：拨档至“0”位。将压缩机卸荷装置手柄拨到“0”位或最小档位。

第五步：停止供水。全部制冷压缩机停止运转10~15min后，方可关闭冷却水循环系统，停止向冷凝器供水。

完成停机操作后，在已关闭的截止阀手轮上，应挂上有“关”字的标志牌，表明此阀已关闭，并做好停机记录。

单级氨制冷压缩机操作的有关情况，应记录在表8-13中。

表8-13 单级氨制冷压缩机操作过程记录表（部分）

序号	操作任务	时间	档位	电流	压力/MPa				压差/MPa		温度/℃					温差/℃		运转状况
					油压	吸气	排气	冷凝	油吸	排吸	蒸发	吸气	排气	冷凝	油温	吸蒸	冷水	
1	起动压缩机																	
2	开启吸气阀																	
3	调整油压																	
4	调节能量																	
5	调节供液量																	
6	运行调控																	
7	正常停机																	

二、双级活塞式氨制冷压缩机（组）的操作步骤及方法

1. 制冷压缩机开机前的准备检查工作

按照制冷压缩机开机前准备工作的具体要求，对相关内容进行逐项检查，确认具备开机条件后，在确保用电安全、有人监护的情况下，可向压缩机的电控柜供电，并起动冷却水循环系统。

2. 双级活塞式氨制冷压缩机（组）的开机、运行操作

双级机（组）的开机操作，必须严格遵循“先开高压级，再开低压级”的原则，按一定的程序进行。双级机开机前的准备检查工作与单级机的要求基本相同，但要注意检查中间冷却器的进、出气阀门，蛇形盘管的进、出液阀门，浮球阀前、后的截止阀等，是否已全部打开。单机双级制冷压缩机及其吸、排气阀，如图 8-6 所示。

图 8-6　单机双级制冷压缩机及其吸、排气阀

中间冷却器的液面应保持在浮球中心线高度，如果中间冷却器的液位过高，或压力超过 0.5MPa，则应进行排液、降压处理。

第一步：起动高压级压缩机。先起动高压级压缩机，其操作程序及注意事项与单级氨压缩机相同。

第二步：起动低压级压缩机。待高压级压缩机运转正常后，中间冷却器的压力降到 0.1MPa 左右时，方可起动低压级压缩机。在开启低压级压缩机吸气阀时，应注意中间压力与高压级压缩机电流负荷不得超过规定要求。如低压级由几台压缩机组成，则应逐台起动，其操作程序及注意事项与单级机相同。

第三步：向中间冷却器供液。如果开机时中间冷却器内有氨液，可在低压级压缩机起动后，高压级压缩机的排气温度达到 60℃ 时，打开中间冷却器的供液阀，通过浮球阀开始向中间冷却器供液。

如果双级制冷压缩机组在停机或检修时，已将中间冷却器内的液体放出，中间冷却器内没有氨液，则应在高压级压缩机起动后，立即向中间冷却器供液。中间冷却器的液位不应超过 50%。

中间冷却器使用手动调节阀时，应根据指示器的液面高度和高压级压缩机的吸气温度，调节阀门开度的大小，一般控制在 1/12~1/6 圈。

第四步：向蒸发器供液。根据库房的热负荷情况，适当开启调节站有关供液膨胀阀，向蒸发器供液，并根据库房的温度适当调节。如果系统采用氨泵供液，则应按照氨泵的操作规程起动氨泵。

第五步：调整中间压力。中间压力取决于低压级压缩机的排气量、中间冷却器的蒸发量和高压级压缩机的吸气量。中间压力应与蒸发压力和冷凝压力相适应，当高、低压级制冷压缩机的容积比为 1∶2 时，中间压力为 0.25~0.35MPa；当容积比为 1∶3 时，中间压力应控

制在 0.35～0.4MPa，最高不得超过 0.4MPa。在实际运行调节中，应尽可能接近最佳中间压力，使运行的制冷系数最大、能耗最少。

在操作中，一般可以通过调整低压级压缩机的排气量、增减压缩机运转台数的方法，来调整中间压力。例如，当蒸发温度过高，尤其是停机后初开机器时，将会使中间压力过高。此时，应关小低压级压缩机吸气阀或减少能量调节阀档数，减少排气量，以降低中间压力。

第六步：运行调控。双级氨制冷压缩机组运行调控的工作内容，同单级机运行调控的工作内容相似，但具体的参数有所不同。此外，要格外注意对中间压力及机组吸、排气温度的监控，以防止湿行程的发生。

例如，在运行中，如果低压级压缩机的吸、排气温度急剧降低，应先关小低压级压缩机的吸气阀，再关小调节站的有关供液膨胀阀。如果高压级压缩机的吸、排气温度急剧降低，应先关闭中间冷却器供液阀，关小高压级压缩机的吸气阀，再关小低压级压缩机的吸气阀。

3. 双级活塞式氨制冷压缩机的正常停机操作

双级机的正常停机操作，必须严格遵循“先停低压级，再停高压级”的原则，按一定的程序进行。双级机正常停机的其他有关事项与单级机的正常停机相似。

第一步：关闭供液阀。关闭中间冷却器供液阀及调节站供液膨胀阀。

第二步：先停低压级，再停高压级。如果是单机双级制冷压缩机，应先关闭低压缸的吸气阀，待中间压力降到 0.1MPa 时，再关闭高压缸的吸气阀。切断电源，在机器停止转动的同时，关闭高压缸排气阀和低压缸排气阀。

如果是配组双级制冷压缩机，则应先停低压级压缩机，待中间压力降到 0.1MPa 时，再停高压级压缩机，停机程序与单级机相同。如低压级几台制冷压缩机应逐台停机，待全部低压级压缩机停止运转后，再停高压级压缩机。

第三步：停止供水。停机 10min 后，停止冷却水系统工作。

完成双级机的停机操作后，在已关闭的截止阀手轮上，挂上有“关”字的标志牌，并做好停机记录。

双级氨制冷压缩机操作的有关情况，应记录在表 8-14 中。

表 8-14　双级氨制冷压缩机操作过程记录表（部分）

序号	操作任务	运行时间	工作电流	油压差	低压级					中间冷却器		高压级					运转状况
					蒸发温度	吸气压力	排气压力	吸气温度	排气温度	中间压力	中间温度	吸气压力	排气压力	吸气温度	排气温度	冷凝温度	
1	起动高压级压缩机																
2	起动低压级压缩机																
3	向中间冷却器供液																
4	向蒸发器供液																
5	调整中间压力																
6	运行调控																
7	正常停机																

三、注意事项

在操作制冷压缩机时，应注意以下事项。

1）如果制冷压缩机起动后，出现曲轴箱外部结露（霜），曲轴箱中的油起泡沫，油温与油压都偏低，随即自动停机的现象时，切不可盲目调整油压差继电器的设定值，或短接油压差继电器，强行起动运行，以防因润滑不良而损坏机器。

其原因可能是，上次停机时操作不当，没有完全将曲轴箱内的制冷剂排出，或本次开机操作不当，吸入了液体制冷剂。机器运转时，压力下降，曲轴箱内的制冷剂大量蒸发，油温急剧下降而黏度增大，导致油压下降，油压差继电器保护性动作，压缩机停机。此时可适当提高曲轴箱冷却水的温度和流量，加速制冷剂蒸发；最好起动另一台压缩机，将该曲轴箱内的制冷剂抽净后，再重新起动该压缩机。

2）当冷藏间和冻结间各自使用一台中间冷却器时，如其中一台停止了工作，则被停止工作的中间冷却器，其盘管进液阀要及时关闭，否则将导致中间压力过高。

3）中冷盘管在充满液氨的情况下，严禁关闭两端的进出液阀，以防发生“液爆”事故。

4）冬季停机、停水后，应将制冷压缩机水套和冷凝器中的存水放净，以免冻裂。如果较长时间停机，应将制冷剂收进高压储液器，以减少泄漏，防止发生事故。

【实例 2】　制冷压缩机几种非正常停机的处理方法

非正常停机一般是事故停机，主要有以下几种情况。

（1）突然停电停机　如果制冷压缩机运转时突然停电，应先切断电源开关，并立即将压缩机的吸气阀、排气阀关闭，同时关闭供液阀门，停止向蒸发器供液，以免下次起动机器时，因蒸发器液体过多而产生湿压缩。

（2）突然停水停机　如果冷却水突然中断，应立即切断电源，停止制冷压缩机运行，避免冷凝器压力过高。压缩机停机后，应立即关闭压缩机的吸、排气阀和有关供液阀，待查明原因、排除故障、恢复供水后再起动。

（3）制冷压缩机故障停机　在运行中，由于压缩机某零部件损坏而急需停机时，如果时间允许，则可按正常停机操作。若情况紧急，则要切断电动机电源，再关闭吸、排气阀和有关供液阀。当制冷设备跑氨或制冷压缩机发生严重故障时，应切断车间电源，穿戴防毒服装和面具进行抢修。此时应开启全部排风扇，必要时可用水淋浇漏氨部位，以利抢修。

（4）遇火警停机　若相邻的建筑物发生火灾危及制冷系统的安全，应切断电源，并迅速打开储液器、冷凝器、氨油分离器、蒸发器各排液（放油）阀，迅速打开紧急泄氨器及其水阀，使系统的氨液集中在紧急卸氨口排出，并被大量的水所稀释，防止火灾蔓延引起爆炸。

（5）湿行程停机　在运行中，如果制冷压缩机发生了湿行程，应根据其严重程度分别处理。对轻微的湿行程，应关小或关闭吸气阀或膨胀阀。对较严重的湿行程，应立即停机，关闭吸气阀、膨胀阀。发生严重的湿行程后，应放掉曲轴箱中的制冷剂，或利用其他制冷压缩机抽出曲轴箱内和气缸中的制冷剂，同时更换润滑油，经抽真空、试压检漏后，方可起动试机。

【实例 3】　螺杆式制冷压缩机的排气温度

由于螺杆式制冷压缩机采用喷油式机型，在其工作容积中，大量润滑油吸收了被压缩气体的热量，因此排气温度较低，一般不超过 105℃。

课题三　制冷系统的运行调节

相关知识

一、制冷系统运行工况的主要参数

冷库制冷系统是一个封闭系统，其运行状况可以通过压力和温度等参数反映出来。通过对制冷系统运行工况参数的分析，可以大致知道制冷系统是否处于安全、高效、经济的运行状态。

比较重要的运行工况参数有蒸发压力和蒸发温度、冷凝压力和冷凝温度、压缩机吸气与排气温度、中间压力与温度、过冷温度，以及制冷系统中各容器的液位等。其中，蒸发压力和蒸发温度、冷凝压力和冷凝温度是最主要的参数。

二、需要对制冷系统进行调节的原因

在冷库制冷系统实际运行中，影响运行工况参数的因素是不断变化的。例如，随着环境温度、被冷却物体温度、机器设备的能力、冷却水温度等不断变化，运行工况参数也发生相应的变化，从而与设计的参数值有偏差。因此，实际运行时的参数不可能与设计的数值完全相同，需要实时调整。

制冷系统的运行调节就是要控制各个运行工况参数，使制冷系统在安全、经济的条件下运行，以达到功耗少、制冷量大、效率高，并确保安全运行的目的。

三、蒸发温度的读取

蒸发温度是指液体制冷剂在一定压力下沸腾时的饱和温度，其对应的压力称为蒸发压力。制冷剂的饱和温度是压力的函数。因此，在生产实践中，蒸发温度一般不直接测出，可以通过调节站等处的压力表读数（或用吸气压力近似代替），查制冷剂热力性能表，便可大约知道对应的蒸发温度。

例如，一台正在运行的氟利昂（R22）制冷压缩机，其低压表的指示值为0.18MPa，如果吸气管道的压力降约为0.01MPa，则相应的蒸发压力约为0.19MPa（表压），换算成绝对压力为0.29MPa，查R22饱和蒸气热力性能表，得与其相对应的饱和温度约为-15℃，则这个制冷系统的蒸发温度约为-15℃。

同理，当氨的蒸发压力为0.42941MPa（绝对压力）时，其对应的蒸发温度约为0℃；当氨的蒸发压力为0.10302MPa（绝对压力）时，其对应的蒸发温度约为-33℃。

在生产实践中，一般是通过制冷压缩机吸气压力变化，来了解蒸发压力的变化。在生产工艺上所要求的温度越低，则所需的蒸发温度也越低，其相应的蒸发压力也越低。因此，对蒸发温度的调节，实际上是对蒸发压力的调节。在实际的制冷装置运行中，都是通过调节蒸发压力来实现对蒸发温度的控制。

四、冷凝温度的读取

在冷凝器内，制冷剂气体在一定的压力下凝结为液体时的温度称为冷凝温度，其相对应

的压力称为冷凝压力。冷凝温度与冷凝压力是相对应的，冷凝温度越高，冷凝压力也越高。因此，可以利用冷凝压力或排气压力表的读数，通过查表求出相应的冷凝温度。

五、冷库制冷系统运行调节的总体认识

1. 蒸发温度的选择

蒸发温度的高低是根据生产工艺或用冷场合所需温度来确定的。目前冷库常用的温度系统有冷却和制冰-15℃系统，冻结-33℃或-35℃系统，冷藏-28℃或-30℃系统。

1）制冷系统正常工作时，蒸发温度的正常标志如下：

① 蒸发温度一般比库房温度低8~10℃，比载冷剂的出口温度低5℃。其中，在空气自然冷却系统中，如冷库中的光管蒸发器，蒸发温度比冷间温度低10℃；在强制空气冷却系统中，蒸发温度比冷间温度低8℃。

② 当某些冷间对相对湿度要求较严时，蒸发温度可按相对湿度的不同来选用。相对湿度要求在90%时，蒸发温度比冷间温度低5~6℃；相对湿度要求在80%左右时，蒸发温度比冷间温度低6~7℃；相对湿度要求在75%时，蒸发温度比冷间温度低7~9℃。

2）蒸发温度要选择适当。若蒸发温度过高，满足不了系统的降温要求，被冷却对象达不到要求的低温，或降温速度达不到要求；若蒸发温度过低，制冷装置的效率下降，压缩机的制冷量减少，能耗增加，运行的经济性差。

3）蒸发温度并不等于冷间的温度，两者之间始终存在着温度差。只有蒸发温度低于被冷物要求的温度时，被冷物的温度才会下降到所要求的温度。制冷系统运行时，影响蒸发温度变化的主要因素有库房热负荷的变化、蒸发器有效蒸发面积的变化和压缩机制冷量的变化等。

2. 冷凝温度的选择

在压缩机和冷凝器选定之后，水冷式冷凝器的冷凝温度主要取决于冷却水温和进、出水温差。如果出水温度高，冷凝温度和压力也高，增加了压缩机的耗电量，但是用水量会相对减少，冷却水泵可省电。因此，应根据具体情况选择冷凝器的进、出水温差。

1）制冷系统正常工作时，冷凝温度的正常标志如下：

① 水冷式冷凝器的冷凝温度比冷却水出口温度高4~6℃；风冷式冷凝器的冷凝温度比空气温度高8~10℃。

② 蒸发式冷凝器的冷凝温度比夏季室外空气湿球温度高5~10℃。

2）制冷系统运行时，若冷凝温度升高，冷凝压力也相应升高。在蒸发温度不变的情况下，压缩机的压缩比增大，造成压缩机的容积效率降低，制冷剂的循环量减少，系统的制冷量减少，耗电量增加，对压缩机的安全运行十分不利，容易造成事故。同时，随着冷凝温度升高，压缩机的排气温度也升高，增加了机器的耗油量，使机器的运转条件变坏。据计算，在蒸发温度不变的情况下，冷凝温度在25~40℃内，每升高1℃，耗电量增加3.2%左右。

但是，若冷凝温度过低，势必要增加冷却水泵或风机的耗电量，系统整体运行的经济性也会变差。

3）制冷系统运行时冷凝温度的高低取决于冷却介质的温度，与冷凝器的形式和冷却介质的出口温度有关。其中，水（风）冷式冷凝器的冷凝温度取决于冷却水（空气）温度、水（空气）量、冷凝面积、水（空气）的流速、压缩机的排气量，以及空气、油污等影响

冷凝器传热的各种因素。蒸发式冷凝器和淋激式冷凝器的冷凝温度，除了以上各种因素外，还与空气的相对湿度有关。

3. 制冷系统制冷量的调节方式

制冷量的调节是指调整制冷系统的制冷量，以适应冷库冷间热负荷的变化，使制冷系统低耗、高效，具有良好的经济性，并在最佳工况下运行。

对于大型冷库制冷系统，由于其冷间较多，而且具有不同的温度系统，热负荷的变化并不同步，应根据现场的实际情况，进行制冷量的调节。

（1）通过改变供液量调节制冷量　向冷间供液时，应根据氨液分离器或低压循环储液器的液位、蒸发器结霜的情况、冷间降温的速度、冷间热负荷的变化及压缩机吸气的温度，来调整供液阀的开度，使系统供液量与蒸发量平衡。

（2）通过改变蒸发面积调节制冷量　冷间有多组蒸发器时，可根据热负荷的变化，调整蒸发器的工作组数。当热负荷变小时，可以关闭几组蒸发器，以达到调节制冷量的目的。对于冷风机，还可以通过改变风机的转速，减小蒸发器传热量，来降低制冷量。

（3）通过配机调节制冷量　“配机”是指正确配用制冷压缩机的制冷能力。操作人员应熟悉每台制冷压缩机的制冷能力，以便根据热负荷的变化，调整压缩机的工作台数，选择单级或双级压缩制冷系统，使运转的压缩机制冷量与冷间热负荷相平衡，以实现系统运行的经济性。

1）当冷凝压力与蒸发压力的绝对压力比值大于或等于 8 时，应采用双级压缩制冷系统。

2）图 8-7～图 8-9 分别表示同一系列三台制冷压缩机的运行特性曲线。通过曲线可以看出，压缩机虽各异，但其随工况变化的规律是相同的。当蒸发温度一定时，随着冷凝温度的上升，制冷量减少，而轴功率增大；当冷凝温度不变时，蒸发温度越高则制冷量越大。

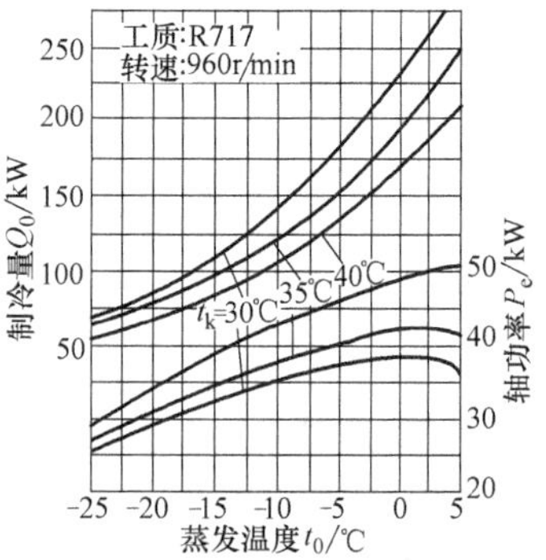

图 8-7　810A 单级制冷压缩机的运行特性曲线

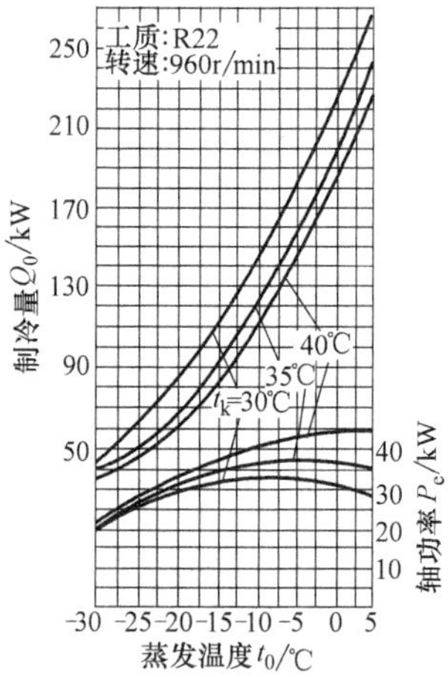

图 8-8　810F 单级制冷压缩机的运行特性曲线

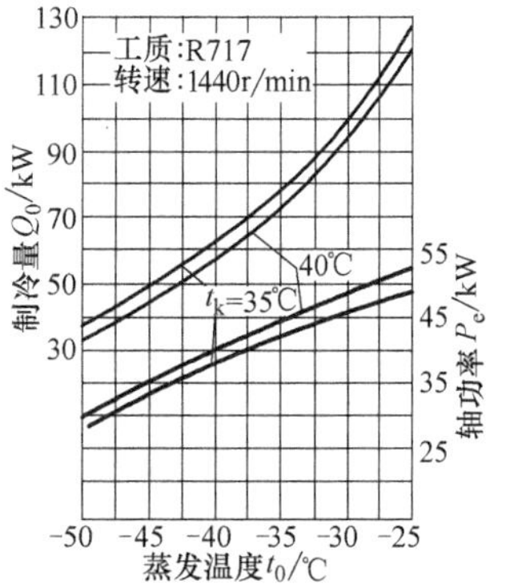

图 8-9　S810AC 双级制冷压缩机（长行程）的运行特性曲线

3）当冷间热负荷变化较大时，应充分利用制冷压缩机的容积，提高制冷量。例如，当温度较高的食品大量入库而使库温突然上升时，蒸发温度与冷间温度的温差增大，使制冷剂蒸发温度急剧上升（特别是冻结间温度，有时会从-30℃升高至-18℃左右）。这时，应将系统的压缩级数由双级改为单级进行降温，以提高压缩机的制冷量。待冷间温度降低后，再转换成双级压缩继续降温。

4）当冷间热负荷较大时，应适当增加制冷能力，这时可增加制冷压缩机运行的台数。当库温下降，压缩机的制冷量大于冷间的热负荷时，应减少压缩机的运行台数，或调换制冷量较小的压缩机进行工作。此外，当系统的温度基本达到要求，冷间的温度很低，但被冷却物品的温度仍未达到要求时，应暂时停机，待制冷系统的蒸发压力回升后，再开机继续降温。

4. 冷库制冷系统运行调节前应熟悉的问题

制冷系统是由机器、设备和管道、阀门连接起来的综合装置。制冷系统的运行调节是根据系统各部分的温度、压力、液位等变化进行的。调节前，应熟悉系统的特点、冷间热负荷的分布情况、压缩机的制冷能力及运转特点等。制冷系统的组成不同，其运行调节方法也不同。

（1）直接膨胀式系统　该系统多为10~50t的小冷库、氟利昂全自动供液系统采用。冷库的开停机和库温由温度控制器控制。在运行前，已经把温度控制器和热力膨胀阀调试好。系统运行过程中，要注意检查是否有不正常现象，并及时检修排除。

（2）重力供液式系统　该系统靠氨液分离器的液柱压力向各冷间输送液体，一般为100~300t的氨系统小冷库采用。应严格控制节流阀的开度，注意氨液分离器中的液面位置。由于各冷间的热负荷不同，冷间与液体分调节站的距离不同，管道的阻力也各不相同，因此还需要调节液体分调节站上供液阀的开度。

（3）氨泵供液式系统　在氨泵供液制冷系统操作中，主要用UQK-40型液位控制器和电磁阀配合，向低压循环储液器自动供液，因而液面较稳定，但要注意自动控制阀门是否失灵。同时，要经常注意氨泵的运行情况，根据冷库各冷间热负荷的不同，调整液体分调节站供液阀的开度，以满足冷间降温供液量的需求。

（4）熟悉各冷间冷却设备的特点以及冷间热负荷的分布情况　可根据各冷间的进货量、相应的热负荷（可查各食品焓值表），以及各冷间冷却排管传热面积、$1m^2$ 排管的传热量，估算出食品1h的放热量，以配备相适应的压缩机（组）。

（5）熟悉压缩机的生产能力　由于运转条件常有变化，所以压缩机的制冷量也随着变化。应熟悉每台压缩机在不同工况条件下的制冷量，以根据制冷工况的变化来调整压缩机的运转台数。

5. 氨制冷系统运行调节的操作流程（图8-10）

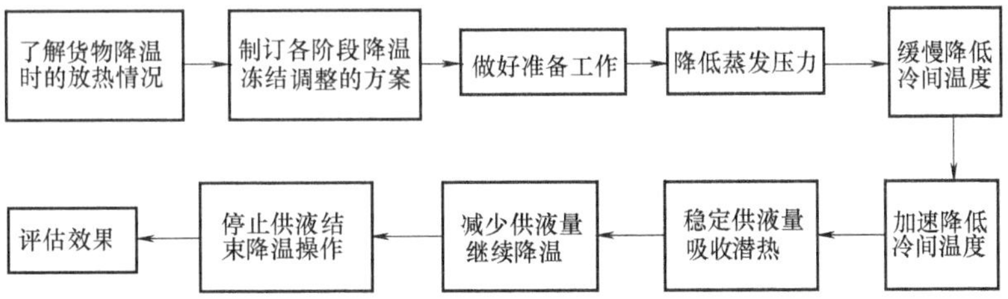

图8-10　氨制冷系统运行调节的操作流程

典型实例

【实例 1】 冷库制冷系统的运行调节

一、冷库制冷系统运行调节的步骤及方法

在生产实践中，需要进行降温调节的冷库系统主要有低温冷藏-28℃系统、冻结加工-33℃系统、高温冷却-15℃系统及制冰等。下面以将肉类食品从常温降到-15℃的调整操作为例，讲解冷库制冷系统的运行调节，以及冻结间的降温调节方法。

1. 了解食品降温时的放热情况

一般来说，肉类食品的降温分三个阶段：肉品温度由常温降到 0℃，从 0℃降到-5℃，从-5℃降到-15℃。肉类食品降温时的放热情况见表 8-15。

表 8-15 肉类食品降温时的放热情况

序 号	降温阶段	放热过程	放出热量
1	肉温从常温降到 0℃	放出显热	占总放热量的 33%左右
2	肉温从 0℃降到-5℃	放出潜热	占总放热量的 52%左右
3	肉温从-5℃降到-15℃	放出显热	占总放热量的 14%左右

可见，食品在降温过程中，各个阶段放热量不一样，因而热负荷变化也不一样，应使供液调整与热负荷的变化相适应。

2. 制订各阶段降温冻结调整的方案

肉类食品在降温冻结过程中，各阶段的放热量与降温速度不同，应采用不同的供液调整方案。

（1）肉类食品的温度从常温降到 0℃阶段　在冻结间开始降温时，食品放出的热量大，冷间温度较高，制冷剂蒸发温度会急剧上升，有时会从-33℃升到-18℃，此时可用单级压缩机降温。由于传热温差大，蒸发器没有霜层，传热的阻力小，制冷剂呈现强烈的沸腾状态。由于传热不稳定，供液量要经常调节，可以采用减少供液量和少开冷风机的方法控制，以免引起压缩机湿行程，也可防止由于蒸发压力过高而影响其他库房的降温。

（2）肉类食品的温度从 0℃降到-5℃阶段　随着冷间温度逐渐降低，传热温差逐渐减小。当传热温差接近设计要求时，蒸发器内的氨液沸腾逐渐缓和，蒸发压力逐渐下降，此时的操作要以稳定供液量为主。如果制冷压缩机的吸气压力和温度相对稳定，库房降温速度过慢，也可适当开大节流阀，增加供液量，加速冷间的降温。

（3）肉类食品的温度从-5℃降到-15℃阶段　应逐渐减小供液量和压缩机的工作台数，在冷间温度及食品温度达到要求前，应提前 10min 关闭供液阀，停止制冷压缩机运行。

3. 冷库冻结间降温调节操作

制冷系统的运行调节主要是依据压力和温度等工况参数的变化进行的，而工况参数的变化大部分是通过仪表显示出来的。因此，要确保调节操作正确，必须保证制冷系统中各仪表准确、灵敏。操作人员应经常注意检查仪表，如发现仪表损坏或失灵，应立即停止使用，进行修理或更换。

在生产实践中，往往是根据工况的变化，通过改变供液量和压缩机配机这两种方式，共同调节制冷量，以实现制冷系统的运行调节。为了保证制冷装置的安全运转，应严格遵守安全操作规程。

第一步：做好准备工作。当冷间食品入库时，应提前10min关闭该冷间的供液阀，以防止新货进库时，制冷剂剧烈沸腾而引起压缩机的湿行程。

第二步：降低蒸发压力。迅速关闭蒸发器供液节流阀，减少供液量，用单级压缩机降温。关小回气阀约5min后，再稍微开大回气阀，听到有气体节流声时，不再开大，等听不到节流声时（7～10min），再慢慢开大。10～15min后，蒸发压力降至吸气压力。这样，可避免因蒸发压力突然升高将液体带回压缩机，造成湿行程。

第三步：缓慢降低冷间温度。缓慢开启蒸发器供液节流阀1/10～1/12圈，运行5～10min后，观察蒸发压力的变化。如果蒸发压力仍偏高且有继续升高的趋势，则要适当关小蒸发器供液节流阀，使蒸发压力降低；如果蒸发压力稳定且有继续降低的趋势，则应维持蒸发器供液节流阀的开度。在降温初期，由于传热不稳定，供液量要经常调节，使之与热负荷匹配。当冷间温度逐渐降低后，传热温差也逐渐减小，液体制冷剂的沸腾程度也相应减缓。

第四步：加速降低冷间温度。随着冷间温度的逐渐降低，肉类食品的温度从常温降到0℃。此过程是放显热的过程，占总放热量的33%左右。待传热温差接近10℃时，蒸发压力逐渐下降，为了避免压缩机吸入过热气体，应适当开大供液阀至1/10～1/8圈，以发挥制冷压缩机的效率，加速冷间的降温。这时压缩机的吸气压力基本稳定，其吸气温度缓慢下降，高压储液器的液面波动不大。

第五步：稳定供液量吸收潜热。肉类食品的温度从0℃降到-5℃的过程中，放出潜热，冷间的热负荷最大，占总放热量的52%左右。这时压缩机的吸入压力和温度相对稳定，库房降温速度较慢，这时不要认为库温降得慢而将供液阀开得过大，以免造成压缩机湿行程；也不要认为供液过多而减少供液量，使蒸发压力过低，机器的吸气量过少，制冷量减少，这样可能使库温不但不降低反而升高。只有回气压力基本稳定，吸气温度缓慢下降，高压储液器和低压循环储液器的液面波动不大时，才是正常的。

第六步：减少供液量继续降温。肉类食品的温度从-5℃降到-15℃，此过程是放出显热的过程，放热量占总放热量的14%左右。随着冷间热负荷的逐渐减少，冷间温度在不断降低，传热温差会进一步减小。当温差小于6℃时，应逐渐关小供液阀，减少供液量，并适当减少压缩机工作台数或缸数，以使冷间热负荷与压缩机制冷量相适应。若压缩比大于8，则用双级压缩制冷系统降温。

第七步：停止供液结束降温操作。当冷间温度和食品温度达到要求时，冷加工结束前10～15min，关闭供液，停止向冷间供液，降低蒸发器内的液面，以利于下一批食品进库降温时的安全操作，防止湿行程，确保压缩机的安全运转。

当压缩机制冷量大于冷间热负荷时，应调换制冷量较小的制冷压缩机，或者利用能量调节装置部分卸荷运转。当运转中的压缩机与新降温的房间相连通时，应密切注意机器的回气压力和温度，如吸气压力上升、吸气温度下降，应迅速关小压缩机的吸入阀，防止压缩机湿行程。

冻结间降温调节操作过程的有关情况，应记录在表8-16中。

表 8-16 冻结间降温调节操作过程记录表

序号	操作任务	时间	蒸发压力/MPa	蒸发温度/℃	冷间温度/℃	降温速度/(℃/h)	传热温差/℃	冷凝温度/℃
1	做好准备工作							
2	降低蒸发压力							
3	缓慢降低冷间温度							
4	加速降低冷间温度							
5	稳定供液量吸收潜热							
6	减少供液量继续降温							
7	停止供液结束降温操作							

4. 冻结间降温调节效果的评估

停止供液结束降温操作后，就可评估制冷系统运行调节的效果。良好的运行调节效果应表现为，整体降温速度、最终食品温度、单位产品耗电量等指标参数都符合生产工艺的要求。当单位产品耗电量超出理论计算的15%时，就被认为不合理，需查找原因并及时纠正。

将观察到的有关数据和现象填入表8-17中，对冻结间降温调节的效果进行评估。

表 8-17 冻结间降温调节效果评估记录表

批次	时间	起始食品温度/℃	整体降温速度/(℃/h)	最终食品温度/℃	单位产品耗电量/(kW·h/t)	结论
1						
2						
3						

在生产实践中，进行制冷系统运行调节时，冷库整体降温速度（℃/h）和单位产品耗电量（kW·h/t）等指标水平的高低，与制冷系统的运行状况及操作人员的技术水平有关。

二、注意事项

在进行制冷系统运行调节时，应注意以下事项。

1）如果需要将运转中的配组双级机改为单级机运转，或者将运转中的单级机配组改为双级机运转，必须先将运转中的压缩机停止，然后调整排气阀门及其他阀门，调整无误后，再重新起动压缩机。严禁在压缩机运转时调整阀门，以免造成严重事故。

2）由于冷库制冷系统的容器大、管路较长，压力、温度等系统运行工况参数的变化相对于运行调节的动作具有一定的迟滞性，每次调节动作完成后，都要经过一定的时间，状态才能重新达到稳定。因此，每次运行调节的动作完成后，都要耐心观察系统的变化情况，间隔一定时间后，才能实施下一步运行调节。

3）当冷间热负荷减小时，除适当减少压缩机台数外，冷风机应尽量少开。另外，当库房温度达到要求后，以保持温度为主，冷风机应尽量少开或不开，以免造成浪费、增加食品的干耗。

【实例2】 高温冷库的降温调节

高温冷库是储存鲜蛋、果品和蔬菜等食品的库房，库温一般为-1~4℃。这种冷库的降温调节分为两类操作：一是库内大量进货时，库内热负荷大，需要较快地降温；二是库内达到保温要求时，库内热负荷较小，要求能稳定库内温度，防止温差波动过大。

操作人员应严格掌握允许的库内温差，调好风道送风的均匀度，根据热负荷的大小和外界环境温度的变化，安全合理地调配机器设备，这样才能既保证食品的质量又能节能。一般来说，压缩机的吸气压力掌握在0.20MPa（表压）左右为宜。

【实例3】　低温冷藏间的降温调节

低温冷藏间的特点是热负荷变化较小，库房温度的波动较小，在-18℃左右。当选配适当的压缩机降温时，蒸发压力比较稳定，对于氨系统一般控制在0.13~0.15MPa（绝对压力）较好。若蒸发压力过高，则降温慢；若蒸发压力过低，则会浪费电，运转不经济。在库房出、入货时，热负荷波动较大，应关小供液膨胀阀，使排管中的液面降低，以防压缩机湿行程。库房出入货结束后，再把膨胀阀调大些，使之成为正常降温的状态。

【实例4】　多个冻结间连续降温的次序

多个冻结间连续降温时，应根据先后次序进行降温。由于库房温度差别较大，热负荷差别也大，运行调节时较难掌握。一般可用三种方法进行运行调节：一是用两个系统降温，先期3~4h用单级机降温，当库温接近于蒸发温度正常差值时，改为-33℃双级压缩系统降温；二是关小回气阀并适当调节；三是控制冷风机的供液量，并控制风机的开启台数，实现正常降温。其中最后一种方法应用较广泛。

【实例5】　根据不同的蒸发温度调配制冷压缩机

应根据不同的蒸发压力和蒸发温度，由不同压缩机分别担负降温任务，以免热负荷变动时互相影响。如果有的系统热负荷不大，单独开一台压缩机不经济，或者机器调配困难时，也允许用一台压缩机同时给蒸发温度相近的系统（如-28℃和-33℃）降温。

【实例6】　小型冷库制冷系统的调节

使用单台机组的小型冷库制冷系统，其制冷量的调节方式一般是固定的，可利用热力膨胀阀进行供液量的小幅调节。当冷间的热负荷变化较大时，机器设置的自动检测和控制电路会根据蒸发器出口处的温度变化或蒸发压力的变化，调节制冷压缩机的能量输出，使压缩机上荷或卸荷而调整制冷量，以适应冷间热负荷的变化。

单元练习

一、填空题（将正确答案填写在横线上）

1. 通过控制库房的________________，使库房温度逐渐降至设计温度，避免库房____________________因急剧降温而________________。

2. 为了保证冷库制冷压缩机的________________，提高制冷运行的________________，节能降耗，减少检修费用，延长机器设备的________________，应严格遵守安全操作规程，正确操作制冷压缩机。

3. 在操作机器设备的过程中，“四要”是指，要确保________________，要稳定________________，要尽量降低________________，要提高制冷效率、努力降低能耗。

4. 在氨制冷装置中，吸气过热将使制冷系数________________；另外，吸气过热使压缩机排气温度____，直接影响压缩机的________________。

5. 冷库制冷系统是一个封闭系统，其________________可以通过____________等参数反映出来。通过对制冷系统运行工况参数的分析，可以大致知道制冷系统是否处于________________的运行状态。

6. 制冷系统的运行调节，就是要控制各个________________，使制冷系统在________________的条件下运行，以达到________________________________，并确保安全运行的目的。

二、单项选择题（在每小题的四个选项中，选出一个正确的，并将正确答案的序号填写在括号内）

1. 氨系统抽真空后的剩余压力应小于60mmHg，若当地的大气压为760mmHg，则真空度应大于（　　）mmHg。

A. 640　　B. 700　　C. 760　　D. 820

2. 土建冷库试车降温，必须缓慢地逐渐进行。当库温在+4℃以上的水分冻结前阶段，每天降温不宜超过（　　）℃。

A. 2~3　　B. 4~5　　C. 6~7　　D. 8~9

3. 土建冷库试车降温，必须缓慢地逐渐进行。在-4~4℃的水分冻结区，每天降温不宜超过（　　）℃，其中库温降到2℃左右时，需保温48h以上。

A. 1　　B. 2　　C. 3　　D. 4

4. 如果蒸发温度不变，吸气温度过高，说明蒸发器的（　　），也可能是回气管道的隔热层损坏等。

A. 供液量过量，或系统中制冷剂足量

B. 供液量不足，或系统中制冷剂足量

C. 供液量过量，或系统中缺乏制冷剂

D. 供液量不足，或系统中缺乏制冷剂

5. 在其他参数不变的情况下，压缩机（　　），排气温度越高；吸气的含湿量越大，排气温度越低。

A. 吸、排气的压力比越小，吸气的过热度越小

B. 吸、排气的压力比越小

C. 吸、排气的压力比越大，吸气的过热度越大

D. 吸气的过热度越小

6. 蒸发温度一般比库房温度低（　　）℃，比载冷剂的出口温度低5℃。

A. 2~3　　B. 4~5　　C. 6~7　　D. 8~10

7. 水冷式冷凝器的冷凝温度，比冷却水出口温度高（　　）℃；风冷式冷凝器的冷凝温度，比空气温度高8~10℃。

A. 2~3　　B. 4~6　　C. 6~7　　D. 8~10

三、判断题（正确的在括号内画"√"，错误的画"×"）

1. 氨有较强的毒性，当氨气在空气中的浓度达到0.5%~0.6%（体积分数）时，人在此环境停留30min可产生致命的后果。（　　）

2. 当氨气在空气中的浓度达到15%~27%（体积分数）时，遇明火即有爆炸的危险。（　　）

3. 当制冷压缩机运转正常后，应调整油压，使润滑系统油压比吸气压力高0.30~

0.45MPa。 (　　)

4. 根据制冷压缩机的负荷及高压储液器的液面情况，开启调节站的有关膨胀阀，向氨液分离器或低压循环储液器供液，其开度一般为 1/8~1/4 圈。 (　　)

5. 全部制冷压缩机停止运转 2~3min 后，方可关闭冷却水循环系统，停止向冷凝器供水。 (　　)

6. 随着冷凝温度升高，压缩机的排气温度也升高，会增加机器的耗油量，使机器的运转条件变坏。 (　　)

7. 若冷凝温度过低，势必要增加冷却水泵或风机的耗电量，系统整体运行的经济性也会变差。 (　　)

四、简答题

1. 简述新建冷库必须缓慢降温的原因。

2. 简述需要对制冷系统进行调节的原因。

单元九 冷库制冷装置的日常维护

内容框架

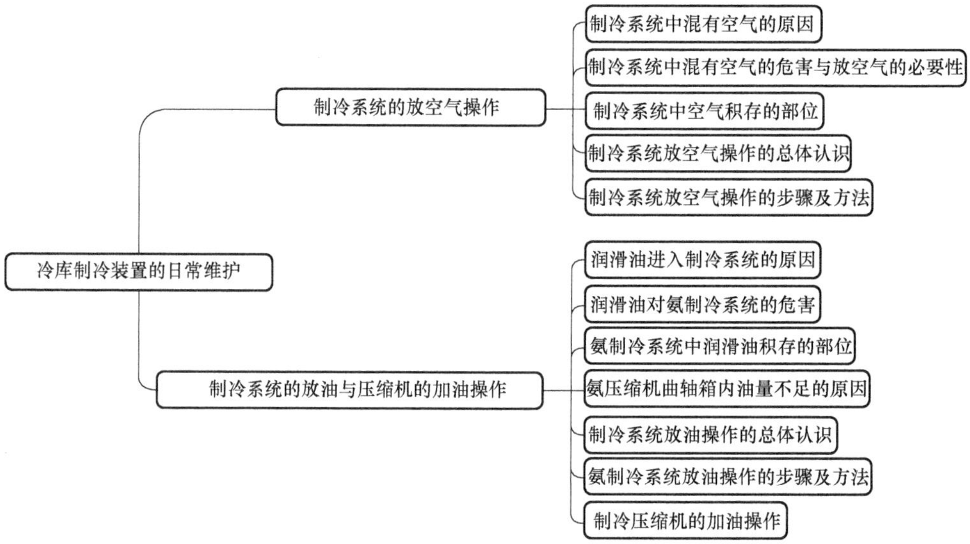

学习引导

目的与要求

1. 知道制冷系统中混有空气的原因、危害和积存的部位，能说出空气分离器的工作原理，明确制冷系统放空气的操作流程。

2. 能正确判断制冷系统中是否混有空气、是否需要实施放空气操作，能按要求完成氨制冷系统放空气的操作。

3. 知道润滑油进入制冷系统的原因、危害和积存的部位，能说出油分离器的种类及适用范围，知道集油器的作用，明确氨制冷系统放油与制冷压缩机加油的操作流程。

4. 能正确判断氨制冷系统是否需要实施放油操作，能按要求完成氨制冷系统的放油与制冷压缩机的加油操作。

重点与难点

难点：正确判断制冷系统中是否混有空气、是否需要实施放空气操作；能正确判断氨制冷系统是否需要实施放油操作。

重点：氨制冷系统放空气的操作；氨制冷系统的放油与制冷压缩机的加油操作。

课题一　制冷系统的放空气操作

相关知识

一、制冷系统中混有空气的原因

1）机器设备或管道经安装或检修后、投产前，抽空不彻底，使空气残留于制冷系统中。

2）在运行调试、操作和维修过程中，有时不可避免地会有一些空气混入制冷系统。例如，在系统运行或充注制冷剂、加注冷冻机油时，若低压系统或曲轴箱内压力低于外界大气压，空气容易由阀门、轴封等密封不严处渗入系统。

3）制冷压缩机因排气温度过高，使部分润滑油和制冷剂（氨）分解为气体，并存留在系统内，这些气体与空气一样，在冷凝条件下不会凝结为液体，被称为不凝性气体。在生产实践中，有时习惯上将这类不凝性气体也称为“空气”，或将空气也称为“不凝性气体”。

二、制冷系统中混有空气的危害与放空气的必要性

1. 冷凝压力升高

如果制冷系统中混有空气，即使空气量不多，也会在冷凝器的传热面附近形成气膜热阻，使冷凝器的传热系数下降，换热效率和放热量降低，冷凝压力和冷凝温度升高，从而导致制冷循环的压缩比增大，压缩机输气量减少，制冷量减小，系统能耗增加。

2. 排气温度升高

空气的存在，会导致制冷压缩机的排气压力和排气温度升高，使压缩机摩擦面的润滑条件恶化。同时，炽热的制冷剂（氨）蒸气与空气的混合气体遇到油蒸气或明火时，有爆炸的危险。

3. 腐蚀性增加

空气进入系统后，空气中的水分和氧气会加剧金属材料的腐蚀，并加速润滑油的氧化，对制冷系统有较大影响。

因此，在操作维修过程中，应采取适当的措施防止空气进入制冷系统。例如，停机时，若曲轴箱内的压力低于大气压，可打开吸气阀，使曲轴箱内的压力等于或略高于大气压。如发现有空气渗入系统，应及时进行放空气操作。

三、制冷系统中空气积存的部位

制冷系统中的空气主要积存在高压区。不论空气从哪个部位进入制冷系统，都将被

压缩机排到冷凝器和储液器中，由于冷凝器的位置较高，加之膨胀阀之前的液管具有液封作用，所以空气很难再进入低压系统。因此，制冷系统中的空气主要积存在冷凝器和储液器中。

四、制冷系统放空气操作的总体认识

1. 制冷系统放空气的原理

利用制冷剂和空气在不同温度下冷凝的物理特性，先把空气等不凝性气体与制冷剂分离，然后再放出不凝性气体。

2. 氨、氟利昂制冷系统放空气操作的不同

由于空气的密度比氟利昂气体的密度小，空气积聚在容器设备的上部，所以中小型氟利昂制冷系统一般不采用空气分离器，可直接用手工进行放空气操作。然而，空气的密度比氨气的密度大、比氨液的密度小，系统中空气的积聚位置主要在冷凝器的中、下部和高压储液器的上部，因此氨制冷系统应采用空气分离器进行放空气操作。

3. 空气分离器的种类及作用

空气分离器有立式和卧式两种，目前在氨制冷系统中，用得比较多的是立式空气分离器，其优点是操作简单，装上自控元件后即可实现自动操作。

立式空气分离器的壳体用无缝钢管制成，内设一组蒸发盘管，结构原理如图 9-1 所示。分离空气时，从储液器来的氨液经节流阀进入空气分离器内的盘管，在盘管内吸收分离器中混合气体的热量而蒸发。混合气体中的氨气被冷却后液化，空气因不能冷凝而被分离出来，经放空气阀排出，液化的氨进入制冷系统重复使用。

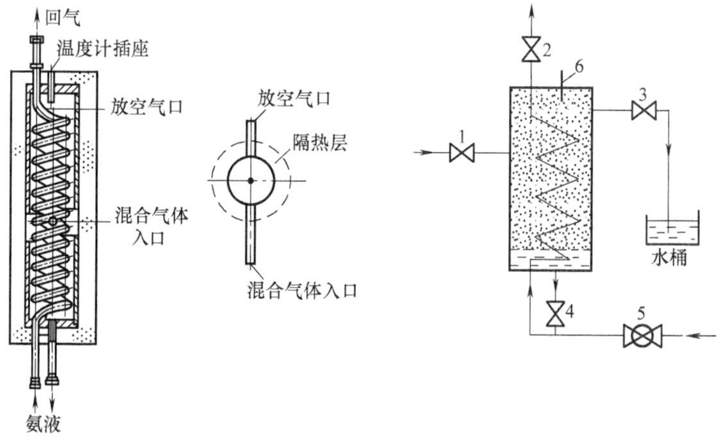

图 9-1 氨立式空气分离器结构原理图

1—混合气体入口阀 2—回气阀 3—放空气阀

4—回液阀 5—节流阀 6—温度计

立式空气分离器相关管路的连接如图 9-2 所示。

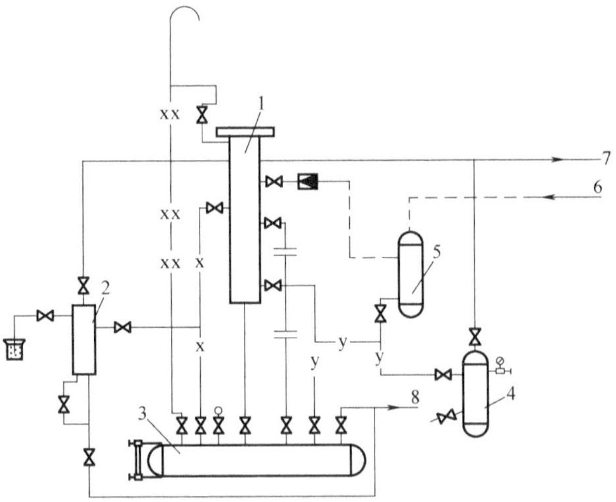

图 9-2　立式空气分离器相关管路的连接

1—立式冷凝器　2—立式空气分离器　3—储氨器　4—集油器　5—油分离器
6—接自压缩机排气管　7—接往回气管　8—供液管

4. 氨制冷系统放空气的操作流程(图 9-3)

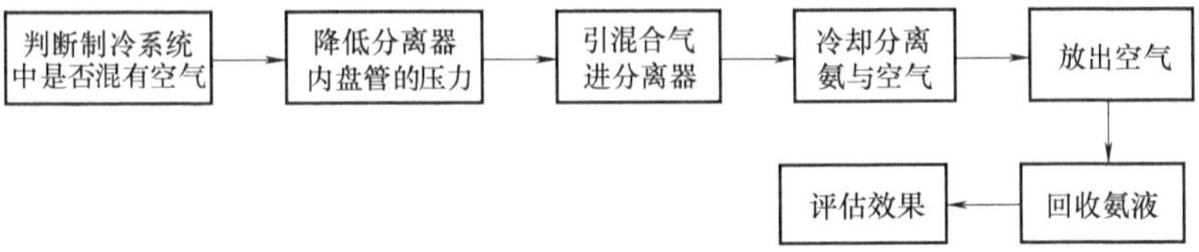

图 9-3　氨制冷系统放空气的操作流程

典型实例

【实例 1】　氨制冷系统的放空气操作

一、制冷系统放空气操作的步骤及方法

1. 判断制冷系统中是否混有空气

制冷系统中混有空气及不凝性气体时，会出现以下现象（征兆）。

1）排气压力表指针剧烈摆动，而且摆动幅度较大、速度较慢（即使系统中不含有空气，如果排气量不连续，表针也会摆动，但摆幅小、速度快）。

2）制冷压缩机的排气压力和排气温度都高于正常值。经合理操作调整后，此现象无明显改善。

3）冷凝器内压力高于该冷凝温度所对应的饱和压力，或者说，冷凝温度低于该冷凝器内压力所对应的饱和温度。在诸多现象中，冷凝压力变高是判断制冷系统是否混有空气的重要依据。

估算空气在制冷系统（冷凝器）中的含量。可以根据制冷系统中空气含量越多，冷凝器的工作压力（实测）与冷凝温度下对应的饱和压力的差值越大的原理，利用冷凝器上压力表和温度计的读数，估算空气在冷凝器中的含量，即

$$g=\frac{p-p_{\mathrm{k}}}{p} \tag{9-1}$$

式中　g——空气在冷凝器中的含量（%）；

p——实测冷凝器的工作压力（绝对压力，MPa）；

p_k——冷凝温度下对应的饱和压力（绝对压力，MPa）。

在生产实践中，可根据相关数据，利用式（9-1）估算出空气在制冷系统中的含量，并结合有关现象做出相应判断。各企业的操作规程略有不同，要求也不同。一般认为，若上述三种现象同时出现，且 g 的数值在 5%以上，则认为系统中已混有空气，影响正常运行，应考虑实施放空气操作。

在制冷系统运行过程中，若制冷负荷变大，冷却水循环量不足，或冷凝效果不好，也会导致压缩机排气压力和排气温度升高、冷凝压力和冷凝温度升高等现象，但经合理操作调整后，此现象应有所改善，而且冷凝器内工作压力（实测）仍等于（接近）该冷凝温度所对应的饱和压力，g 的数值较小。因此，对于系统是否混有空气，要认真甄别。

例如，某氨制冷系统运行过程中，上述三种现象同时出现。实测到此制冷系统中，某一氨冷凝器压力表读数为 1.156MPa，又测得冷凝温度为 29℃。试问，该冷凝器中是否混有空气？是否需要实施放空气操作？

解：将冷凝器表压力换算成绝对压力 p，即

$$p=(1.156+0.098)\text{MPa}=1.254\text{MPa}$$

查氨温度与饱和压力对应表可知，当温度为 29℃时，$p_k=1.132$MPa（绝对压力），则空气含量为

$$g=\frac{1.254-1.132}{1.254}\times100\%=9.73\%$$

因上述三种现象同时出现，且 9.73%已大于 5%，可认为制冷系统中已混有空气，影响正常运行，应考虑实施放空气操作。

判断制冷系统（冷凝器）中是否混有空气，其相关数据和情况应记录在表 9-1 中。

表 9-1　判断制冷系统（冷凝器）中是否混有空气记录表

序号	排气表压/MPa				排气温度/℃			实测冷凝压力/MPa		饱和冷凝压力		空气含量	结论
	上限	下限	摆幅	摆速	实测值	正常值	差值	表压	绝对压力	实测冷凝温度/℃	对应饱和绝对压力/MPa		
1													
2													
3													

2. 氨制冷系统的放空气操作

及时放空气是保证制冷装置高效节能运行的重要一环。若冷库制冷系统中含有空气等不凝性气体时，应及时排放。氨制冷系统手动空气分离器的操作，如图 9-4 所示。在放空气操作过程中，制冷机组应处于运行状态，以保证进入空气分离器内盘管的氨液蒸发后，能被抽吸回系统的低压部分。进行放空气操作时，必须使用护目镜、橡胶手套等护具，做好安全防护，并有人可靠地监护。

第一步：降低空气分离器内盘管的压力。开启空气分离器的降压（回气）阀 5，使空气分离器内盘管的压力降至吸气压力。此时，其他各阀应处于关闭状态。

第二步：将混合气体引入分离器。开启空气分离器的混合气体进气阀 3，使制冷系统

（冷凝器）的混合气体进入空气分离器。当空气分离器与冷凝器的压力接近，不再流入气体时，应关闭混合气体进气阀 3。

第三步：冷却分离氨与空气。将空气分离器的供液膨胀阀 1 开启 1/12~1/6 圈，使氨液经节流阀降压后，进入空气分离器盘管内蒸发吸热。混合气体中的氨气被冷却降温后，凝结为液体沉积于空气分离器的底部，空气聚集于上部。供液膨胀阀开度的大小，应视回气管道的结霜情况而定，一般控制在使回气管结霜 1m 左右。

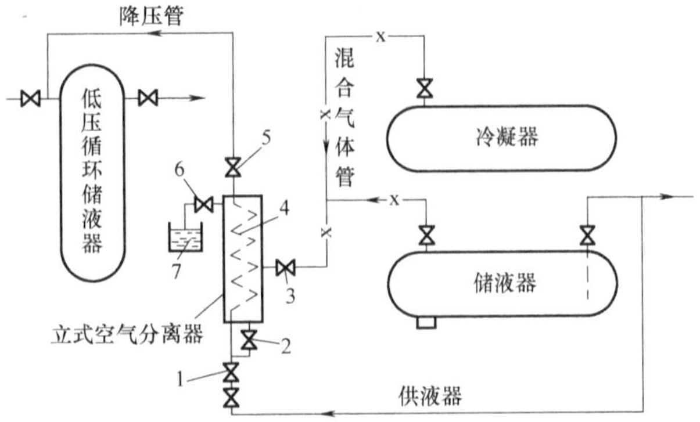

图 9-4　氨制冷系统放空气操作示意图

1—供液膨胀阀　2—回液节流阀　3—混合气体进气阀　4—盘管　5—降压（回气）阀　6—放空气阀　7—盛水容器

第四步：放出分离器中的空气。约 8min 后，当混合气体中的氨被冷却成氨液时，空气分离器底部就会结霜。这时，可微开空气分离器上的放空气阀 6，将空气放入盛水容器 7 的水中。最好在放空气阀的出口处接一根橡胶软管插入水中。若气泡在水中上升的过程中呈圆形并无体积变化，水不混浊，水温也不上升，说明放出的是空气，放空气阀开得合适；若气泡在上升过程中体积逐渐缩小甚至消失，且有氨味，水呈乳白色且出现混浊，水温升高，则说明放出的气体中含有较多的氨气（若发出轻微的爆裂声，则是有氨液放出），空气已放完，应关闭放空气阀 6 以防氨气泄出，再关闭供液膨胀阀 1，停止放空气操作。

在放出分离器中空气的过程中，也可以从其顶部温度计的读数，来估计放空气完成的程度。当温度值明显低于冷凝压力所对应的饱和冷凝温度 t_k 时，说明空气含量仍较多，应继续放空气。反之，若温度计读数接近饱和冷凝温度 t_k 时，说明空气含量已较少，应停止放空气操作。

第五步：回收分离器中的氨液。放完空气并关闭供液膨胀阀 1 后，应开启回液节流阀 2，使空气分离器底部的氨液进入盘管，蒸发成气体，通过降压（回气）管进入系统回收利用。底层冷凝的氨液即将排完时，应迅速关闭回液节流阀 2。

第六步：结束放空气操作。降压（回气）阀 5 此时仍需保持为开启状态，不可关闭。只有能确认分离器盘管内已无氨液，余氨已被抽尽，才可关闭降压（回气）阀 5，以防发生“液爆”事故。因此，降压（回气）阀 5 也可不关闭，平时处于常开状态。

如一次未完成放空气，可按上述办法和程序反复进行。上述为立式空气分离器放空气的步骤及方法，也适用于套管式空气分离器。

制冷系统放空气操作过程的有关情况，应记录在表 9-2 中。

表 9-2　制冷系统放空气操作过程记录表

序号	操作任务	操作内容	表压/MPa	温度/℃	出现的现象	出现的问题	解决的方法	效果
1	降低分离器内盘管的压力							
2	将混合气体引入分离器							
3	冷却分离氨与空气							
4	放出分离器中的空气							
5	回收分离器中的氨液							
6	结束放空气操作							

3. 制冷系统放空气效果的评估

制冷系统中放出部分空气（不凝性气体）后，可保持制冷机（组）继续运行，并继续观察冷凝器上压力表和温度计的读数及有关现象，评估制冷系统的放空气效果。良好的放空气效果应表现为，排气压力降低且排气压力指针摆动幅度变小，排气温度有所下降且趋于正常，冷凝器内的工作压力 p 接近该冷凝温度所对应的饱和压力 p_k。

将观察到的有关数据和现象填入表 9-3 中，对制冷系统放空气的效果进行评估。

表 9-3 制冷系统放空气效果评估记录表

班次	排气压力表读数/MPa				排气温度/℃			实测冷凝压力/MPa		饱和冷凝压力		空气含量	结论
	上限	下限	摆幅	摆速	实测值	正常值	差值	表压	绝对压力	实测冷凝温度/℃	对应饱和绝对压力/MPa		
1													
2													
3													

在制冷装置的维护管理中，要根据冷凝压力升高等现象（征兆），经常分析系统中含有空气（不凝性气体）的量，及时将空气排出系统。在生产实践中，各企业放空气的周期与制冷系统设备的运行管理水平有关。例如，有些企业每月要放 1~2 次空气，而有些企业每年只需放 3~4 次空气。

二、注意事项

在制冷系统放空气的操作过程中，应注意以下事项。

1）降压（回气）阀在放空气操作过程中应保持开启状态。混合气体进气阀应适当开大，以减少混合气体进入空气分离器的阻力。放空气阀要开小些，以促使混合气体中的氨气获得充分冷凝，提高空气分离效率，减少放空气时氨的损失。

2）供液膨胀阀、回液节流阀开启得都不能过大，否则会因盘管蒸发面积小，氨液不能完全蒸发，被压缩机吸入而引起湿行程。回液节流阀开启的时间也不能过早，否则底部冷凝的氨液一旦排完，将会使混合气体中的空气返回到低压系统中。

【实例 2】 应经常有规律地定期、逐台设备放空气

当制冷系统中有多个冷凝器、储液器等时，要想确定空气聚积的准确位置是困难的。冷凝器的管路设计、部件布置，以及系统运行管理的方式，都会影响空气的聚集位置，气候的季节性变化对此也有影响。因此，应经常有规律地定期、逐台设备放空气，才能保证将所有的空气从整个系统中排除。

【实例 3】 氟利昂制冷系统直接用手工放空气的步骤及方法

氟利昂制冷系统中的空气可在停机后，直接从制冷压缩机排气阀的旁通孔或从冷凝器顶部的放空气阀放出。其手工放空气操作的步骤及方法如下：

1）开启冷凝器冷却水系统或冷凝风机。

2）关闭冷凝器出液阀。若有高压储液器，则只需关闭高压储液器出液阀。

3）起动制冷压缩机，将低压系统内的制冷剂气体排入高压系统，并在冷凝器中被冷却成液体。

4）待低压系统压力降至稳定的真空状态时，停止压缩机的运行，并关闭压缩机吸气阀，但排气阀不关闭。保持较大的冷却水量或冷凝风量，使高压气态制冷剂能最大限度地液化。

5）静置 30min 后，将排气阀关闭半圈，拧松压缩机排气阀的旁通孔螺塞，使高压气体从旁通孔逸出，或打开冷凝器顶部的放空气阀放出空气。用手感觉有凉气时说明空气已排完，应拧紧螺塞，或关闭冷凝器上的放空气阀。

6）关闭冷凝器冷却水系统或冷凝风机，将排气阀全开，恢复制冷压缩机的工作状态，放空气操作结束。

在生产实践中，若实测到冷凝器内压力仍明显高于该冷凝温度所对应的饱和压力，说明其中还有空气，应待混合气体充分冷却后，再实施放空气操作。以上操作可间歇进行 2~3 次，每次放气时间不宜过长，以防浪费制冷剂。

课题二　制冷系统的放油与压缩机的加油操作

相关知识

一、润滑油进入制冷系统的原因

制冷系统中的往复活塞式和回转式制冷压缩机都需要用冷冻机油润滑并冷却压缩机的机械摩擦面，螺杆式和滚动转子式压缩机还需要向机内喷入一定量的润滑油，起到密封和冷却作用。制冷压缩机运转时排气温度可达 70~150℃，部分油因受热而变成蒸气，随制冷剂气体进入系统。另一方面，制冷压缩机的排气速度也很高，可达 24~30m/s，很容易把油滴带入系统。有时，因刮油环失效，活塞与气缸之间的间隙增大，润滑油就沿着气缸壁升至活塞顶部，从排气管道进入系统。

润滑油的蒸发量随压缩机的排气温度升高而增加。根据试验，不同排气温度下润滑油的蒸发率见表 9-4。

表 9-4　不同排气温度下润滑油的蒸发率

温度/℃	80	100	120	140
蒸发率(%)	3.10	7.53	15.86	32.75

二、润滑油对氨制冷系统的危害

1. 冷凝温度升高

润滑油进入冷凝器后，会在传热面上形成油膜使热阻增大、传热系数减小。当冷凝器热负荷一定时，随着冷凝器传热系数的减小，冷凝时的对数平均温差增大，冷凝温度升高，对应的冷凝压力也升高。据介绍，当冷凝器换热表面附有 0.1mm 厚油膜时，氨制冷装置的制冷量将降低 11%左右。

2. 蒸发温度降低

润滑油进入蒸发器后，与进入冷凝器一样产生油膜，使换热效率降低。另外，积油还会减少蒸发器的有效换热面积。当蒸发器热负荷一定时，随着传热系数和传热面积的减小，蒸发时的传热温差增大，蒸发温度降低，对应的蒸发压力也降低，导致降温困难，耗电量增加。据介绍，在蒸发器表面附有 0.1mm 厚油膜时，将使蒸发温度降低 2.3℃，多耗电 9%~10%。

3. 制冷剂流动阻力增加

进入系统的油遇到污物或机械杂质后，易混合成为胶状的物质，势必增加制冷剂流动的阻力，增加运行的功耗。特别是长期停机后胶状物更加稠化，当其积聚在过滤网或断面小的管路、阀门中时，制冷剂流过时，就会产生节流降压效应，外壳出现结露、结霜现象。严重时甚至造成管路堵塞，使系统不能正常工作。

因此，在氨制冷系统的运行过程中，应采取有效措施，尽量使油少进入制冷系统。例如，避免压缩机排气温度过高，正确掌握压缩机加油量，防止曲轴箱内油面过高，设置性能良好的油分离器等。另外，在平时维护管理中，应及时放出沉积在各容器设备底部的润滑油。

三、氨制冷系统中润滑油积存的部位

制冷剂与润滑油的混合气体经过设在压缩机和冷凝器之间的油分离器后，大部分油被分离出来，沉积在油分离器的底部，但仍有一部分油随制冷剂进入冷凝器和管路系统内，且随着温度的降低，油以薄膜状态积附在换热设备的传热表面上，或沉积于容器设备底部。例如，氨制冷系统运行一定的时间后，冷凝器、储液器、中间冷却器、低压循环储液器、氨液分离器、排液桶和蒸发器等设备，都可能不同程度地积存油。

四、氨压缩机曲轴箱内油量不足的原因

氨制冷系统运行一定的时间后，总会有部分润滑油沉积于容器设备底部，不能返回压缩机曲轴箱，加上轴封泄漏等原因，造成曲轴箱内的冷冻机油逐渐消耗，最终导致油量不足，因此需要适时添加一定的润滑油。

五、制冷系统的放油与压缩机的加油操作的总体认识

1. 氨、氟利昂制冷系统放油操作的区别

在氨制冷系统中，放油与加油操作都是系统维护管理中的一项重要工作。由于氨与冷冻机油不能互溶，且油的密度比氨液的密度大，被压缩机排气带到系统中的冷冻机油部分沉降于容器设备的底部，难以随制冷剂的流动而返回压缩机，对制冷系统的正常运行造成危害。因此，要经常从油分离器、冷凝器和蒸发器等设备底部排放积油。压缩机曲轴箱缺油时，还需要添加润滑油。其中，油分离器和集油器是油排放系统的重要设备。

在氟利昂制冷系统中，由于制冷剂和冷冻机油互溶或微溶，进入系统中的冷冻机油主要依靠制冷剂的带动而返回压缩机，即“回油”。因此，一般氟利昂制冷系统不需要进行放油操作，除轴封泄漏、回油不利等原因，氟利昂压缩机一般也不需经常添加润滑油。

2. 油分离器的种类及适用范围

为了分离制冷剂蒸气中挟带的润滑油，通常在压缩机与冷凝器之间装设油分离器，将制冷剂过热蒸气挟带的油蒸气和油滴分离出来，并利用回油装置使油返回压缩机曲轴箱。目前常用的油分离器有洗涤式、离心式、填料式及过滤式四种结构形式，其结构如图 9-5 所示，常用油分离器的适用范围见表 9-5。

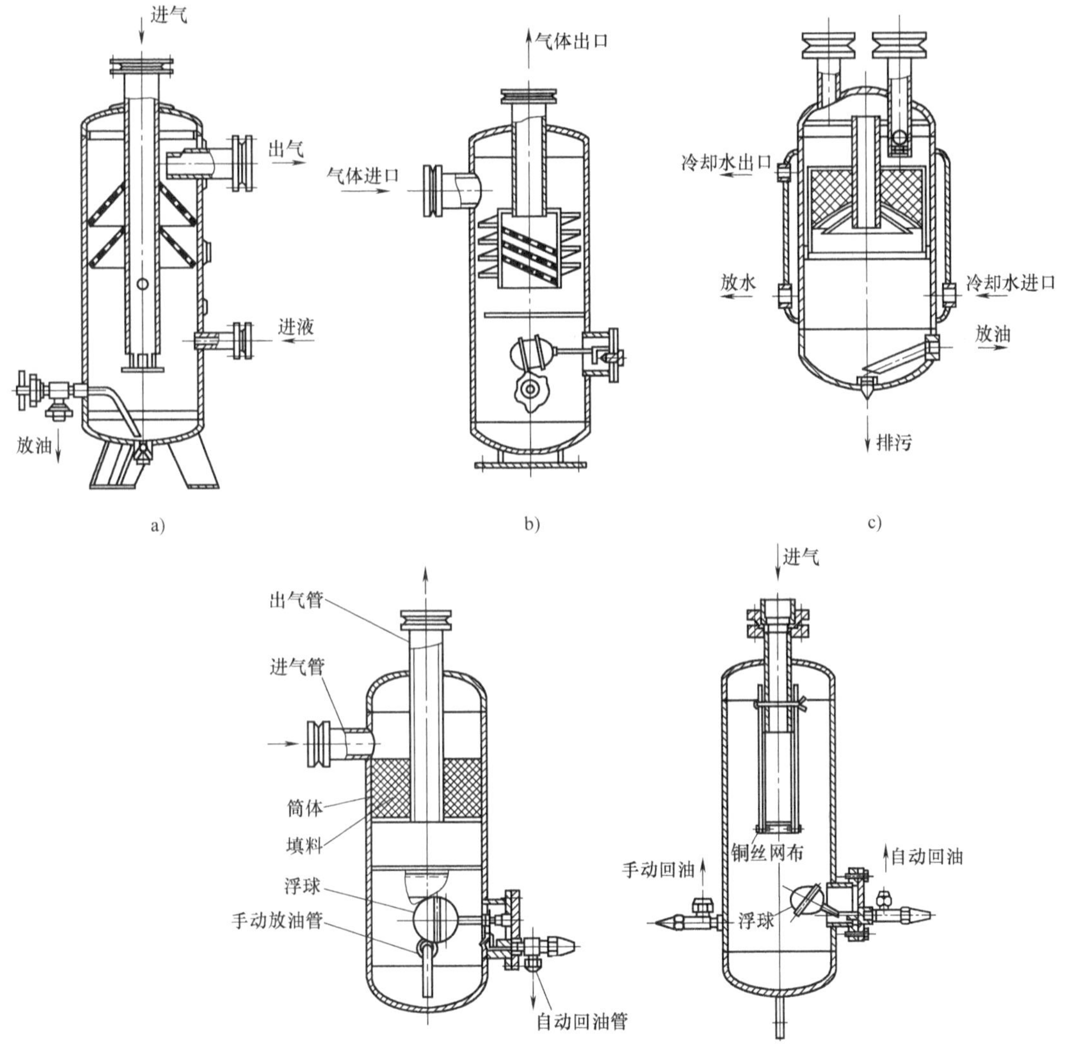

图 9-5 常用油分离器的结构形式

a）洗涤式 b）离心式 c）氨用填料式 d）氟利昂用填料式 e）过滤式

表 9-5 常用油分离器的适用范围

结构形式	适用系统	工作原理	效果	放油方式	备注
洗涤式	氨制冷系统	气体在氨液中被洗涤和冷却，同时降低气流速度、改变流动方向，使油滴自然沉降来实现油的分离	较好	可定期用手动阀向集油器排油	分油效果取决于冷却作用，一般氨液液位应比进气管底部高出 125~150mm
离心式	大中型制冷系统	借离心力的作用，将气流中密度较大的油滴抛在筒壁上分离出来	较好	可定期用手动阀向集油器排油，或通过浮球阀自动向压缩机曲轴箱回油	氨用与氟利昂用的油分离器结构相似，多在 6AW12.5 和 8AS12.5 型压缩机中配置
填料式	中小型制冷系统	通过降低气流速度、改变流动方向及填料过滤来分离出润滑油	较好	可定期用手动阀向集油器排油，或通过浮球阀自动向压缩机曲轴箱回油	结构简单，但填料层阻力较大，氨用与氟利昂用的结构不同

（续）

结构形式	适用系统	工作原理	效果	放油方式	备注
过滤式	小型氟利昂制冷系统	通过降低气流速度、改变流动方向及过滤丝网过滤来分离出润滑油	一般	通过浮球阀自动向压缩机曲轴箱回油，或可用手动阀回油	结构简单，但分油效果不如填料式好

3. 润滑油的收集设备

集油器是润滑油的收集设备，其结构如图 9-6 所示。如果从油分离器、高压储液器、冷凝器等压力较高的容器中直接放油，对操作人员是很不安全的。为了保证安全并减少制冷剂的损失，必须定期先将各设备的积油排入集油器，在降低压力并回收制冷剂后，在低压状态下将油安全地排出系统。集油器的作用是，可以在低压状态下从系统中放出润滑油，既安全可靠又不会造成制冷剂的损耗。因此，在氨制冷系统中，部分可能积油的设备均有放油管与集油器进油口相连，如图 9-7 所示。

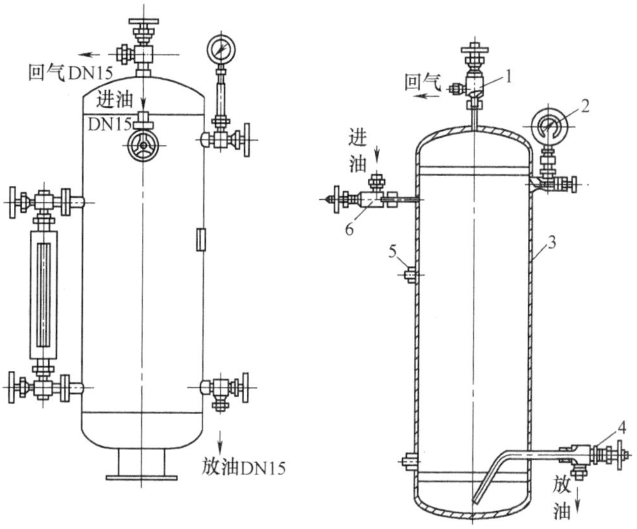

图 9-6　集油器的结构

1—回气阀　2—压力表　3—壳体　4—放油阀　5—液位计接头　6—进油阀

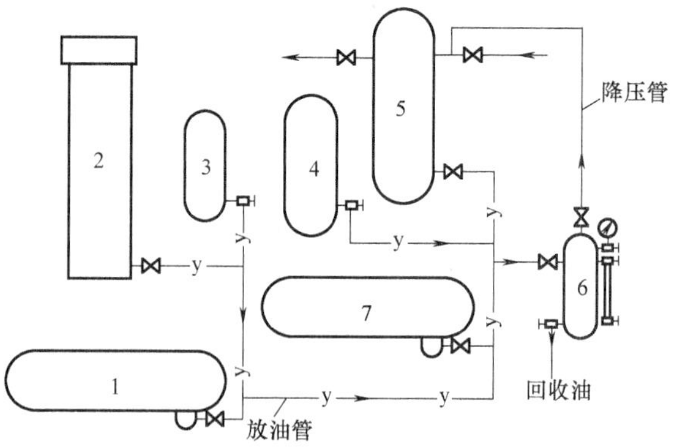

图 9-7　集油器系统管路连接

1—储液器　2—冷凝器　3—氨油分离器　4—中间冷却器　5—低压循环储液器　6—集油器　7—排液桶

集油器在氨制冷系统中的设置，应符合积油排放安全、方便的原则。一般情况下，油分离器放油最频繁，所以集油器一般布置在油分离器附近。对于大型的氨制冷系统，集油器还可按高、低压系统分别设置。高压部分的集油器，一般设置于放油频繁的油分离器附近；而低压部分的集油器，一般设置在低压循环储液器或排液桶附近。

4. 制冷压缩机加油常用的操作方法

应根据制冷系统的机型配置、压缩机存油量等实际情况，选择加油操作方法，见表9-6。

表9-6　制冷压缩机加油常用的操作方法

序号	操作方法	适用机型	应有配置	加油原理	工作特点	适用情况	图　示
1	从油三通阀加油	系列化的氨制冷机、氟利昂制冷机	压缩机有油泵及油三通阀	利用压缩机的油泵吸油	可在运行中加油	补充少量的油	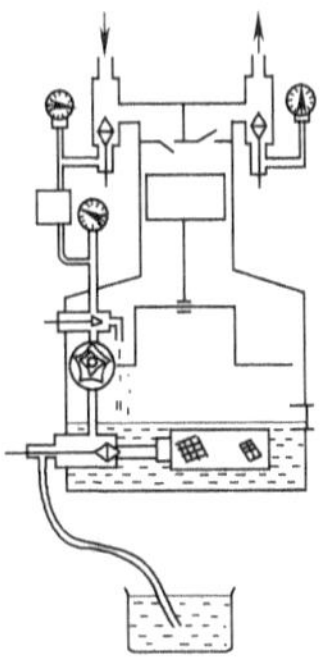
2	从专用加油阀加油	氨制冷机、氟利昂制冷机	油泵无外接吸口，但曲轴箱有带阀加油接头	利用压缩机抽真空，在大气压力下加油	可在运行中加油	补充少量的油	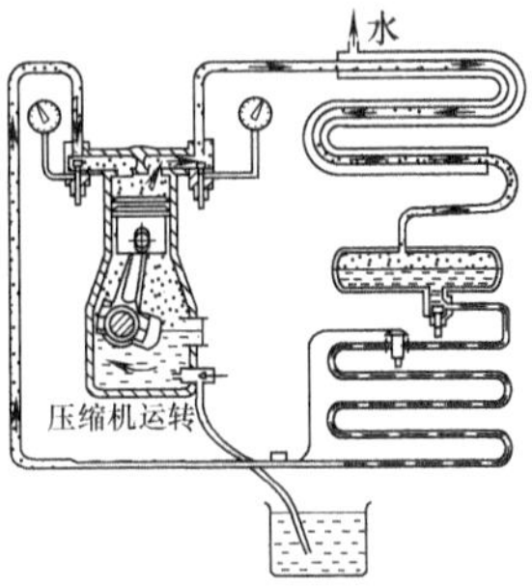
3	从吸气阀旁通孔加油	氨制冷机、氟利昂制冷机	压缩机既无加油接头，又无加油旋塞	利用压缩机抽真空，在大气压力下加油	将曲轴箱抽真空后，停机加油	补充少量的油	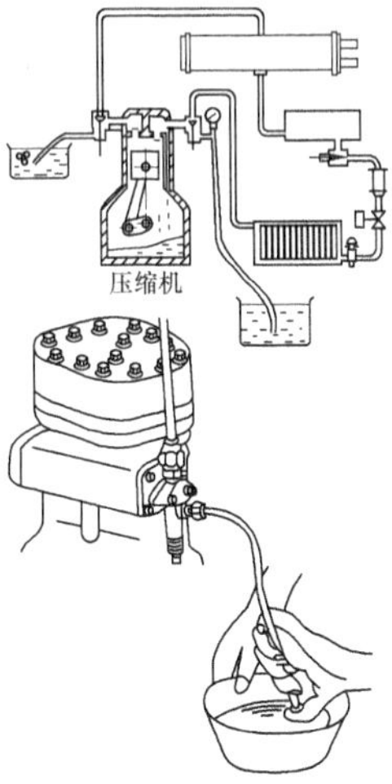

（续）

序号	操作方法	适用机型	应有配置	加油原理	工作特点	适用情况	图　示
4	从专用注油口加油	小型氟利昂制冷机	压缩机只有加油旋塞	利用自然压力，用漏斗灌注润滑油	停止压缩机，关闭吸、排气阀	添加大量的油	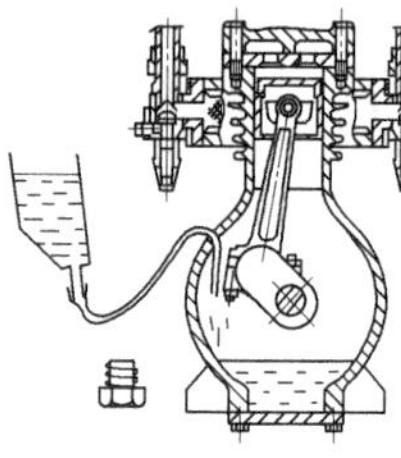
5	用专用（外置）油泵加油	氨制冷机、多台氨制冷机组	压缩机外置油泵、专设油泵	外置油泵，专设油泵强制加油	可在停机或运行中加油，不用临时加接管	添加大量的油	—

5. **油三通阀的作用与使用方法**

活塞式制冷压缩机的油三通阀是实现手动加油和放油的重要部件，安装在油泵下方的曲轴箱端面上，位于曲轴箱油面以下，在出油口、粗滤器外部，如图 9-8 所示。

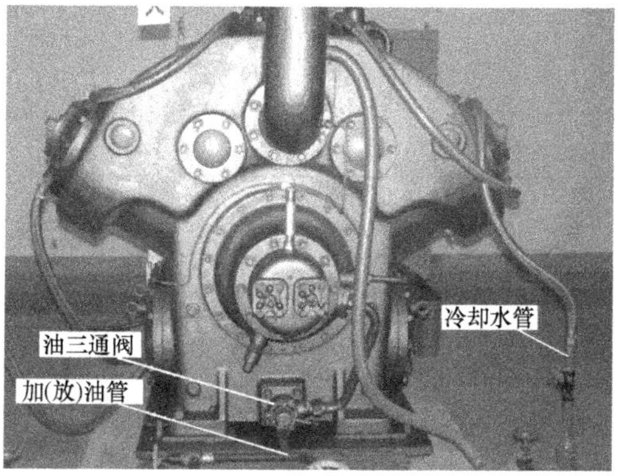

图 9-8　安装有油三通阀的制冷压缩机

油三通阀主要由阀体、阀芯、指示盘、手柄等组成。阀芯将阀体内部的圆柱形空间分为两部分，依靠阀芯位置的变换，可实现三通阀的“两通一堵”，从而实现加油、运转和放油的状态转换。

油三通阀的转盘上标有“加油”“运转”“放油”三个工作位置，可按需要将手柄转到指定位置进行相应的操作。当手柄拨到“加油”位置，即阀芯处于图 9-9a 所示位置时，油嘴与油泵相通，为加油过程，可实现不停机加油；当手柄拨到“运转”位置，即阀芯处于图 9-9b 所示位置时，曲轴箱与油泵相通，压缩机正常工作；当手柄拨到“放油”位置，即阀芯处于图 9-9c 所示位置时，曲轴箱与油嘴相通，为放油过程。

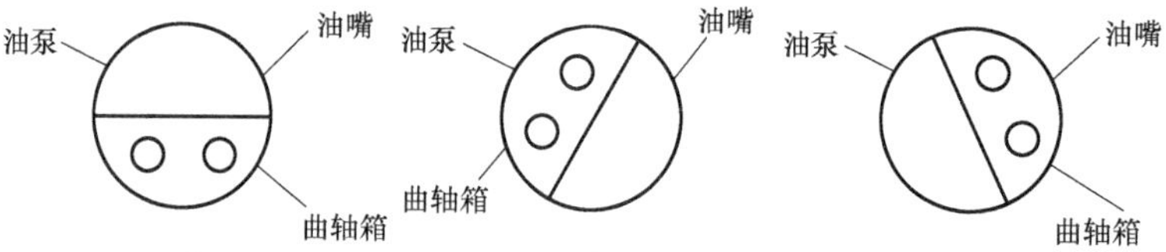

a)　b)　c)

图 9-9　油三通阀的工作原理

a）加油　b）运转　c）放油

油三通阀实物与结构如图 9-10 所示。

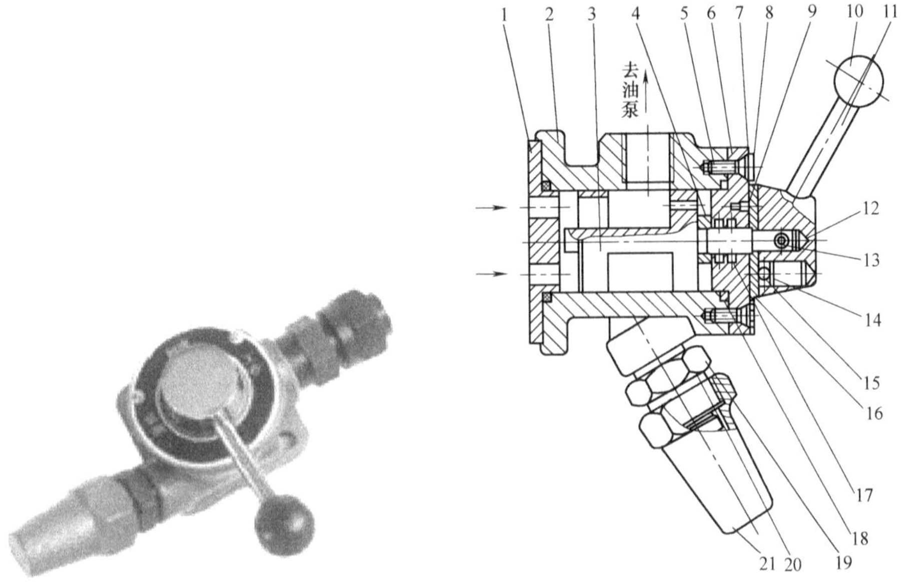

a)　　b)

图 9-10　油三通阀实物与结构

a）油三通阀实物图　b）油三通阀结构图

1—六孔盖　2—阀体　3—阀芯　4、20—垫片　5、9—螺钉　6—阀盖　7—指示盘　8—铆钉　10—手柄球　11—手柄　12—手柄头　13—锥端固定螺钉　14—弹簧　15—钢珠　16—限位板　17—橡胶圈　18—圆环　19—油接头　21—封帽

6. 氨制冷系统放油与加油的操作流程（图 9-11 和图 9-12）

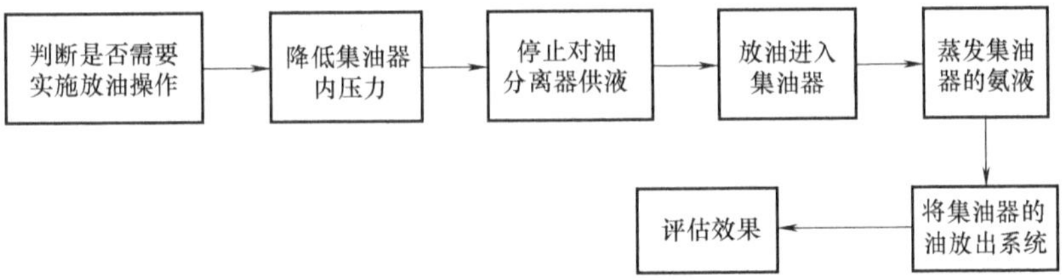

图 9-11　氨制冷系统放油的操作流程

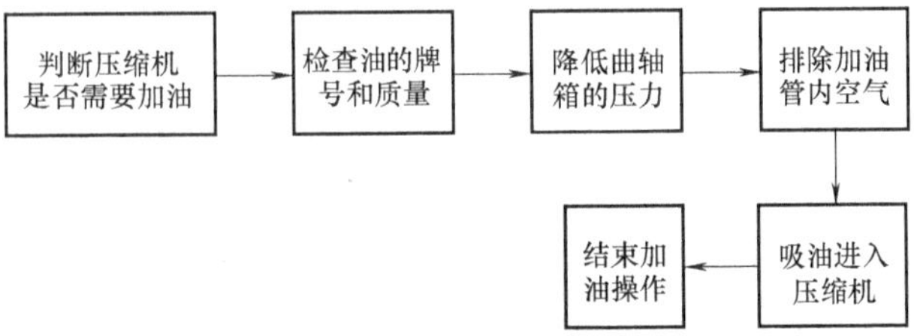

图 9-12　氨制冷系统加油的操作流程

典型实例

【实例1】 制冷系统的放油与压缩机的加油操作

一、氨制冷系统放油操作的步骤及方法

1. 判断氨制冷系统是否需要实施放油操作

在生产实践中，一般是根据企业的管理水平及设备运行状况，对可能积油的设备实行定期放油，或者是以系统运行中出现的有关迹象为依据，在排除其他原因的基础上，结合放油周期做出综合判断。氨制冷设备需要实施放油操作的判断依据见表9-7。

表9-7 氨制冷设备需要实施放油操作的判断依据

序号	设备	判断依据		其他原因
		迹象	周期	
1	油分离器	压缩机排气温度偏高、耗油量较大	每月1~2次	压缩机漏油，油环损坏或回油阀故障
2	冷凝器	冷凝温度和冷凝压力都偏高，冷凝效果变差	每月1~2次。在周期内，冷凝温度和冷凝压力呈逐渐上升趋势	冷凝负荷、冷却水变化及设备故障
3	蒸发器	蒸发温度和蒸发压力都偏低，冷库降温变难	每月3~4次。在周期内，蒸发温度和蒸发压力呈逐渐下降趋势	蒸发负荷、结霜变化及设备故障
4	高压储液器	液位指示器的液位上升	每月1~2次	液位指示错误，氨液量增多

例如，某氨制冷系统运行过程中，发现冷凝温度和冷凝压力都偏高，从连续的记录来看，呈缓慢上升趋势，且制冷量下降。经查，冷凝负荷、冷却水均无变化，相关设备并无故障，而且已接近放油周期。因此，冷凝温度（压力）偏高，应是冷凝器积油到一定程度所致。考虑到油分离器在冷凝器之前，此时也应有一定量的积油。所以，应先对油分离器实施放油操作，后对冷凝器实施放油操作。

在制冷装置的维护管理中，要根据上述征兆做出综合分析，随时掌握系统各相关设备的积油情况，及时将积油排出系统。

2. 氨制冷系统的放油操作

在氨制冷系统的运行管理中，及时放油是保证制冷装置高效节能运行的重要一环。若冷库制冷系统相关设备积油到一定程度，应及时排放。进行放油操作时，必须使用护目镜、橡胶手套等护具，做好安全防护，并有人可靠地监护。

氨制冷系统洗涤式油分离器的放油操作，如图9-13所示。在实施制冷系统的放油操作前，必须做好充分的准备工作：明确各设备的放油顺序，仔细检查制冷设备的各阀门能否正常关启，并可靠地关闭各设备的放油阀，以防阀门关闭不严或操作失误。进行放油操作时，操作人员应戴上护目镜和橡胶手套，站在放油管出口的侧面工作，并有人可靠地监护。放油过程中不得离开操作地点。放油完毕后，应记录放油的时间和放出油的数量。

第一步：降低集油器内压力。如集油器内有积油，应先放出。确认集油器已处于排空状态后，缓慢打开集油器降压（回气）阀6，降低集油器压力，当与吸气压力相近时再关闭集油器降压（回气）阀6，使集油器处于低压工作状态。

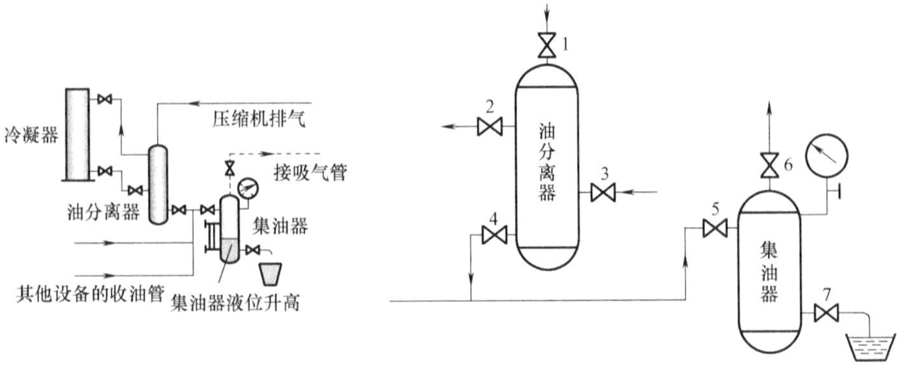

图 9-13 氨制冷系统洗涤式油分离器放油操作示意图

1—油分离器进气阀 2—油分离器出气阀 3—油分离器进液阀 4—油分离器放油阀 5—集油器进油阀 6—集油器降压（回气）阀 7—集油器放油阀

第二步：停止对油分离器供液。放油前应先关闭油分离器进液阀 3，停止氨油分离器工作。15min 后，油分离器内的制冷剂液体基本蒸发完毕，油沉淀于底部。停止供液时间不宜过长，以免妨碍油分离器的正常工作。

第三步：放油进入集油器。当油分离器外壳中下部温度升到 40~45℃时，缓慢打开油分离器放油阀 4 及集油器进油阀 5，向集油器放油。由于压差关系，氨油分离器中的油及少部分氨进入集油器。应密切注视集油器上压力表指针的变化，当压力较高、进油困难时，应关闭集油器进油阀 5，慢慢打开集油器降压（回气）阀 6（不可过快，以免集油器内氨液剧烈蒸发，导致压缩机湿行程）。待压力降至回气压力时，关闭集油器降压（回气）阀 6，再缓慢打开集油器进油阀 5，继续进油。依次重复操作，逐步将设备内的油排至集油器。集油器的进油量不应超过其高度的 70%，以免降压时由于液面过高引起压缩机液击。

当集油器进油阀后面的管子上发潮或结霜时，说明油分离器内的油已基本放完，应可靠关闭油分离器放油阀 4 和集油器进油阀 5，开启油分离器进液阀 3，恢复氨油分离器工作。

第四步：蒸发集油器的氨液。微开集油器降压（回气）阀 6，使油中夹杂的氨液蒸发，氨气沿集油器降压（回气）阀 6 被制冷压缩机吸气管抽走。当集油器压力降至吸气压力时，关闭集油器降压（回气）阀 6，观察集油器压力是否还上升，如果压力还上升再开启集油器降压（回气）阀 6，以继续蒸发、抽走剩余的氨液。

第五步：将集油器的油放出系统。如果集油器压力不上升，可关闭集油器降压（回气）阀 6，静置 20min 左右，观察集油器内压力回升情况。若压力明显上升，说明油内还有较多氨液，此时应重新降压，将氨液抽净。若压力不再回升，且趋于稳定，说明油中的氨液已基本抽净，可稍稍开启集油器放油阀 7，观察出油的情况。如果出油稳定而缓慢，就可以开大集油器放油阀 7，开始放油。

在放油过程中，要随时观察集油器玻璃管指示器的油面高度，当玻璃管下部的油面高度还剩 2~3cm 时，应立即关闭集油器放油阀 7，停止放油操作，以防吸入空气。

第六步：结束放油操作。待放油完毕后，应再次检查相关阀的开启状况，确保已将其恢复原状，并记录放油的时间和放出油的数量。

如一次未完成放油操作，可按上述方法和程序反复进行。上述为洗涤式油分离器放油操作的步骤及方法，冷凝器等其他高压设备放油操作的步骤及方法也相似。

蒸发器等低压设备放油时，一定要停止其工作，静置 20~30min，或更长一点时间，待蒸发压力上升、并大于集油器压力时，才能把油放进集油器。

洗涤式油分离器放油操作过程的有关情况，应记录在表 9-8 中。

表 9-8 洗涤式油分离器放油操作过程记录表

序号	操作任务	时间	出现的现象	出现的问题	解决的方法	放油量/kg
1	降低集油器内压力					
2	停止对油分离器供液					
3	放油进入集油器					
4	蒸发集油器的氨液					
5	将集油器的油放出系统					
6	结束放油操作					

3. 氨制冷系统放油效果的评估

油分离器、冷凝器和蒸发器等制冷设备的积油放出完毕后，可保持制冷压缩机（组）继续运行，并继续观察冷凝器、蒸发器上温度计和压力表的读数及有关现象，评估制冷系统的放油效果。良好的放油效果应表现为，冷凝压力和冷凝温度有所下降且趋于正常，蒸发压力和蒸发温度有所上升且趋于正常，单位耗电有所下降且趋于正常。

将观察到的有关数据和现象填入表 9-9 中，对氨制冷系统放油的效果进行评估。

表 9-9 氨制冷系统放油效果评估记录表

序号	设备	时间	油量/kg		冷凝温度/℃		蒸发温度/℃		结论
			设备放油量	总放油量	放油前	放油后	放油前	放油后	
1	油分离器								
2	冷凝器								
3	蒸发器								
4	高压储液器								

在制冷装置的维护管理中，应根据冷凝温度升高、蒸发温度降低等现象（征兆），随时掌握系统中的积油情况，及时将积油排出系统。在生产实践中，各设备放油的周期与压缩机耗油量及系统的运行管理水平有关。例如，有些设备每月要放油 1~2 次，而有些设备每月则需放油 3~4 次。

二、制冷压缩机的加油操作

在完成制冷系统放油操作以后，应检查制冷压缩机曲轴箱油位，判断是否需要加油。只有一个油面视镜的压缩机，运转中油位应维持在视镜的 1/2 处，或略高于该位置；有两个油面视镜的压缩机，运转中油位应在下油面视镜的 2/3 以上、上油面视镜的 1/2 以下。若油面视镜的油面低于正常油位，说明压缩机曲轴箱内油量已不足，需要添加润滑油。

一般来说，氨制冷压缩机与新系列氟利昂制冷压缩机的油泵接有油三通阀，可以在正常运行中加油。在运行中，通过油三通阀给制冷压缩机加油，如图 9-14 所示。

第一步：检查油的牌号和质量。添加的冷冻机油应与系统内冷冻机油牌号相同，质量符合压缩机的使用要求。不允许将不同牌号的冷冻机油相互混合，以防油的性能发生变化。应记录油桶的油量。

第二步：降低曲轴箱的压力。起动压缩机，缓缓关小压缩机吸气阀，使压缩机在吸气压力（表压）略高于0MPa（略高于大气压力）下运行。

第三步：排除加油管内的空气。先确认油三通阀处于“运转”位置，油泵与吸油过滤器相通。然后再旋下加油口（旁通孔）的密封螺母，将清洁干燥的加油软管套接在三通阀的加油管上，另一端（带有过滤器）插入加油桶内。将油三通阀指示位置由“运转”拨到“放油”位置，让曲轴箱排出少许冷冻机油，以排除管内空气。

第四步：吸油进入压缩机。当软管不出气泡时，迅速将油三通阀指示位置由“放油”拨到“加油”位置。此时油泵不再从曲轴箱内吸油，而是从容器中吸油。当曲轴箱内油面达到要求后，将油三通阀手柄拨回“运转”位置，加油完毕。应严格控制吸入的油量，曲轴箱油位过低会导致润滑效果欠佳，但油位过高会造成油的输送量过大，易引起压缩机液击等事故。

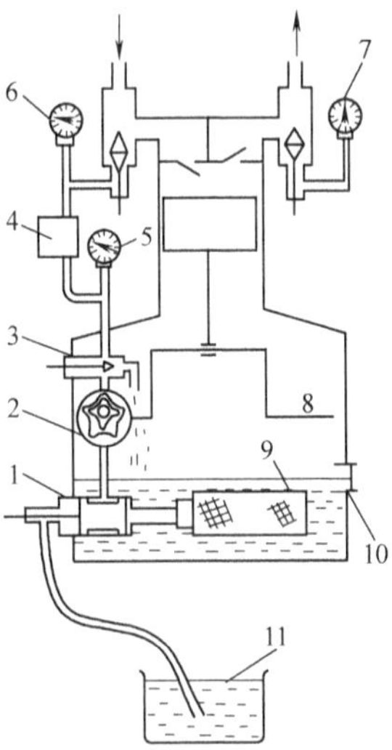

图 9-14　通过油三通阀给制冷压缩机加油

1—油三通阀　2—油泵　3—油压调节阀　4—油压差继电器　5—油压表　6—低压表　7—高压表　8—曲轴　9—吸油过滤网　10—油面视镜　11—冷冻机油

第五步：结束加油操作。缓缓开大压缩机吸气阀，恢复压缩机正常工作。

制冷压缩机加油操作的有关情况，应记录在表 9-10 中。

表 9-10　制冷压缩机加油操作记录表

序号	压缩机	时间	油牌号和质量		曲轴箱油位		加油桶油量/kg		加油量/kg
			曲轴箱	加油桶	加油前	加油后	加油前	加油后	
1	1 号机								
2	2 号机								
3	3 号机								
总加油量/kg									

在一定的时期内，压缩机加油的总量应与系统放油的总量大致平衡。如果发现压缩机加油量增多，而放出的油量少，应查明原因后排除，并增加放油次数，以防止过多的油进入制冷系统内。

三、注意事项

在制冷系统放油与压缩机加油的操作过程中，应注意以下事项。

1）制冷设备的放油操作应在该设备停止运行后进行，这样不仅可以获得较好的放油效果，而且安全可靠。

2）制冷设备放油必须经集油器集油后，再排出制冷系统，以保证操作人员的安全，并减少制冷剂的损失。

3）为了防止因各设备压力不同而造成“串压”事故，放油时，只能等一台设备放油完毕后，再进行另一台设备的放油，不能两台及多台设备同时进行放油操作。

4）放油时，如有阻塞现象，严禁用热水淋浇集油器，以防爆炸。

5）加油时，加油软管的吸入端应始终浸没在油中，不得露出油面，以防吸入空气。

【实例 2】 冷冻机油变质的主要原因及判断方法

制冷压缩机运行过程中，冷冻机油高温氧化、金属磨屑和水分等杂质的混入、不同牌号的冷冻机油混合使用，是制冷压缩机曲轴箱冷冻机油变质的主要原因。

冷冻机油使用一段时间后，颜色一般都要变深，但不一定是变质，简易的判断方法如下：将冷冻机油滴在吸水性好的白纸上，若油滴中心部分没有黑色，说明油没有变质，可继续使用；若油滴中心部分呈现黑色斑点，说明油已变质，应该换油。一般来说，只要油的颜色明显变深，且到了规定换油时间（周期），就应进行换油操作。

【实例 3】 氟利昂制冷系统蒸发器回油管的连接

氟利昂制冷剂易溶于冷冻机油的特性，决定了制冷系统中的冷冻机油必须采取回流循环。制冷系统中回流入压缩机的冷冻机油，通常来自两个途径：一是从油分离器中分离出的冷冻机油定时返回压缩机，返回方法通常用浮球阀自动控制；二是在供液中带进蒸发系统的冷冻机油必须及时地与吸回的气体一起流回压缩机。

1）对于采用热力膨胀阀直接供液的蒸发器，如上进下出的蒸发排管、冷风机等设备，可以利用较高的回气速度，将蒸发器内的油带回压缩机。图 9-15 所示为回气管接法的几种形式。

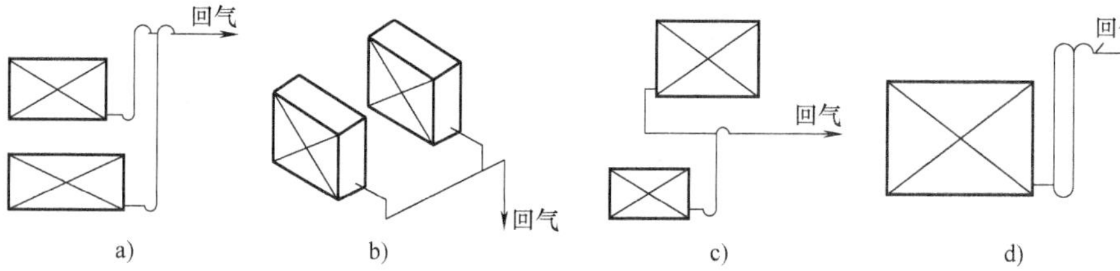

图 9-15　保证蒸发器回油的几种回气管接法

a）蒸发器均低于回气主管时　b）蒸发器均高于回气主管时　c）蒸发器位于回气主管上方和下方时　d）负荷变化大时的双上升立管形式

2）对于某些下进上出的蒸发排管、壳管式蒸发器等，设备内存有较多制冷剂，借回气速度无法将油带回压缩机。这时，必须采取“抽液”的办法，即抽取设备内含油较多的混合液，经过换热器，把油浓缩，然后再送回压缩机。图 9-16 所示为采用 R12 的管壳式蒸发器“抽液”回路示意图。

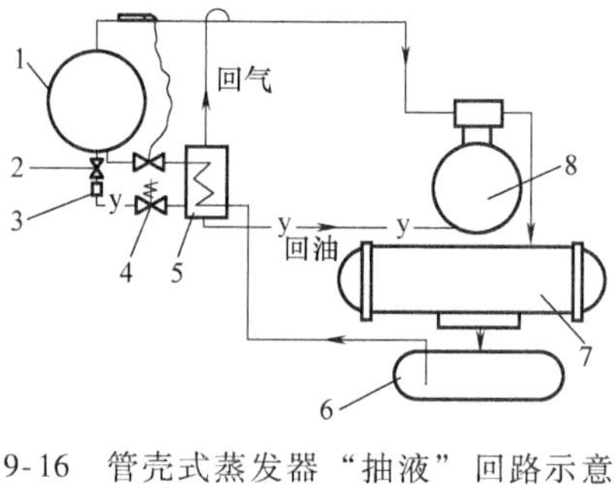

图 9-16　管壳式蒸发器“抽液”回路示意图

1—蒸发器　2—调节阀　3—视孔　4—电磁阀　5—换热器　6—储液器　7—冷凝器　8—压缩机

单元练习

一、填空题（将正确答案填写在横线上）

1. 在系统运行或充注制冷剂、加注冷冻机油时，若________压力低于外界大气压，________容易由________等密封不严处渗入系统。

2. 空气的存在，会导致制冷压缩机的________和________升高，引起压缩机摩擦面的润滑条件恶化。同时，炽热的制冷剂（氨）蒸气与空气的混合气体，遇到油蒸气或明火时________。

3. 空气进入________后，空气中的水分和氧气会加剧________，并加速________，对制冷系统有较大影响。

4. 制冷系统中的空气主要积存在________。不论空气从哪个部位进入________，都将被压缩机排到________中。

5. 制冷压缩机运转时排气温度可达________℃，部分油因________而________，随制冷剂气体进入系统。

6. 润滑油进入________后，会在传热面上形成油膜，使________增大、________减小。

二、单项选择题（在每小题的四个选项中，选出一个正确的，并将正确答案的序号填写在括号内）

1. 如果制冷系统中混有空气，尽管空气量不多，也会在冷凝器的传热面附近形成气膜热阻，使冷凝器的传热系数（　　）。

A. 上升　　B. 下降　　C. 增加　　D. 稳定

2. 利用制冷剂和空气在（　　）下冷凝的物理特性，先把空气等不凝性气体与制冷剂分离，然后再放出不凝性气体。

A. 不同温度　　B. 相同温度　　C. 相同压力　　D. 不同速度

3. 由于空气的密度比氟利昂气体的密度小，空气积聚在容器设备的上部，所以中小型氟利昂制冷系统一般（　　）采用空气分离器，可直接用手工进行放空气操作。

A. 不　　B. 都　　C. 有时　　D. 必须

4. 进入系统的油遇到污物或机械杂质后，易混合成为胶状的物质，势必（　　）制冷剂流动的阻力，增加运行的功耗。

A. 减少　　B. 下降　　C. 增加　　D. 稳定

5. 有一部分油随制冷剂进入冷凝器和管路系路内，且随着温度的（　　），油以薄膜状态积附在换热设备的传热表面上，或沉积于容器设备底部。

A. 降低　　B. 上升　　C. 增加　　D. 稳定

6. 一般氟利昂制冷系统（　　）需要进行放油操作，除轴封泄漏、回油不利等原因，氟利昂压缩机一般也不需经常添加润滑油。

A. 不　　B. 都　　C. 常常　　D. 必须

7. 一般情况下，油分离器放油最频繁，所以（　　）一般布置在油分离器附近。

A. 压缩机　　B. 冷凝器　　C. 集油器　　D. 膨胀阀

三、判断题（正确的在括号内画“√”，错误的画“×”）

1. 机器设备或管道经安装或检修后、投产前，抽空不彻底，使空气残留于制冷系统中。（　）

2. 制冷系统中的空气主要积存在冷凝器和储液器中。（　）

3. 目前在氨制冷系统中，用得比较多的是卧式空气分离器，其优点是操作简单，装上自控元件后即可实现自动操作。（　）

4. 空气的密度比氨气的密度大、比氨液的密度小，系统中空气的积聚位置主要在冷凝器的中、下部和高压储液器的上部。（　）

5. 在氨制冷系统的运行过程中，应采取有效措施，尽量使油少进入制冷系统。（　）

6. 油分离器的作用是，可以在低压状况下从系统中放出润滑油，既安全可靠又不会造成制冷剂的损耗。（　）

7. 一般来说，氨制冷压缩机与新系列氟利昂制冷压缩机的油泵接有油三通阀，但不可以在正常运行中加油。（　）

四、简答题

1. 如何判断制冷系统中是否混有空气？

2. 某氨制冷系统运行过程中，制冷系统中混有空气的三种现象同时出现。实测到此制冷系统中，某一氨冷凝器压力表读数为 1.156MPa，又测得冷凝温度为 29℃。试问，该冷凝器中是否混有空气？是否需要实施放空气操作？

3. 如何判断氨制冷系统是否需要实施放油操作？

单元十

冷库制冷装置的运行维护

内容框架

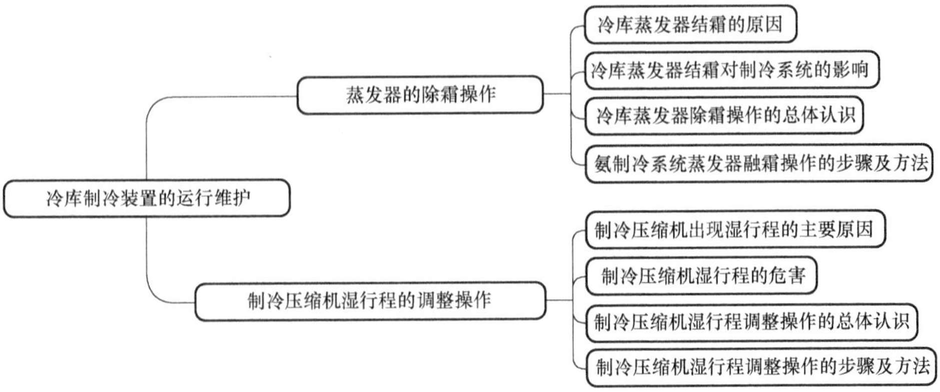

学习引导

目的与要求

1. 知道冷库蒸发器结霜的原因、霜层对制冷系统的影响，能说出冷库蒸发器常见的除霜方法及其适用范围，能说出热工质气体融霜的工作原理，明确氨制冷系统蒸发器融霜的操作流程。

2. 能正确判断氨制冷系统蒸发器是否需要实施融霜操作，能按要求完成氨制冷系统蒸发器的融霜操作。

3. 知道制冷压缩机发生湿行程的主要原因、危害，能说出发生湿行程的现象（征兆），能说出氨制冷系统湿行程常见的预防措施，明确制冷压缩机湿行程调整的操作流程。

4. 能正确判断运行中的制冷压缩机是否已发生湿行程，能按要求完成氨制冷压缩机湿行程的调整操作。

重点与难点

难点：正确判断氨制冷系统蒸发器是否需要实施融霜操作；正确判断运行中的制冷压缩机是否已发生湿行程。

重点：按要求完成氨制冷系统蒸发器的融霜操作；按要求完成氨制冷压缩机湿行程的调

整操作。

课题一　蒸发器的除霜操作

相关知识

一、冷库蒸发器结霜的原因

一般来说，冷库冷间内的空气相对湿度都比较高。制冷系统正常运行时，蒸发器的表面温度远低于空气的露点温度，空气中的水分会析出而凝结在蒸发器管壁上。当管壁温度低于0℃时，水露则凝结成霜。霜层的热导率只有 0.3W/(m·K) 左右，而钢管壁的热导率为36~49W/(m·K)，霜层的热导率远比钢管壁的热导率小。在相同厚度的情况下，霜层热阻约为钢管壁热阻的120倍以上。

二、冷库蒸发器结霜对制冷系统的影响

由于霜层的热导率很低，热阻很大，霜层过厚将使蒸发器换热条件恶化，换热效率明显下降，从而造成制冷量减小，冷间降温困难，制冷压缩机功耗增大，制冷效率下降。同时，结霜对于由翅片管组成的冷风机影响更为突出。当翅片管间的间隙逐渐被霜层堵塞后，空气流动阻力增大，通风量减少，也会造成冷库温度下降缓慢。另外，因为挂霜的原因，制冷剂在蒸发器管内的蒸发逐渐减弱，未完全蒸发的氨液有可能被制冷压缩机吸入而造成湿压缩。

因此，必须定期（及时）从蒸发器管组表面除去霜层，否则霜层会越结越厚，直接影响制冷系统的正常运行。

三、冷库蒸发器除霜操作的总体认识

1. 冷库蒸发器常见的除霜方法及其适用范围

清除蒸发器表面的积霜，是冷库日常维护必须做的工作之一，是冷库节能降耗的重要环节。蒸发器的除霜方法很多，应视蒸发器的形式、制冷系统的管路设置等情况而定。常见的冷库蒸发器除霜方法及适用范围见表10-1。

表10-1　常见的冷库蒸发器除霜方法及适用范围

序号	除霜方法	适用范围	工作方式	效果	优点	缺点	备注
1	人工除霜	适用于光滑排管蒸发器，多用于小型冷库及排管不多的地方	可使用专用工具，对蒸发器管道进行除霜	除霜不彻底	可不停止蒸发器工作，因而不影响冷间降温	劳动强度大	
2	热工质气体融霜	适用于所有形式的蒸发器，多用于大型冷库和氨压缩制冷系统	利用压缩机排出过热蒸气的显热和潜热，加热并融化蒸发器外表面的凝霜层	融霜效果好	时间短、劳动强度低，可将蒸发器内的油和污物排出	操作较复杂，能量损失大	融霜时需停止蒸发器工作

（续）

序号	除霜方法	适用范围	工作方式	效果	优点	缺点	备注
3	水融霜	适用于带有排水管道的冷风机	利用喷水装置，向蒸发器外表面喷水，使霜层被水的热量融化并冲掉	融霜效果好	时间短，操作简单，便于管理	蒸发器管道内的油污无法排出，且水消耗量较大	需要有严格的技术措施，防止水对冷库造成危害
4	电热融霜	适用于冷风机，多用于小型氟利昂制冷系统	通电后，电热管发热，加热并融化蒸发器外表面的凝霜层	融霜效果好	融霜方便，操作简单，易于实现自动控制	消耗电能较多，冷间温度波动也大	融霜时需停止冷风机的运行，并关闭供液阀门
5	热工质气体和水联合融霜	适用于冷风机	先采用热气融霜，到霜层与蒸发器表面已能基本脱开，再打开冲霜供水阀，进行水冲霜	融霜效果好	速度快，既能将蒸发器管道外的霜层融化干净，又能将蒸发器内的积油及时排出	操作和设备安装比较复杂	常用于冻结间的冷风机融霜

在生产实践中，大型冷库和氨单级压缩制冷系统，一般都采用热工质气体融霜代替人工除霜，这就大大减轻了劳动强度，提高了工作效率。

2. 热工质气体融霜

将制冷压缩机排出的制冷剂高温过热蒸气，经油分离器分油后引入蒸发器内，利用过热蒸气的显热和潜热，来加热和融化蒸发器外表面的凝霜。同时，利用制冷剂过热蒸气的压力，还可将蒸发器内的油和污物排出。过热蒸气放热后变为液体，同蒸发器内原有的积液一道排入排液桶或低压循环储液器中。此法融霜效果好、时间短、劳动强度低，但操作比较复杂，能量损失大，融霜时需停止冷间的降温工作。这种方法适用于所有形式的蒸发器。图10-1所示为单级压缩氨制冷系统热氨气体融霜示意图。

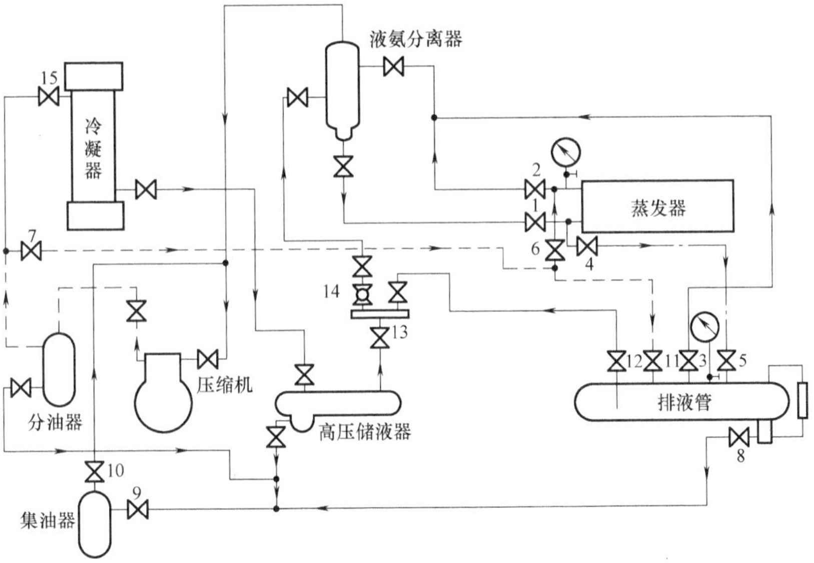

图10-1 单级压缩氨制冷系统热氨气体融霜示意图

1—进液阀 2—出气阀 3—降压阀 4、5—排液阀 6、7—融霜阀 8—放油阀 9—进油阀 10—回气阀 11—升压阀 12—出液阀 13—供液总阀 14—节流阀 15—冷凝器出气阀

3. 融霜排液桶的作用与结构

融霜排液桶的主要作用是储存蒸发器热氨融霜时排出的氨液和油，对融霜后的排液进行气液分离，并沉淀分离氨液中的润滑油。另外，也可用于中间冷却器、低压循环储液器、气液分离器等设备液位过高或检修时的排液。融霜排液桶一般布置在设备间且靠近冷库的一侧。

融霜排液桶的结构如图 10-2 所示，是用钢板焊制成的圆筒形压力容器，在桶身上应有进液管、出液管、加压管和减压管、安全阀和压力表等接头。桶体下部有排污、放油管接头，容器的一端装有液面指示器。融霜排液桶的容积应能够储存一次融霜所排出的全部液体，一般不小于一次融霜的蒸发盘（排）管容积。

由于排出液体温度低，融霜排液桶属于低温设备，外面应包有隔热层。

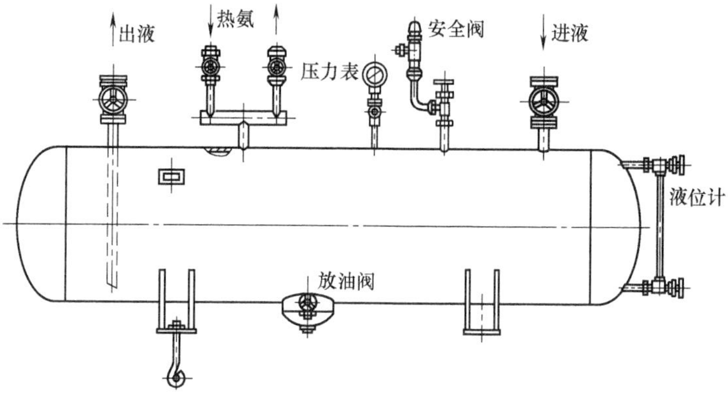

图 10-2　融霜排液桶的结构

4. 热氨融霜系统管路连接

热氨融霜系统应包括由制冷压缩机排气管上接出的融霜管、排液管和一个融霜排液桶等。融霜用的热氨应从油分离器后的高压热氨管上接出，从蒸发器顶端接入，氨液从底端排出。热氨融霜系统管路连接示意图如图 10-3 所示。

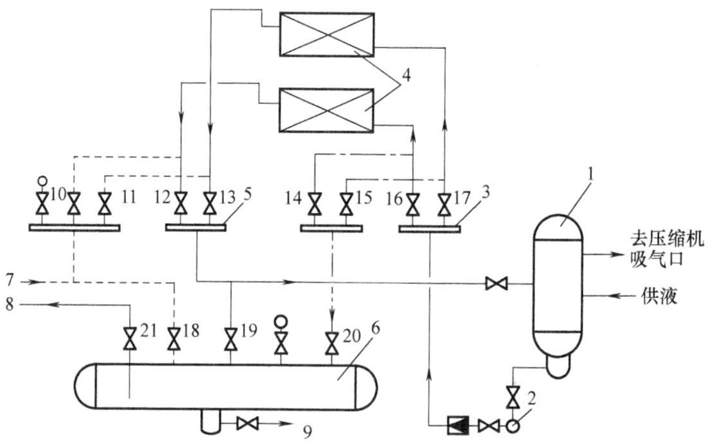

图 10-3　热氨融霜系统管路连接示意图

1—低压循环储液器　2—氨泵　3—液体调节站　4—蒸发器　5—气体调节站　6—融霜排液桶　7—热氨气体（从油分离器引来）　8—出液（到低压循环储液器或氨液分离器的液体管去）　9—放油　10、11—冷间热氨融霜阀　12、13—冷间回气阀　14、15—冷间排液阀　16、17—冷间供液阀　18—加压阀　19—减压阀　20—进液阀　21—出液阀融霜排液桶上的进液管与液体调节站的排液管相连接。减压管与氨液分离器或低压循环储液器的回气管相连接，以降低融霜排液桶内的压力，使热氨融霜后的氨液能顺利进入桶内。

出液管与通往低压循环储液器（氨液分离器）的液体管或库房供液调节站相连接。加压管一般与油分离器的出气管相连接。当需要排出桶内氨液时，关闭进液管和减压管阀门，开启加压管阀门，对容器加压，将氨液送往各冷间蒸发器。

在氨液排出前，应先将沉积在融霜排液桶内的润滑油排至集油器。

5. 氨制冷系统蒸发器融霜的操作流程（图 10-4）

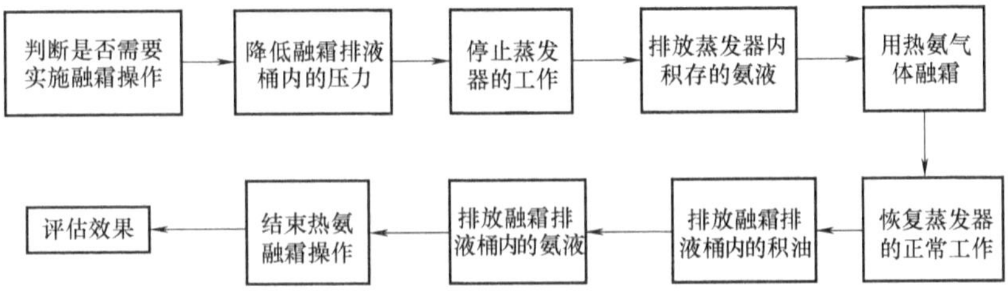

图 10-4　氨制冷系统蒸发器融霜的操作流程

典型实例

【实例 1】　蒸发器的融霜操作

一、氨冷库蒸发器融霜操作的步骤及方法

1. 判断冷库蒸发器是否需要实施融霜操作

在生产实践中，一般是根据冷库的运行规律及设备运行状况，对冷库蒸发器实行定期融霜。或者是以蒸发器的结霜情况为依据，结合融霜周期，对是否需要实施融霜操作做出综合判断。其综合判断依据见表 10-2。

表 10-2　蒸发器需要实施融霜操作的判断依据

序号	设备	判断依据	
		观察现象	除霜周期
1	蒸发器	表面 70%以上结霜，且霜层较厚，翅片间隙趋于堵塞	蒸发器连续运行 10~12h，则应除霜
2	冷风机	通风量减少，风压差增大	
3	冷间	降温困难	
4	压缩机	吸气温度过低，机头结霜	
5	膨胀阀	开度正常	

例如，在某冷库氨制冷系统运行过程中，冷间降温逐渐困难。观察到蒸发器表面 80%以上已结霜，霜层很厚，翅片间隙趋于堵塞，冷风机通风量减少，压缩机吸气温度过低，机头结霜明显。经查，制冷系统的膨胀阀开度正常，制冷负荷、冷却水均无明显变化，相关设备并无故障。从连续的记录来看，该蒸发器已连续运行了 8h，接近融霜周期。因此，应考虑对该蒸发器实施融霜操作。

2. 氨制冷系统蒸发器的融霜操作

在制冷系统的维护管理中，及时除霜是保证制冷装置高效节能运行的重要一环。若冷库蒸发器的霜层结到一定厚度，就应及时除霜。

在较大的制冷系统中，蒸发器融霜应按组分别进行。一般情况下，当一组蒸发盘管融霜时，其他蒸发器仍在继续进行工作，制冷压缩机也应维持正常运转，以保证有足够的排气供融霜使用。

下面以重力供液系统的热氨融霜操作为例，介绍氨制冷系统蒸发器的融霜操作。如图 10-5所示，冷间的蒸发器 3 为被融霜的蒸发器。在实施融霜操作前，必须做好充分的准备工作：明确各设备的融霜顺序，仔细检查制冷设备的各阀门能否正常关启，并可靠地关闭各设备的融霜阀，以防阀门关闭失严或操作失误。融霜操作时，操作人员应戴上护目镜和橡胶手套，站在阀门的侧面工作，并有人可靠地监护。融霜过程中不得离开操作地点。融霜完毕后，应记录融霜的时间。

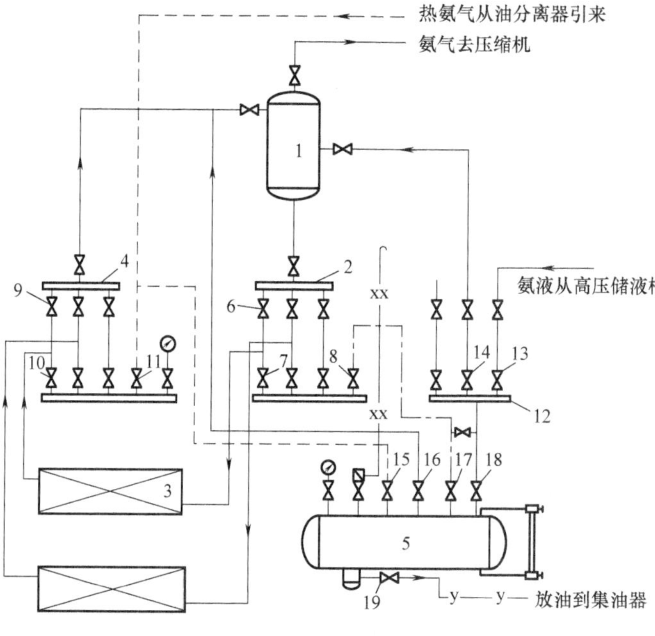

图 10-5 重力供液系统热氨融霜操作示意图

1—氨液分离器 2—液体调节站 3—蒸发器 4—气体调节站 5—融霜排液桶 6—冷间供液阀 7—冷间排液阀 8—总排液阀 9—冷间回气阀 10—冷间热氨融霜阀 11—总热氨融霜阀 12—总调节站 13—供液阀 14—节流阀 15—加压阀 16—减压阀 17—进液阀 18—出液阀 19—放油阀

第一步：降低融霜排液桶内的压力。融霜开始前，如融霜排液桶内有积液，应先将其排出，使设备处于待工作状态。确认融霜排液桶已处于排空状态后，缓慢打开融霜排液桶的减压阀 16，降低融霜排液桶内的压力。当桶内的压力与吸气压力相近时，再关闭减压阀 16，使融霜排液桶处于减压工作状态。

第二步：停止蒸发器的工作。适当关小总调节站 12 上的供液阀 13 和节流阀 14，减少氨液分离器的供液量。关闭液体调节站 2 上的冷间供液阀 6，停止蒸发器 3 的工作，抽回一部分氨到高压储液器，以防融霜排液桶装满。然后，关闭气体调节站 4 上的冷间回气阀 9。

第三步：排放蒸发器积存的氨液。打开融霜排液桶 5 上的进液阀 17，打开液体调节站 2 上的冷间排液阀 7 和总排液阀 8，让蒸发器 3 内的部分氨液在压差的作用下自行流回融霜排液桶 5。

当液氨不能自行流入融霜排液桶 5 时，可微开气体调节站 4 上的冷间热氨融霜阀 10 和总热氨融霜阀 11，让过热氨蒸气进入蒸发器 3，使蒸发器的压力升高（但以不超过 0.5MPa 为宜），以帮助蒸发器 3 排液。

第四步：用热氨气体融霜。蒸发器 3 的积液排放完毕后，继续缓慢开启气体调节站 4 上的冷间热氨融霜阀 10 和总热氨融霜阀 11，使热氨蒸气进入蒸发器 3 各排（盘）管，将霜层融化。热氨融霜阀的开启不应过大，热氨压力不应超过 0.7MPa。为了加速融霜和排液，可采用间歇开关的方法进行。

进入蒸发器 3 的热氨蒸气，受到管外霜层的冷却变成液体，和油一起排进融霜排液桶 5。在融霜、排液过程中，如果融霜排液桶 5 内的压力超过 0.6MPa，应关闭进液阀 17，并慢慢开启减压阀 16。待桶内压力降至蒸发压力后，再关闭减压阀 16，打开进液阀 17 继续排液。如此反复，直到排液结束。

排液时，融霜排液桶液面不得超过 80%，如果是低压循环储液器则液面不得超过 50%。如液面过高，则应将氨液排走后再继续进行融霜。

当蒸发器 3 外表面的霜层全部融化脱落后，先关闭总热氨融霜阀 11 和冷间热氨融霜阀 10，然后关闭冷间排液阀 7、总排液阀 8 和融霜排液桶的进液阀 17。

第五步：恢复蒸发器的正常工作。慢慢开启冷间回气阀 9 降压，以制冷压缩机不产生湿压缩为原则。待冷间蒸发器的压力降至低压回气压力时，可适当开启冷间供液阀 6，适当开大总调节站 12 上的供液阀 13，并逐渐开大节流阀 14，以恢复冷间蒸发器 3 的正常工作。

第六步：排放融霜排液桶的积油。从蒸发器排出来的氨液和油，进入融霜排液桶静置 25~35min 后，液体逐渐沉淀、分层。打开融霜排液桶的放油阀 19，将沉积的油排放到集油器（详见制冷系统的放油操作）。若桶内压力偏低而放油困难时，可缓慢打开融霜排液桶的加压阀 15，加压至 0.5~0.6MPa 以帮助放油。放完油后关闭放油阀 19 和加压阀 15。

第七步：排放融霜排液桶的氨液。关闭总调节站 12 上的供液阀 13，适当关小节流阀 14。缓慢打开融霜排液桶至氨液分离器的出液阀 18，缓慢打开融霜排液桶上的加压阀 15，加压至 0.6~0.7MPa，将氨液送往氨液分离器的供液阀，这时融霜排液桶代替高压储液器向蒸发器供液。

待融霜排液桶 5 的氨液排放完后，关闭融霜排液桶上的出液阀 18 和加压阀 15，缓慢打开融霜排液桶的减压阀 16，将融霜排液桶减压后待用，然后关闭减压阀 16。

第八步：结束热氨融霜操作。再次缓慢调整总调节站 12 上的供液阀 13 和节流阀 14 至正常位置，以恢复制冷系统的正常工作。最后对融霜系统所有阀门进行仔细的检查，确认其已恢复到正常的工作状态。

至此，热氨融霜操作完毕。

热氨融霜的操作比较复杂。因此，在融霜前要做好准备，融霜过程中要仔细、认真操作，注意各个阀门之间的相互关系。为了缩短热氨融霜的时间，在融霜的同时可以配合人工扫霜。如一次未完成，可按上述方法和程序反复进行。

上述为重力供液系统热氨融霜操作的步骤及方法，氨泵供液系统热氨融霜的操作也相似，热氨也应采用上进下出的方式，以便排液回流。

重力供液系统热氨融霜的有关情况，应记录在表 10-3 中。

3. 氨制冷系统蒸发器融霜效果的评估

蒸发器融霜完毕后，可保持制冷机组继续运行，并继续观察冷间降温情况，评估融霜的效果。良好的融霜效果应表现为，蒸发器外表面90%以上的霜层应融化脱落，冷风机通风量明显增大，风压差减少，恢复到正常水平；冷间温度下降且降温速度趋于正常，蒸发压力和蒸发温度有所上升且趋于正常，制冷压缩机吸气温度上升，压缩机机头结霜现象消失，单位耗电有所下降且趋于正常等。

表10-3 重力供液系统热氨融霜操作过程记录表

序号	操作任务	操作内容	压力/MPa	温度/℃	出现的现象和问题	解决的方法	效果	备注
1	降低融霜排液桶内的压力							
2	停止蒸发器的工作							
3	排放蒸发器积存的氨液							
4	用热氨气体融霜							
5	恢复蒸发器的正常工作							
6	排放融霜排液桶的积油							
7	排放融霜排液桶的氨液							
8	结束热氨融霜操作							

将观察到的有关数据和现象填入表10-4中，对制冷系统蒸发器融霜的效果进行评估。

表10-4 氨制冷系统蒸发器融霜效果评估记录表

序号	设备	时间	冷间降温速度/(℃/h)		蒸发温度/℃		吸气温度/℃		结论
			融霜前	融霜后	融霜前	融霜后	融霜前	融霜后	
1	蒸发器1								
2	蒸发器2								
3	蒸发器3								

在制冷装置的运行、维护、管理过程中，如果除霜次数不足，会影响制冷系统的正常运行，造成库温下降困难、系统能耗增加；如果除霜次数过多，则会造成库温频繁波动，且系统能耗也会增加。因此，应根据蒸发器运行时间、结霜厚度、制冷压缩机吸气温度等情况，掌握系统除霜的最佳时机，及时将蒸发器表面的霜层除去。

在生产实践中，各冷间蒸发器融霜的周期与冷库及蒸发器的种类、储藏温度、冷间相对湿度及系统的运行调节水平等因素有关。例如，有些蒸发器每日需要除霜1~2次，而有些蒸发器间隔十几日后才需要除霜1次。

二、注意事项

在冷库蒸发器除霜的操作过程中，应注意以下事项。

1）进行热氨融霜操作时，会引起库温的波动。因此，一般选择在货物出库后，或库内货物很少时进行热氨融霜操作。

2）冷风机蒸发器除霜必须在风机停止运行时进行，这样不仅可以提高融霜效果，减少系统能耗，防止库温明显波动，而且安全可靠。

3）冬季融霜时，为了提高热氨温度，可适当减少冷却水量，但必须确保安全，严禁全部停水，以免发生事故。

4）如果制冷系统没有设置融霜排液桶，应使用低压循环储液器做好接收排液的准备，桶的液面不得高于20%，桶内压力应保持与低压回气压力相近。

5）热氨融霜时，热氨气体进入蒸发器前的压力不得超过0.8MPa，禁止用关小或关闭冷凝器进气阀的方法加快融霜速度。融霜完毕后，应缓慢开启蒸发器的回气阀。

6）冷风机单独用水冲霜时，严禁将该冷风机在分配站上的回气阀、排液阀全部关闭后闭路淋浇，以防“液爆”事故的发生。

【实例2】　氟利昂制冷系统的热氟融霜

一、氟利昂制冷系统热氟融霜的特点

氟利昂制冷系统采用热氟融霜的原理，与氨制冷系统采用热氨融霜的原理相同。但氟利昂系统一般不设融霜排液桶，通常将冷却的液体排往气液分离器，经气液分离后由压缩机渐渐吸入，如图10-6所示。

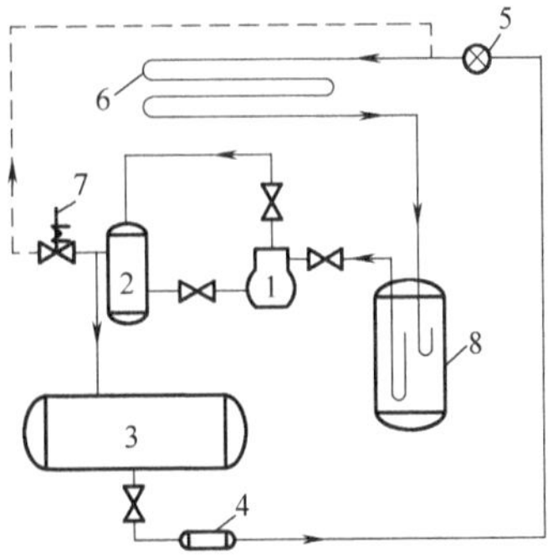

图10-6　氟利昂制冷系统热氟融霜示意图

1—氟利昂压缩机　2—油分离器　3—冷凝器　4—干燥过滤器　5—热力膨胀阀　6—蒸发器　7—融霜电磁阀　8—气液分离器

二、氟利昂制冷系统的自动融霜方案

近年来，氟利昂制冷系统的自动控制融霜技术发展较快，可分为单级压缩系统的自动融霜、双级压缩系统的自动融霜两大类。一般来说，氟利昂制冷系统可选择的融霜方案较多，具体应用时，可根据实际情况进行选择。

1. 单级压缩氟利昂制冷系统的自动融霜方案

如图10-7所示，当系统在融霜时，将设在压缩机排气管上的融霜三通阀打开，压缩机排气通过融霜电磁阀后，进入蒸发器融化霜层，由原系统回气管经热交换器后返回制冷压缩机。系统中的热交换器在一定程度上能防止在融霜过程中压缩机湿行程的发生。在此融霜系统中，为防止冷风机下面的水盘冻结，先将排气管经过水盘之后，再把热气体送入冷却器内。

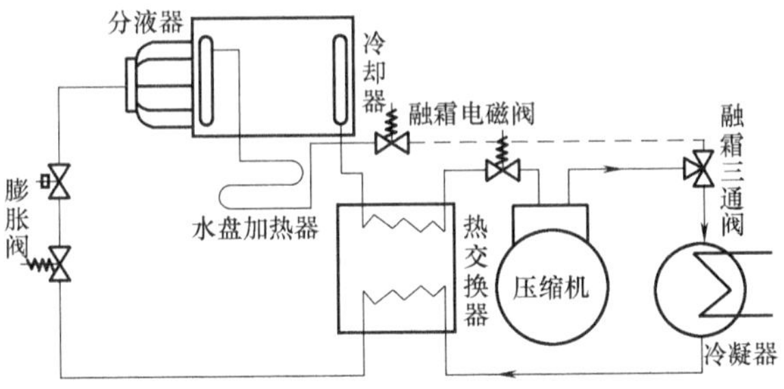

图10-7　单级压缩氟利昂制冷系统的自动融霜方案

2. 双级压缩氟利昂制冷系统的自动融霜方案

如图10-8所示，该系统采用一次节流中间不完全冷却的方式。融霜时把系统中的融霜电磁阀打开，压缩机排气先经过冷却器下面的水盘后进入蒸发器，进行融霜。在返回的管路中，回气管线上的回气电磁阀已关，这时制冷剂已变为液体，从蒸发器出来后，经恒压阀进入热交换器，吸收水的热量转变为气体，随后返回压缩机。

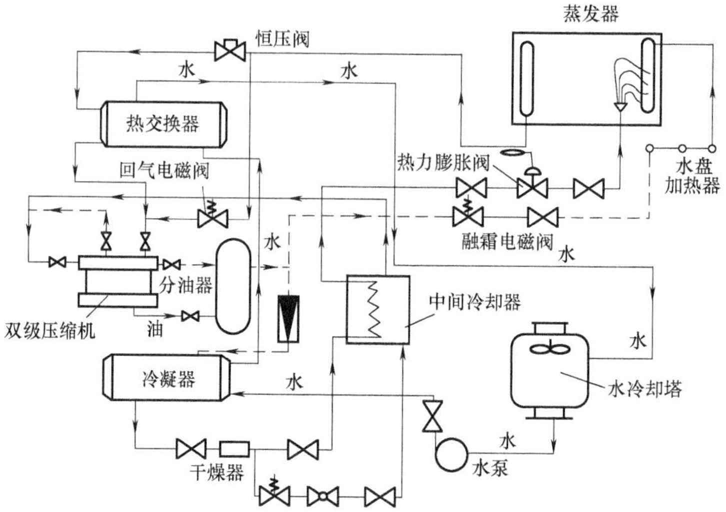

图 10-8　双级压缩氟利昂制冷系统的自动融霜方案

此方案适合于一台单机双级压缩机只带一台空气冷却器的情况。系统中水和制冷剂的热交换器，能使融霜后由高温气体变为液体的制冷剂，吸收从冷凝器中出来的水的热量变成气体，可在一定程度上防止在融霜过程中液体进入压缩机而产生“液击”现象。

课题二　制冷压缩机湿行程的调整操作

相关知识

一、制冷压缩机出现湿行程的主要原因

在正常情况下，活塞式制冷压缩机吸入的是制冷剂干饱和蒸气。由于调节操作不当或其他原因，导致吸气过热度不足，吸气温度过低，制冷剂汽化不完全，液体制冷剂进入压缩机的气缸，从而引起气缸壁结霜或冲击安全盖等现象出现，称为湿行程。活塞式制冷压缩机出现湿行程的主要原因如下：

1. 供液过多

节流阀、供液阀的开度过大，向低压循环储液器、氨液分离器、空气分离器等供液过多，使容器的液面过高，致使压缩机吸入液体。另外，向中间冷却器供液过多，也会使双级压缩系统中的高压级压缩机出现湿行程。

对于使用热力节流阀的制冷系统，湿行程的发生与热力节流阀选型和使用不当密切相关。热力节流阀选型过大、过热度设定太小、感温包安装方法不正确或绝热包扎破损、节流阀失灵等，都可能导致湿行程的发生。

对于几个蒸发器共用一个氨液分离器的系统，若蒸发器的供液阀调整不当，也会造成部

分蒸发器供液过多而出现湿行程。

2. 吸气阀开得过快

开机时，压缩机的吸气阀开得过快，管道内少量液体被吸入压缩机内而出现湿行程。在库房降温时，若吸气阀开得过快，蒸发器内的氨液受热急剧蒸发、沸腾，大量的液体快速回到低压循环储液器，导致桶内液面过高，大量液体被压缩机吸入，可能会造成压缩机出现严重湿行程。

3. 库房内热负荷突然增大

制冷系统正常运转时，库房内突然增加热负荷，而机房操作人员调整不及时，也会引起压缩机湿行程。

4. 蒸发器霜层过厚

在系统运行过程中，随着蒸发器表面结霜的加厚，制冷剂在蒸发器管内的蒸发逐渐减弱，液体制冷剂不能完全汽化，可能被制冷压缩机吸入而造成湿行程。另外，若设计不合理，蒸发器蒸发面积过小，传热量减少，也容易引起压缩机湿行程。

5. 积油过多

若氨液分离器内积油过多，会致使该容器液面过高而引起压缩机湿行程。

6. 加氨量过多

若制冷系统加氨量过多，且压缩机配置过大，容易把低压循环储液器或氨液分离器内的液体吸回，形成压缩机的湿行程。

二、制冷压缩机湿行程的危害

1. 损坏机件

由于气缸壁结霜并急剧降温，使制冷压缩机的运动部件产生不均匀收缩，容易出现卡缸或气缸拉毛等现象，吸、排气阀片和气阀弹簧遇冷而变脆，如受较大冲击力，阀片易产生裂纹或折断。

2. 油压过低

曲轴箱内的润滑油呈泡沫状态，导致油泵工作条件恶化，供油不持续，引起油压过低，造成主轴和轴承的损坏。此时，若冷却水未及时开通，曲轴箱内的油冷却器管道也可能被冻裂。另外，制冷剂进入气缸后，会稀释或冲刷掉活塞及气缸壁上的润滑油，加剧磨损。

3. “液击”事故

当活塞快速向上运行时，因排气通道面积小，液体来不及从排气通道内排出，且液体是不可压缩的，气缸内便产生很高的压力，把安全盖顶起；当活塞向下运行时，气缸内压力降低，安全盖随之落下。这样，安全盖便敲击气缸而发出声音，俗称为“敲缸”。

在发生严重湿行程时，如果处置不果断、不及时，除了可能出现活塞破碎、连杆弯曲外，还有可能将缸盖顶坏或打穿，甚至造成机器报废、人员伤害的严重“液击”事故。

三、制冷压缩机湿行程调整操作的总体认识

1. 吸气温度与吸气过热度

吸气温度是指压缩机吸入口处的制冷剂温度。为了保证压缩机的安全运行，防止液体制冷剂进入气缸而发生湿行程，一般要求吸气温度高于蒸发温度，使制冷剂蒸气成为过热气

体。吸气温度与蒸发温度之差，称为吸气过热度。

在氨制冷系统中，应有一定的吸气过热度以防液击，但也不宜过大，否则会影响循环的经济性。因此，吸气过热度一般为5~15℃，吸气温度一般限制在5℃以下，以免压缩机排气温度过高。氨制冷压缩机允许的吸气过热度和吸气温度见表10-5。

表10-5 氨制冷压缩机允许的吸气过热度和吸气温度 （单位：℃）

蒸发温度	0	-5	-10	-15	-20	-25	-28	-30	-33	-40
吸气过热度	1	1	3	5	7	9	10	11	12	15
吸气温度	1	-4	-7	-10	-13	-16	-18	-19	-21	-25

对氟利昂制冷系统，一般希望有一定的吸气过热度，以保证系统正常运行。这是因为，氟利昂制冷系统大多采用热力节流阀，靠回气调节其流量，要求回气管有适当的过热度。一般来说，在没有回热器的情况下，吸气温度应比蒸发温度高5℃左右比较适宜；在有回热器的情况下，吸气温度应比蒸发温度高14℃左右比较适宜。但不论何种情况，吸气温度均不应超过15℃。

氟利昂的等熵指数（κ值）较低，排气温度不会过高，允许吸气过热度比较大。因此，相对氨制冷系统而言，氟利昂制冷系统在运行中发生湿行程的可能性较小。

制冷系统运行时，影响吸气温度变化的主要因素是蒸发温度、吸气过热度和供液量的变化。例如，若系统供液过多，液体制冷剂汽化不完全，将使压缩机吸气温度过低，这时有可能发生湿行程，应尽量避免。

2. 发生湿行程的现象（征兆）

活塞式制冷压缩机发生湿行程时，往往表现出温度、声音、油压和结霜等方面的变化。

1）吸气温度偏低，结霜范围异常大。制冷压缩机发生湿行程的前兆一般是潮车（或称回霜），这时有可能发生湿行程。如果压缩机吸气、排气温度下降较快，且吸气温度偏低，曲轴箱和气缸外壁结霜，气液分离器的霜一直不融化，这表示已发生轻度的湿行程。

2）阀片起落声音异常，有敲击声。压缩机正常运转时，运转声音较轻而均匀，吸、排气阀片起落声清晰且均匀。如果压缩机运转声沉闷，阀片起落声音不清晰并伴有轻微的敲击气缸的声音，这表示已经发生中度的湿行程。如果再出现“当当当”的液击声，并伴随着异常振动，这表示已经发生严重的湿行程。

3）油压偏低，油位过高。压缩机正常运转时油位应维持在视液镜的1/2，或略高于该位置，油压应保持在规定值范围内（无卸荷装置的油压应比吸气压力高0.05~0.15MPa；带有卸荷装置的油压应比吸气压力高0.15~0.3MPa）。如果压缩机油压急剧下降、明显偏低，且油位过高，说明已发生严重的湿行程。

3. 节流阀开度及容器液位的调整

节流阀的开度过小，制冷剂的流量少，单位容积制冷量下降，制冷效率降低；节流阀的开度大，制冷剂的流量大，进入蒸发器的液体蒸发可能会过剩，湿蒸气被压缩机吸入，极容易引起压缩机的湿行程。当库房的热负荷需要调整时，节流阀必须缓慢开启，尽可能避免突然开大或时大时小。

在重力供液制冷系统中，氨液分离器的液位一般控制在30%~40%，最高不得超过50%。通常根据冷间热负荷的变化相应地调节供液节流阀的开度，以维持氨液分离器液位的稳定。若液位过低，不能保证每组蒸发器的均匀供液；若液位过高，压缩机容易出现湿行程。

在氨泵供液系统中，低压循环储液器的液面高度一般稳定在30%~40%，最高不超过50%。若液位过低，氨泵不上液，制冷系统无法正常制冷；若液位过高，压缩机容易出现湿行程。

中间冷却器的液位一般由浮球阀或液位控制器加电磁阀自动控制，通常为50%。液位过低，将使高压级压缩机的吸气、排气温度升高，中间冷却器的分油能力降低，冷却盘管内的制冷剂液体得不到较好的冷却，影响制冷效果；液位过高也容易造成高压级压缩机的湿行程。

4. 能量调节机构

在大中型多缸活塞式制冷压缩机中，普遍采用的能量调节装置是油缸拉杆机构，利用顶开吸气阀片的方式来实现能量调节。

1）油缸拉杆机构的工作原理如图10-9所示。油缸拉杆机构由油缸1、油活塞2、拉杆弹簧3、油管4、拉杆5等组成。该机构动作可以使气缸外的动环旋转，将吸气阀阀片顶起或关闭。其工作原理是：油泵不向油管4供油时，因弹簧的作用，油活塞2及拉杆5处于右端位置，吸气阀片被顶起，气缸处于卸荷状态。若油泵向油缸1供油，在油压力的作用下，油活塞2和拉杆5被推向左方，同时拉杆上凸缘6使转动环7转动，顶杆相应落至转动环上的斜槽底，吸气阀阀片关闭，气缸处于正常工作状态。

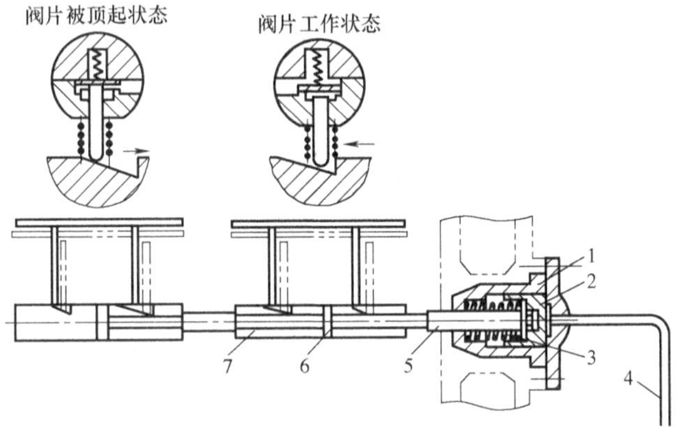

图10-9　油缸拉杆机构的工作原理

1—油缸　2—油活塞　3—拉杆弹簧　4—油管　5—拉杆　6—凸缘　7—转动环

停机时，油泵不供油，所有气缸的吸气阀阀片被顶开，气缸处于卸荷状态，压缩机可以实现无负荷起动。压缩机起动后，油泵正常工作，油压逐渐上升，当油压力超过拉杆弹簧3的弹簧力时，活塞动作，使吸气阀阀片下落，压缩机进入正常运行状态。

2）油缸拉杆机构一端通过油管与油分配阀相连，另一端与气缸套上的转动环和小顶杆等能量调节的执行机构相连，如图10-10所示。

3）油缸拉杆机构中的油是通过油分配阀供给的。812.5G型压缩机油分配阀的构造原理如图10-11所示。油分配阀体上有四个出油管接头，一个进油管接头，一个回油管接头和一个压力表接头。去油缸的每根油管控制一组油缸拉杆机构（两个气缸）的工作。在油分配阀的标牌上有 0、1/4、1/2、3/4、1 这五个指示数字，分别表示不同的能量调节范围。当手柄分别扳到圆盘上 1/4、1/2、3/4 和 1 的位置时，将分别有 2、4、6、8 个气缸投入工作。

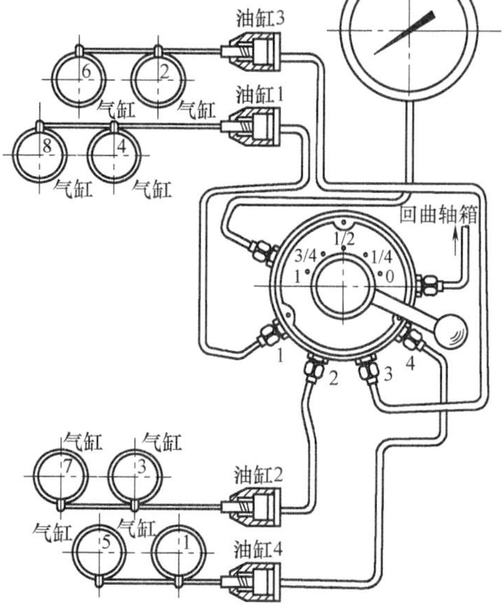

图 10-10　812.5G 型压缩机能量调节装置管路连接示意图

5. 立式氨用中间冷却器的管路连接

双级氨制冷压缩机湿行程的发生与处理过程，往往与中间冷却器有关。中间冷却器简称中冷器，是维持两级或多级压缩制冷循环正常工作的必需设备，位于制冷压缩机的低、高压级之间。立式氨用中间冷却器的管路连接如图 10-12 所示。

氨用中间冷却器工作时，低压级压缩机或低压缸排出的过热蒸气，由进气管进入中间冷却器后，与容器内的氨液混合、洗涤，被冷却成中间压力下的过热蒸气或干饱和蒸气。中间冷却器内蛇形盘管中的氨液被冷却成过冷液体，从出液管供往蒸发器。中间冷却器内的氨液吸热后汽化，随同低压级排出的被冷却的蒸气一起，进入高压级压缩机或高压缸。中间冷却器的液面高度由浮球阀或液面控制器控制，浮球阀兼有节流和控制液面高度的作用。

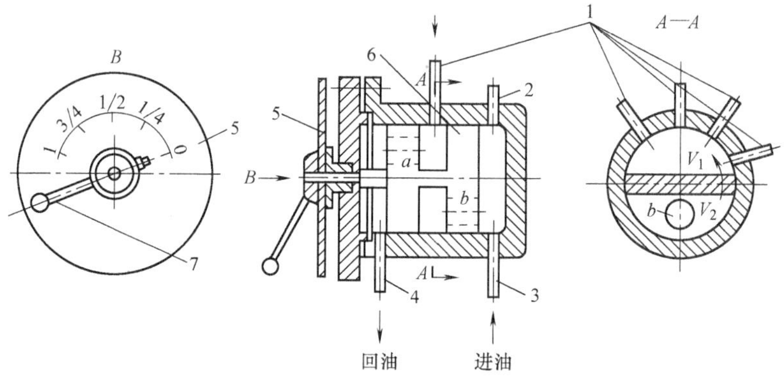

图 10-11　812.5G 型压缩机油分配阀的构造原理图

1—油管　2—压力表接管　3—进油管　4—回油管　5—指示表盘　6—阀芯　7—手柄

手动膨胀阀的作用是旁通，以便在浮球阀失灵进行检修时，中间冷却器仍能正常工作，同时可用手动膨胀阀调节制冷剂的流量。

6. 氨制冷系统湿行程常见的预防措施

在制冷系统的运行管理中，为了防止压缩机湿行程的发生，应重点关注一些操作环节。如应随时观察氨液分离器（低压循环储液器）和中间冷却器等容器的液面高度，蒸发器结霜厚度，以及库房内热负荷变化的情况，及时调整节流阀、供液阀的开度。只要操作人员具有高度的责任心，正确调整低压循环储液器、氨液分离器和中间冷却器等容器的液面，慎重

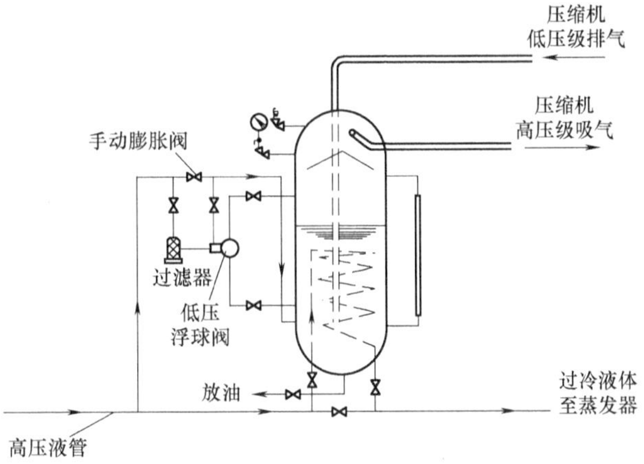

图 10-12　立式氨用中间冷却器的管路连接

调节吸气阀，如有异常，立即关小吸气阀和供液阀，就能有效防止湿行程的发生。

氨制冷系统湿行程常见的预防措施见表 10-6。

表 10-6　氨制冷系统湿行程常见的预防措施

序号	应重点关注的环节	应及时调整的措施
1	节流阀开启是否过大	关小或关闭节流阀
2	氨液分离器（低压循环储液器）液面是否过高	调整节流阀，排液或停止供液。液面高度一般在 30%～40%，最高不得超过 50%
3	中间冷却器液面是否过高	停止供液，液面高度通常为 50%
4	压缩机吸气阀是否开得过大	关小或关闭吸气阀，处理完毕后再缓慢打开
5	库房内热负荷是否突然增大	冷库出入货物应通知机房操作人员，以便做出相应的调整
6	系统冲霜后，是否过快打开回气阀	关闭回气阀，处理后再缓慢打开
7	放空气节流阀开启是否过大	关小放空气节流阀
8	压缩机能量输出是否过大	调配压缩机容量
9	系统中制冷剂是否过多	排出多余的制冷剂
10	蒸发器积油是否过多	排放积油

在生产实践中，能否有效地防止压缩机湿行程的发生，与操作人员的技术水平、应急能力及企业的管理水平有关。

7. 单级与高压级氨制冷压缩机湿行程调整的操作流程（图 10-13 和图 10-14）

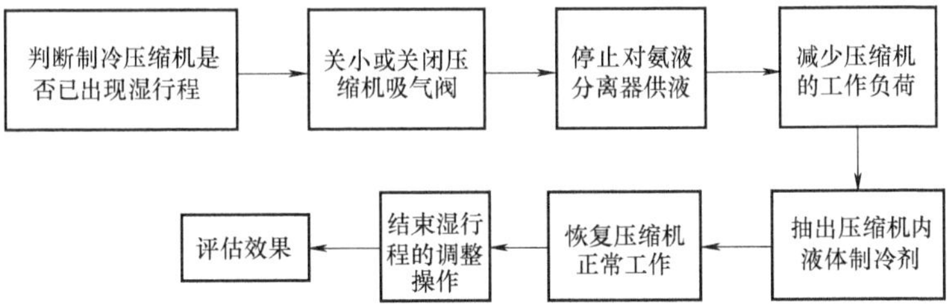

图 10-13　单级氨制冷压缩机湿行程调整的操作流程

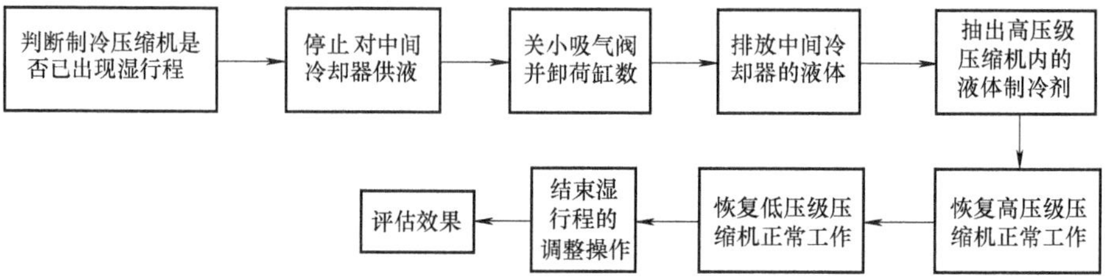

图 10-14 高压级氨制冷压缩机湿行程调整的操作流程

典型实例

【实例 1】 制冷压缩机湿行程的调整操作

一、制冷压缩机湿行程调整操作的步骤及方法

1. 判断制冷压缩机是否已出现湿行程

在生产实践中，一般是通过观察压缩机的运转状态和系统的各项技术参数，以吸气温度、运行声音、油压油位和结霜情况为依据，判断压缩机是否出现湿行程。制冷压缩机发生湿行程的判断方法见表 10-7。

表 10-7 制冷压缩机出现湿行程的判断方法

序号	标志	压缩机正常运行	压缩机出现湿行程	
			湿行程	严重程度
1	吸气温度	氨系统吸气过热度为 5～15℃，氟利昂系统吸气过热度为 15℃，吸气阀结露或部分结霜。吸气温度见表 10-5	吸气、排气温度偏低，吸气管结霜，压缩机的机体发凉、潮车(结露)	前兆或轻度
			吸气、排气温度急剧下降、明显偏低，曲轴箱、气缸外壁和气液分离器结霜	中度
2	运行声音	吸、排气阀阀片起落声清晰均匀，运转声音较轻而且均匀	阀片起落声音不清晰，运转声变得沉闷	中度
			出现“当当当”的异常敲击（撞击）声，机体振动	极重度（液击）
3	油压、油位	油压应比吸气压力高 0.15～0.3MPa，油位正常	油压低于正常值	中度
			油压急剧下降、明显偏低，且油位过高	重度

例如，某氨冷库制冷系统，配置有 812.5G 型压缩机两台。系统正常运行时，蒸发温度为-10℃左右，冷凝温度为 35℃左右，过热度为 3℃左右，吸气温度应为-7℃左右，排气温度为 115℃左右，油压应比吸气压力高 0.18MPa 左右。在某次系统运行中，一台压缩机吸气管结霜的长度与厚度明显增加，吸气温度下降至-12℃左右，排气温度也下降至 95℃左右，且呈继续下降趋势；压缩机阀片起落声音逐渐不清晰并伴有轻微的敲击声，部分机体开始发凉、结露，部分气缸外壁开始结霜，气液分离器开始结霜，油压也开始下降，只比吸气压力高 0.03MPa。据此，操作人员迅速做出判断，是压缩机已发生了轻度的湿行程，并果断采取相应的处置措施，有效地排除了湿行程故障，避免了“液击”事故的发生。

2. 氨制冷压缩机湿行程的调整操作

氨制冷压缩机的湿行程可分为严重湿行程和一般湿行程两种。对于严重湿行程，如压缩机出现严重敲缸，应立即按下按钮进行紧急停机处理，以免造成严重后果。

1）单级氨制冷压缩机湿行程的调整操作步骤及方法如下。

第一步：关小或关闭压缩机吸气阀。在运行中如果发生湿行程，应迅速关小制冷压缩机的吸气阀，如吸气温度继续下降，应再关小一点吸气阀。如出现敲缸则应完全关闭吸气阀，待压缩机声音正常后再微开吸气阀。

第二步：停止对氨液分离器供液。迅速关闭系统节流阀，同时，关小或关闭氨液分离器（或低压循环储液器）和冷藏、冻结间的供液阀，并设法将氨液分离器（或低压循环储液器）的液面迅速降低到正常工作水平。对于氨泵供液系统，还可使用氨泵将氨液泵进相关蒸发器内，以降低低压循环储液器的液面高度。此外，还可向排液桶排液。

第三步：减少压缩机的工作负荷。将能量调节装置手柄拨到最小位置，只留下一组气缸工作，使进入气缸中的液体逐渐汽化，待温度回升后，再逐渐增大。

第四步：抽出压缩机内的液体制冷剂。间断开关压缩机的吸入阀。如果吸气温度没有变化，且排气温度逐渐上升，气缸和吸气腔外部的霜层融化，制冷机的运转声趋于正常，可增加一组气缸工作，并适当开大一点吸气阀，但要注意防止液体再次进入气缸。如此反复操作，直至把压缩机和吸入管内的液体制冷剂全部汽化抽出。

第五步：恢复压缩机正常工作。当排气温度上升到75～80℃时，可缓慢开大吸气阀，并逐档上荷，直到气缸全部上荷，恢复压缩机正常工作。

第六步：结束湿行程的调整操作。先缓慢开大氨液分离器（或低压循环储液器）和冷藏、冻结间的供液阀，再缓慢开大系统节流阀。如此反复操作，直至将氨液分离器或低压循环储液器的液面调整至正常液位。

单级氨制冷压缩机湿行程的调整操作过程，应记录在表10-8中。

表10-8　单级氨制冷压缩机湿行程调整操作过程记录表

序号	操作任务	时间	出现的现象和问题	解决的方法	效果
1	关小或关闭压缩机吸气阀				
2	停止对氨液分离器供液				
3	减少压缩机的工作负荷				
4	抽出压缩机内液体制冷剂				
5	恢复压缩机正常工作				
6	结束湿行程的调整操作				

2）双级氨制冷压缩机湿行程的调整操作，首先应准确判断是低压级压缩机发生湿行程，还是高压级压缩机发生湿行程，然后再做相应的调整。双级氨制冷压缩机湿行程的调整操作如图10-15所示。

① 低压级压缩机发生湿行程，往往是由于蒸发系统或低压设备操作不当所致，其调整操作方法与单级制冷压缩机基本相同。所不同的是，在处理低压级压缩机湿行程的同时，应迅速关闭中间冷却器的供液阀8，当调节时间较长而中间压力下降较快时，还应适当关小高压级压缩机吸气阀10，以免中间冷却器内的液体因压力突降而剧烈蒸发，使高压级压缩机发生湿行程。若中间冷却器液面过高，则应开启排液阀11，向排液桶或低压循环储液器排液，以免引起高压级压缩机湿行程。待中间冷却器液面降低并恢复正常后，应关闭排液阀11，停止排液。

② 高压级压缩机发生湿行程，通常是因为中间冷却器液面过高引起的，其调整方法如下。

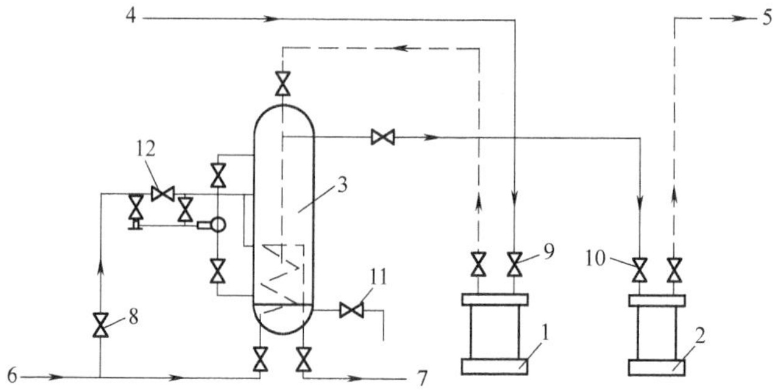

图 10-15 双级氨制冷压缩机湿行程调整操作示意图

1—低压级压缩机 2—高压级压缩机 3—中间冷却器 4—来自氨液分离器 5—接至油分离器 6—来自储液器 7—过冷液体至蒸发器 8—供液阀 9—低压级压缩机吸气阀 10—高压级压缩机吸气阀 11—排液阀 12—手动膨胀阀

第一步：停止对中间冷却器供液。迅速关闭中间冷却器的供液阀 8，同时，迅速关小或关闭低压级压缩机吸气阀 9，将低压级压缩机卸荷到最小能量位置，以最少缸数运转。

第二步：关小吸气阀并卸荷缸数。迅速关小高压级压缩机吸气阀 10，并卸荷到最少缸数运转。如吸气温度继续下降，应再关小一点吸气阀。

第三步：排放中间冷却器的液体。开启排液阀 11，将中间冷却器内过多的液体制冷剂排到排液桶或低压循环储液器中，使中间冷却器液面恢复正常。关闭排液阀 11，停止排液。

第四步：抽出高压级压缩机内的液体制冷剂。如高压级吸气温度没有变化，且排气温度逐渐上升，气缸和吸气腔外部的霜层融化，制冷机的运转声趋于正常，可增加一组气缸工作，并适当开大一点高压级压缩机吸气阀 10，但要注意防止液体再次进入气缸。如此反复操作，直至把高压级压缩机和吸入管内的液体制冷剂全部汽化抽出。

第五步：恢复高压级压缩机正常工作。当排气温度上升到 60~65℃以上时，可缓慢开大高压级压缩机吸气阀 10，并逐档上荷，直到气缸全部上荷，恢复高压级压缩机正常工作。

第六步：恢复低压级压缩机正常工作。待高压级制冷压缩机恢复正常运转后，缓慢开大低压级压缩机吸气阀 9，并逐档上荷，逐渐恢复低压级制冷压缩机的正常运转。

第七步：结束湿行程的调整操作。根据中间冷却器的液位情况，缓慢开大中间冷却器的供液阀 8，恢复向中间冷却器供液，直至将中间冷却器的液面调整至正常液位，使双级压缩制冷系统正常运行。

高压级氨制冷压缩机湿行程的调整过程，应记录在表 10-9 中。

表 10-9 高压级氨制冷压缩机湿行程的调整过程记录表

序号	操作任务	时间	出现的现象和问题	解决的方法	效果
1	停止对中间冷却器供液				
2	关小吸气阀并卸荷缸数				
3	排放中间冷却器的液体				
4	抽出高压级压缩机内的液体制冷剂				
5	恢复高压级压缩机正常工作				
6	恢复低压级压缩机正常工作				
7	结束湿行程的调整操作				

3. 制冷压缩机湿行程调整效果的评估

压缩机湿行程调整完毕后，可保持制冷机组继续运行，并继续观察吸气、排气温度表的读数及有关现象，评估压缩机湿行程调整的效果。良好的调整效果应表现为，吸气、排气温度逐渐上升且恢复正常，吸气管结霜情况、压缩机部件温度、运行声音、润滑油压力和氨液分离器液位等都恢复正常。

将观察到的有关数据和现象填入表 10-10 中，对制冷压缩机湿行程调整的效果进行评估。

表 10-10　制冷压缩机湿行程调整效果评估记录表

压缩机	吸气温度/℃		排气温度/℃		结霜现象		运行声音		油压/MPa		氨液分离器液位		中间冷却器液位		结论
	调整前	调整后	调整前	调整后	调整前	调整后	调整前	调整后	调整前	调整后	调整前	调整后	调整前	调整后	
单级机															
低压级															
高压级															

湿行程的发生，特别是严重湿行程的发生，往往是由于调整不及时而引起的。因此，在制冷压缩机运行过程中，应经常观察压缩机的吸气温度，分析、判断压缩机吸入气体是否过湿。只要操作人员措施得当、动作果断，如出现吸气、排气温度下降等异常现象，立即关小吸气阀，及时调小压缩机的工作缸数，迅速关闭节流阀和供液阀，降低氨液分离器（低压循环储液器）、中间冷却器等容器的液面，就能有效排除湿行程故障，避免严重湿行程的发生。

二、注意事项

实施制冷压缩机湿行程调整操作时，应注意以下事项。

1. 应注意油压的变化

在关小压缩机的吸气阀后，吸气压力一般低于 0MPa（表压）。此时，混入曲轴箱的制冷剂会突然沸腾，使润滑油呈泡沫状，导致油压下降。另外，随着油温的下降，油黏度的增加，油泵的输油量也在减少，使得油压明显下降，压缩机的润滑条件进一步恶化。因此，当油压下降到接近于 0MPa（表压）时，应停止运行，以免发生机件严重磨损事故。

2. 注意加大供水量

当制冷压缩机发生湿行程时，应加大压缩机水套和曲轴箱油冷却器的供水量，以防冻裂。

【实例 2】　制冷压缩机严重湿行程故障的排除

制冷压缩机发生严重湿行程时，首先应停机，待处理完液体制冷剂后，再重新开机运行，以免造成严重后果。在有备用机的情况下，排除严重湿行程故障的步骤及方法如下。

1. 紧急停机

对于严重湿行程，如压缩机出现严重敲缸，应立即按下按钮进行紧急停机处理，以免发生重大安全事故。

2. 开大冷却水量

停机后，为防止曲轴箱内的油冷却器管道冻裂，冷却水阀不应关闭，而应开大。

3. 降低低压循环储液器的液面

在关闭低压循环储液器供液阀的同时，打开氨泵，将低压循环储液器的液面降到正常液面水平。

4. 抽出压缩机内的液体制冷剂

开备用压缩机，一方面恢复制冷系统的正常运转；另一方面打开故障压缩机的吸气阀，使该机内的氨液靠自然吸热而蒸发，并被抽回到系统中。当油温升到10℃以上时，可再开机运转。这种处理方法安全，节约制冷剂，但需要4~6h的处理时间。

若没有备用机，急需故障机开机运行时，其处理方法如下：用橡胶管一端接到机器的排空阀上，另一端放到机房外水池内，把压缩机内的氨排到外面的水池里。同时，将另一根橡胶管一端接到油三通阀的加油嘴上，另一端放在油盘里，开油三通阀放出曲轴箱中的油和氨。处理后给压缩机加油即可投入运转。这样处理不太安全，且浪费制冷剂，但只需1h多的时间就可处理好。

【实例3】 使用满液式蒸发器应注意防止湿行程

对于使用满液式蒸发器的盐水池，在制冷压缩机停止运行时，应关闭浮球阀前的截止阀。因为在压缩机停止运行时，蒸发器中的制冷剂停止汽化，液体中的气泡消失，蒸发器中的液位下降，浮球室中的液位也随之下降，因此阀孔开大，大量氨液进入蒸发器，直至蒸发器中的液位达到最高限时，阀门才自动关闭。因此，在下次起动压缩机时，蒸发器中的液位已处于高限，加上汽化使液位上升，极易导致压缩机湿行程的发生。

【实例4】 制冷压缩机“液击”的产生

如果曲轴箱油位太高，高速旋转的曲轴和连杆大头致使润滑油大量飞溅，窜入进气道和气缸，就可能引起压缩机“液击”。

在氟利昂的制冷系统中，若压缩机冷起动，吸气侧压力突然下降，溶解在油中的制冷剂突然沸腾，并引起润滑油起泡，油会随着制冷剂一起被压缩机吸入而引起压缩机“液击”。

【实例5】 螺杆式制冷压缩机对湿行程不敏感

螺杆式制冷压缩机对湿行程不敏感，当系统中有少量液体进入其工作容积时，对其正常运行影响不大。

单元练习

一、填空题（将正确答案填写在横线上）

1. 由于霜层的热导率很低，热阻很大，霜层过厚将使蒸发器______________，换热效率明显下降，从而造成______________，冷间降温困难，__________，制冷效率下降。

2. 因为挂霜的原因，________________在蒸发器管内的蒸发逐渐________，不完全蒸发的氨液有可能被制冷压缩机吸入而造成________________。

3. 由于调节操作不当或其他原因，导致__________不足，吸气温度过低，制冷剂汽化不完全，液体制冷剂进入压缩机的气缸，从而引起________________等现象发生，称为__________。

4. ____________的开度过大，向低压循环储液器、氨液分离器、空气分离器等供液________，使容器的液面过高，致使压缩机吸入__________。

5. 开机时，压缩机的__________开得过快，管道内少量__________被吸入__________内而出现湿行程。

二、单项选择题（在每小题的四个选项中，选出一个正确的，并将正确答案的序号填写在括号内）

1. 霜层的热导率远比钢管壁的热导率小。在相同厚度的情况下，霜层热阻约为钢管壁热阻的（　　）倍以上。

A. 60　　B. 120　　C. 180　　D. 240

2. 结霜对于由翅片管组成的冷风机影响更为突出，当翅片管间的间隙逐渐被霜层堵塞后，空气流动阻力增大，通风量（　　），也会造成冷库温度下降缓慢。

A. 减少　　B. 增大　　C. 增加　　D. 稳定

3. 制冷系统正常运转时，库房内突然（　　）热负荷，而机房操作人员调整不及时，也会引起压缩机湿行程。

A. 减少　　B. 下降　　C. 增加　　D. 稳定

4. 在系统运行过程中，随着蒸发器表面结霜的加厚，制冷剂在蒸发器管内的蒸发逐渐（　　），液体制冷剂不能完全蒸发，可能被制冷压缩机吸入而造成湿行程。

A. 减弱　　B. 加强　　C. 增加　　D. 稳定

5. 为了保证压缩机的安全运行，防止液体制冷剂进入气缸而发生湿行程，一般要求吸气温度（　　）蒸发温度，使制冷剂蒸气成为过热气体。

A. 降低　　B. 小于　　C. 高于　　D. 稳定

6. 在氨制冷系统中，应有一定的吸气过热度以防液击，但也不宜过大，否则会影响循环的经济性。因此，吸气过热度一般为（　　）℃，吸气温度一般限制在5℃以下，以免压缩机排气温度过高。

A. 2~6　　B. 3~8　　C. 4~10　　D. 5~15

7. 在重力供液制冷系统中，氨液分离器的液位一般控制在（　　），最高不得超过50%。

A. 15%~25%　　B. 30%~40%　　C. 40%~50%　　D. 45%~50%

三、判断题（正确的在括号内画"√"，错误的画"×"）

1. 必须定期（及时）从蒸发器管组表面除去霜层，否则霜层会越结越厚，直接影响制冷系统的正常运行。（　　）

2. 热工质气体融霜是将制冷压缩机排出的制冷剂高温过热蒸气，经油分离器分油后引入蒸发器内，利用过热蒸气的显热和潜热，来加热和融化蒸发器外表面的凝霜。（　　）

3. 向中间冷却器供液过小，也会致使双级压缩系统中的高压级压缩机发生湿行程。（　　）

4. 热力节流阀选型过小、过热度设定太大、感温包安装方法不正确或绝热包扎破损、节流阀失灵等，都可能导致湿行程的发生。（　　）

5. 对于几个蒸发器共用一个氨液分离器的系统，若蒸发器的供液阀调整不当，也会造成部分蒸发器供液过多而发生湿行程。（　　）

四、简答题

1. 如何判断冷库蒸发器是否需要实施融霜操作？

2. 简述氨制冷系统湿行程的常见预防措施。

单元十一 冷库制冷装置的检修

内容框架

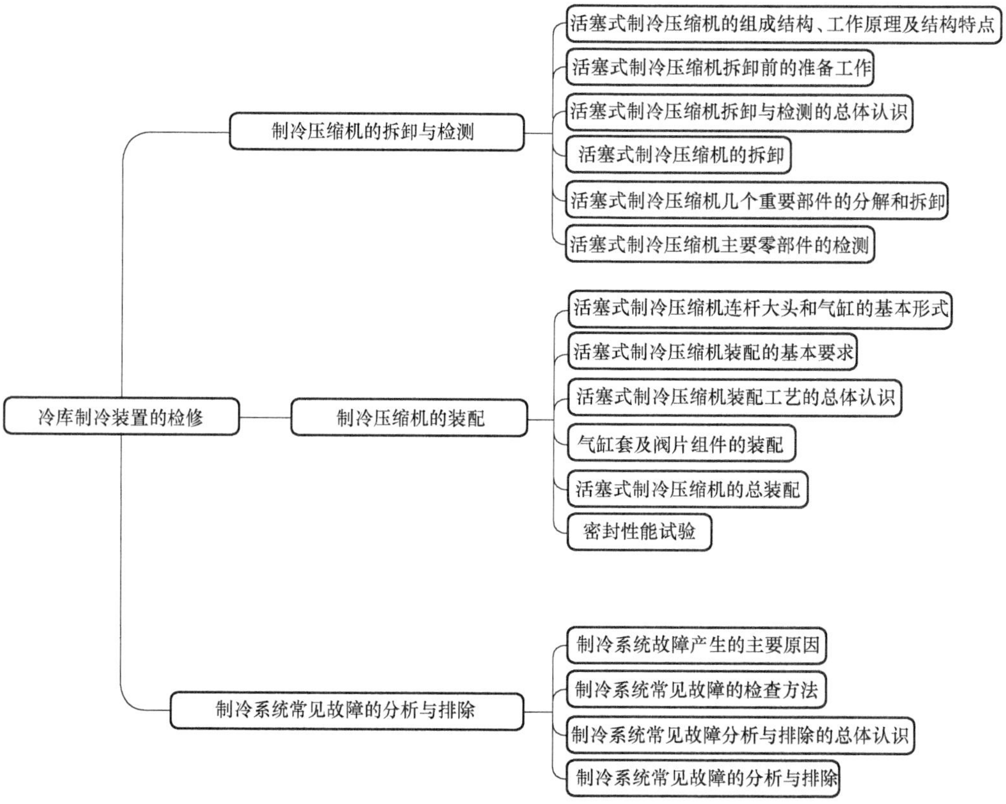

学习引导

目的与要求

1. 知道活塞式制冷压缩机的组成结构，能说出活塞式制冷压缩机拆卸的基本要求，明确活塞式制冷压缩机拆卸与检测的工艺流程。

2. 能正确制订制冷压缩机拆卸与检测的方案，能按要求完成活塞式制冷压缩机的拆卸与检测。

3. 知道活塞式制冷压缩机连杆大头和气缸的基本形式。能说出活塞式制冷压缩机装配的基本要求，明确活塞式制冷压缩机各零部件的装配关系和总装配的工艺流程。

4. 掌握活塞式制冷压缩机装配与检漏的方法，能按要求完成活塞式制冷压缩机的装配与检漏。

5. 能说出制冷系统故障的检查方法，掌握冷库制冷系统常见故障的分析及排除方法，明确冷库氨制冷系统降温困难的分析与排除工作流程。

6. 能正确判断冷库氨制冷系统降温困难的原因，并能制订正确的解决方案。能按要求排除冷库氨制冷系统降温困难的故障。

重点与难点

难点：制冷压缩机的拆卸与检测；活塞式制冷压缩机的装配与检漏；正确判断冷库氨制冷系统降温困难的原因。

重点：按要求完成活塞式制冷压缩机的拆卸与检测；按要求完成活塞式制冷压缩机的装配与检漏；按要求排除冷库氨制冷系统降温困难的故障。

课题一 制冷压缩机的拆卸与检测

相关知识

一、活塞式制冷压缩机的组成结构、工作原理及结构特点

各种活塞式制冷压缩机，在制冷量、外形、使用制冷剂等方面不尽相同，但其基本结构和组成大体相同，主要由机体、气阀组件、气缸（套）、活塞连杆组件、曲轴和轴封等组成。机体包括气缸体和曲轴箱两个部分。机体的外形主要取决于气缸数和气缸的布置形式，可分为无气缸套和有气缸套两种。

活塞式制冷压缩机的工作原理是：电动机带动曲轴转动，驱使活塞上下运动。当活塞下行时，缸内压力降低，吸气阀打开，排气阀关闭，从蒸发器来的低温、低压制冷剂蒸气被吸入气缸内；当活塞上行时，吸气阀关闭，气体被压缩，当缸内压力升高至一定程度时，排气阀打开，高温、高压气体排出，经冷凝器冷却后变成液体。

开启式活塞式制冷压缩机的结构特点在于，压缩机可以与原动机分装，容易拆卸，但密封性较差，工质易泄漏，因此其曲轴外伸端有轴封装置。目前，国产氨压缩机和容量较大的氟利昂压缩机，多采用这种结构形式。

二、活塞式制冷压缩机拆卸前的准备工作

在拆卸制冷系统中的压缩机之前，必须做好回收制冷剂、放油、切断电源、关闭压缩机与高低压系统连接管道的阀门等工作。

三、活塞式制冷压缩机拆卸与检测的总体认识

1. 812.5G 型制冷压缩机的总体结构

如图 11-1 所示，812.5G 型制冷压缩机是一种典型的开启式中型制冷压缩机，可根据负

荷大小进行能量调节，共有 8 个气缸，分 4 列排成扇形，气缸直径为 125mm，活塞行程为 100mm，转速为 960r/min，为 R12、R22 和 R717 三种工质通用。

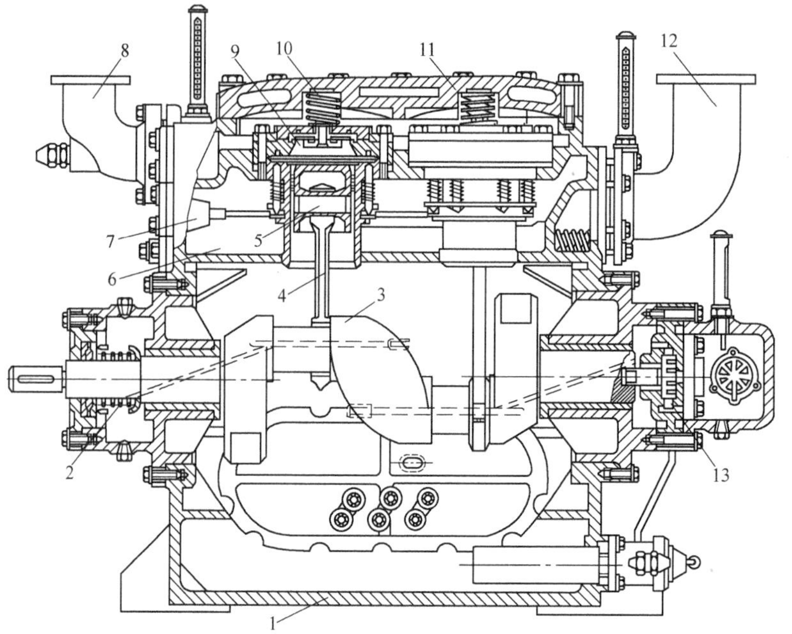

图 11-1 812.5G 型制冷压缩机

1—曲轴箱 2—轴封 3—曲轴 4—连杆 5—活塞 6—吸气腔 7—卸荷装置 8—排气管
9—气缸套及吸、排气阀组合件 10—假盖弹簧 11—气缸盖 12—吸气管 13—油泵

812.5G 型制冷压缩机结构比较复杂，组合件较多，可以概括为机体、曲柄连杆机构、气阀缸套组件、润滑系统、能量调节装置和轴封六部分。

2. 活塞式制冷压缩机拆卸的基本要求

压缩机的拆卸是检修工作的开始，拆卸检查工作做得好，就为检修和装配调整工作创造了有利条件。因此，在压缩机拆卸过程中，应同时检查机器各零部件的磨损程度，以便判断损坏原因和确定检修方法。

制冷压缩机的结构复杂，各零部件间的配合性能要求较高，拆卸时一定要讲究步骤和方法，尽量避免损伤零部件。以下是制冷压缩机拆卸的基本要求。

1）拆卸机器时应有步骤、有计划地进行。一般是先拆部件，后拆零件；由上到下、由外到里，并注意防止碰撞。

2）拆卸各种螺栓、螺母时，应使用专用扳手；拆卸气缸套和活塞连杆组件时，应使用专用工具。对一时拆不下的零部件，应分析、找出原因，采用适当的拆卸方法（如用柴油、煤油浸润后再拆卸），切不可用力硬拆，避免因盲目用力拆卸而损坏零部件。

3）拆卸过盈配合的零件时，应注意方向，需要敲打时，必须使用木（铜）锤或垫上木料（软金属）垫片方可敲打，以免击坏零件。

4）拆下的零部件应按零件上的编号（如无编号，应自行编号），有顺序地放置到专用台架上，切不可乱堆乱放，以免造成零件表面的损伤。

5）对于位置固定或不可改变方向的零件，拆卸时都应画好装配记号，记下零部件的原有组合关系和相对位置，如标记、位置和朝向等，以免装配时装反或装错。

6）拆卸的零件应用酒精、汽油、煤油等清洁剂及时清洗，并不许损坏接合面。对所有接合面和精密件，清洗完毕应及时干燥，并涂上油脂封存或浸泡在冷冻机油内，以防腐、防锈。细小零件经拆卸、清洗涂油后，应装配在原来部件上，以免丢失或弄错。

7）对拆下的管道、管件和阀件等，经清洗后，须及时用布条包扎、封口，或用木塞堵住孔口，防止进入污物。

8）开口销或锁紧钢片是一次性零件，为保证安全，严禁重复使用。

3. 活塞式制冷压缩机拆卸与检测的工艺流程（图 11-2）

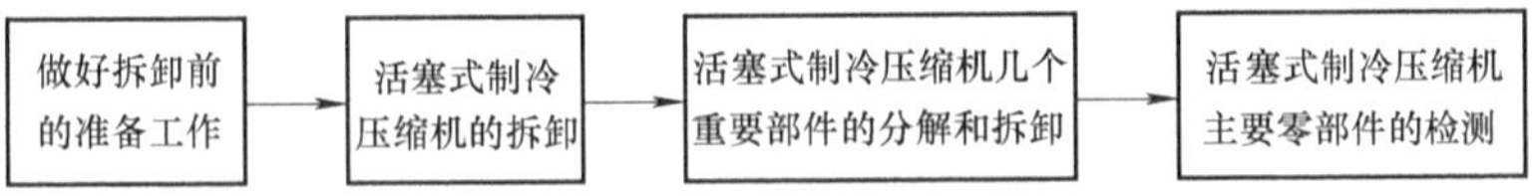

图 11-2　活塞式制冷压缩机拆卸与检测的工艺流程

典型实例

【实例 1】　制冷压缩机的拆卸与检测

一、活塞式制冷压缩机的拆卸

1. 做好拆卸前的准备工作

先将制冷压缩机的吸气阀和吸入控制阀关闭，起动压缩机，将曲轴箱内的制冷剂排入高压区（压缩机能运转时），关闭排气阀和油分离器的回油阀门。停机，等待 5min 后，观察曲轴箱压力是否回升，如不回升说明排气阀不漏；然后通过真空放气阀将机体内剩余的制冷剂放掉，接通大气；随后，切断设备的电源，放出曲轴箱内的冷冻机油和缸盖的存水，拆下保护元器件和压力表，准备拆卸机器。

2. 拆卸气缸盖与排气阀

用专用扳手，先松动并拧下气缸盖短螺栓螺母，再缓缓松动气缸盖长螺栓螺母，让假盖弹簧逐渐顶起气缸盖。当气缸盖升起 2~3mm 时，观察气缸垫片在哪一边粘得多，然后在粘得少的一边用螺钉旋具起下垫片，以免损坏。拆下气缸盖后，就可取出假盖弹簧、排气阀组及吸气阀片。对于没有假盖的小型压缩机，拆下气缸盖的联接螺栓后，用木槌振松气缸盖，即可取下缸盖（注意：有的气缸盖被垫片上的密封胶粘住，不能弹起，可用旋具从密封面轻轻撬入，此时的螺栓不要松得过多，以防止气缸盖突然弹起造成事故）。

3. 拆卸曲轴箱侧盖

把曲轴箱两旁的侧盖螺母拆下，用螺钉旋具把侧盖起开一条缝，然后取下曲轴箱侧盖。若侧盖和垫片粘牢，可用薄錾子将密封面轻轻剔开，但不能损坏密封面。有能量调节装置的压缩机，其前侧盖安置的是油分配阀。拆卸时，先拆下后侧盖，再拆下油分配阀的油管接头和手柄，之后将前侧盖取下。

注意：小型开启式压缩机没有曲轴箱侧盖，只有一个端盖而且还作为轴承座来支撑曲轴。因此，应先拆下带轮锁紧螺母、带轮、键和轴封等零件，再拆下侧盖、底盖。

4. 拆卸活塞连杆部件

将曲轴盘到适当的位置，先用钳子取出连杆大头开口销或锁紧钢片，松动并拧下连杆大头盖的螺栓，取出大头盖和下轴瓦，然后用专用吊栓拧进活塞顶部的中心螺孔内，用吊栓拉出活塞连杆部件。活塞连杆部件取出后，应装上原来的大头盖，以免出现大头盖混装现象，影响装配质量。取出的活塞连杆部件与相应的气缸套是同一编号，将其涂油后按次序放在台架上并用布盖好。

注意：对于小型压缩机，连杆大头宽于气缸，也没有气缸套，应先拆下连杆大头盖，从端孔抽出曲轴，再将压缩机倒置，从曲轴箱中抽出活塞连杆部件。

5. 拆卸气缸套

用两只专用吊栓拧进气缸套顶部吸气阀座的螺孔内，用吊栓拉出气缸套。若过紧，拉不出，可用木棒轻轻敲击气缸套底部，或将木块一端放在曲轴上，而另一端与气缸套底部接触，将曲轴稍微转动一下，即可拉出。

6. 拆卸荷机构

对于油缸拉杆式的卸荷机构，应先拆下油活塞、油缸、弹簧和拉杆等零件，再拉出气缸体。先将油管拆下来，再拆卸油缸盖法兰。拆法兰时应注意里边有弹簧，以免法兰盖掉到地上伤人。拿下法兰和油活塞后，在吸气腔内用木棒敲击油缸即可把油缸、弹簧和拉杆一起取出。

注意：每台 812.5G 型制冷压缩机有四套卸荷机构，因四列气缸对机体前侧的距离不同，而拉杆长度也不同，拆卸时应做好记号，以免装错。

7. 拆卸过滤器和油泵部件

先拆卸油三通阀与油泵体的连接头和油管，再拆下油三通阀，取出过滤器，拆下油泵端盖，再拆下油泵转子（或齿轮）、传动块等零件。

8. 拆卸吸气过滤器

先拧下法兰螺栓，将吸气过滤器法兰螺栓拧松，拆下最后的螺栓时，用手推住法兰，以防弹簧把法兰弹出，分别取下法兰、弹簧、盖和过滤器。

9. 拆卸联轴器

首先拆下传动块、电动机半联轴器和中间接筒的联接螺栓，移开电动机，再拆下压缩机半联轴器与中间接筒的联接螺栓，取下中间接筒，拆下曲轴端挡块，然后敲击联轴器，分别将两个半联轴器和键从电动机轴和压缩机轴上取下，并把键放好。

对于 12.5 系列机器，可不移动电动机，但应将压缩机联轴块、中间连接块和电动机联轴块统一画上装配记号，然后拆下橡胶塞销挡板，取出橡胶塞销，再拆下中间连接块的螺栓，把中间连接块推到电动机轴一侧。

10. 拆轴封部件

首先均匀拧松压盖螺母，对角留下两个螺母暂不拧下，将其他螺母拧下，用手推住压盖，再慢慢地对称拧余下的两个螺母，以防轴封弹簧将轴封盖和其他零件弹出，损伤零件或者伤人，然后依次取出端盖、外弹性圈、固定密封环、活动密封环、内弹性圈、压圈及轴封弹簧等部件，注意不要碰伤固定环与活动环的密封面。

11. 拆后轴承座

在拆后主轴承座之前，应先将曲柄销用布包好，以防碰伤，再用方木在曲轴箱内把曲轴垫好。分别将前后轴承座的连接油管拆掉，然后拧下后轴承座周围的螺母，将两根专用螺栓（M12）拧进后轴承座的螺孔内，把轴承座均匀地顶开，慢慢地将轴承座取出，注意不要损伤轴承座的密封平面。

12. 拆卸曲轴

用布条缠好主轴颈，以防擦伤。有的曲轴前端面有两个螺孔，可拧进两只长螺栓，再套上适当长度的圆管，用以抬起曲轴。在曲轴箱中部用方木抬曲轴，前、中、后都做好准备，协同一致，慢慢将曲轴从后轴承座孔中抽出，注意不要让曲轴碰伤后轴承座孔。

13. 拆前轴承座

拆卸时，将两根专用螺栓（M12）拧进前轴承座的螺孔内，把轴承座均匀地顶开，然后用撬棍慢慢撬出。

二、活塞式制冷压缩机几个重要部件的分解和拆卸

分解部件时，要记下各零件的编号、位置和方向，以免错装零件。

1. 分解排气阀组和阀板组

（1）分解排气阀组　拆下开口销和联接螺栓，取下排气阀的内阀座，再拆下阀盖与外阀座的联接螺栓，使排气阀片和气阀弹簧与外阀座分开，并将密封面向下放在布上，以免碰伤。

（2）分解阀板组（指小型压缩机）　小型压缩机的吸、排气阀片都组装在阀板上。对于排气阀片，先拆下锁紧铅丝，拧下压板上的两个螺钉，再取下压板、升程限制盖、排气阀片弹簧、排气阀片。对于吸气阀片，先拆下升程限制螺钉的螺母和弹簧垫圈，取下升程限制螺钉时，吸气阀片即可随之退出。

2. 拆卸活塞环

拆卸活塞环的方法有以下三种。

1）用两块布条套在活塞环搭口的两端，两手拿住布条轻轻地向外扩张即可把环取出。注意不能用力过猛，以免损坏活塞环。

2）用几根 0.75~1mm 厚的薄钢片，轻轻插入环与槽中间，使活塞环均匀地扩张，然后使之顺着钢片滑出，如图 11-3a 所示。

3）用专用工具拆卸活塞环，如图 11-3b 所示。

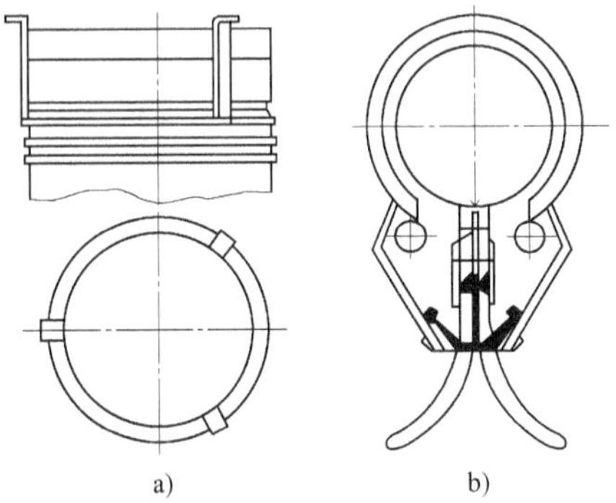

图 11-3　用工具拆卸（装入）活塞环

a）用薄钢片拆卸（装入）活塞环

b）用专用工具拆卸（装入）活塞环

3. 拆卸活塞销

先用尖嘴钳把活塞销座孔内的挡圈拆下，若活塞销不紧，可用木槌或铜棒轻击，将活塞销敲出。若难以拆卸，可将活塞和连杆小头一起浸在 80~100℃ 的油中几分钟，使活塞膨胀，然后用木棒将活塞销从座孔内推出，也可用专用工具——拉力器拉出，如图 11-4 所示。

4. 分解气缸套部件

气缸套上的油缸拉杆式卸荷机构包括弹性圈、垫环、转动环、开口销、弹簧和顶杆。拆卸时应按上述顺序进行。拆卸前应检查顶杆的高度是否相同，高低不平会导致吸气阀片关闭不严，压缩机漏气。

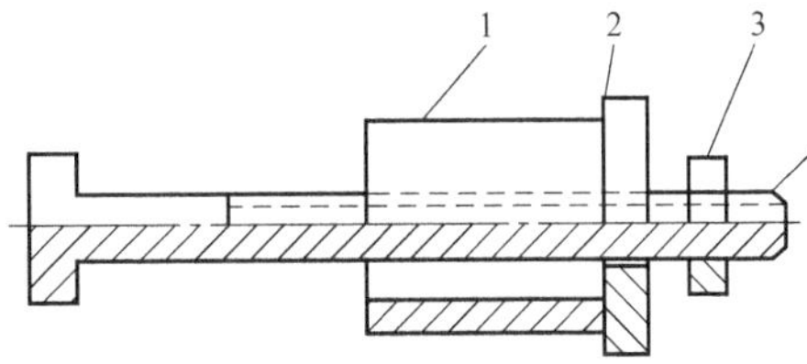

图 11-4　拆卸活塞销的专用工具

1—套筒　2—垫圈　3—螺母　4—拉杆

5. 拆卸主轴承

用螺旋式工具将主轴承从轴承座上拉出（或用压力机压出），取下定位圆销。注意不要碰伤轴承座孔。

三、活塞式制冷压缩机主要零部件的检测

零部件的检测主要是测量配合间隙是否超出规定范围，检查各零部件的磨损量是否超过极限，由此来确定零件是否需要修理或更换。一般情况下，测量工作应与拆卸工作同时进行。此外，在测量检查的同时，必须对所得的数据进行详细记录，作为压缩机的重要修理档案，以备装配或下次修理时参考。

虽然各种活塞式制冷压缩机的技术数据不尽相同，但其检查和测量的方法是相通的。

1. 检测吸、排气阀片

阀片开度过大，则阀片运动速度大，阀片容易被击碎；阀片开度过小，则制冷剂蒸气通过阀片的阻力增大，影响吸、排气效率。可用深度尺或塞尺测量阀片开度。阀片严密性的检查可用煤油做渗漏试验的方法进行。当阀片有轻微磨损或划伤时，应重新研磨和检修。若出现下列情况之一，就必须更换阀片。

1）阀片磨损使其厚度比原标准尺寸小 0.15mm。

2）间隙比正常值大 0.3~0.5mm。

3）阀片的密封面磨薄到原厚度的 1/3，或磨损出环沟状且沟深达 0.2mm。

2. 检测气缸余隙

选择粗细适度的软铅丝放置在活塞顶部，一般均匀地选择四个位置放置，再装好排气阀组和气缸盖，转动曲轴 1~2 圈，将铅丝压扁，然后取出四根压扁的铅丝，用外径千分尺分别测量厚度，取平均值即为活塞上止点余隙。

3. 检测活塞与气缸壁的间隙

测量时，手动盘车，用塞尺测量活塞与气缸（或气缸套）配合面的上、中、下三个部位的间隙。测量时仍然分四点进行。为了精确起见，当上述测量完毕之后，将活塞环全部取出，再做一次测量，并记录测量数据，以供分析参考。若气缸（或气缸套）磨损比原标准尺寸大 0.15~0.25mm，或气缸与活塞的间隙超过 0.5~0.6mm，应检修。当活塞最大磨损量为 0.3~0.35mm 时，应更换活塞。

4. 检测活塞环

将活塞连杆组取出气缸之外，用塞尺直接测量活塞环与环槽的轴向间隙。而活塞环的开口间隙，则是将活塞环放入相当于气缸公称直径的量规中，用塞尺测量的。活塞环一般不进行修理，当出现下列情况之一时，就必须更换。

1）活塞环在工作状态时的开口间隙，超过了 $0.004D^{+0.2}_{-0.0}$（直径 D 小于 120mm）或 $0.004D^{+0.3}_{-0.0}$（直径 D 大于 120mm），或搭口间隙超过正常间隙的 2~3 倍。

2）活塞环高度（轴向）磨损超过 0.15mm。

3）活塞环厚度（径向）磨损超过 1mm。

4）活塞环与气缸接触面小于圆周长的 2/3，其他不接触部分与气缸壁间隙超过 0.03mm。

5）活塞环端面翘曲度超过 0.05mm（活塞环的直径越小，其端面翘曲度要求就越小）。

6）活塞环重量减轻了10%。

7）活塞环弹性减弱到原来的25%。

5. 检测活塞销

用外径千分尺测量活塞销，一般磨损量达0.1mm或圆度超过直径公差的1/2时，应更换活塞销。可以用内径千分尺测量小头衬套，一般磨损量达0.1mm以上时，应更换小头衬套。

6. 检测曲轴

（1）测量曲柄销中心线与主轴颈轴线的平行度误差　将曲轴架在标准的检验装置上，将两主轴颈校平，平行度误差要小于0.01mm。然后以主轴颈为基准，用带支架的千分表沿着轴向移动，检查主轴颈和曲柄销的平行度误差，在100mm长度上应不大于0.02mm，否则应检修。

（2）测量主轴颈、曲柄销的圆度和圆柱度误差　测量主轴颈可用千分表，测量曲柄销可用外径千分尺。主轴颈的圆度达到直径的1/1500时，最好进行修正；达到1/1250时，必须进行修理。曲柄销的圆度达到直径的1/1250时，最好进行修理；达到1/1000时，必须进行修理。总磨损量超过直径的5/1000时，必须更换曲轴。

7. 检测连杆

检测时，若连杆出现裂纹、弯曲、扭曲或折断等现象，必须予以更换。

（1）测量连杆大头轴瓦中心线与活塞销的平行度误差　把装有连杆的曲轴架在标准的检验装置上，连杆大头轴瓦在最低、最高位置时，用千分表分别测量活塞销的倾斜度误差，在100mm长度上，应不大于0.1mm。如果倾斜度误差过大，说明连杆弯曲，应进行检查。

（2）测量连杆大头轴瓦的间隙　一般是在下轴瓦两侧放置两根软铅丝（铅丝直径比轴瓦标准间隙大2~3倍），把下轴瓦装上、上紧，再把下轴瓦拆掉，用外径千分尺测量铅丝的直径。连杆大头轴瓦的间隙一般为轴颈的1/1000，上轴瓦100°角内不应有间隙。

8. 检测轴封

1）轴封装置中的动环和静环的摩擦面平行度误差，不应超过0.015~0.02mm，表面粗糙度应符合要求，磨损过度应更换。

2）轴封漏油每小时超过10滴时，应拆卸检修或更换。

3）轴封装置良好时，不需拆卸。因轴封零件每拆一次就变动一次位置，加之轴封橡胶圈被润滑油浸泡发胀，拆后不易再恢复原尺寸。

9. 检测油泵

一般用塞尺测量油泵齿轮与泵壳之间的径向间隙，再用压铅法分别测量油泵齿轮的啮合间隙和轴向间隙。

活塞式制冷压缩机拆卸与检测过程的有关情况与数据，应记录在表11-1中。

表11-1　活塞式制冷压缩机拆卸与检测过程记录表

序号	工作任务	出现的问题	解决的方法	数据记录	备注
1	活塞式制冷压缩机的拆卸				
2	活塞式制冷压缩机几个重要部件的分解和拆卸				
3	活塞式制冷压缩机主要零部件的检测				

四、注意事项

拆卸与检测制冷压缩机时，应注意以下事项。

1）在制冷压缩机拆卸全过程中，必须严格遵守各项检修和安全操作规程，落实各项安全措施。

2）拆卸前，必须关闭所有与压缩机相关联的外管阀门，挂牌警示。一定要打开压缩机放空阀，接通大气，确保将吸排气腔、曲轴箱和气缸内的气压卸为常压后，才能开始进行下一步的拆卸工作。

3）拆卸前，必须可靠地切断压缩机的所有电源，挂牌警示，并有专人监护，禁止合闸。

4）工作环境应保持良好通风，防止制冷剂浓度超标；拆卸过程中应用安全行灯照明。

5）检修及盘车应相互监护，以免发生人身或设备事故；进行吸、排气阀盖及气缸盖拆卸时，应对称留两个螺母，用螺钉旋具将压盖撬起检查，确认缸内已卸为常压后再将螺母全部卸去。

6）在处理临时故障时，应待气缸温度降至60℃以下，方可拆卸气缸上的部件，否则，因润滑油的高温汽化，可能会发生气缸着火爆炸事故。

【实例2】　活塞式制冷压缩机轴封的修理

在轴封的修理中，对变形、老化、失去弹性的密封橡胶圈和弹簧应及时更换，对有轻度磨损和划伤的动、静密封环，可通过研磨来修复。

为提高密封面的研磨效果，应准备三个研磨平板。平板制作简单，将0.5μm、1.5μm、2.5μm三种不同的金刚砂（研磨粉）用汽油浸泡后，分别洒在三个一级精度的400mm×400mm的平板上。加少许煤油涂抹均匀后，用表面粗糙度*Ra*值为0.8μm的圆钢来回辗压，直到金刚砂均匀嵌镶在平板表面，然后用布擦光即可看见暗灰色亚光镜面。

可根据密封面的磨损或划伤的程度，分别在粗、中、细平板上研磨（其中0.5μm平板为精研磨，2.5μm平板为粗研磨）。研磨时用汽油做润滑剂，用力均匀地沿“8”形轨迹研磨。也可用毛玻璃（磨砂玻璃）做平板进行研磨。但这种研磨平板的金刚砂或研磨膏呈浮动状态，相对切削量小，速度极慢。在精研磨时，把绸布铺在玻璃板上，涂上研磨粉和冷冻机油后进行研磨。检验动、静密封面的研磨质量，主要用零级刀口尺检查其平面度。

【实例3】　活塞式制冷压缩机卸荷机构的修理

卸荷机构中，顶杆与转动环是容易磨损的，特别是顶杆的长度既不可过长又不可过短，过长会把吸气阀片顶变形或者使顶杆本身弯曲，过短又不能顶起阀片，使气缸不能卸荷。特别是当吸气阀片座的密封线经几次研磨后，顶杆也相对地变长，必须用锉修的方法使顶杆缩短到要求的尺寸。

课题二　制冷压缩机的装配

一、活塞式制冷压缩机连杆大头和气缸的基本形式

1）连杆大头的基本形式有剖分式和整体式两种。整体式连杆大头仅用于曲柄轴或偏心轴结构的压缩机中，为小型封闭式压缩机广泛采用。剖分式连杆大头又分为平剖式和斜剖式

两种。斜剖的目的在于减少连杆的外缘尺寸，以便能把活塞连杆组件从气缸中直接取出，但由于其加工复杂，远不如平剖式使用广泛。

剖分式连杆大头内孔与大头盖是单配加工完成的，因而没有互换性，装配时要对方向做记号，并由定位装置来确保大头内圆的正确形状。

2）根据气缸与曲轴箱的连接方式，可将气缸的结构形式分为三类：第一类是气缸直接在机体上加工而成，气缸和曲轴箱呈一体结构，没有气缸套，如 2F6.3；第二类是将机体分为气缸体和曲轴箱上、下两部分，这两部分依靠螺栓联接，没有卸荷机构，也没有气缸套，如 2F10；第三类是在机体上加工了气缸孔，把气缸套嵌在气缸孔内，卸荷机构就安装在气缸套外壁上，气缸套外壁周围是低压制冷剂气体，如 4FS7B、812.5G 等。

气缸体和气缸套分开的结构形式机体刚性好、接合面少、结构简单，气缸套和气缸体可分别采用不同的材料，对气缸体的要求低，所以为国内外高速多缸压缩机广泛采用。

二、活塞式制冷压缩机装配的基本要求

制冷压缩机的装配是检修工作的最后阶段，零部件经拆卸、检测和修理（或更换）后，可进行装配。整机性能的好坏与装配技术和质量密切相关。因此，压缩机在装配后，必须进行检漏和试运转，以检查和判断装配的质量，确定机器能否接入系统并投入运行。

制冷压缩机的结构复杂，各零部件间的配合要求较高，应当根据技术要求，照图按程序进行装配。一般是先装相关组合件，再总体装配。以下是装配制冷压缩机的基本要求。

1）在装配前，各零部件都应用煤油或汽油清洗干净并做干燥处理。要特别注意对油孔、油路的清洗和检查，轴承的油孔不要错位。不允许有任何异物进入轴承、气缸、缝隙、填料及进出口管道中。

2）应按拆机的相反顺序装配各零部件，同型零件应按记号组装。各零部件、组合件经检查合格后，才能用于部件的装配和机器的总装。

3）凡有相对运动的机件光洁面、摩擦面，装配时均要涂滴上适量的冷冻机油，这样既利于装配又可防锈。

4）应确保连杆、活塞等部件的配合间隙在规定范围内，用手盘动应灵活而又不松动。气缸余隙可通过气缸盖垫片厚度来调整，更换新活塞后，应对余隙进行测量。在正常情况下，垫片厚度和余隙都不做调整。

5）与机体装配有间隙的接合面（如前、后主轴承座与机体孔的接合面等），纸垫厚度应按要求选用，不得任意改变。必要时，可在垫片上涂上密封胶，以加强密封性。

6）紧固各部件的螺栓（螺母）时，扳手大小应适合，用力要均匀，最好使用力矩扳手，根据螺栓的直径大小选择不同的拧紧力矩。

7）压缩机组装完毕后，还应对轴封、密封垫、紧固螺栓等部位进行检漏。

三、活塞式制冷压缩机装配工艺的总体认识

1. 压缩机的装配关系

在装配压缩机前，应熟悉各零部件的名称、数量和主要作用，明确各零部件和机构的装配关系，了解压缩机装配的一般规律和要求。2F10 型制冷压缩机的装配关系，如图 11-5 所示。

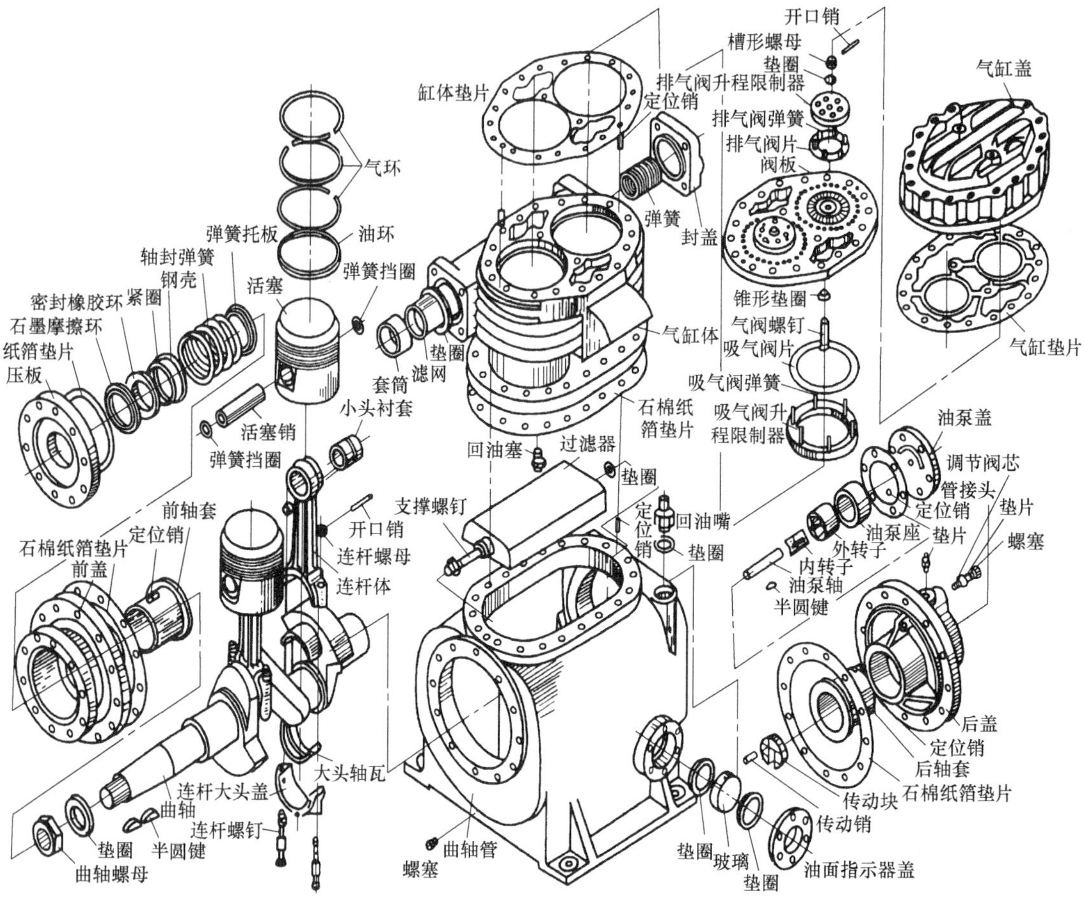

图 11-5　2F10 型制冷压缩机的装配图

2. 总装配工艺流程

总装配是将各个组装好的部件逐一装入机体。一台制冷压缩机是由许多零部件组装而成的，哪些零部件先装、哪些后装，要有一个合理的程序。只有按照一定的程序装配压缩机，才能保证零部件装得进，装得正确，装得快，不出装配差错，整机性能良好。

总体的要求是，先将零件组装成部件，再对部件和整体构件进行组装，装配成整机。2F10 型制冷压缩机总装配的工艺流程，如图 11-6 所示。

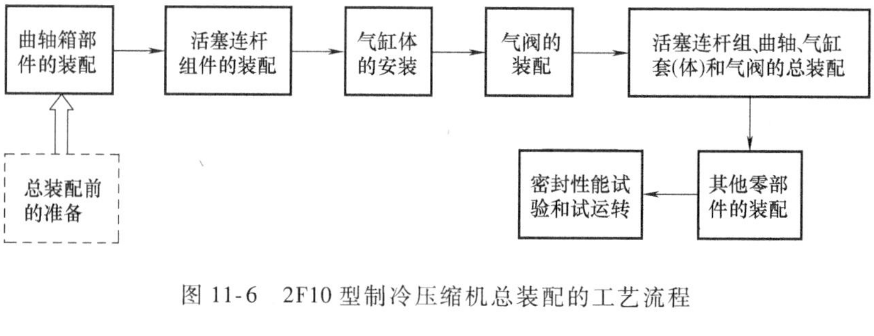

图 11-6　2F10 型制冷压缩机总装配的工艺流程

3. 配合间隙要求

主要部件配合间隙应达到一定的技术要求，见表 11-2。在装配过程中，若零部件已磨损，经修配后仍然达不到要求，应更换。

表 11-2　氟利昂制冷压缩机主要部件的配合间隙　（单位：mm）

配合部件	间隙(+)或过盈(-)				
	2F4.8	2F6.5	3FW5B	4FS7B	4F10,2F10
气缸与活塞	0.025~0.045	0.03~0.09	0.13~0.17	0.14~0.20	0.16~0.20
活塞上止点间隙	0.4~0.9	0.6~1.0	0.8~1.0	0.5~0.75	0.5~0.75
吸气阀片开度	0.45 ±0.05	2.5~2.8	2.2±0.1	1.0~1.28	1.2±0.1
排气阀片开度	2	2.4~2.7	1.5±0.5	1.10~1.28	1.5±0.5
活塞环锁口间隙	0.1~0.3	0.1~0.25	0.2~0.3	0.28~0.48	0.4~0.6
活塞环与环槽轴向间隙	0.038~0.058	0.02~0.045	0.038~0.065	0.018~0.048	0.038~0.065
连杆小头衬套与活塞销配合	0.015~0.025	0.015~0.035	0.01~0.025	0.015~0.03	0.01~0.03
活塞销与销座孔	-0.015~0.025	-0.015~0.005	-0.017~0.005	-0.02~0.03	-0.01~0.019
连杆大头轴瓦与曲柄销	0.03~0.06	0.035~0.065	0.05~0.08	0.052~0.12	0.05~0.08
主轴颈与轴承径向间隙	0.02~0.05	0.035~0.065	0.04~0.065	0.06~0.12	0.05~0.08
曲轴与电动机转子	—	—	0.01~0.054	0.04~0.06	—
电动机定子与机体	—	—	0.04 用螺钉一只	0~0.03	—
电动机定子与电动机转子	—	—	0.50	0.5~0.75	—

典型实例

【实例 1】　活塞式制冷压缩机的装配

一、气缸套及阀片组件的装配

大、中型冷库用的活塞式制冷压缩机，常采用气缸体与气缸套分开、卸荷机构安装在气缸套外壁上的形式（如 4FS7B）。此类压缩机气缸套及阀片组件的装配，主要包括卸荷机构和气阀两部分。

1. 卸荷机构的装配

4FS7B 卸荷机构的装配顺序，如图 11-7 所示。

1）在气缸套的端面（吸气阀片 10 下面）均匀布置着许多小孔，其中一部分作为吸气孔 17，另一部分作为卸荷机构顶杆 6 的导向孔。顶杆 6 入孔之前，应先套入顶杆弹簧 7。

2）把移动环 18 套在气缸套外壁上，然后安装环形固定套 19、环形移动套 5、卸荷弹簧 20 等零件。

对于油缸拉杆式卸荷机构，其结构与移动套式有所不同。当顶杆入孔后，应核实一下转动环是左转还是右转，然后把转动环的缺口向上（面向顶杆）安装在气缸套外壁上，再装上垫环和弹性圈，并检查转动环的移动是否灵活、准确。

2. 气阀的装配

4FS7B 吸、排气阀的装配顺序，如图11-7所示。

1）将吸气阀片 10 放在气缸套 8 的端面上与密封线贴合。

2）放上吸气阀片弹簧 11 并调整好位置。

3）通过螺栓 22 把排气阀内阀座 21、排气阀片 14、排气阀片弹簧 13 和排气阀外阀座 15

组装起来，组成一个排气阀组。

4）通过螺钉 23 将这个排气阀组与排气阀座 16 组装起来，组成一个假盖。

5）把假盖放在吸气阀片弹簧 11 上面，注意让吸气阀片 10 上的弹簧进入排气阀座 16 的孔中，检查吸气阀片 10 是否有上下位移。

6）将假盖弹簧 12 套在排气阀外阀座 15 上。假盖与气缸套端面之间的静装配就是依靠假盖弹簧压力来保证的。当活塞压缩液体发生“液击”现象时，气缸内的压力急剧升高，若压力大于假盖弹簧 12 和高压腔压力之和，则假盖升起，使气缸套端面出现缝隙，气缸内液体由此排入高压区，以保护阀片组不受损坏。

7）将气缸盖的弹簧孔（图中未画）对准假盖弹簧，先穿上两个长螺栓将缸盖压下，检查假盖弹簧是否入位，之后将螺栓拧紧。

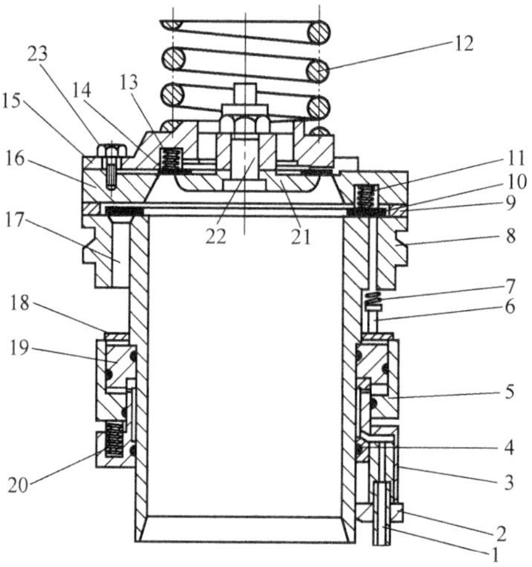

图 11-7　4FS7B 气缸套及阀片组件的装配图

1—油管　2—油管接头　3—定位接头　4—密封圈　5—环形移动套　6—顶杆　7—顶杆弹簧　8—气缸套　9—吸气阀片导向环　10—吸气阀片　11—吸气阀片弹簧　12—假盖弹簧　13—排气阀片弹簧　14—排气阀片　15—排气阀外阀座　16—排气阀座　17—吸气孔　18—移动环　19—环形固定套　20—卸荷弹簧　21—排气阀内阀座　22—螺栓　23—螺钉

8）穿上气缸盖的其他固定螺栓并依次对称拧紧。

二、活塞式制冷压缩机的总装配

1. 做好总装配前的准备工作

在开始装配之前，应根据标记和编号，将所有的零部件按装配顺序，分类排列整齐，并清点数目，各种工量具也应分类排列整齐。准备好各种易损件，如所需的垫圈、挡销、密封垫片和填料等。再次进行安全检查，确保与压缩机连接的阀门和电源都处于关闭、切断状态，确保曲轴箱内不存在异物。

2. 2F10 曲轴箱部件的装配

2F10 曲轴箱的装配顺序如图 11-8 所示。

1）将支撑螺钉 1 旋入过滤器 3 上，再将其放入曲轴箱底部的储油槽内。把支撑螺钉 1 与油泵的吸油管头接好拧紧。

2）安装曲轴箱侧面的视液镜。装配时要注意垫圈 7、9 的厚度不能随意改变，否则容易漏油或压碎玻璃视液镜片 8。

3）装配 2F10 后主轴承，如图 11-9 所示。将后轴承 7 装入后盖 5 的轴承座孔

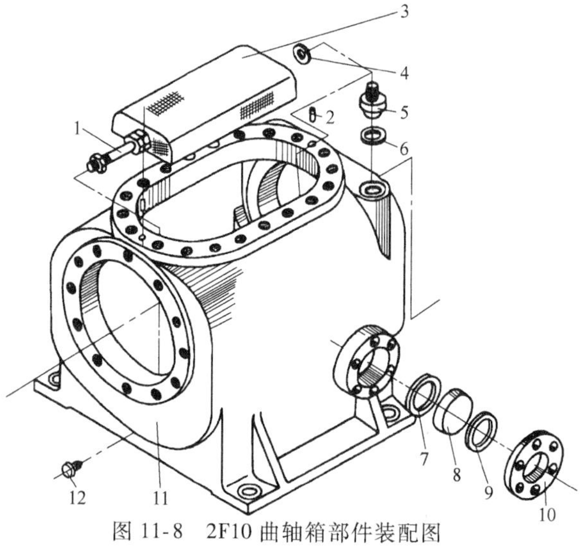

图 11-8　2F10 曲轴箱部件装配图

1—支撑螺钉　2—定位销　3—过滤器　4、6、7、9—垫圈　5—回油嘴　8—玻璃视液镜片　10—视液镜盖　11—曲轴箱　12—泄油螺塞

内，轻轻转动后轴承 7，使定位销 6 对准定位销孔，定位销的作用是防止曲轴转动时带动轴承旋转。在后盖 5 端面上贴上密封垫片 8，再将其推入曲轴箱的后盖孔内，对正位置后均匀拧紧螺栓，使之固定在机体上。之后安装进油管接头 1（内接油泵输油口，外接油压表）、油压调节阀芯 2 和螺塞 4。

4）装配 2F10 曲轴。给主轴颈涂抹冷冻机油，托起曲轴，经曲轴箱的前孔将其装入曲轴箱，把后轴颈推进后轴承 7 内。

5）装配 2F10 前主轴承，如图 11-10 所示。把前轴承 4 装入前盖 1 的轴承座孔内，轻轻转动前轴承 4，使定位销 3 对准定位销孔，以防后轴承转动。把密封垫片 2 贴在前盖 1 端面上，托着前盖，使主轴颈进入前轴承，然后把前盖、垫片贴在曲轴箱的前盖孔上，对正位置后均匀拧紧螺栓，使之固定在机体上（前盖的另一侧准备连接轴封压板）。此时转动曲轴应感到轻松灵活无卡涩现象，也无轴向窜动。

3. 2F10 活塞连杆组件的装配

2F10 活塞连杆组件的装配顺序如图 11-11 所示。

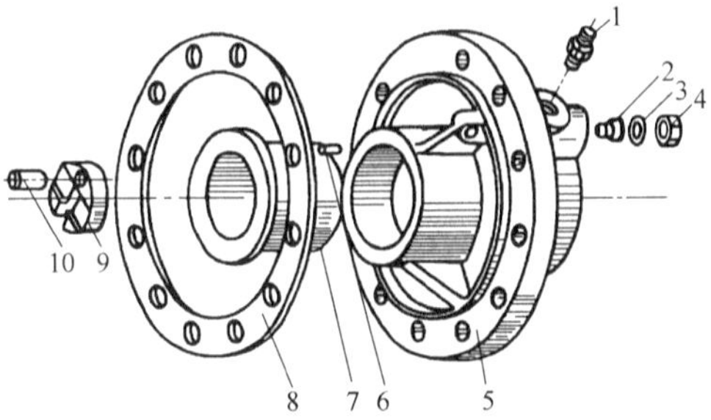

图 11-9　2F10 后主轴承的装配图

1—进油管接头　2—油压调节阀芯　3—垫圈　4—螺塞　5—后盖　6—定位销　7—后轴承　8—密封垫片　9—油泵传动块　10—传动销

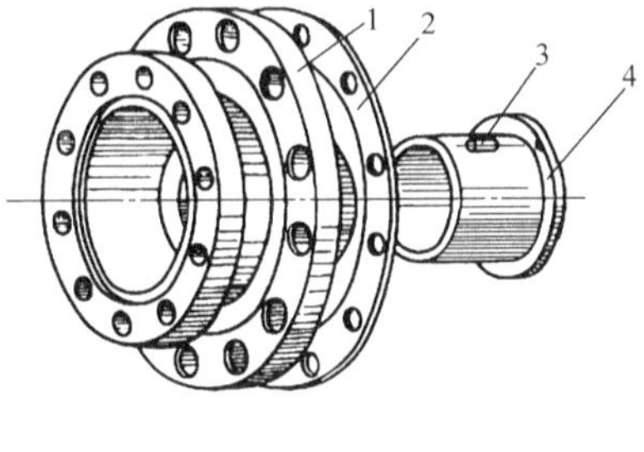

图 11-10　2F10 前主轴承的装配图

1—前盖　2—密封垫片　3—定位销　4—前轴承

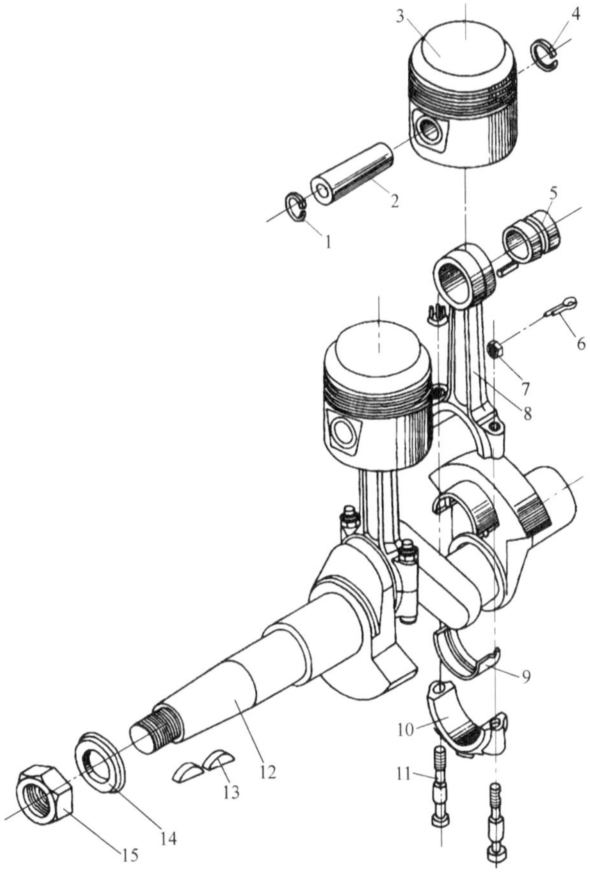

图 11-11　2F10 活塞连杆组件的装配图

1、4—弹性挡圈　2—活塞销　3—活塞　5—小头衬套　6—开口销　7—连杆螺母　8—连杆体　9—连杆大头轴瓦　10—连杆大头盖　11—连杆螺栓　12—曲轴　13—半圆键　14—垫圈　15—曲轴螺母

1）将连杆小头衬套5压入连杆小头孔中，要使衬套内油槽与连杆体8的中心线相交成45°，使油槽避开承载区，以保证小头衬套5和活塞销2之间的润滑油量充足。

2）连接活塞与连杆。先把连杆小头伸入活塞3的内部，使小头衬套5对准活塞销座孔，然后给活塞销2涂抹冷冻机油，再将其压入小头衬套5内。装上活塞销两端的弹性挡圈1和4，挡圈应全部进入活塞销座孔的环槽中，并与活塞销端面贴平。要求装配后活塞销能在衬套内转动，但不允许有轻微晃动。

3）将油环、气环依次套入活塞环槽中。安装活塞环可借助活塞环装卸套，也可用布条拉住活塞环搭口两端，张大环口间隙，再将其套入活塞环槽上。活塞环搭口应错开120°，油环15°的斜面应向上。

4）装配连杆大头。将活塞连杆组件提起，先往连杆大头孔装入连杆大头轴瓦9的上半部（上瓦），使瓦背上的凸台扣入连杆大头孔上的凹槽内，再把带瓦的连杆大头孔套入曲柄销上，可轻微盘动曲轴使其接触严密。合上带下瓦的连杆大头盖10，穿上连杆螺栓11，拧紧连杆螺母7。转动曲轴12应灵活自如，连杆大头轴瓦应能在曲柄销上滑动，但应无明显晃动余量，然后装上开口销6以防螺栓松动。

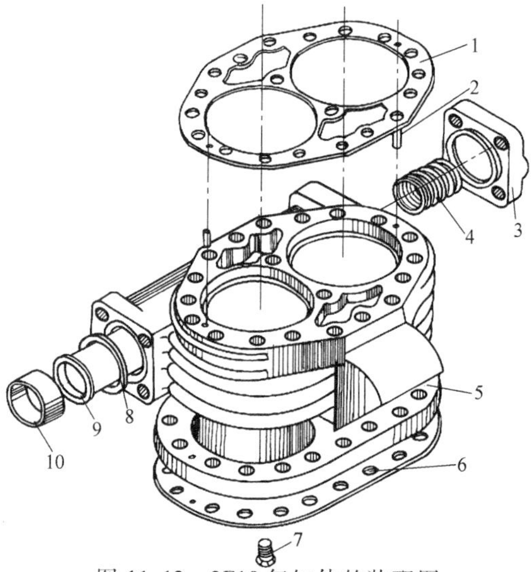

图 11-12　2F10气缸体的装配图

1—气缸体垫片　2—定位销　3—后封盖　4—弹簧　5—气缸体　6—密封垫片　7—回油塞　8—垫圈　9—过滤网　10—套筒

4. 2F10气缸体的安装

2F10制冷压缩机的机体，由气缸体和曲轴箱上、下两部分组成，没有卸荷机构，其气缸体装配图如图11-12所示。

1）在曲轴箱顶面放上密封垫片6，抬起气缸体5，使其慢慢落入曲轴箱的顶面。把定位销插入气缸体和曲轴箱上的定位销孔，拧紧所有固定螺栓。

2）将清洗好的过滤网9装到气缸体吸气端，先装弹簧4、密封垫片6和后封盖3，然后用前封盖将过滤网的套筒压进，拧紧所有固定螺栓。

5. 2F10气阀的装配

2F10气阀的装配包括排、吸气阀的装配。

1）2F10排气阀的装配顺序如图11-13所示。

① 将排气阀片6放在阀板7上的阀口处。

② 将排气阀片弹簧5放在排气阀片6上，调整弹簧位置。

③ 把排气阀片升程限制器4慢慢套入排气阀片弹簧5，并压在阀板7上（也可给弹簧涂一点润滑脂，先将排气阀片弹簧5放入排气阀片升程限制器4的孔内，再压在阀板上）。

④ 在阀板7的另一侧放上锥形垫圈8，再穿上排气阀螺钉9。

⑤ 在排气阀片升程限制器4一侧将垫圈3套上，拧紧槽形螺母2，最后穿上开口销1。

2）2F10吸气阀的装配顺序如图11-13所示。

① 将吸气阀片升程限制器12放入气缸体的端盖上。

② 将吸气阀片弹簧 11 放入吸气阀片升程限制器 12 的孔内。

③ 将吸气阀片 10 放到吸气阀片升程限制器 12 上的吸气阀片弹簧 11 上面。

④ 用细铁棒顶阀片周围，阀片应能在升程限制器限制范围内上下动作。

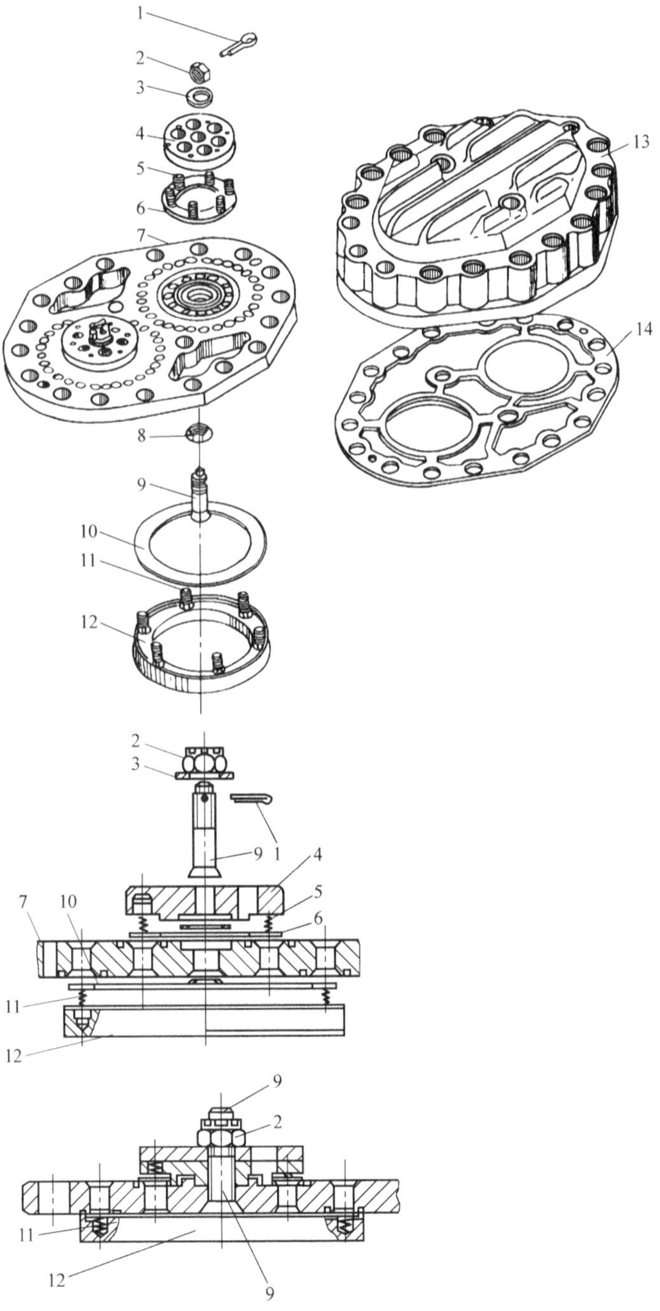

图 11-13　2F10 阀片组件的装配图

1—开口销　2—槽形螺母　3—垫圈　4—排气阀片升程限制器　5—排气阀片弹簧　6—排气阀片　7—阀板　8—锥形垫圈　9—排气阀螺钉　10—吸气阀片　11—吸气阀片弹簧　12—吸气阀片升程限制器　13—气缸盖　14—气缸盖密封垫片

⑤ 放好气缸盖密封垫片 14，将气缸盖 13 盖好，用螺栓紧固好。

6. 活塞连杆组、曲轴、气缸套（体）和气阀的总装配

1）如果连杆大头为斜剖式，则连杆大头可穿过气缸。其装配程序如下：

① 在曲轴箱上安装气缸套。

② 转动曲轴，使曲柄销升到最高位置。

③ 将活塞连杆组件吊起，使连杆大头慢慢通过缸套。

④ 当油环接触到气缸体上沿时，调整活塞环搭口，使其互成 120°。

⑤ 用旋具轻轻顶住环口，晃动一下活塞，则第一道环即可装入气缸。照此方法将两道气环全部装入气缸（也可用活塞环装卸套把活塞装入气缸）。

⑥ 把连杆大头轴瓦套在曲柄销上，合上大头盖，穿上连杆螺栓并拧紧螺母。

⑦ 转动曲轴，检查、调整气缸余隙及各运动部件的配合情况。装上开口销，以锁紧螺母。

⑧ 在各气缸套端面装配气阀（或假盖及假盖弹簧）、密封垫片、气缸盖，旋上并拧紧气缸盖螺栓。

2）如果连杆大头为平剖式，则连杆大头一般都不能穿过气缸。其装配程序如下：

① 安装气缸套之前，先将活塞环搭口错开 120°。

② 把活塞从气缸套下口推入气缸内（气缸套下口有一导向锥面，活塞环很容易进入气缸）。

③ 把两只带吊环的螺栓旋入气缸套顶端螺孔内，把一只旋入活塞顶端螺孔内，并在吊环内穿入钢杆作为提把。

④ 提起连杆、活塞、缸套组合件，装入机体的气缸孔内，使气缸套定位销对准定位槽，使转动环凹槽对准拉杆凸圆。

⑤ 缓缓推下连杆活塞组，盘动曲轴使连杆大头对准主轴颈。

⑥ 在主轴颈与连杆大头孔之间装入上连杆瓦，使瓦背上的凸台扣入连杆大头孔上的凹槽内，再盘动曲轴使其接触严密。

⑦ 穿入连杆螺栓，合上带下瓦的大头盖，旋上并拧紧螺母。

⑧ 转动曲轴，检查、调整气缸余隙及各运动部件的配合情况。装上开口销，完成一个气缸的装配，其余各缸的装配可参照上述过程。

⑨ 对于油缸拉杆式卸荷机构，应进行顶杆动作试验。可用螺钉逐个顶动活塞，观察顶杆升降状况，比较顶杆高度。若升降灵活、高度统一，说明卸荷机构装配合格。

⑩ 在各气缸套端面装配气阀（或假盖及假盖弹簧）、密封垫片、气缸盖，旋上并拧紧气缸盖螺栓。

7. 其他零部件的装配

1）进行油泵、精过滤器、油压调节阀、油三通阀（加油阀）、油气分离器的回油装置、油分配阀、能量调节装置（如油泵、油活塞、拉杆等）、机油铜管等零部件的装配。

2）进行开启式压缩机轴封的装配。当压缩机装配结束后，应对其进行全面检查。用手转动曲轴，如果感到轻重不均和有碰撞现象、转动太紧或转不动时，说明气缸余隙不对或其他部件间隙调整不当，应进行调整。

至此，2F10 型制冷压缩机的总装配已完成。

2F10 型制冷压缩机总装配过程的有关情况，应记录在表 11-3 中。

表 11-3　2F10 型制冷压缩机总装配过程记录表

序号	装配任务	零部件的名称及数量	出现的问题	解决的方法	效果	备注
1	曲轴箱部件的装配					
2	活塞连杆组件的装配					
3	气缸体的安装					
4	气阀的装配					
5	活塞连杆组、曲轴、气缸套(体)和气阀的总装配					
6	其他零部件的装配					

在 2F10 型制冷压缩机的总装配过程中，其主要部件装配间隙的质量应记录在表11-4中。

表 11-4　2F10 型制冷压缩机主要部件装配间隙质量记录表

序号	配合部件	间隙(+)或过盈(-)		装配质量		备注
		标准值/mm	实测值/mm	合格	不合格	
1	气缸与活塞	0.16~0.20				
2	活塞上止点间隙	0.5~0.75				
3	吸气阀片开度	1.2±0.1				
4	排气阀片开度	1.5±0.5				
5	活塞环锁口间隙	0.4~0.6				
6	活塞环与环槽轴向间隙	0.038~0.065				
7	连杆小头衬套与活塞销配合	0.01~0.03				
8	活塞销与销座孔	-0.01~0.019				
9	连杆大头轴瓦与曲柄销	0.05~0.08				
10	主轴颈与轴承径向间隙	0.05~0.08				

三、密封性能试验

2F10 型制冷压缩机组装完毕后，需进行各种试验，合格后方可投入运行。首先要进行的是密封性能试验，即对轴封、密封垫、管阀件和紧固螺栓等部位进行检漏。

1. 卤素检漏

在吸、排气截止阀关闭的状态下，在吸气截止阀的旁通孔处充入 0.5~0.8MPa 的制冷剂，用卤素电子检漏仪对相关部位进行仔细检查，若有泄漏则会报警。检查轴封时，还要盘车转动主轴，做动态检查。

2. 氮气检漏

在吸、排气截止阀关闭的状态下，在压缩机内充入 0.8~1.0MPa 氮气后，用肥皂水（或洗涤灵）涂抹相关部位，仔细查看是否有因泄漏而起泡的现象。如果条件许可，也可以把压缩机全部浸没在水池的水中，经 5min 试验，如果水面上无气泡出现，则可认为合格。

2F10 型制冷压缩机密封性能试验的有关情况，应记录在表 11-5 中。

表 11-5　2F10 型制冷压缩机密封性能试验记录表

试验方法	试验器具	试验介质	压力/MPa	试验部位的情况				结论
				轴封	密封垫	管阀件	紧固螺栓	
卤素检漏	电子检漏仪	R22	0.5~0.8					
氮气检漏	肥皂水	N_2	0.8~1.0					

四、加注冷冻机油

2F10 型制冷压缩机密封性能试验合格后，可在加油孔处加注冷冻机油，直至油面升到指示器的半高处。

五、试运转

制冷压缩机的试运转主要包括空气负荷试运转和连通系统负荷试运转等内容，可参见单元七课题二的相关内容。

六、注意事项

装配制冷压缩机时，应注意以下事项。

1）在制冷压缩机装配过程中不要忘记装垫圈、挡销、垫片、填料，应防止小零部件或工具掉入曲轴箱内，如不慎掉入且未及时取出，可能会酿成重大机械和安全事故。

2）用扳手紧固各部件的螺栓时，用力大小应适合。若用力过大，则螺栓预应力增大而易疲劳断裂；若用力太小，则拧紧力不够而易松动，并造成振动或漏气。紧固多只同组螺栓时，应对称均匀进行，并应随时测查各被紧固件间的缝隙，要均匀地靠紧。若发现缝隙有偏斜，应拆开检查，排除异常后重紧，不许靠螺栓的不同拧紧力做调整。

3）需要起吊装配时，应采用承重能力大于机组重量的起重设备进行起吊装配，吊运速度、加速度应限制在许可的范围之内。

4）试运转时，严格检查压缩机的运转方向，当发现反转应立即停机，切断电源，把三根相线的任意两根对调，再重新开机，否则会损坏压缩机。

【实例 2】　活塞式制冷压缩机的润滑方式

制冷压缩机润滑系统的正常工作是压缩机正常运转的重要条件之一。良好的润滑效果是保证压缩机长期、安全、有效运转的关键。

一、润滑油的作用

（1）降低磨损　润滑油可在做相对运动的零件表面间形成油膜，降低压缩机的摩擦功、摩擦热和零件的磨损，提高压缩机的机械效率，增加压缩机的可靠性和耐久性。

（2）冷却清洁　润滑油可带走部分摩擦热，使摩擦表面温度不致过高，还可带走部分磨屑，改善摩擦表面的工作状况。

（3）加强密封　压缩机正常运行时，活塞与气缸的间隙、轴封的摩擦表面之间，都充满了润滑油，可起到加强密封的作用。

(4) 提供动力　压力润滑系统产生的油压力可以作为操纵压缩机能量调节机构的液压动力。

二、制冷压缩机润滑的方式

一般来说，制冷压缩机的润滑方式可分为飞溅润滑和压力润滑两种。

(1) 飞溅润滑　飞溅润滑是利用运动零件的击溅作用，将润滑油送至需要的摩擦表面。因润滑油循环量少，这种润滑效果较差，且润滑油容易污脏。但由于没有油泵，系统简单，故仍被小型开启式和半封闭式压缩机广泛采用。

(2) 压力润滑　压力润滑是利用油泵产生一定的油压，通过输油通道将润滑油送到各摩擦表面。由于油压稳定，不仅可对润滑油进行过滤，而且油量可保证摩擦表面更好地冷却，可降低压缩机的工作噪声，提高机器的寿命和可靠性。我国系列化的中小型制冷压缩机及部分非标大型制冷压缩机均广泛采用压力润滑方式。

根据油泵作用力的方式，压力润滑可分为离心油泵润滑和齿轮油泵润滑两种。离心油泵润滑系统广泛应用于小型全封闭式制冷压缩机中。当压缩机的曲轴为水平安装时，大多数采用齿轮油泵压力润滑系统。

三、齿轮油泵压力润滑系统

如图 11-14 所示，曲轴箱中的润滑油经过粗过滤器滤去杂质，被齿轮油泵吸入，提高压力后经细过滤器，然后分成 *A*、*B* 和 *C* 三路：一路 (*A*) 进入曲轴后端的油道，润滑主轴承及相邻的连杆轴承，并通过连杆杆身中的油孔输送到连杆小头，润滑小头轴承；另一路 (*B*) 进入轴封室，润滑和冷却轴封摩擦面，然后从主轴颈上的油孔流入曲轴内的油道，润滑另一端主轴承和相邻的连杆轴承，再由连杆杆身中的油孔输送到连杆小头；最后一路 (*C*) 经油压分配阀，进入输气量调节机构的控制系统，作为能量调节控制的液压动力。各路润滑油最后流回曲轴箱，供循环使用。

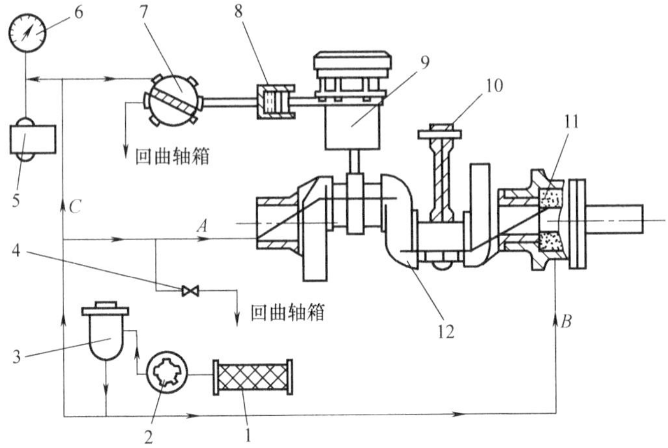

图 11-14　齿轮油泵压力润滑系统

1—粗过滤器　2—油泵　3—细过滤器　4—油压调节阀　5—油压差继电器　6—油压表
7—油压分配阀　8—卸荷油缸　9—气缸套　10—连杆　11—轴封　12—曲轴

在压力润滑系统中，油泵出口压力与曲轴箱内压力（吸气压力）的差值，应不低于0.1MPa。油压的大小可通过油压调节阀，用改变泄油量的方法加以调节。如果压缩机本身带有油压传动的顶开吸气阀片的输气量调节机构，油泵出口压力应调节到比曲轴箱内压力高0.15~0.3MPa。

课题三 制冷系统常见故障的分析与排除

相关知识

一、制冷系统故障产生的主要原因

在制冷系统运行过程中，往往会因系统设计、安装调试、运行调节、操作保养、库房管理、系统维护不当等原因，以及环境工况改变，机器设备磨损、故障等其他原因，致使制冷系统产生故障而不能正常运行，直接影响冷库生产的正常进行，甚至引起安全事故。因此，应认真查找故障原因，并及时予以排除。

二、制冷系统常见故障的检查方法

制冷系统出现故障时，会有很多不正常现象出现，若能及早发现并加以排除，即可阻止故障的继续扩大，避免更大的损失。因此，认识和掌握制冷系统常见故障的分析与排除方法是非常必要的，基本方法是“一看、二听、三摸、四分析”。

1. 一看

看制冷压缩机、水泵的工作压力和电流；看制冷压缩机吸、排气温度和吸入端的结霜情况；看油位和油温；看储液设备的液位；看库房温度和蒸发器结霜情况；看系统管道焊缝和轴封等部位是否有油迹；看过滤器和热力膨胀阀进口端是否结霜；看自控元件的设定值是否符合要求。

2. 二听

听设备的运转声响。制冷压缩机正常运转时，发出的是有规律的运转声，其阀片发出的是轻微并均匀的跳动声。如果运转声沉闷，可能是发生了湿行程。气缸内有敲击声，可能是液击、气阀组件松动、阀片破裂、气环或油环断裂等。曲轴箱内有撞击声，则可能是机件运动间隙过大或松动。

听膨胀阀内制冷剂的流动声音。正常情况下，可听到阀内连续而微小的液体流动声，若听到阀内声音加大或间歇出现断续的流动声，说明制冷剂量减少。氨泵有啸叫声时，可能是泵内发生了气蚀。

3. 三摸

手摸制冷压缩机和其他运转设备摩擦部位的温度及振动情况，摸制冷设备及管道阀门等有关部位的温度，以判断机器设备是否润滑良好，管道阀件是否畅通，制冷剂在各部位的温度是否符合正常工况的要求。

4. 四分析

通过“看、听、摸”，对制冷系统的运行状况进行初步检查，根据电流、压力、温度、

液位、结霜、声响等情况，来分析、判断制冷系统及其机器设备的工作状况是否正常。若不正常，应进一步分析、判定发生故障的原因和部位，并根据实际情况进行调整或修理，及时排除故障，确保制冷系统安全、经济地运行。

三、制冷系统常见故障分析与排除的总体认识

1. 冷库制冷系统常见故障分析及排除方法

一般来说，可根据运行中出现的异常现象，仪表、液位指示值的异常变化，分析系统故障情况，结合实践经验，判断故障的原因，并有针对性地排除故障。

冷库氨制冷系统常见故障的分析及排除方法见表 11-6。

表 11-6　冷库氨制冷系统常见故障的分析及排除方法（部分）

故障情况	原因分析	排除方法
1. 冷库降温困难	略(详细内容见本课题“冷库降温困难的原因分析及排除方法”)	略(详细内容见本课题“冷库降温困难的原因分析及排除方法”)
2. 蒸发压力(温度)过高	1)压缩机制冷量小于冷间热负荷 2)压缩机高、低压腔窜气，如阀片、活塞环泄漏，旁通阀漏气等 3)系统供液量过多 4)冷藏间进货量过多，超过允许的热负荷 5)能量调节装置失灵 6)压缩机工作能力减退 7)库房防气隔热层损坏或受潮	1)增加压缩机运行台数或减少冷间热负荷 2)检修压缩机 3)适当关小膨胀阀 4)适当控制进货量 5)检查修理 6)检修压缩机 7)检修防气隔热层
3. 蒸发压力(温度)过低	1)调节阀开启过小或阻塞，供液不足 2)供液管堵塞，或阀头掉下卡住 3)蒸发器排管内外表面有油污或霜层太厚 4)氨液分离器下液管油污太多，下液管阻塞 5)系统内制冷剂(氨液)不足 6)盐水池内盐水浓度不够，蒸发器外表面结冰 7)压缩机制冷量大于冷间热负荷，或蒸发面积过小 8)供液管道中有“气囊”	1)开大膨胀阀，或检修 2)检查管路、阀门，并进行修理 3)清扫排管表面，并进行热氨融霜 4)及时放油，清除油污 5)补充制冷剂(氨液) 6)检查盐水浓度，加盐使之达到要求的浓度 7)减少压缩机制冷量或运行台数，调整蒸发器的配合比 8)采取措施排除(如利用旁通管抽除)
4. 冷凝压力(温度)过高	1)冷却水供应量不足 2)冷却水温过高 3)冷却水分布不均匀或喷头堵塞 4)冷凝器管内壁水垢太厚，或表面有油污 5)高压储液器进液阀未全开，或氨液过多，占据了冷凝器的冷却面积 6)冷凝器中混有大量空气 7)冷凝面积太小 8)冷凝器断水 9)蒸发式冷凝器风机停转	1)增开水泵，加大供水量 2)改善凉水塔散热状况或补充低温水 3)调整分水器，使之供水均匀 4)清除水垢和油污 5)检查高压储液器的进液阀是否全开，如果储液器液氨已满，应及时排液 6)及时放出空气 7)增加冷凝器的工作台数 8)检查供水阀门和水泵，恢复供水 9)检查修理风机，恢复送风
5. 冷凝压力(温度)过低	1)系统中制冷剂不足 2)压缩机实际工作(排气)能力减退 3)冷却水供应量过大	1)补充制冷剂 2)检修压缩机 3)减少水泵，降低供水量

（续）

故障情况	原因分析	排除方法
6. 冷库蒸发排管结霜不匀或不结霜	1)膨胀阀开启过小，或液体分调节站的供液阀开启过小，供液量太小 2)系统内制冷剂不足 3)蒸发排管内表面有油污或存油过多 4)供液或回气管道阻塞 5)供液管道中有“气囊”，或系统管道存油过多 6)供液不均匀 7)供液管设计安装不合理或设计上有错误 8)液体分配站加工制作时，插入管过长	1)开大膨胀阀或液体分调节站的供液阀 2)补充制冷剂 3)进行融霜，并及时放油 4)检查修理 5)检查排除，或排油 6)调整阀门或修改设计重新安装 7)改进供液管路或增添阀门控制 8)割短液体插入管过长的部分
7. 压缩机排气温度过高	1)冷凝压力过高 2)吸入压力过低，吸、排气压力比过大 3)排气阀座及阀片、活塞环、安全阀等泄漏，造成高、低压腔窜气(部分气体在机内反复循环，温度不断升高) 4)机器间隙过大 5)回气管路有阻塞 6)缸套冷却水量不足 7)吸气过热度过大 8)冷间热负荷过大	1)同故障4(冷凝压力过高) 2)同故障3(蒸发压力过低) 3)研磨密封面，更换损坏零件 4)调整到说明书规定的范围 5)找到阻塞位置，将其排除 6)调整冷却水量，但应注意不得突然增大冷却水量 7)见故障9(压缩机吸气温度过高) 8)减少进货量、降低进货前的温度
8. 压缩机排气温度过低	1)吸气过热度过小 2)系统供液量过多 3)压缩机湿行程 4)蒸发器外表面结冰或霜层太厚 5)冷负荷不足，压缩比过小 6)中间冷却器供液过多 7)开机时，压缩机吸气阀开启过大	1)适当关小膨胀阀 2)减小系统供液量 3)见故障18(压缩机湿行程) 4)清扫排管表面，并进行热氨融霜 5)调整机器，使压缩比适当 6)适当调整中间冷却器的供液 7)关小压缩机吸气阀
9. 压缩机吸气温度过高	1)制冷系统中氨少，将节流阀开得小 2)进气管道绝缘层损坏 3)进气阀片泄漏或损坏	1)适当补充氨量，将节流阀适当调大些 2)修理管道绝缘层 3)研磨密封面或更换阀片
10. 压缩机吸气温度过低	1)系统供液过多 2)吸气过热度过小 3)蒸发器霜层过厚	1)适当关小供液阀 2)适当关小节流阀 3)清扫排管表面，并进行热氨融霜
11. 压缩机吸气压力比蒸发压力低得多	1)吸气管道中的阀门未全开 2)阀门的阀芯脱落 3)压缩机吸气过滤器太脏或堵塞 4)吸气管道太脏 5)回气管焊接不合理，有“液囊” 6)回气管太细	1)开足全部进气阀 2)检查修理 3)清洗过滤器 4)吸气管吹污 5)重新焊接管路 6)改进管道设计
12. 压缩机排气压力比冷凝压力高得多	1)排气管道中的阀门未全开 2)排气管道局部有阻塞 3)排气管道设计不合理	1)开足排气管道中的有关阀门 2)清洗排气管道或吹污 3)改进管道设计

（续）

故障情况	原因分析	排除方法
13. 中间压力过高	1）蒸发压力过高 2）高压级压缩机阀片损坏，或进气阀芯卡住 3）高压级压缩机能量调节装置失灵 4）高压级压缩机配比过小 5）中间冷却器蛇形盘管损坏 6）中间冷却器绝热层破坏 7）供液量太少，致使低压级压缩机排出气体不能充分冷却	1）调整回气阀门，或增加压缩机的台数 2）检修排除 3）检修排除 4）调整压缩机，使容积配比适当 5）停止使用盘管，等大修时更换修理 6）修复绝热层 7）开大供液阀，同时注意变化情况
14. 洗涤式油分离器供液太少或不进液	1）进液管与冷凝器出液管之间的高度不够 2）进液管与冷凝器出液管连接的位置不对 3）安装时，进液管插入冷凝器出液管太多 4）冷凝器出液管与高压储液器进液管的液位差大，氨液流速快，管内液体不满 5）管路污物堵塞	1）待大修时安装调整 2）应接在冷凝器出液管的下部 3）应抽空检查，用气焊割去多余的管头 4）应安装液体罐 5）抽空检查排除
15. 高压储液器液面不稳	1）冷间热负荷变化大，膨胀阀调节不当 2）玻璃管指示器内有气泡	1）适当调节膨胀阀的开度 2）氨液冷凝温度低，而外界温度高，氨液有吸热蒸发现象。若冷凝压力过低，冷库热负荷小，可减开水泵台数，适当提高冷凝压力
16. 氨泵起动后不排液	1）氨泵内有氨气 2）系统压力低，氨泵轴封漏气 3）氨液过滤器被污物堵塞 4）排出阀开得过快，管路中的氨气倒回氨泵 5）氨泵进液阀未打开 6）氨泵拆装后装配不当	1）打开抽气阀，抽出氨气 2）检修轴封 3）拆卸清洗 4）应停止氨泵，抽氨气后再开 5）打开进液阀 6）重新装配
17. 氨泵排出压力过低	1）氨泵齿轮或叶轮严重磨损 2）进液管路有油阻塞 3）氨液过滤器被污物堵塞 4）氨泵中心线与低压循环储液器液位差过小 5）氨泵流量不够或供液阀开启过大	1）检修或更换零件 2）检查排除 3）清洗过滤器 4）调整供液阀的开度，加大供液，或提高低压循环储液器位置，降低氨泵位置 5）增开氨泵或适当调节供液阀
18. 压缩机湿行程	略（详细内容见单元十课题二）	略（详细内容见单元十课题二）

2. 冷库降温困难的原因分析及排除方法

在冷库的日常运行管理中，制冷系统故障、管理不善、操作不当等原因，都会引起冷库降温困难。

1）供液节流阀开度过小或堵塞，造成蒸发器供液量太少，制冷量也随之下降，库温就降不下来，应适当增大供液节流阀的开度，增加供液量，使之与工况的变化相适应。若节流阀堵塞，则应检修。

2）供液节流阀开度过大，制冷剂流量偏大，蒸发压力和蒸发温度也随之升高，传热温差变小，库房温度下降速度减缓。应适当减小供液节流阀的开度，减小供液量，降低蒸发压力和蒸发温度，以增大传热温差，加快冷库降温速度。

3）库房进货超量，热负荷太大，压缩机制冷量小于库房热负荷。应减小进货量以减小库房的热负荷，并适当增加制冷压缩机的工作台数，控制进货温度。

4）蒸发器外表面霜层较厚，且内部积油较多，导致传热效果下降。特别是蒸发器内油污过多时，结霜不完整，并且出现浮霜，应及时进行热工质冲霜和放油。

5）冷却水量不足或水温过高，或冷凝器表面有水垢，或制冷系统有较多空气，都会引起冷凝压力升高，造成压缩比增大，输气系数下降，压缩机制冷量降低，库温下降困难。此时，应增大冷却水量或降低水温，清除水垢，并及时将空气放出。

6）由于压缩机长期运转，运动部件磨损，配合间隙增大，密封不严，造成压缩机高低压腔窜气、漏气。如吸排气阀片、活塞环泄漏，旁通阀、回油阀等漏气，能量调节装置失灵等，使压缩机实际排气能力降低，输气量减少，效率下降，制冷量降低，从而导致库房降温困难，表现为吸气压力偏高而排气压力偏低，且吸、排气压差较小等症状。应检修压缩机，更换吸、排气阀片，活塞环和气缸套等零部件。

7）库房和管道隔热层损坏、厚度不够，防潮层失效，库门损坏、关闭不严或开启次数过多，冷风幕发生故障，都会导致冷量的损失增大，影响库房的降温。在制冷系统运行过程中，若发现隔热层外表面有湿润或结露现象，则说明隔热层厚度不够或隔热性能下降，应及时增厚或更换隔热材料。平时应保证冷库门封完好，加强库门管理，并维护好冷风幕，使其正常运转。

8）制冷系统内制冷剂不足，使蒸发器供液不足，造成蒸发排管结霜不好，系统的制冷量下降。此时，应及时补充制冷剂。

9）冷库内蒸发排管面积不够或液体分布不均匀。此时，应根据需要增加蒸发排管或调整供液节流阀。

10）液体分调节站的支管插入集管过长，供液受限，使冷却排管结霜不均匀。此时，应重新调整支管插入部分的长度。

11）在重力供液系统中，氨液分离器安装标高设计过低，造成压差不够，供液不足。在氨泵供液系统中，管径和管道连接不当，及制冷系统的净正吸入压头不够等原因会影响氨泵流量，造成供液不足。此时，应按规定要求调整标高。

12）管道中有“液囊”“气囊”存在，使供液不匀，回气不畅，库房降温困难。此时，应采取措施将“液囊”“气囊”清除。

13）采用温度自动控制系统时，温度控制器或传感器等元器件失灵，应及时检修、更换。

3. 制冷系统常见故障分析与排除的工作流程（图 11-15）

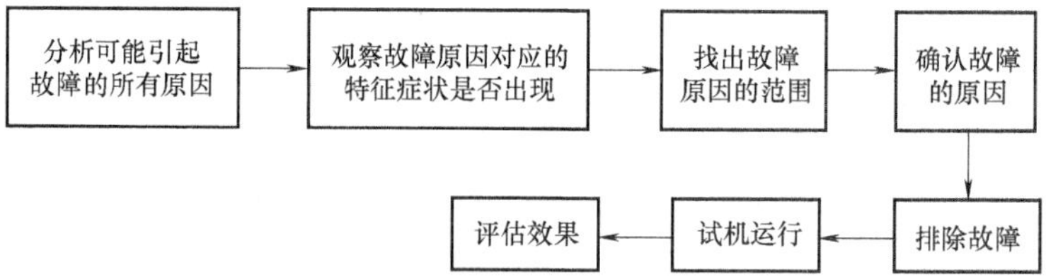

图 11-15　制冷系统常见故障分析与排除的工作流程

典型实例

【实例1】　冷库氨制冷系统常见故障的分析与排除

一、制冷系统常见故障的分析与排除

1. 冷库氨制冷系统降温困难原因的判断方法

在生产实践中，冷库氨制冷系统降温困难，是制冷系统常见故障之一，故障主要原因及其判断方法见表11-7。

表11-7　冷库氨制冷系统降温困难原因及其判断方法（部分）

序号	故障原因	判断方法		
		特征症状	验证排查	判断原因
1	供液节流阀开度过小或堵塞，制冷剂流量偏小	1）蒸发排管前面部分结霜、后面不结霜，蒸发压力和蒸发温度偏低，蒸发器结霜不均 2）制冷压缩机的吸气压力偏低、吸气温度偏高，吸气阀不结霜，排气温度偏高，吸、排气压差大	开大供液节流阀，观察蒸发压力和蒸发温度是否上升	是，则原因成立
			检修供液节流阀，观察是否有堵塞物或阀芯掉下	是，则原因成立
2	供液节流阀开度过大，制冷剂流量偏大	1）蒸发压力和蒸发温度偏高 2）制冷压缩机的吸气温度偏低，回气过潮（湿），吸气阀结霜，排气温度偏低	1）初始阶段制冷量较大，但温度降到一定程度以后，再继续降温就非常困难 2）关小供液节流阀，观察蒸发压力和蒸发温度是否下降	是，则原因成立
3	蒸发器的霜层过厚或积尘过多	1）蒸发温度和蒸发压力都偏低 2）制冷压缩机吸气温度偏低，机头结霜 3）冷风机通风量减少，风压差增大	1）蒸发器表面70%以上结霜，结霜完整，且霜层较厚，翅片间隙趋于堵塞 2）蒸发器已连续运行10～12h，除霜周期已到	是，则原因成立
4	蒸发器内积存油污较多	1）蒸发温度和蒸发压力都偏低 2）蒸发器结霜稀疏、不完整，并且出现浮霜	1）查看近期运行记录，分析蒸发温度和蒸发压力是否呈逐渐下降趋势 2）蒸发器连续运行，已到每月3～4次的排油周期	是，则原因成立
5	制冷系统内制冷剂不足	1）蒸发排管前面部分结霜、后面不结霜 2）制冷压缩机吸、排气压力很低，但排气温度较高 3）在节流阀处可听到断续的"吱吱"气流声	1）调大节流阀开度，吸气压力仍没上升 2）停机后，系统的平衡压力低于外界环境温度所对应的饱和压力 3）高压储液器的指示液位偏低	是，则原因成立
6	冷却水量不足或水温过高	冷凝温度和冷凝压力都偏高	增大冷却水量或降低水温，观察冷凝温度和冷凝压力是否逐渐下降，趋于正常	是，则原因成立

（续）

序号	故障原因	判断方法		
		特征症状	验证排查	判断原因
7	冷凝器表面有水垢	冷凝温度和冷凝压力都偏高	增大冷却水量或降低水温，冷凝温度和冷凝压力下降不明显	是，则原因成立
8	有不凝性气体存在	1）冷凝压力过高 2）排气压力表指针剧烈摆动，而且摆动幅度较大、速度较慢	1）冷凝器内压力高于该冷凝温度所对应的饱和压力 2）增大冷却水量或降低水温，冷凝压力下降不明显	是，则原因成立
9	压缩机高低压腔窜气、漏气，导致排气量下降，运行效率低，制冷量下降。如活塞环与气缸壁磨损过大，配合间隙增大；吸、排气阀片损坏，密封不严；旁通阀、回油阀等漏气；气缸盖的密封垫片被击穿等	1）蒸发压力和蒸发温度偏高 2）压缩机吸气压力偏高，而排气压力偏低 3）压缩机吸、排气压差较小 4）旁通阀、回油阀与吸气端相连的一侧是热的	1）转换或增加压缩机运行台数，情况明显改善 2）在制冷压缩机正常运转时，先关闭吸气阀，等油压降低至报警，停机，关闭排气阀。观察排气与吸气之间压力平衡所需的时间	1）是，则原因成立 2）压力平衡所需的时间为 15min 的情况是严重窜气，应该立即修理；时间为 40min～1h，为一般窜气
10	冷库门关闭不严，或围护结构隔热、密封性差	蒸发压力和蒸发温度偏高	库房门的密封条或冷库隔热层外表面有湿润或结露的部位	是，则原因成立
11	冷间进货过多，冷间热负荷过高	蒸发压力和蒸发温度偏高	1）冷间进货过多，货垛间距离过小 2）增加压缩机运行台数或减少冷间热负荷后，情况有所改善	是，则原因成立

2. 冷库氨制冷系统降温困难的故障原因分析与排除

在生产实践中，一般以系统运行中出现的有关故障特征症状为依据，经合理地验证排查后，对系统故障原因做出综合分析判断。在确认故障的具体原因后，及时排除故障。

例如，某冷库冷藏间用于储存鲜蛋、果品和蔬菜等货物。某班次对新入库的货物实施降温操作时，出现了氨制冷系统降温困难的现象。经观察，发现蒸发压力和蒸发温度偏高，一台 812.5G 型制冷压缩机出现吸气压力偏高而排气压力偏低，且吸、排气压差较小等症状。经分析，属于系统故障，应立即判断故障的原因并予以排除。从运行记录来看，近期的其他班次也有类似现象，且通过转换其他制冷压缩机后，情况明显改善。因此，冷库降温困难可能是这台制冷压缩机内部窜气、漏气，制冷能力下降所致。

考虑到有多种原因会导致冷库降温困难，也会出现蒸发压力和蒸发温度偏高等症状。因此，应按表 11-7 中的方法进行分析、排查和判断，找出冷库降温困难的主要原因，并排除故障。其过程如图 11-16 所示。

由图 11-16 的分析、判断可知，冷库降温困难的主要原因是这台 812.5G 型制冷压缩机的吸、排气阀片磨损严重，活塞环与气缸壁磨损过大，造成压缩机窜气、漏气严重，排气量降低，导致机器运行效率低，制冷量下降，系统降温速度变慢，冷库冷藏间降温困难。

经停机检查后，最终确认结果是，在制冷压缩机 8 个气缸中，有一组气缸的吸、排气阀片磨损严重，吸气阀片与缸套端面接触不严、排气阀片与阀座接触不严，形成窜气、漏气，严重影响了排气量；另有一组气缸的缸套壁磨损严重，三道气环均有不同程度的损坏，其中有一道气环已折断，另外两道气环磨损严重，导致配合间隙变大，泄漏量增大，也影响了排气量。经更换新件、修复后，检漏、抽空，试车运行，这台制冷压缩机的各项指标值又恢复到正常范围。

备注：在图 11-16 中，“拆卸与检测压缩机”应包括的工作内容如下：

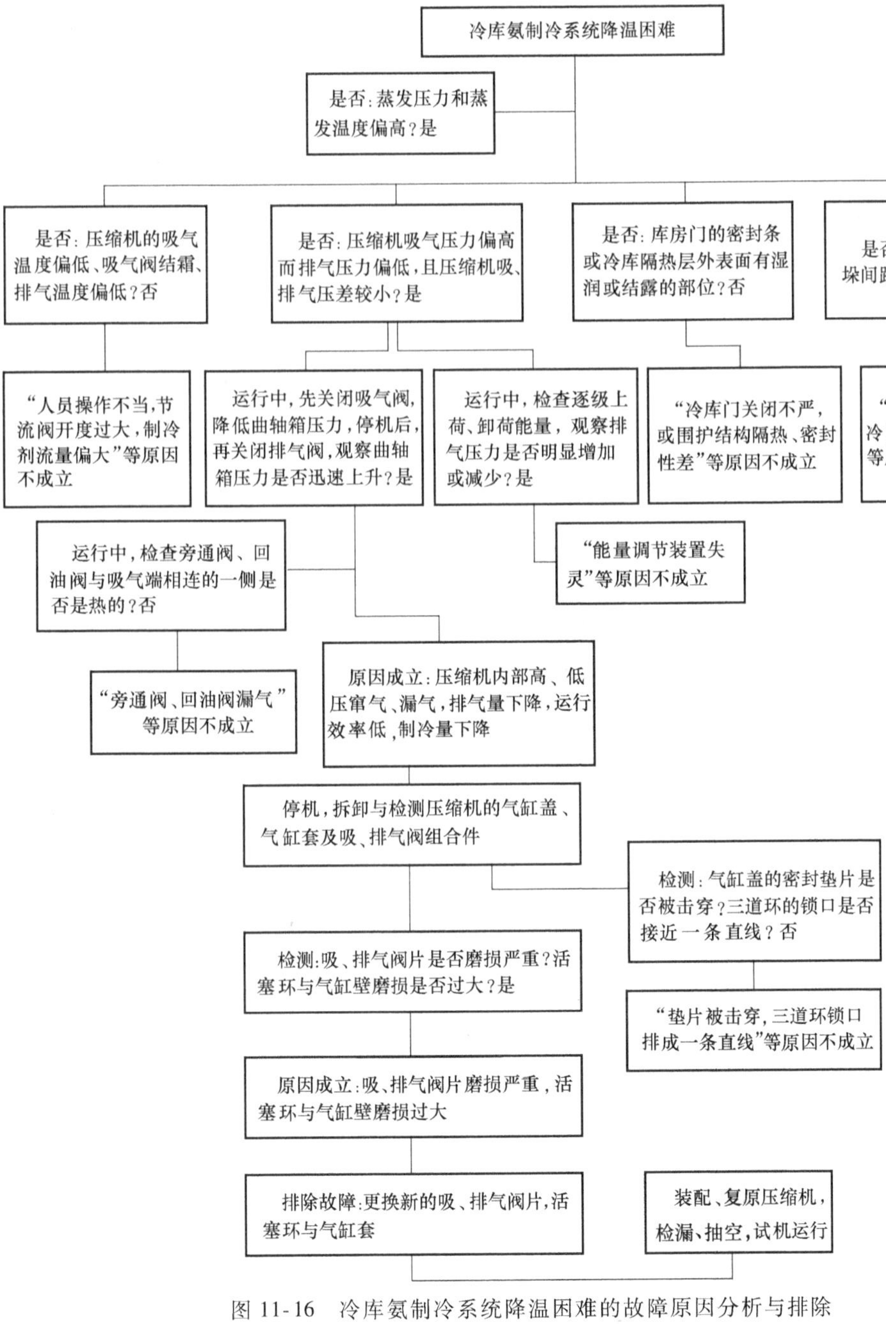

图 11-16　冷库氨制冷系统降温困难的故障原因分析与排除

1）做好准备工作。查看本制冷压缩机（组）近期所有的检修日记，熟悉使用情况，分析存在问题。按操作规程停机后，将各相关阀门可靠关闭，挂上有“关”字的标志牌，切断主机电源，并挂上“警告牌”，抽空压缩机并接通大气，确保将吸、排气腔，曲轴箱和气缸内的气压卸为常压后，放出曲轴箱内的冷冻机油。

2）静置30min以上，使制冷压缩机充分冷却，待气缸温度降至60℃以下，方可拆卸与检测压缩机。

① 观察气缸盖的密封垫片是否被击穿。

② 观察吸、排气阀片是否有损坏，检测阀片的翘曲度是否合格。

③ 观察卸荷小顶杆不工作时，是否在吸气阀线以上，致使吸气阀片与阀线接触不严而引起泄漏。

④ 检测活塞与气缸套之间的间隙是否过大。

⑤ 检测活塞环径向（厚度）磨损是否过大，活塞环与环槽之间的高度方向的间隙是否过大。

⑥ 检测活塞环的锁口间隙是否过大，并观察三道环的锁口是否接近一条直线。

⑦ 观察气缸套内壁是否有拉毛现象，活塞环是否有裂纹。

⑧ 拆卸旁通阀、回油阀，检测旁通阀、回油阀的阀芯是否有泄漏。

3）更换新的吸、排气阀片，活塞环与气缸套。

冷库氨制冷系统降温困难故障的分析与排除过程，应记录在表11-8中。

表11-8　冷库氨制冷系统降温困难故障的分析与排除过程记录表

序号	特征症状	验证内容	判断原因	排除故障	效果
1					
2					
3					

3. 冷库氨制冷系统降温困难故障排除效果的评估

在故障排除后，应试机运行，观察冷间降温情况，评估冷库降温困难故障的排除效果。良好的降温效果应表现为，蒸发压力和蒸发温度有所下降且趋于正常，冷库降温速度明显加快且趋于正常，冷间温度及货物温度达到要求等。

将观察到的有关数据和现象填入表11-9中，对冷库降温困难故障的排除效果进行评估。

表11-9　冷库氨制冷系统降温困难故障的排除效果评估记录表

序号	运行时间	冷间降温速度/(℃/h)		蒸发温度/℃		传热温差/℃		冷间温度/℃		结论
		排除前	排除后	排除前	排除后	排除前	排除后	排除前	排除后	
1										
2										
3										

二、注意事项

在分析与排除制冷系统故障时，应注意以下事项。

1）应对故障原因进行分析判断，在清楚机器相关零部件的构造和连接方式后，方可按设备有关维修、安全操作规程，有针对性地排除故障，切不可盲目拆卸机器设备，以防故障被扩大或造成安全事故。

2）拆卸机器时，应按氨制冷压缩机检修保养的有关规定内容，逐项拆卸。拆卸时，应按“先上后下，先外后里，先小后大，先易后难”的程序进行。在拆卸零部件的同时，随时检查零部件的质量和磨损情况，并做好记录，作为更换零部件的依据。

【实例2】　冷库氟利昂制冷系统常见故障的分析及排除方法

一、冷库氟利昂制冷系统常见故障的特点

冷库氟利昂制冷系统的常见故障除压缩机机械故障外，以“漏”和“堵”引起的故障为最普遍。“漏”是指制冷剂的泄漏，“堵”是指冰堵和脏堵等堵塞。

二、冷库氟利昂制冷系统常见故障的分析及排除方法

冷库氟利昂制冷系统常见故障的分析及排除方法，见表11-10。

表11-10　冷库氟利昂制冷系统常见故障的分析及排除方法（部分）

故障情况	原因分析	排除方法
1. 冷间降温不正常	1）热力膨胀阀流量太小（大），蒸发压力过低（高） 2）电磁阀和过滤器中油、脏污太多，影响流量 3）蒸发器中积油太多，使传热面积受到影响 4）热力膨胀阀感温包的感温剂泄漏 5）热力膨胀阀冰堵 6）热力膨胀阀脏堵 7）蒸发排管结霜太厚 8）压缩机的效率低 9）制冷系统中氟利昂不足 10）冷库门关闭不严，跑冷多	1）调整热力膨胀阀 2）清洗过滤网和电磁阀 3）放油并查明原因 4）检修感温包，灌注制冷剂 5）更换干燥剂和制冷剂 6）清洗热力膨胀阀中的过滤网 7）融霜 8）检修压缩机 9）补充灌注氟利昂 10）检修冷库门
2. 压缩机吸入压力偏低	1）热力膨胀阀开启太小 2）液体管上过滤器和电磁阀脏堵 3）过多的润滑油和制冷剂混合在一起 4）膨胀阀局部脏堵或冰堵 5）制冷系统中氟利昂不足	1）调整热力膨胀阀 2）清洗通道 3）检查油面计、油分离器回油装置是否正常，及时放油 4）更换干燥过滤器 5）补充氟利昂
3. 压缩机吸入压力偏高	1）热力膨胀阀开启太大，或感温包未扎紧 2）油分离器回油阀常开，高压气体窜入曲轴箱 3）压缩机的吸气阀片漏气	1）关小阀门或正确捆扎感温包 2）检修回油阀 3）检修研磨阀片，或更换阀片
4. 高压侧压力偏高	风（水）冷式冷凝器风（水）量不足或污物堵塞	加大风（水）量，清扫通道
5. 制冷剂不足，接头和轴封处有油迹	制冷剂泄漏	1）检漏并检修漏点 2）补充制冷剂
6. 热力膨胀阀故障	1）感温包泄漏，或传动管过短或弯曲，使膨胀阀打不开 2）传动管太长，或调节弹簧的预紧力不足，或感温包远离蒸发器出口，未与吸气管道一起绝热，受外界高温干扰大，从而使膨胀阀关不紧 3）冰堵、油堵或脏堵 4）开度过大或过小 5）膨胀阀选用得过大，进液不稳定	1）更换或检修有关部件 2）调节或更换有关部件 3）换干燥过滤器，疏通过滤网 4）正确设置、调整开度 5）选取型号合适的膨胀阀

单元练习

一、填空题（将正确答案填写在横线上）

1. 各种活塞式制冷压缩机，在制冷量、外形、使用制冷剂等方面不尽相同，但其基本结构和组成大体相同，主要由机体、________、气缸（套）、________、______和轴封等组成。

2. 开启式活塞式制冷压缩机的结构特点在于，压缩机可以________，容易拆修，但________，________。

3. 连杆大头的基本形式有________和________两种。

4. 气缸体和气缸套分开的结构形式机体______、接合面少、______，气缸套和气缸体可分别采用不同的材料，对气缸体的要求低，所以为国内外______的压缩机广泛采用。

5. 在制冷系统运行过程中，往往会因系统设计、安装调试、________、操作保养、________、系统维护不当等原因，以及环境工况改变，________、故障等其他原因，致使制冷系统产生故障而不能正常运行。

6. 供液节流阀开度过小或堵塞，造成蒸发器供液量______，制冷量也随之________，库温就降不下来，应适当______供液节流阀的开启阀，增加供液量，使之与工况的变化相适应。

7. 供液节流阀开度过大，制冷剂流量______，蒸发压力和蒸发温度也随之______，传热温差变小，库房温度下降速度将减缓。应适当______供液节流阀的开启度，减小供液量，降低蒸发压力和蒸发温度，以______传热温差，加快冷库降温速度。

8. 蒸发器外表面霜层______，且内部积油______，导致______。

9. 冷却水量不足或水温过高，或冷凝器表面有水垢，或制冷系统有较多空气，都会引起冷凝压力______，造成压缩比______，输气系数______，压缩机制冷量______，库温下降困难。此时，应增大冷却水量或降低水温，清除水垢，并及时将空气放出。

二、单项选择题（在每小题的四个选项中，选出一个正确的，并将正确答案的序号填写在括号内）

1. 拆卸机器时应有步骤、有计划地进行。一般是（　　）；由上到下、由外到里，并注意防止碰撞。

A. 先拆部件，后拆零件　　B. 先拆零件，后拆部件

C. 先拆小件，后拆大件　　D. 先拆零件，后拆小件

2. 对于位置固定或不可改变方向的零件，拆卸时都应画好装配记号，记下零部件的原有组合关系和相对位置，如（　　）等，以免装配时装反或装错。

A. 标记、朝向　　B. 标记、位置和朝向　　C. 标记、位置　　D. 位置、朝向

3. 应按拆机的（　　）装配各零部件，同型零件应按记号组装。各零部件、组合件，经检查合格后，才能用于部件的装配和机器的总装。

A. 相反顺序　B. 相同顺序　C. 顺序　D. 朝向

4. 在开始装配之前，应根据（　），将所有的零部件按装配顺序、分类排列整齐，并清点数目，各种工、量具也应分类排列整齐。

A. 标记、朝向　B. 标记和编号　C. 标记、位置　D. 位置、朝向

5. 库房和管道隔热层损坏、厚度不够，防潮层失效，库门损坏、关闭不严或开启次数过多，冷风幕发生故障，都会导致冷量的（　），影响库房的降温。

A. 损失降低　B. 损失减小　C. 损失增大　D. 损失稳定

6. 在氨泵供液系统中，管径和管道连接不当，及制冷系统的净正吸入压头不够等，将影响氨泵流量，造成（　）。

A. 供液不足　B. 供液夹汽

C. 供液增大　D. 供液不稳定

7. 库房进货超量，热负荷太大，压缩机制冷量（　）库房热负荷。应减小进货量以减小库房的热负荷，并适当增加制冷压缩机的工作台数，控制进货温度。

A. 等于　B. 大于　C. 小于　D. 远大于

8. 蒸发器外表面霜层较厚，且内部积油较多，导致传热效果（　）。特别是蒸发器内油污过多时，结霜不完整，并且出现浮霜，应及时进行热工质冲霜和放油。

A. 增大　B. 不变　C. 上升　D. 下降

9. 制冷系统内制冷剂下降，使蒸发器供液不足，造成蒸发排管结霜不好，系统的制冷量（　）。应及时补充制冷剂。

A. 增大　B. 不变　C. 上升　D. 下降

10. 在重力供液系统中，氨液分离器安装标高设计过低，造成（　）不够，供液不足。

A. 压差　B. 温差　C. 流速　D. 流量

三、判断题（正确的在括号内画“√”，错误的画“×”）

1. 当活塞下行时，缸内压力降低，吸气阀关闭，排气阀打开，从蒸发器来的低温、低压制冷剂蒸气被吸入气缸内。（　）

2. 对拆下的管道、管件和阀件等，经清洗后，须及时用布条包扎、封口，或用木塞堵住孔口，防止进入污物。（　）

3. 整体式连杆大头仅用于曲柄轴或偏心轴结构的压缩机中，为小型封闭式压缩机广泛采用。（　）

4. 压缩机组装完毕后，还应对轴封、密封垫、紧固螺栓等部位进行检漏。（　）

5. 制冷系统内制冷剂不足，使蒸发器供液不足，造成蒸发排管结霜不好，系统的制冷量下降。应及时补充制冷剂。（　）

6. 在制冷系统运行过程中，若发现隔热层外表面有湿润或结露现象，则说明隔热层厚度不够或隔热性能下降，应及时增厚或更换隔热材料。（　）

7. 冷库内蒸发排管面积不够或液体分布不均匀。应根据需要增加蒸发排管或调整供液节流阀。（　）

8. 液体分调节站的支管插入集管过短，供液受限，使冷却排管结霜不均匀。应重新调整支管插入部分的长度。（　）

四、简答题

1. 简述拆卸与检测制冷压缩机时应注意的事项。

2. 简述活塞式制冷压缩机总装配前的准备工作。

3. 简述冷库氨制冷系统蒸发压力（温度）过高和过低故障的原因分析及排除方法。

4. 试指出因供液节流阀开度过大，而造成冷库氨制冷系统降温困难的特征症状及验证排查方法。

5. 试指出因压缩机高低压腔窜气、漏气，导致排气量下降，运行效率低，制冷量下降，而造成冷库氨制冷系统降温困难的特征症状及验证排查方法。

单元十二

冷库的安全及能耗管理

内容框架

- 冷库的安全及能耗管理
  - 冷库的安全管理
    - 冷库常用的安全保护装置及其作用
    - 冷库的安全操作
    - 制冷剂钢瓶的安全使用与管理
    - 安全预防措施与紧急救护
  - 冷库的能耗管理
    - 冷库制冷系统的运行记录
    - 冷库能耗与耗材的计算及考核
    - 冷库的节能措施

学习引导

目的与要求

1）能识别冷库常用的安全保护装置，知道安全保护装置的作用。

2）能解释冷库运行与维修过程的安全操作要求。

3）能安全使用及保管制冷剂钢瓶。

4）能正确处理制冷剂泄漏、人受制冷剂损伤的事故。

5）会填写冷库日常运行记录表，并按月进行统计。

6）会计算制冷设备能耗与辅材消耗，并能做出简要的能耗与耗材分析。

7）知道与冷库相关的节能措施。

重点与难点

难点：能解释冷库运行与维修过程的安全操作要求；能正确处理制冷剂泄漏、人受制冷剂损伤的事故；会计算制冷设备能耗与辅材消耗，并能做出简要的能耗与耗材分析。

重点：能解释冷库运行与维修过程的安全操作要求；能安全使用及保管制冷剂钢瓶；能正确处理制冷剂泄漏、人受制冷剂损伤的事故；会填写冷库日常运行记录表，并按月进行统计；知道与冷库相关的节能措施。

课题一 冷库的安全管理

相关知识

冷库制冷系统属于中低压力系统，系统中的压力容器（如储液器、冷凝器、蒸发器、制冷剂钢瓶等）在非正常压力下使用存在爆炸的危险。系统中常用的制冷剂，如氨有毒、易燃易爆，而氟利昂也会使人窒息且遇明火会分解出有毒气体，故制冷剂一旦大量泄漏，不仅会造成制冷剂的大量浪费，而且将危及周围人的人身和生命财产的安全，甚至造成重大损失。因此，为了确保冷库制冷系统安全可靠地运行，不仅要做到正确设计、正确选材、严格检验，而且必须有完善的安全及检测设备。同时，安全管理必须贯穿于冷库安装、运行、检修和改造的全过程，要求操作人员在工作中严格执行安全操作规程和岗位责任制，正确地使用和操作机器和设备，保证机器和设备的安全运行，防止事故的发生。

一、冷库常用的安全保护装置及其作用

设置完善的安全设备是保证冷库安全可靠地运行，防止发生事故的必备条件之一。在冷库制冷系统运行过程中，必须设置压力表、温度计、液位计、电表等测量仪表，用于监测与控制压力、温度、液位、电压、电流等工况参数，以随时掌握上述参数值及其变化，并采取措施加以处理。同时，还应在系统中的设备上设置安全阀、高低压保护等装置，以实现自动保护或自动显示故障的功能，防止系统超压运行危及设备安全。

1. 压力监视及其安全设备

（1）压力监视设备　压力监视主要是通过压力表监视系统各部位的压力，以便于正常的操作管理，及时发现制冷设备内的异常现象。

对于分散式制冷设备的氨制冷系统，每台氨压缩机的吸排气侧、中间冷却器、油分离器、冷凝器、储氨器、氨液分离器、低压循环储液器、排液桶、集油器、热氨管道、油泵、氨泵、过滤装置、冻结设备、调节站和加氨站等都应装有压力表。氨压力表如图 12-1 所示。

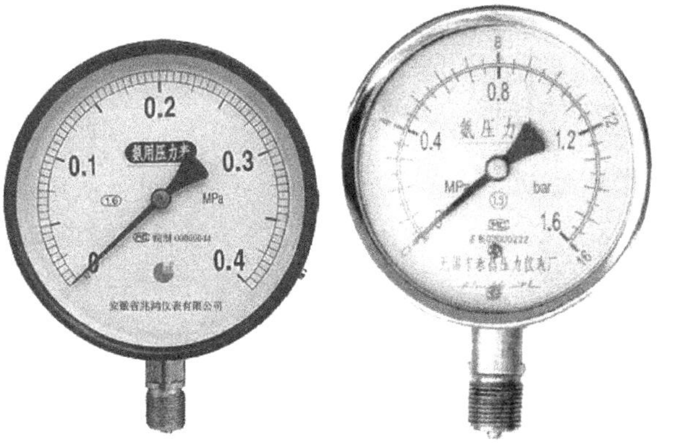

a)　　b)

图 12-1　氨压力表

a）低压表　b）高压表

氟利昂制冷系统合理地省去了部分压力表，以减少压力表接头数量，降低泄漏的可能性。

应定期检查所有压力表，校验后应做好记录并铅封。另外，对不同制冷剂和不同工作压力，应选用不同的压力表。

（2）压力保护设备　为防止超压运行，在制冷设备上设置有安全阀、压力及压差控制

器或者熔塞等压力保护设备，通过自动停机或排放制冷剂来杜绝重大事故的发生。

在氨制冷系统中，高压侧管路、冷凝器、储氨器、排液桶、低压循环储液器、中间冷却器等设备均须安装安全阀。必须定期检验安全阀，每年应校验一次，并加铅封。在运行过程中，由于超压，安全阀启跳后，需重新校验，以确保安全阀的功能。常用安全阀如图12-2所示。

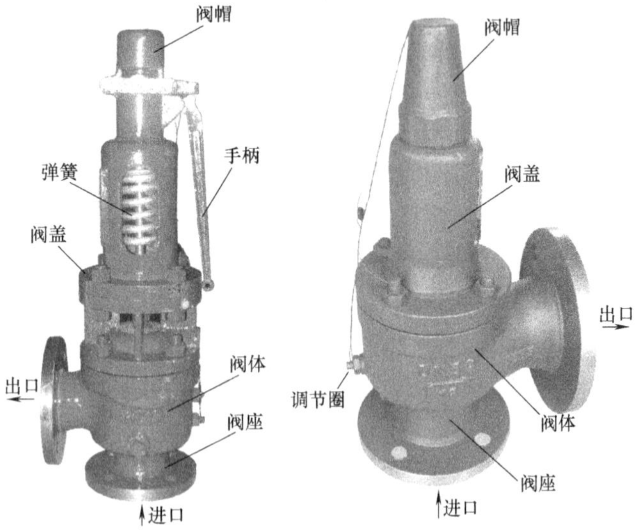

a)　　b)

图12-2　常用安全阀

a）带手柄弹簧微启式安全阀　b）弹簧全启封闭式安全阀

不同设备上安全阀的开启压力不同，安全阀的开启压力值一经调定，不允许操作人员任意调整和提高安全阀的开启压力值。常用制冷剂（R22、R717）所用制冷设备上安全阀的开启压力值见表12-1。

压力控制器及压差控制器（图12-3）能实现压缩机高压、中压、低压保护，油压差保护，以及制冷设备和压缩机缸套的断水保护和氨泵不上液的安全保护。对中、小型氟利昂制冷系统，一般不设置安全阀，仅用高、低压控制器做安全保护设备。制冷设备压力控制器及压差控制器的调整压力值见表12-2。

表12-1　制冷设备上安全阀的开启压力值

制冷设备名称	安全阀开启压力值/MPa
压缩机吸排气侧（压力差）	1.57
双级压缩机（压力差）	0.59
冷凝器、高压储氨器	1.81
排液桶、低压循环储液器	1.23
中间冷却器、低压循环储液器	1.23

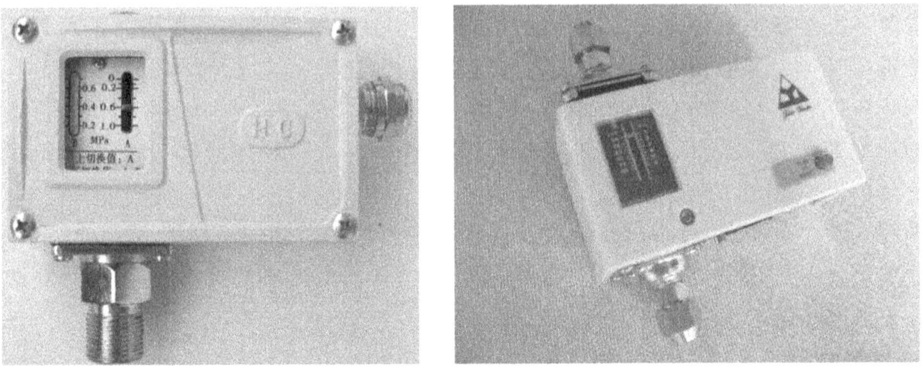
a)　　b)

图12-3　压力控制器及压差控制器

a）压力控制器　b）压差控制器

表 12-2　制冷设备压力控制器及压差控制器的调整压力值（R22、R717）

压力控制器名称	调整压力值/MPa	压差控制器名称	调整压力值/MPa
压缩机高压控制器	1.62	润滑油压差控制器	0.049(无卸荷),0.147(有卸荷)
压缩机低压控制器	≥0.0098	氨泵压差控制器	0.0098~0.147
双级压缩中压控制器	≤0.484		

（3）熔塞　在储液器和冷凝器上设置有熔塞，其熔点为 60~80℃，当发生火灾、温度升高到其熔点时即熔化，以防设备炸裂。注意，异常高压时，熔塞不起安全保护作用。

2. 温度监视及其安全设备

压缩机的排气温度、润滑油温度、冷却水进出口温度、电动机温度以及库房温度等都是检查制冷系统安全运行的重要参数。因此，压缩机吸排气侧、轴封器端、调节站、热氨集管、冷却水进出口、库房，以及大、中型电动机上均安装有温度计，以便监视和记录制冷系统的温度变化情况。此外，在压缩机排气管、压缩机曲轴箱、库房等处还装有温控器，以起到控制温度的作用。常用温控器如图 12-4 所示。

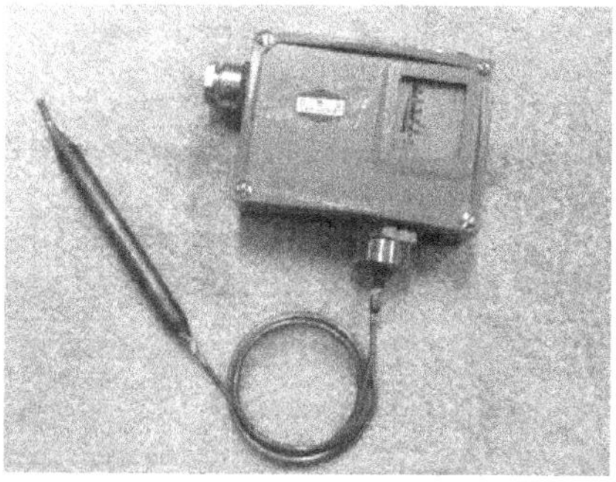

a)

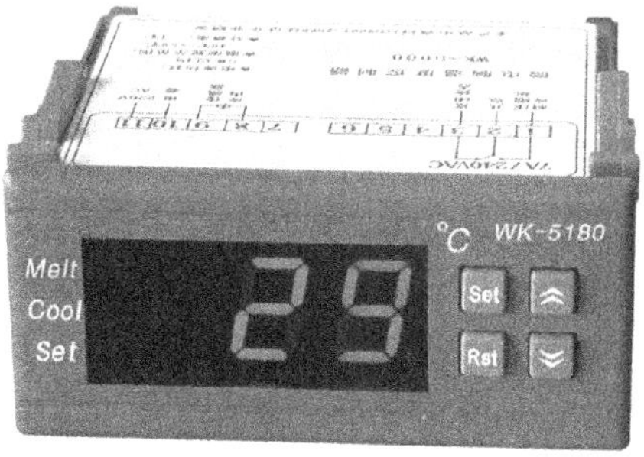

b)

图 12-4　常用温控器

a）带毛细管温包式温控器　b）微机温控器

3. 液位监视及其安全设备

所有盛氨容器，如氨瓶、氨槽车、高压储液器、排液桶、低压循环储液器、中间冷却器等，都应严格遵守存氨量一般不超过容积的 70%~80% 的规定。蒸发器、冷却管组，以及所有液体管路，需较长时间停用时，在停用前都应适当抽空，严格防止在满液情况下关闭容器或管路的进出口阀，并应留有与其他设备和管路相通的出口，以防液体受热膨胀。

为防止压缩机湿行程，必须在气液分离器、低压循环储液器、中间冷却器上设置液位指示、控制和报警装置。此外，高压储液器、排液桶和集油器等还应装设液位指示器。UQK 型浮球液位控制器如图 12-5 所示。

玻璃管式液位计（图 12-6）应设有金属保护管，以及自动闭塞装置（如弹子角阀），若采用板式玻璃液位指示器（图 12-7）则更好。液位计内应清洁，防止堵塞，并定期检查液位指示、控制和报警装置，保证其灵敏可靠。

4. 电气参数监视及其安全设备

机房应设置电压表、电流表，并定期记录电压、电流数值。当电网的电压波动接近规定幅度（即三相电不应低于 340V，不高于 420V）时，应密切注意电流变化和电动机温度，以

a)　　b)

图 12-5　UQK 型浮球液位控制器

a）UQK 型电器控制盒　b）UQK 型传感器阀体

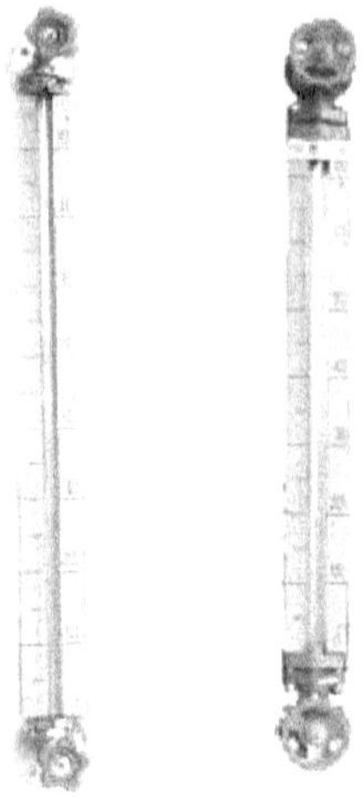

图 12-6　玻璃管式液位计

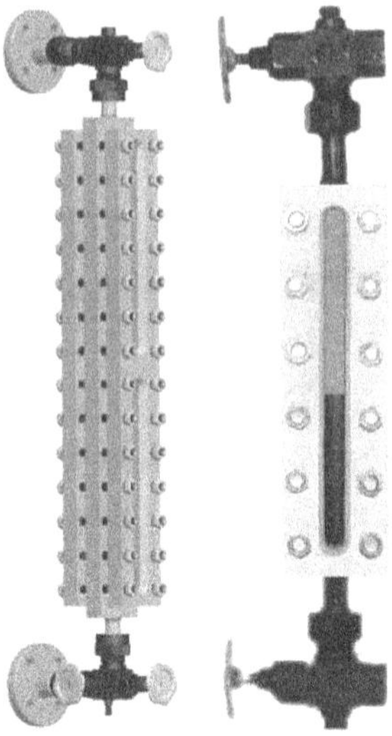

图 12-7　板式玻璃液位指示器

防发生电动机烧毁事故。每台压缩机、氨泵、水泵、风机都应单独装设电流表，并有过负荷保护装置。

5. 其他安全防护设备

1）为避免制冷剂倒流，在压缩机的高压排气管和氨泵出液管上应分别装止回阀。此外，严禁用截止阀替代中间冷却器、蒸发器、气液分离器、低压循环储液器等设备的节流阀，以避免因供液不当造成压缩机湿行程。

2）冷凝器与储液器之间设有均压管，两台以上储液器之间还分别设有气体和液体连通管，它们应处于开启状态，在运行中不得将均压管关闭，使其起到保护高压设备之间压力平衡、制冷剂流动畅通和液位稳定的作用。

3）氨制冷系统应设紧急泄氨器，当发生事故时通过紧急泄氨器将氨排出，以防事故的扩大。

4）氟利昂压缩机的曲轴箱内往往装有电加热器，以减少油中制冷剂的溶解，以利于起动。

5）在设备间和机器间内应设置事故排风机，以便在发生事故时能及时排除有害气体，而且在室内、外均装设有事故排风机的按钮。

6）机器间和设备间的门应向外开，并分别留有进出口，以保证安全进出。库房门的内侧应设应急装置，保证在库房内能将库门打开。

7）机器间和设备间要设有事故开关、消防栓，氨机房须配备带靴的防毒衣、橡胶手套、木塞、管夹、氧气呼吸器等防护用具和有关的抢救药品，并把它们放置在易取之处，还要由专人管理，并定期检查，确保使用性能。

8）安全阀的泄压管要高出机房屋檐1m以上，并确保泄压管畅通，以避免对周围环境造成污染和不安全影响。

二、冷库的安全操作

1. 运行时的安全操作

（1）阀门的安全操作　制冷装置运行时的安全操作主要是阀门的安全操作，首先是操作阀门时不损伤阀门，重点保护好阀芯、阀杆、手轮和阀体，其次是阀门的启闭要灵活，不错开、错关阀门。

1）开启阀门时，应缓慢打开，以免制冷剂过快的流动速度使设备发生脆性损坏。同时，在转动阀门手轮时不应过分用力，以防止阀芯被阀体卡住，当阀门开足后应将手轮回转1/8圈左右。

2）在氨制冷系统中，压缩机至冷凝器总管上的各阀门应挂“禁止关闭”的牌子，只有全部停机检查或因事故检修时，待压缩机全部停机后，才可以关闭有关阀门。

3）各种备用阀、加氨阀、排污阀等，平时应关闭并拆除手轮、加封铅；对连通大气的管接头应加封头，防止误开阀门造成事故。

4）氨制冷系统的空气分离器、集油器上的减压阀应处于常开状态，以防止容器内的压力过高而产生危险。

5）有液态制冷剂的管道和设备，严禁同时将两端阀门关闭，否则在满液情况下关闭管道和设备的进出口截止阀时，因吸收外界热量，液体会产生体积膨胀而引起管道或设备爆裂事故，通常称为“液爆”。因此，关闭供液管、排液管、液体调节站等管道的两端阀门前，都应进行适当的抽空处理。

6）玻璃液位计的阀门平时应处于常开状态，同时在一个月左右开关一次，以试验其灵活性。开阀时，应先开气阀再开液阀；关闭时，应先关液阀再关气阀，其目的是降低玻璃管（板）的承压，防止事故的发生。

（2）充灌制冷剂的安全操作　新建或大修后的制冷系统，必须经过气密试验、检漏、排污、抽真空，当确认系统无泄漏时，方可充灌制冷剂。用充氨试漏时，设备内的充氨压力不超过0.2MPa。

由于充氨操作危险性大，要求在值班班长的指导下进行，同时还应备有必要的抢救器材。向制冷系统内充灌制冷剂的数量应严格控制在设计要求和设备制造厂家所规定的范围内，并认真做好称量数据的记录。

氨瓶或氨槽车与充氨站的连接管必须采用无缝钢管，或用耐压在3MPa以上的橡胶管，与其相接的管接头要有防滑沟槽，以防脱开发生危险。

（3）放空气的安全操作　为防止环境污染和氨中毒，从制冷系统中排放不凝性气体时，需经过专门设置的空气分离器将气体排入水中。操作中，空气分离器的供液节流阀不应开启过大，以防氨液过多而进入压缩机；放空气阀的开度要小，以防止大量氨漏出。

（4）放油的安全操作　由于制冷设备内的油和氨一般呈有压力的混合状态，为避免酿成严重的跑氨事故，严禁从制冷设备上直接放油，而应经过集油器放出。为提高放油效率和保障安全，最好在设备停止工作时放油，且要防止氨液放入集油器；集油器液面高度一般不超过70%，以免降压时将润滑油吸入压缩机。集油器放油时，操作人员应戴橡胶手套和眼镜，站在放油管侧面和上风端操作，不得中途离开操作地点，严禁将氨液放出。如有阻塞现象，严禁用开水淋浇集油器，以防爆炸。

（5）除霜的安全操作　为防止低压、低温管路在融霜时受到压力波动和温度变化影响，规定进入蒸发器前的压力不得超过0.8MPa（或蒸发器内压力不超过0.8MPa），禁止用关小或关闭冷凝器进气阀的方法加快融霜速度。排液时，排液桶的储氨量不应超过80%。

2. 维修时的安全操作

安全阀要每年拆洗、检查、校正；压力表也要定期检查、校正，如已损坏或指示不正确，应及时更换；浮球阀、电磁阀、液位指示器等应定期检查和校正。

拆卸机器设备上的阀门、焊补管道或设备裂纹，都严禁在有制冷剂和带压的情况下进行。压缩机房和设备间不能有明火，冬季严禁用明火取暖。检查机器内部，如曲轴箱、气缸等时，一般用手电筒或不超过36V的行灯。为防止触电事故，在检修制冷设备时，特别是检修风机和电器等远离电源开关处的设备时，须在其电源开关处挂上工作牌，检修完由检修人员亲自取下，其他人员不允许乱动。在检修制冷系统的管道时，若需要换管道或增添新管道，必须用符合规定的无缝钢管（氟利昂制冷系统也可用铜管）；检修制冷机器与设备后，应进行耐压强度和气密性试验。

另外，冷凝器及设备间的梯子应保持完好；机器设备附近和车间内禁止堆放无关的物品，各通道内应无障碍物。

三、制冷剂钢瓶的安全使用与管理

1. 氨瓶的安全使用与管理

（1）氨瓶的使用管理　氨瓶是灌装液氨的容器，平时又处于高压之下，具有一定潜在的危险，因此，必须对氨瓶加强安全管理。按照规定，氨瓶必须每三年进行一次技术检验，如果发现瓶壁有裂纹或局部腐蚀（其深度超过公称壁厚的10%），以及发现有结疤、凹陷、鼓包、伤痕和重皮等缺陷时，应禁止使用。

操作人员在启闭氨瓶阀门时，应站在阀门连接管的侧面，慢慢开启；若氨瓶的瓶阀冻结，应把氨瓶移到较暖的地方，或用洁净的温水解冻，严禁用火烘烤。瓶内气体不能用尽，必须留有剩余压力；氨瓶用过后应立即关闭瓶阀，盖好氨瓶防护罩，退还库房。

充装氨时，一般按氨瓶容积要求充装，严禁超量充装。充装氨瓶前，须有专人检查，发现下列情况之一者，不许充装。

1）漆色、字样（应是黄底黑字）与所装气体不符或字样不易识别的气瓶。

2）安全阀件不全、损坏、阀门不良，或不符合规定的气瓶。

3）不能判别装过何种气体，或钢瓶内没有余压的气瓶。

4）超过检查期限的气瓶。

5）钢印标志不全、不能识别的气瓶。

6）瓶体外观检查有缺陷，不能保证安全使用的气瓶。

（2）氨瓶的运输管理　待运输的氨瓶应装置厚度不小于25mm的两道防振胶圈或其他相应的防振装置，并须旋紧安全帽。在运输时要固定好氨瓶，防止振动和撞击，瓶头部必须朝向一方；车上禁止烟火，禁止坐人，并应备有防氨泄漏的用具；严禁与氧气瓶、氢气瓶等易燃易爆物品同车运输；夏季要加覆盖物，防止暴晒。搬运时宜轻装轻卸，严禁抛、滚、滑、振动或撞击。

（3）氨瓶的储存和保管　储存氨瓶的仓库，与其他建筑物应保持一定距离。氨瓶库的建筑和设备必须满足下列要求。

1）仓库必须是不低于二级耐火等级的单独的单层建筑，地面至屋顶最低点的高度不小于3.2m，屋顶应为轻型结构。

2）仓库应采用非燃烧材料砌成隔墙，仓库的门窗应向外开，地面应平整不滑。

3）仓库的温度不得高于35℃，并应设有自然通风或机械通风装置，仓库的取暖设备必须采用水暖或汽暖，不能有明火。

4）仓库内应配有适当数量的消防用具。

已充氨的氨瓶储存在仓库内，应该旋紧瓶帽，放置整齐，妥善固定，留有通道。氨瓶立放时，应设有专用拉杆或支架，严防碰倒；卧放时，头部朝向统一，其堆放高度不应超过5层。瓶帽和防振胶圈等附件必须完整无缺。氨瓶严禁与氧气瓶、氢气瓶同室储存，以免引起燃烧和爆炸；仓库周围10m内不得存放易燃物品或进行明火作业。禁止将氨瓶储存在机器设备间内；临时存放在室外的氨瓶也要远离热源和防止阳光暴晒。

2. 氟利昂瓶的安全使用与管理

氟利昂制冷剂为低压液化气体，盛装氟利昂的容器属于二类压力容器，如果充装、管理和使用不当，极易发生事故。因此，在充装、运输、储存和使用时，必须遵守如下有关规定。

1）钢瓶必须经过检验，以确保能承受规定的压力。外观有缺陷，不能保证安全或超过检查期限的容器，一律不准充装。充装制冷剂时，不允许超过安全充灌量。

2）在运输和储存时，钢瓶应防止太阳的直射和暴晒，不得靠近热源和撞击。

3）钢瓶上的控制阀常用一帽盖或铁罩加以保护，使用后必须把卸下的帽盖或铁罩重新装上，以防在搬运过程中受碰击而损坏。

4）当钢瓶的瓶阀冻结时，严禁用火烘烤，而应该移到较暖和的地方或用温水解冻。

5）当钢瓶中氟利昂用完毕时，应即刻关闭控制阀，以免漏入空气或水汽。

6）应避免氟利昂触及皮肤，更不能触及眼睛。

7）发现制冷剂有大量渗漏时，必须把门窗打开，否则会引起人窒息。

四、安全预防措施与紧急救护

制冷系统的操作人员要做到安全生产，不仅要掌握制冷技术知识和熟练的安全操作技能，而且必须掌握有关安全预防措施和急救知识。

1. 安全预防措施

操作人员应加强安全技术的学习，严格执行操作规程和岗位责任制，时刻提高警惕，严防事故产生；应了解制冷剂对人体生理的影响，学习制冷剂中毒后的急救知识和救护药品使用的知识。

（1）制冷剂对人体生理的影响　制冷剂对人体生理的影响较为严重的有中毒、窒息和冷灼伤。引起中毒的制冷剂有氨等，引起人窒息的制冷剂有氟利昂，所有制冷剂均会引起冷灼伤。

氟利昂本身无毒无味、不燃烧、不爆炸，但是，当有水和氧气时，氟利昂与明火接触则发生分解，生成氟化氢、氯化氢和光气，这些对人体均有害，特别是光气对眼睛十分有害。此外，氟利昂在常温下的气态密度比空气大，当其在空气中的含量超过80%（体积分数）时，会引起人窒息。

氨有毒、有刺激性气味，对人体危害极大。氨发生泄漏时，会强烈刺激鼻子、咽喉、眼睛，当空气中氨含量达0.172%（体积分数）时，会引起强烈的咳嗽；当空气中氨含量达0.5%~1%（体积分数）时，有致命危险。

（2）预防措施

1）凡有可能接触到制冷剂的工作人员，均应接受安全教育，严格遵守有关技术规程。

2）制冷系统的机器、设备和管道等要保持密封，泄漏部位应及时修理，以防制冷剂对人身的危害。

3）防毒面具、橡胶手套、防毒衣具、胶鞋以及救护药品，应妥善放置在机器间进出口的专用箱内，并定期检查是否处于良好的待使用状态。

4）机房内应配备二氧化碳或“干粉”或“1211”（卤代烷）等灭火器材，以备扑灭油火、制冷剂火和电火。

5）平时还应加强预防性训练，如训练防护用品的使用方法，熟练掌握防毒衣物的穿法和防毒面具的使用方法；假设一定的事故，让操作人员处理，以训练他们处理事故的能力。

2. 防毒面具的使用与保管

防毒面具（图12-8）有活性炭防毒面具和过滤式防毒面具，主要在漏氨时使用。这里主要介绍活性炭防毒面具。活性炭防毒面具是利用活性炭分子有较强的吸附能力，吸附空气中的氨分子，将过滤后的空气供人呼吸。这种防毒面具是在空气中含氨量不太大的情况下使用的。如果有大量氨液溢出，这种防毒面具是不能使用的。

使用防毒面具时应检查复面是否损坏，如已损坏，应停止使用。如复面完好，可将过滤罐的橡胶塞打开，将复面从头上戴向下颚，松紧度合适、呼吸不困难即可使用。用完后，若氨味较大，说明活性炭分子吸附能力已经饱和，应更换过滤罐内的活性炭。换下来的活性炭可用醋酸清洗，晒干后再用。另外，使用后，复面和软管应用酒精冲洗消毒，晾干后撒上滑石粉，保管在阴凉通风的专用箱内，以备再用。

如果有条件最好采用氧气呼吸器（图12-9），它可以在大量氨液溢出的情况下使用，但必须有充足的氧气供给，否则使用时间有限。

3. 紧急救护措施

（1）发生漏氨时的急救措施　氨制冷系统的阀门或法兰等处，由于填料或垫片不严引起的轻微泄漏是经常发生的，也易处理。但当系统某一管道或设备发生破裂而大量漏氨时，情况就比较严重。遇有这类事故，操作人员一定要镇静、沉着，不应惊慌失措，以免错开或乱开机器、设备上的阀门，导致事故进一步扩大。必须正确判断情况，迅速组织有经验的技

图 12-8　防毒面具

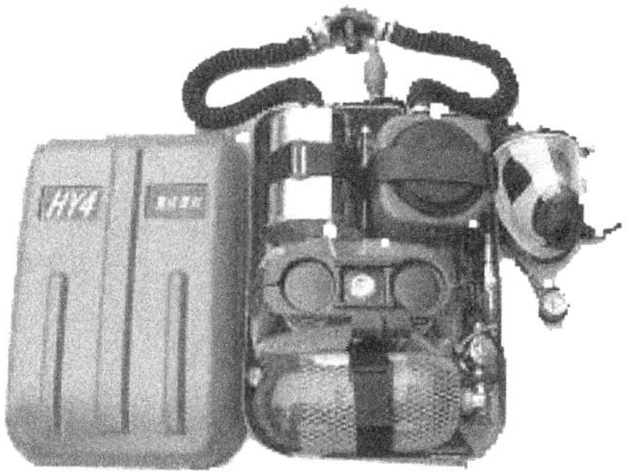

图 12-9　氧气呼吸器

工，穿戴防护用具进入现场抢救。

1）高压管路破裂时的处理。应立即停止压缩机运转，根据事故发生的地点，迅速将漏氨管路两端的截止阀关闭，切断漏氨部位与有关设备相连通的管道，卡住氨源。如果破裂管段不长，可采用放空的办法，待管内余氨放完后（泄漏处不再有氨气外逸），置换后进行补焊，待水压和气压试验合格后恢复使用。

2）高压容器漏氨时的处理。如果液位指示器被碰断，应立即关闭液位计上、下角阀，更换液位计。如容器破裂，应先截断氨来源，并在破裂部位盖上淋透水的织物或薄橡胶皮，然后扎紧，以减轻泄漏程度，或用水管喷淋冷水进行抢堵。同时，应迅速将容器内液体送向低压容器（如排液桶）或蒸发器排管中；液体排完后，关闭阀门，切断与低压系统的联系。容器内余氨通过放油管和集油器放入水池中，待余液放完后，用放油管接通大气或自行放空。无法排放时，应通过紧急泄氨器排入下水道，待氨放尽后再行补焊，焊后做水压及气压试验，合格后再使用。

3）低压系统管道跑氨时的处理。首先要迅速查明漏氨部位，关闭该冷却设备的供液阀、回气阀，并调整有关阀门，切断系统与该冷却设备的联系。在此情况下，由于氨气过浓，可开动或临时加风机向出口排除氨气，并用醋酸溶液喷雾中和。然后，在破漏管段上包扎薄橡胶皮，用管卡将漏点夹死，再调整阀门，抽空该冷却设备。在库房升温的同时，转移库内货物，待库内氨味已经消除，可将管卡拆除，在没有氨气泄出的情况下，升温后进行焊补。

（2）人员受氨损伤时的救护　氨对人体所造成的伤害大致有如下三种：一是氨液溅到皮肤上时引起类似烧伤性伤害；二是氨液或氨气对眼睛的刺激性或烧伤性伤害；三是氨气被吸入，轻则刺激呼吸器官，重则导致昏迷甚至死亡。

急救处理措施：

1）当氨液溅到衣服或皮肤上时，应立即把氨液溅湿的衣服脱去，用水或2%硼酸水冲洗皮肤；注意水温不得超过46℃，切忌干加热。当冻伤的皮肤解冻后，再涂上消毒凡士林或植物油脂。

2）当呼吸道受氨气刺激引起严重咳嗽时，可用湿毛巾或用水弄湿衣服，捂住鼻子和口。由于氨易溶于水，因此，此举可明显减轻氨的刺激作用。也可用食醋把毛巾浸湿，再捂住鼻子和口，由于醋蒸气可与氨发生中和作用，使氨变成中性盐，这样可以减轻氨对呼吸道的刺激，并可以缓解中毒程度。

3）当呼吸道受氨刺激较强烈，而且中毒比较严重时，可用硼酸水滴鼻漱口，并给中毒者饮用0.5%的柠檬酸水或柠檬汁。但切忌饮白开水，因氨易溶于水而助长氨的扩散。

4）当氨中毒十分严重，致使呼吸微弱甚至休克、呼吸停止时，应立即进行人工呼吸，并给中毒者饮用较浓的食醋，有条件时施以纯氧呼吸。遇到这种严重情况，应立即请医生或送医院抢救。

此外，不论中毒或窒息程度轻重与否，均应将患者转移到空气新鲜处进行救护，不使其继续吸入含氨的空气。

对于受氨损伤的皮肤，只许用水或酸性的食醋和柠檬水冲洗，绝对不要用毛巾等擦洗受伤部位，以免擦破表皮引起继发感染。对腹部以下器官，当吸附氨而产生强烈刺痛感时，立即跳进水池即可逐渐缓解。

当氟利昂产生大量泄漏时，只要远离明火，并迅速通风，即可不对人产生伤害。其处理方法类似氨系统。

典型实例

【实例1】　某冷藏储运公司冷库管理及安全制度

为了充分发挥冻结、冷藏能力，确保安全生产，促进产品质量，维护好冷库建筑结构和机器设备，应严格执行国家有关冷库管理办法和冷藏库维护检修制度，做到合理使用，科学管理。

1. 冷库管理制度

1）冷库全体人员必须严格执行冷库各项规章制度，做好本职工作，努力学习业务技术，加强管理，不断提高技术管理水平。

2）认真把好冰、霜、水、门、灯“五关”，及时清除库内冰、霜、水，管好库门，出库房要随手关门关灯。

3）注意合理使用库容，提高冷库利用率，做到账货、账卡相符。

4）各种库房必须按设计规定用途使用，商品堆垛和吊轨悬挂重量不得超过设计负荷。商品堆垛要按规定做到牢固整齐，入库商品要先进先出。

5）注意安全生产，不准带火种入阁楼，不准在库内吸烟，库内商品堆垛不得靠墙和排管，要留有合理走道。在库内作业时要有两人以上；未经许可，不准外人进入库房。

6）加强商品保管和卫生检疫工作，要把好进出库商品质量，对库内商品定期进行质量检查，保证质量。

7）加强冷库的维护，要定期对冷库建筑结构、冷库门等进行检查，发现问题及时处理。要维护保养好电梯、铲车、空气幕、推肉车、电器等设备。

8）搞好清洁卫生，要经常清扫库内外场地，工具、用具要勤擦洗和定期消毒，库内商品出清后，要对库房进行消毒。

2. 机房管理制度

1）机房全体人员必须严格执行各项规章制度和操作规程，做好本职工作，努力学习业务技术，提高操作技能。

2）机房值班人员要坚守岗位，工作时不得做与工作无关的事，必须集中精神认真操作，加强协作，努力做到“四要”“四勤”“四及时”。“四要”是指要确保安全运行；要保证库房温度；要尽量降低冷凝压力（表压力最高不超过 1.5MPa）；要充分发挥制冷设备的制冷效率，努力降低水、电、油、制冷剂的消耗。“四勤”是指勤看仪表；勤查机器温度；勤听机器运转有无杂音；勤了解进出货情况。“四及时”是指及时放油；及时除霜；及时放空气；及时清除冷凝器水垢。

3）认真做好机器设备的维护保养和检修工作，爱护各种工具及消防器材、防毒面具等。

4）加强安全生产，机房内严禁烟火，所用易燃危险品要妥善保管。未经许可，不准外人进入机房。

5）机房人员要认真、详细地做好各种原始记录并妥善保存，严格执行交接班制度。

6）认真做好各种原材料、零配件的合理使用和保管工作，注意节约能源，降低费用。

7）认真搞好室内、外环境卫生和设备的清洁工作。

3. 氨制冷压缩机操作工交接班制度。

1）氨制冷压缩机操作工要严格遵守交接班制度，交接班时，要加强工作责任心，互相协作。

2）交班人员要做好交班的一切工作，接班人员应提前 15min 上班，以便接班。

3）要认真做好下列交接工作。

① 当班生产任务及机器设备运转、供液、库温情况。

② 机器设备运行中有关故障、隐患及需要注意的事项。

③ 记录完整、准确。

④ 生产工具、用品是否齐全。

⑤ 机器设备和工作场地清洁、无杂物。

4）交接中发现问题，如能在当班处理，交班人员应在接班人员协助下负责处理完毕后再离开。

4. 库房安全制度

1）外来参观人员应持有单位介绍信并经厂部或公司领导批准，由有关人员陪同，方可参观库房。参观者未经许可，不得乱摸乱动库房内、外的有关设备和商品。

2）本厂人员非工作关系不得随意进入库房内。

3）凡进入库房内参观作业生产时，一律不准吸烟。

4）库房生产人员应严格按商品堆垛装卸的有关规定进行作业，避免设备、商品损坏和伤人等事故的发生。

5）在库房内、外使用铲车作业时，操作人员要集中精神认真操作，非操作人员不得乱摸乱动和驾驶铲车，以避免意外事故的发生。

6）作业生产完毕后，应注意关门熄灯；库房保管员下班前要认真检查门、灯是否已锁好关好。

7）需经车间领导同意方准进入冷库阁楼层，凡进入阁楼层内一律不准吸烟和带火种。

8）不许乱拿乱放库房的各种消防器材，做到定期检查和更换药料。

5. 机房安全制度

1）机房人员要树立高度的责任感，认真贯彻“预防为主”的方针，必须严格执行各种规章制度和操作规程，接受班长和安全员的检查督促，做好每年一次的安全大检查。

2）机房人员值班时不准擅离工作岗位，操作时要集中精力，不许睡觉和吵闹，不得看书报。

3）认真执行交接班制度，做好各种原始记录。

4）机房内严禁烟火，不准吸烟、生火取暖，如因工作需要烧电焊或气焊，必须有两人以上在现场，并应准备好消防器材；凡在机房外烧火者，应离开机房10m以外，并由专人负责，不得离开现场。

5）机房所用的易燃危险品（如机油、煤油、汽油、氧气瓶、电石等），须妥善存放于指定地点。

6）防毒面具、消防器材和维修工具应放于指定明显处，不得擅自动用，并定期检查、更换。

7）非机房人员不得随便进入机房。外来参观人员必须持有单位介绍信并经厂部或公司领导批准，由有关人员陪同参观，否则，值班人员有权谢绝。

8）机房所用的氨瓶（或氨罐）要妥善存放于指定的安全地点，并定期做好压力试验，避免发生意外事故。

【实例2】　冷库氨管道爆炸事故案例

1. 事故经过

2004年5月15日，一家私营企业在冷库安装调试后，发现氨气管道有泄漏现象。为了找到泄漏点，在没有排空氨气的情况下，便充入氧气进行打压试验，发现泄漏部位后，又在没有对管道进行任何处理的情况下进行补焊。在对氨气管道进行的焊接过程中发生爆炸，造成一起死亡1人、重伤3人，冷库及附属设施遭到严重破坏的重大伤亡和严重经济损失的生产事故。

2. 事故原因分析

在该起事故中引起爆炸的主要原因是：在焊接时，没有排空管道内的氨气和氧气，当焊接温度达到650℃后，导致氨气和氧气发生氧化反应，产生大量热量，而产生的氮气和水蒸气又使管道内压力增加。更主要的是，氨气在管道内与氧混合形成了爆炸性气体，因此遇到电焊火花便发生了爆炸。

事故调查还发现，该企业负责人安全意识淡薄，盲目指挥，没有必需的安全常识。施焊作业人员又没有经过专门的安全技术培训，无证上岗。其主要作业人员也没有经过必要的安全教育。此外，该私企安全规章制度不健全，作业人员不遵守安全操作规程等，都是导致发生爆炸事故的客观因素。

3. 事故教训及防范措施

为了防止发生类似事故，冷库及其他利用氨气做制冷剂的行业和生产、使用氨气的企业应做好以下工作。

1）必须加强各类人员的安全技术培训工作，特别是对企业法人、安全管理人员、特种作业人员的安全培训，做到持证上岗，严格遵守国家劳动安全卫生法律、法规和标准，落实各项安全生产责任制，建立健全劳动卫生规章制度和安全操作规程。

2）氨气是一种有毒、有爆炸危险的化学品，吸入或与眼、皮肤、黏膜接触有刺激性，能严重损伤呼吸道黏膜，甚至可能造成死亡的后果。国家规定车间内最高允许氨气浓度是 $30mg/m^3$。生产、经销、运输、储存和使用环节应严格执行说明书和安全标签，应定期对设备和作业场所的氨气浓度进行检测，把事故隐患消灭在萌芽状态。

3）用人单位给职工发放劳动防护用品，如护目镜或面罩及氨不能渗透的防护服等。

4）冷库氨储罐应存放在阴凉、通风良好、不易燃的场所，远离火源，与其他化学品特别是氧化性气体、卤素和酸类隔开。

【实例 3】 冷库氨泄漏事故案例

1. 事故经过

2012 年 10 月 22 日晚 10 时 40 分左右，某公司氨制冷车间发生氨气泄漏事故。事发时，离观察窗最近的一台制冷压缩机突然出现氨气泄漏，顿时整个压缩机房充满浓浓的烟雾。泄漏的氨气越来越多，无法靠近，于是冷库值班人员关闭了整个制冷机房的电源，而后打电话报警。在消防救援队伍利用消防车射水稀释下，氨气浓度迅速下降。消防前沿指挥部找来车间技术员，救援官兵让其穿上重型防化服，一同进入现场，成功将另外两个阀门关闭，险情得以控制。事故发生后，当地政府立即启动应急预案，并成立事故紧急处理小组、群众疏散组、医疗救护组、事故调查组和群众安置组五个专班开展工作。氨气泄漏事故造成 479 人中毒送往医院，根据事故专家调查组初步认定，氨气泄漏系冷却器螺旋盘管老化断裂所致。

2. 事故原因分析

1）冷却器螺旋盘管老化断裂是造成事故的直接原因。经公安部门侦查鉴定，排除了人为破坏因素。从发生事故前的制冷车间记录看，制冷机的工作压力、温度及使用期限均未超出规定范围，冷却器螺旋盘管是在正常使用条件下发生的破裂，这是造成这起事故的直接原因。

2）制冷机操作工没有经过系统的培训和安全方面的教育，导致事故的进一步扩大。

3）该公司在新员工入职后没做过任何消防方面的培训，说明该公司缺乏安全生产意识。

4）安全管理制度和责任制不落实是发生事故的重要原因。该公司没有严格执行规章制度，把关不严，没有制订相应的液氨泄漏事故处置应急救援预案，安全管理制度不健全，给安全生产造成了严重隐患。

3. 事故教训及防范措施

1）必须严格执行有关法规、标准、制度。近年来，液氨泄漏事故连续发生，应当引起高度重视。

2）为了及时控制和消除液氨设备泄漏事故的危害，最大限度地减少事故造成的人员和财产损失，必须制订液氨泄漏事故处置应急救援预案，对冷库员工进行基本的安全常识教育。

3）提高认识，强化措施，加强事故隐患整治。该液氨泄漏事故，说明了企业隐患查找不彻底，措施不完善，而且落实不好。因此，安全事故隐患的整改问题必须引起各级政府和企业的高度重视，切实加强基层和基础工作，强化事故隐患整治，确保安全生产。

课题二　冷库的能耗管理

相关知识

在冷库日常运行维护管理的过程中，不仅要求机器设备运行安全，还要做到合理调整制冷系统运行工况，降低能耗和耗材消耗，改善技术和经济管理水平。为此，在做好冷库日常运行记录的基础上，对冷库进行能耗和耗材的计算与分析，并提出有关制冷系统的节能措施，使冷库制冷系统的运行处于最佳状况，既安全可靠又经济合理。

一、冷库制冷系统的运行记录

1. 填写日常运行记录表

制冷系统日常运行记录表是反映该系统运行状况的原始记录，它包括制冷系统运行中各库房温度的变化情况、各种参数、制冷压缩机工作时间及各种消耗材料的使用情况等，为冷库能耗计算与分析提供原始数据。因此，要求每个操作管理人员必须重视日常运行记录表的填写，并要做到及时、准确、清楚、认真，按月汇总、装订，保存备查。

在日常运行记录表中，应填写制冷压缩机、冷凝器、辅助设备、氨泵、水泵、冷风机的工作情况，以及库房各冷间的温度变化情况等。一般每 2h 记录一次各制冷压缩机和其他制冷设备的工作参数（如温度、压力、电压、电流、运行时间、液面等）。

每班工作结束时，必须填写电表和水表的指示值，并将本班使用的各种材料消耗量填入运行记录表，以便确定每班的实际耗电量、耗水量、加氨量、加冷冻机油量等。当压缩机没有安装电表时，应每 2h 记录电动机的电流值，以便月终统计压缩机的耗电量。

冷库制冷系统日常运行记录表主要填写以下内容。

1）制冷压缩机工作参数，即排出压力、排出温度、吸入压力、吸入温度、润滑油压力、出水温度、电流表读数、电压表读数、运行小时数等。

2）冷凝器及辅助设备工作参数，即冷凝器的进水温度、出水温度、氨压等，调节站的氨液温度、氨压等，高压储液器、低压循环储液器、低压循环桶、中间冷却器、排液桶的压力和液面高度等。

3）氨泵运行参数，即进口压力、出口压力、电流、运行小时数等。

4）水泵运行参数，即进口压力、出口压力、电流、运行小时数等。

5）冷风机工作参数，即电流、运行小时数等。

6）库房各冷间温度。

7）辅助材料的消耗量，即耗水量、加氨量、加冷冻机油量、氯化钠或氯化钙的消耗量等。

由于不同制冷系统中机器和设备的数量不同，因此运行记录表的格式和内容也有所不同，一般运行记录表的格式可参见表 A-1。

2. 按月统计运行参数

每天应进行日常运行记录表统计，统计机器运行时间，并计算出水、电消耗量，一般按照算术平均值来计算，即每次记录数字之和除以记录次数，得出运行参数一天的平均值。每月还需进行运行记录表月综合。为简化计算，月平均数可不根据日平均数来计算，而是用全月记录数字之和除以全月记录次数来求得。

需要全月统计的日常运行参数主要有以下几项。

1）压缩机运行参数，即全月平均蒸发温度、全月平均冷凝温度、全月开机时间、平均电压、平均电流、总耗电量等。

2）其他制冷设备（氨泵、水泵等）运行参数，即全月开机时间、平均电压、平均电流、总耗电量、冷却水消耗量等。

3）库房风机运行参数，即全月开机时间、平均电压、平均电流、总耗电量、冲霜水消耗量等。

4）辅助材料消耗量，即全月氨液消耗量、全月冷冻机油消耗量、全月氯化钠或氯化钙消耗量等。

二、冷库能耗与耗材的计算及考核

据报道，目前我国的冷库容量已经达到1100万t，而冷藏耗电量全国平均为131kW·h/(m^3·年)，是英国平均水平的2倍多，日本的2.5倍左右。冷库制冷设备能耗已经占到全国耗电量的15%左右，冷库耗能成本已经达到一些冷库企业经营成本的30%，成为冷库企业发展的障碍。因此，加强冷库能耗管理、节约用电、降低耗材，既降低了生产成本，又提高了经济效益，对冷库制冷系统的技术改造和科学管理均有很重要的意义。

1. 冷库能耗管理指标的计算与考核

冷库能耗管理指标主要有三个：一是单位冷量耗电量，二是单位产品耗冷量，三是单位产品耗电量。通过计算某月单位冷量耗电量、单位产品耗冷量和单位产品耗电量，并与相应的定额进行比较，从而考核冷库制冷设备的设计、运行和管理的情况。

（1）单位冷量耗电量定额的确定与考核　单位冷量耗电量定额是考核压缩机操作管理是否正常合理的指标，是按库房设计温度要求达到的蒸发温度来计算的单位冷量耗电量（单位冷量耗电量等于分别计算的各蒸发系统全月耗电量与全月制冷量之比）。表A-5是转速≥960r/min的氨制冷压缩机在各蒸发系统不同的冷凝温度下每生产10^6kJ冷量的耗电量定额，它是根据制冷压缩机的制冷量和功率计算编制的。每月末计算出压缩机实际单位耗电量和定额进行比较，以考核压缩机操作管理的情况。若某蒸发系统全月实际单位冷量耗电量大于相应条件下的定额，说明该蒸发系统制冷压缩机实际耗电量高，有待加强压缩机操作管理，以降低耗电量；反之，说明该蒸发系统制冷压缩机实际耗电量低，压缩机操作管理合理。

单位冷量耗电量的考核流程如下：

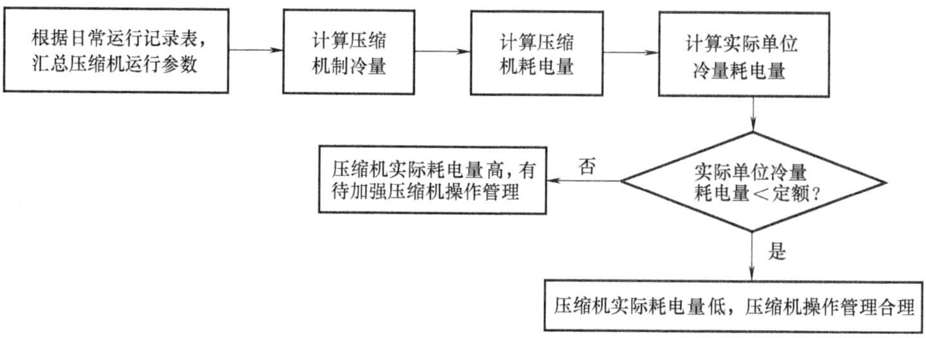

1）活塞式压缩机制冷量的计算。根据压缩机制冷量计算公式，将各种蒸发温度、冷凝温度下的制冷量编成应用图表，以简化计算步骤。压缩机的制冷量与压缩机的排气量成正比，单级机组按全部气缸的排气量计算；双级机组只计算所有低压缸的排气量。为了使各种不同排气量的压缩机都能被应用，表 A-2～表 A-4 按排气量 $1m^3/h$ 来计算，应用时乘以压缩机每小时的排气量，即得压缩机在该种工况下的每小时制冷量，单位为 kJ/h。压缩机全月实际制冷量（kJ）为

压缩机全月实际制冷量=压缩机理论排气量×单位容积制冷量×全月运转时间

2）螺杆式压缩机制冷量的计算。螺杆式压缩机的制冷量首先应根据生产厂家提供的产品样本中的技术数据进行计算；在无资料的情况下，可按下列方法进行计算，即

$$Q_c=\frac{V_p\lambda q_z}{3.6}$$

式中　Q_c——制冷量（W）；

V_p——理论排气量（m^3/h）；

λ——输气系数，可从制造厂提供的图表中查得，如无资料时，可采用 0.75～0.9（对输气量小、压缩比大的螺杆式压缩机取小值，反之取较大值）；

q_z——单位容积制冷量（kJ/m^3）。

理论排气量 V_p 为

$$V_p=60c_nLnD^2$$

式中　c_n——齿形系数，与形线、齿数有关，一般近似计算时，c_n 为 0.46～0.508（按阳转子名义直径计算），对称圆弧形线取小值，单边不对称形线取大值；

L——转子的工作长度（m）；

n——主动转子的转速（r/min）；

D——主动转子的公称直径（m）。

3）压缩机耗电量的计算。压缩机单独安装电表时，按电表读数乘电表倍率计算；未单独安装电表时，按下列公式计算，即耗电量（kW·h）为

$$耗电量=\frac{1.75\times 平均电流\times 平均电压\times 平均功率因数\times 开机小时数}{1000}$$

通过以上公式计算，如各动力设备耗电量相加与电表读数不一致，应以电表读数为准进行调整。

为了简化计算，压缩机耗电量（kW·h）可用下式计算，即

压缩机耗电量=压缩机分配积数×功率分配系数

其中，压缩机分配积数=压缩机平均耗用电流×开机小时数（A·h）；功率分配系数=压缩机总耗电量/各压缩机分配积数合计数（kW/A）。

4）单位冷量耗电量的计算公式为

$$各蒸发系统单位冷量耗电量=\frac{按各蒸发系统分别计算的全月耗电量}{全月制冷量}$$

（2）单位产品耗冷量定额的确定与考核　单位产品耗冷量是衡量冷库制冷效率的综合指标，反映了每个冷间或每个蒸发系统产生冷量的情况，从中可以了解冷库冷量的节约和浪费情况。首先根据已学过的制冷工艺设计的需耗冷量的计算方法，算出每冷间或每蒸发系统

的单位产品理论耗冷量，以确定单位产品耗冷量定额。然后根据冷库每月实际加工量，算出每冷间或每蒸发系统的实际单位产品耗冷量。

单位产品耗冷量就是将压缩机制冷量计算结果分配于冷库各种冷冻品或冷藏品，也就是说单位产品耗冷量可用压缩机制冷量除以冷间产品产量求得。单位产品耗冷量的计算公式为

$$单位产品耗冷量=\frac{制冷量或耗冷量}{冷间产量}$$

那么，单位产品耗冷量定额可以按照下式计算或者参考以往类似冷库的使用经验。

$$某冷间单位产品耗冷量定额=\frac{该冷间理论计算的耗冷量}{冷间产量}$$

而实际单位产品耗冷量则按下式计算，即

$$某冷间实际单位产品耗冷量=\frac{该冷间所分配的压缩机实际制冷量或实际耗冷量}{冷间产量}$$

把实际单位产品耗冷量与定额进行比较，即可进行制冷效率分析。若实际单位产品耗冷量大于定额，说明制冷压缩机的制冷量是恰当的，冷库制冷效率高；反之，说明冷库制冷效率低，需要加强机房和库房的运行管理。

（3）单位产品耗电量定额的确定与考核　单位产品耗电量是衡量冷库耗电的综合指标，它不但反映了制冷设备的设计、运行和管理情况，而且反映了冷库结构的设计、使用情况和冷库储藏货物的管理情况（入库门的开启、人员进出时间和货物进出时间等）。按照每吨产品计算出来的单位产品耗电量，对于每座冷库是不相同的，应根据各自不同的情况制订单位产品耗电量定额。

1）对于冷冻品和机制冰，制订单位产品耗电量定额比较容易，因为环境温度变化对其影响很小（维护结构渗入热只占总耗冷量的5%~10%），可直接按下列公式计算，即

$$单位产品耗电量=\frac{制冷设备设计总耗电量}{冷加工产品总数量}$$

2）对于冷藏品，制订单位产品耗电量定额比较困难，因为环境温度变化对其影响较大。因而只能按设计工况下的单位产品耗电量作为定额依据，并随环境温度变化进行调整。可参考下列公式计算，即

$$单位产品耗电量=\frac{制冷设备设计总耗电量}{冷藏产品总数量\times\xi}$$

式中　ξ——环境温度修正系数，可按 $\xi=(t_{实}-t_{库})/(t_{设}-t_{库})$ 进行计算；

$t_{实}$——实际环境温度；

$t_{库}$——库房温度；

$t_{设}$——设计环境温度。

此外可以参照以往类似冷库的使用经验，以类似冷库单位产品耗电量作为定额。

实际单位产品耗电量的计算是将冷库内制冷设备用电和冷库风机用电分配于各种冷冻品和冷藏品，其中制冷设备用电包括压缩机耗电和其他制冷设备用电（如氨泵、水泵用电等），冻结间风机耗电由冷冻品负担，冷却物冷藏间风机耗电由冷却冷藏品负担。压缩机耗电按单位冷量耗电量计算，其他用电也可按冷间耗冷量比例进行分配。有关计算公式如下，即

① 按各冷间耗冷量分配其他制冷设备耗电量，得

$$其他制冷设备用电分配率=\frac{其他制冷设备耗电量}{各冷间耗冷量之和}$$

② 某冷间耗电量包括该冷间所分配的压缩机耗电量、所分配其他制冷设备耗电量和风机耗电量，其中该冷间所分配的压缩机耗电量按单位冷量耗电量计算，因此计算公式为

某冷间耗电量=该冷间耗冷量×(单位冷量耗电量+其他制冷设备用电分配率)+风机耗电量

$$某冷间实际单位产品耗电量=\frac{某冷间耗电量}{该冷间产量}$$

将计算出来的实际单位产品耗电量与定额比较，就可以看出冷库各冷间单位产品的耗电情况，并反映出冷库结构的设计、使用情况和冷库储藏货物的管理情况是否合理、经济。

2. 辅助材料消耗量的计算与耗材分析

(1) 氨液的消耗量　由于制冷设备的检修、渗漏、放油、放空气等原因，不可避免地造成制冷系统的氨液损失，需要定期补充。氨液消耗量定额（kg/kJ）以制冷量和本年度新灌入量来计算，其计算公式为

$$氨液消耗量=\frac{本年度新灌入量}{本年度总制冷量}$$

一般每生产 4186800kJ 冷量要消耗氨液量控制为 2.5~3.5kg。实际加入氨液量应视实际情况而定。

(2) 润滑油的消耗量　压缩机的润滑油消耗定额（kg/kJ）根据本年加入油量减去回收尚能使用部分后，再除以本年度总制冷量求得，即

$$润滑油消耗量定额=\frac{本年度加入油量-回收能使用油量}{本年度总制冷量}$$

(3) 氯化钠或氯化钙的消耗量　盐水的含盐量和补充量可由设备容积和盐水含量来计算。如有一个日制冰量 15t 的冰池，其盐水容积为 $28.3m^3$，要求配制成密度为 $1.16t/m^3$ 的氯化钠盐水，则氯化钠和水的需要量的计算如下，即

$$冰池盐水质量=28.3×1.16×1000kg=32828kg$$

查性质表，氯化钠密度为 $1.16t/m^3$ 时，其质量分数为 21.2%，则

$$氯化钠质量=32828kg×21.2\%=6959.54kg$$

$$水质量=32828kg-6959.54kg=25868.46kg$$

如经过一定生产时期后，盐水密度降为 $1.10t/m^3$，查性质表得其质量分数为 13.6%，则氯化钠补充量=25868.46×[1/(100-21.2)%-1/(100-13.6)%]kg=2845.53kg，即氯化钠消耗定额可用下列公式计算，即

$$氯化钠消耗量=应补充量(kg)/本期制冷量(kJ)或本期制冰量(t)$$

一般每生产 1t 冰消耗氯化钠 0.8~1.2kg。

三、冷库的节能措施

1. 影响单位冷量耗电量的因素分析

制冷压缩机的制冷量随着高、低压级压力和温度的变化而变化。冷凝温度越高，蒸发温

度越低，制冷压缩机的压缩比越大，这时制冷压缩机的实际输气量减小，制冷能力下降，能耗增加，单位冷量耗电量增大。

（1）蒸发温度的变化与制冷量和功耗的关系　蒸发温度的高低是根据工艺或生产上的需要来确定的。蒸发温度比冷间温度低，与加工工艺所要求的温度之间存在着传热温差。

在相同的冷凝压力下，蒸发压力降低时，单位质量制冷量将降低，而单位功耗将增加。如果蒸发压力升高，则制冷压缩机的制冷量增加，而功耗减少。

当冷凝温度不变时，蒸发温度越低，制冷量越小，功耗越多。所以在制冷系统的运转操作中，应对蒸发温度进行合理的控制和调节，在满足制冷工艺所要求的换热温差基础上，应尽可能地提高蒸发温度，以提高制冷量，降低能耗。

（2）冷凝温度的变化与制冷量和功耗的关系　假定蒸发压力不变，使冷凝压力升高，此时的单位质量制冷量将减小，同时单位功耗却增加。由此可见，冷凝温度的升高对制冷系统也是不利的。在相同的蒸发温度下，随着冷凝温度的升高，冷凝压力也相应升高，制冷压缩机的压缩比增大，造成制冷压缩机的实际输气量减少，这时制冷量下降而耗电量增加。

要想降低冷凝温度，需降低冷却水的水温，增大冷却水量，这样又会使水系统的电耗增加。因此，应当根据实际情况合理、经济地选择各种参数，尽可能地降低冷凝温度。

（3）其他因素　凡是造成制冷压缩机制冷量降低的原因，都会引起耗电量的增加。如制冷压缩机的余隙过大，气缸活塞吸、排气阀片存在泄漏，制冷压缩机吸气过热等因素，都会使制冷压缩机的实际输气量减少，制冷量降低，耗电量增加。

2. 冷库的节能措施

1）采用新型隔热材料，增加冷库围护结构的保温性能，减少冷量损失，以减少能耗。

2）设计建造大容量单体冷库。大容量单体冷库的外表面比相同容量的多间小冷藏间的冷库要小。在容积相同的情况下，外界侵入大冷藏间的热量要小于侵入小冷藏间的热量，因而大容量单体冷库的冷量损失较小，较为节能。目前在冷藏业比较先进的国家，一般冷库库房净高 8~10m，冷库的平均容积在 50000m^3 以上。

3）选用单机双级制冷压缩机。当制冷系统的蒸发温度较低时，一般采用双级制冷压缩机。在选配制冷压缩机时，应考虑优先选用单机双级制冷压缩机，而不是配组双级制冷压缩机。在工况及制冷相同的情况下，配组双级制冷压缩机比单机双级制冷压缩机多耗电 20% 左右。另外，配组双级制冷压缩机布置分散，不便于操作，维修量也较大。因此在允许的条件下，应尽量采用单机双级制冷压缩机。

4）用微机对制冷系统或制冷装置实行自动控制管理，对制冷系统的所有运行参数实行自动检测，并通过快速、精确的逻辑判断进行自动调节和控制，使制冷系统在最合理的工况下运行，同时使冷间温度稳定，能耗降低。

5）尽量提高蒸发温度。随着蒸发温度与库房温度换热温差的缩小，蒸发温度相应提高。如果冷凝温度保持不变，制冷压缩机的制冷量也相应提高。据估算，蒸发温度每升高 1℃，单位冷量耗电量将减少 3%~4%。

提高蒸发温度的措施是适当增大蒸发器的传热面积。在操作时根据冷间热负荷的变化随时调节供液量的大小，使换热温差控制在允许范围内的最小值。在整个降温过程中，注意观察蒸发压力的变化，调配好制冷压缩机，使制冷压缩机制冷量与冷间的热负荷相匹配。当库房温度达到要求，但被冷却物的温度还没有达到要求时，应减少供液量，减开冷风机，并使制冷压缩机减荷运转。如蒸发压力过低，就应停止制冷压缩机的运转，待压力回升后再开机。

6）尽量降低冷凝温度，以减少能耗。冷凝器的污垢层太厚、冷却水量过少及布水不均匀等都会造成冷凝温度过高。应经常对冷凝器进行清洗、维护，保证冷凝器的正常运行，尽量控制冷凝器的进口温度，以降低冷凝温度，使耗电量减少。若冷凝器的热负荷小，应适当减少冷凝器的工作台数，也可适当减小冷却水的流量，以降低冷却水系统的电耗。

7）提高操作管理人员的节能意识，使其精心操作，加强对冷库的管理，减少冷耗。要根据制冷系统的工况参数变化，及时合理地调整制冷系统。同时要注意及时冲霜、放油、除垢和放空气。当制冷系统的低压设备中存有因混入过多水分而难以蒸发的氨液时，这些氨液占据蒸发器的有效容积，造成蒸发压力过低、降温困难、耗电增加，因此必须设法将其排出，必要时要更换制冷剂。

另外要加强库房管理，针对库房跑冷点较多的状况，应做到尽量减少人员进出、随手关灯、随手关门、确保冷风幕的工作正常等，以减少库房冷耗。

8）利用制冷装置的废热与余冷。冷凝器中释放出来的热量是制冷装置的废热。如有条件可采取措施收集利用废热，以减少其他能源的消耗，达到节能的目的。例如，将冷凝器流出的冷却水作为蒸发器冲霜水，用废热加热空气供冬季取暖等。

制冷装置的余冷主要是冻结间的冷风机冲霜水产生的。冲霜后的水温低于10℃，如将冲完霜的水集中到水池内做冷凝器的冷却水使用，既改善了制冷工况，增大了制冷量，又可减少冷却耗水。

典型实例

【实例1】 5000t氨冷库能耗计算与考核实例

下面以某5000t氨冷库为例，要求对该冷库能耗进行计算与考核。该冷库由五台编号为1~5号的活塞式压缩机构成既有单级压缩又有双级压缩的制冷系统，分为-15℃、-28℃和-33℃三个蒸发系统。其中1号压缩机为单级机组，负担-15℃蒸发系统，向高温库、制冰间供冷；2号、3号压缩机配组为双级机组，负担-28℃蒸发系统，向低温库和冰库供冷；4号、5号压缩机配组为双级机组，负担-33℃蒸发系统，向冻结间供冷。压缩机与蒸发系统的配置方案见表12-3。

表12-3 某5000t氨冷库的制冷系统配置方案

蒸发系统名称	压缩机编号	压缩机台数	压缩机型号	供冷库房名称
-15℃	1号	1台	8AS-12.5	高温库（含制冰机）
-28℃	2号（高压级） 3号（低压级）	1台 1台	4AV-12.5 8AS-12.5	低温库、冰库
-33℃	4号（高压级） 5号（低压级）	1台 1台	4AV-12.5 8AS-12.5	冻结间

该冷库容量为5000t，分为冻结间、低温库、高温库和冰库四种库房，其中冻结间每月冻结猪肉800t，肉温从34℃降至-18℃；低温库储存冻猪肉1800t，冻家禽1700t，进货温度为-10℃；高温库储藏货物为鲜蛋1000t和苹果500t，平均进货温度为22℃（室外该月平均温度）；快速制冰300t，入冰库，冰库容量为300t，温度为-10℃。该冷库冷加工能力见表12-4。

根据该冷库某月日常运行记录表，统计得到有关资料见表 12-5、表 12-6。

表 12-4　某 5000t 氨冷库的冷加工能力一览表

库房名称	室温/℃	库房面积/m^2	加工产品	产量/t
冻结间	-23	218	猪肉冷加工	800
制冰机 冰库	-10	109	机制冰 储冰	300 300
低温库	-18	3528	储存冻猪肉 储存冻家禽	1800 1700
高温库	0	1176	储存鲜蛋 储存苹果	1000 500

表 12-5　某月压缩机运行情况统计表

蒸发系统	压缩机编号	压缩机型号	全月平均蒸发温度/℃	全月平均冷凝温度/℃	平均电流/A	全月开机时间/h
-15℃	1 号	8AS-12.5	-16	25	111.72	350
-28℃	2 号(高压级) 3 号(低压级)	4AV-12.5 8AS-12.5	-27	25	112.89	360
-33℃	4 号(高压级) 5 号(低压级)	4AV-12.5 8AS-12.5	-34	25	95.47	650

表 12-6　某月冷库耗电情况统计表

耗电类别	制冷设备用电		库房风机用电		
	压缩机耗电	其他设备耗电(氨泵、水泵等)	冻结间风机耗电	低温库风机耗电	高温库风机耗电
耗电量/kW·h	83404	25000	12500	0	5000

该 5000t 氨冷库能耗计算与考核过程如下：

(1) 活塞式压缩机制冷量的计算　制冷量的计算过程见表 12-7。

表 12-7　某 5000t 氨冷库活塞式压缩机制冷量的计算表

蒸发系统	压缩机编号及型号	计算过程	计算结果
-15℃	1 号机 8AS-12.5	查 8AS-12.5 型号压缩机理论排气量为 $566m^3/h$，转速为 960r/min，查表 A-2，当蒸发温度为-16℃、冷凝温度为 25℃时，该压缩机单位容积制冷量为 $1.61×10^3kJ/m^3$，则 全月制冷量 = $566m^3/h × 1.61 × 10^3kJ/m^3 × 350h = 318.94×10^6kJ$	$318.94×10^6kJ$
-28℃	2 号机(高压级)4AV-12.5 3 号机(低压级)8AS-12.5	双级机只计算低压级制冷量，其理论排气量和转速与上相同。4AV-12.5 型号压缩机理论排气量为 $283m^3/h$，则高、低压缸容积比为 1 2，可查表 A-3，当蒸发温度为-27℃、冷凝温度为 25℃时，单位容积制冷量为 $1.17×10^3kJ/m^3$，则 全月制冷量 = $566m^3/h × 1.17 × 10^3kJ/m^3 × 360h = 238.4×10^6kJ$	$238.4×10^6kJ$
-33℃	4 号机(高压级)4AV-12.5 5 号机(低压级)8AS-12.5	计算方法同-28℃制冷系统，其单位容积制冷量为 $0.85×10^3kJ/m^3$(按照蒸发温度-34℃、冷凝温度 25℃，查表 A-3 得到)，则 全月制冷量 = $566m^3/h × 0.85 × 10^3kJ/m^3 × 650h = 312.72×10^6kJ$	$312.72×10^6kJ$

（2）压缩机耗电量的计算 压缩机的平均耗用电流和总耗电量都从日常运行记录表中汇总取得（见表 12-5 和表 12-6）：三组压缩机总电表耗电 83404kW·h，1 号压缩机平均电流为 111.72A，2 号、3 号压缩机组平均电流为 112.89A，4 号、5 号压缩机组平均电流为 95.47A，现计算各组压缩机的耗电量，计算过程见表 12-8。

表 12-8 某 5000t 氨冷库活塞式压缩机耗电量的计算表

蒸发系统	压缩机编号及型号	计算过程	计算结果
-15℃	1 号机 8AS-12.5	1 号压缩机分配积数 111.72A×350h=39102A·h 各压缩机分配积数合计数 141798A·h 功率分配系数 83404kW·h/141798A·h=0.5882kW/A 1 号压缩机耗电 39102A·h×0.5882kW/A=23000kW·h	23000kW·h
-28℃	2 号机（高压级）4AV-12.5 3 号机（低压级）8AS-12.5	2 号、3 号压缩机组分配积数 112.89A×360h=40640A·h 各压缩机分配积数合计数 141798A·h 功率分配系数 83404kW·h/141798A·h=0.5882kW/A 2 号、3 号压缩机组耗电 40640A·h×0.5882kW/A=23904kW·h	23904kW·h
-33℃	4 号机（高压级）4AV-12.5 5 号机（低压级）8AS-12.5	4 号、5 号压缩机组分配积数 95.47A×650h=62056A·h 各压缩机分配积数合计数 141798A·h 功率分配系数 83404kW·h/141798A·h=0.5882kW/A 4 号、5 号压缩机组耗电 62056A·h×0.5882kW/A=36500kW·h	36500kW·h

（3）单位冷量耗电量的计算 单位冷量耗电量是按各制冷系统分别计算的全月耗电量与全月制冷量之比，计算结果为

-15℃蒸发系统 1 号压缩机的全月制冷量为 318.94×10^6kJ，则单位冷量耗电量为

$$23000\text{kW}\cdot\text{h}/(318.94\times10^6)\text{kJ}=72.11\text{kW}\cdot\text{h}/10^6\text{kJ}$$

-28℃蒸发系统 2 号、3 号压缩机组的全月制冷量为 238.4×10^6kJ，则单位冷量耗电量为

$$23904\text{kW}\cdot\text{h}/(238.4\times10^6)\text{kJ}=100.27\text{kW}\cdot\text{h}/10^6\text{kJ}$$

-33℃蒸发系统 4 号、5 号压缩机组的全月制冷量为 312.72×10^6kJ，则单位冷量耗电量为

$$36500\text{kW}\cdot\text{h}/(312.72\times10^6)\text{kJ}=116.72\text{kW}\cdot\text{h}/10^6\text{kJ}$$

（4）单位冷量耗电量的考核 综合上述计算，结合单位冷量耗电量定额，得出如下结论。

1）对于-15℃蒸发系统，当蒸发温度在-15℃，氨单级压缩机转速为 960r/min，月平均冷凝温度为 25℃时，查表 A-5 得单位冷量耗电量定额为 67.93kW·h/10^6kJ，与本月实际单位冷量耗电量 72.11kW·h/10^6kJ 相比，实际耗电较多。

2）对于-28℃蒸发系统，当蒸发温度在-28℃，氨双级压缩机组转速为 960r/min，月平均冷凝温度为 25℃，高、低压缸容积比为 1∶2 时，查表 A-5 得单位冷量耗电量定额为 100.70kW·h/10^6kJ，与本月实际单位冷量耗电量 100.27kW·h/10^6kJ 相比，实际耗电稍少。

3）对于-33℃蒸发系统，当蒸发温度在-33℃，月平均冷凝温度为 25℃，其他条件与-28℃蒸发系统相同时，查表 A-5 得单位冷量耗电量定额为 116.99kW·h/10^6kJ，与本月实际单位冷量耗电量 116.72kW·h/10^6kJ 相比，实际耗电也稍少。

从耗电量比较来看，该冷库的制冷压缩机操作较合理。

（5）理论耗冷量的计算　按制冷工艺设计的理论耗冷量计算，其总耗冷量包括围护结构耗冷量、食品冷加工耗冷量、电动机耗冷量及操作和其他耗冷量。

1）围护结构耗冷量。根据该冷库的设计技术资料，当室外计算温度为35℃时，各库房围护结构耗冷量的技术数据见表12-9。

表12-9　各库房围护结构耗冷量

库房名称	室温/℃	库房面积/m^2	按蒸发温度分配围护结构的耗冷量/(10^3kJ/h)		
			-15℃	-28℃	-33℃
冻结间	-23	218	—	—	26.52
低温库	-18	3528	—	177.50	—
冰库	-10	109	—	12.09	—
高温库	0	1176	33.63	—	—
合计	—	—	33.63	189.59	26.52

为了方便计算，求出在室内、外温度相差1℃时，每冷间的耗冷量，这样当室外温度变化时就可直接求得耗冷量。该冷库各冷间在室内、外温度变化1℃时的耗冷量和各冷间在室外平均温度为22℃时每月耗冷量见表12-10。

表12-10　室内、外两种温差时的月耗冷量

库房名称	室内、外温度变化1℃时的耗冷量/(kJ·h)	室外平均温度为22℃时每月耗冷量/kJ
冻结间	$26.52\times10^3/[35-(-23)]=457.2$	$457.2\times[22-(-23)]\times30\times24=14.8\times10^6$
低温库	$177.50\times10^3/[35-(-18)]=3349.1$	$3349.1[22-(-18)]\times30\times24=96.5\times10^6$
冰库	$12.09\times10^3/[35-(-10)]=268.7$	$268.7\times[22-(-10)]\times30\times24=6.2\times10^6$
高温库	$33.63\times10^3/(35-0)=960.9$	$960.9\times(22-0)\times30\times24=15.2\times10^6$

2）食品冷加工耗冷量。查表A-6、表A-7得到食品冷加工始终稳定所对应的焓值，得

冻结间耗冷量：$[800\times1000\times(314.85-4.61)]$kJ/月$=248.2\times10^6$kJ/月

低温库耗冷量：$[1800\times10^3\times(28.89-4.61)+1700\times10^3\times(30.15-4.61)]$kJ/月$=87.1\times10^6$kJ/月

冰库耗冷量：$(300\times10^3\times2.09\times10)$kJ/月$=6.27\times10^6$kJ/月，其中2.09kJ/(kg·℃)是冰的比热容。

高温库耗冷量：

$[1000\times10^3\times(306.89-237.39)+500\times10^3\times(314.43-236.14)]$kJ/月$=108.6\times10^6$kJ/月

机制冰耗冷量：$[1.25\times300\times10^3\times(4.19\times20+347.48)]$kJ/月$=161.7\times10^6$kJ/月，其中4.19kJ/(kg·℃)为水的比热容，347.48kJ/kg为冰的凝固潜热，1.25为快速制冰的耗冷系数。

3）电动机耗冷量。

冻结间耗冷量：12500kW·h/月$=45\times10^6$kJ/月

高温库耗冷量：5000kW·h/月$=18\times10^6$kJ/月

4）操作与其他耗冷量。这部分耗冷量包括工人在库房操作、照明、开启库门等多项耗冷指标，计算复杂。所以根据低温库选低值、高温库选高值的原则，在 300~550kJ/(m^2·日) 中选择一数值来计算，即

冻结间耗冷量：300×218×30kJ/月 = 1.96×10^6kJ/月

低温库耗冷量：300×3528×30kJ/月 = 31.8×10^6kJ/月

冰库耗冷量：300×109×30kJ/月 = 0.98×10^6kJ/月

高温库耗冷量：550×1176×30kJ/月 = 19.4×10^6kJ/月

以制冷工艺设计理论计算的需耗冷量总和，即

冻结间耗冷量：(14.8+248.2+45+1.96)×10^6kJ/月 = 309.96×10^6kJ/月

低温库耗冷量：(96.5+87.1+31.8)×10^6kJ/月 = 215.4×10^6kJ/月

冰库耗冷量：(6.2+6.27+0.98)×10^6kJ/月 = 13.45×10^6kJ/月

高温库耗冷量：(15.2+108.6+18+19.4)×10^6kJ/月 = 161.2×10^6kJ/月

机制冰耗冷量：161.7×10^6kJ/月

计算的结果与实际制冷压缩机制取的冷量比较见表 12-11。

表 12-11 冷量消耗比较

蒸发系统	冷间名称	理论计算需耗冷量/(10^6kJ/月)	实际耗冷量/(10^6kJ/月)	冷量损耗/(10^6kJ/月)
-33℃	冻结间	309.96	312.72	2.76(0.9%)
-28℃	低温库、冰库	215.4+13.45=228.85	238.4	9.55(4.2%)
-15℃	高温库(含制冰机)	161.2+161.7=322.9	318.94	-3.96(-1.2%)

从比较结果看，冷库的实际操作较为合理。若比较的结果，冷量的损耗超出计算需耗冷量的 10%时，就认为不合理，需查找原因，并及时纠正。

(6) 单位产品耗冷量的考核　根据前面计算出来的各蒸发系统的耗冷量，实际单位产品耗冷量与定额的比较见表 12-12。

表 12-12 实际单位产品耗冷量与定额的比较

蒸发系统	冷间名称	单位产品耗冷量定额/(10^6kJ/t)	实际单位产品耗冷量/(10^6kJ/t)	冷量损耗/(10^6kJ/t)
-33℃	冻结间	309.96/800=0.387	312.72/800=0.391	0.004(1.02%)
-28℃	低温库、冰库	228.4/(3500+300)=0.060	238.4/3800=0.063	0.003(4.76%)
-15℃	高温库(含制冰机)	322.9/(1500+300)=0.179	318.94/1800=0.177	-0.002(-1.23%)

从比较结果看，冷库的制冷量较为合理，制冷效率较高。若比较的结果，冷量的损耗超出计算需耗冷量的 10%时，就认为不合理，需查找原因，并及时纠正。

(7) 单位产品耗电量的考核　根据前面计算出来的各蒸发系统的耗电量和耗冷量，按照耗冷量比例进行分配，即可得到本月各冷间的耗电量和单位产品耗电量。

该冷库的其他制冷设备耗电量为 25000kW·h/月，则按耗冷量分配为

其他制冷设备用电量分配率 = 其他制冷设备耗电量/各冷间耗冷量之和

= [25000/(312.72+238.4+318.94)]kW·h/(10^6kJ) = 28.73kW·h/(10^6kJ)

冻结间耗电量 = 冻结间耗冷量×(单位冷量耗电量+其他制冷设备用电分配率)+风机耗电量 = 312.72×10^6×[(116.72+28.73)×10^{-6}]kW·h+12500kW·h = 57985.12kW·h

低温库耗电量(含冰库)= 低温库耗冷量×(单位冷量耗电量+其他制冷设备用电分配率)+风机耗电量 = $238.4\times10^{6}\times[(100.27+28.73)\times10^{-6}]$kW·h+0kW·h = 30753.6kW·h

高温库耗电量(含制冰机)= 高温库耗冷量×(单位冷量耗电量+其他制冷设备耗电量分配率)+风机耗电量 = $318.94\times10^{6}\times[(72.11+28.73)\times10^{-6}]$kW·h+5000kW·h = 37161.91kW·h

实际单位产品耗电量的计算见表 12-13。

表 12-13　实际单位产品耗电量的计算

冷间名称	产量/t	耗冷量/10^6kJ	耗电量/kW·h	实际单位产品耗电量/(kW·h/t)
冻结间	800	312.72	57985.12	72.48
低温库、冰库	3800	238.4	30753.6	8.09
高温库(含制冰机)	1800	318.94	37161.91	20.65

从计算结果可以看出，冻结间的实际单位产品耗电量最多，高温库次之，主要原因是猪肉冷加工和制冰机耗电多，因此加强冻结间和制冰机的运行管理显得十分重要。此外，可参照以往类似冷库的使用经验或该冷库的历史使用资料，对该冷库的单位产品耗电量进行考核，以掌握冷库耗电的综合情况，合理判断制冷设备的设计、运行和管理情况。

单元练习

一、填空题（将正确答案填写在横线上）

1. 为防止超压运行，在制冷设备上设置有__________、______________或者__________等压力保护设备，通过自动停机或排放制冷剂来杜绝重大事故的发生。

2. 安全阀的泄压管要高出机房屋檐__________以上，并确保__________，以避免造成周围环境的污染和不安全影响。

3. 为避免制冷剂倒流，在压缩机的__________和氨泵__________上应分别装止回阀。

4. 冷库能耗管理指标主要有三个，一是______________，二是______________，三是________________。

5. ____________________反映了每个冷间或每个蒸发系统产生冷量的情况，是衡量冷库制冷效率的综合指标。

二、单项选择题（在每小题的四个选项中，选出一个正确的，并将正确答案的序号填写在括号内）

1. 对中、小型氟利昂制冷系统，应采用（　　）做制冷压缩机的安全保护设备。

A. 高低压表　　B. 液位控制器　　C. 压力控制器　　D. 熔塞

2. 在氨制冷系统中，（　　）上不必同时设置液位指示、控制和报警装置。

A. 高压储液器　　B. 低压循环储液器　　C. 气液分离器　　D. 中间冷却器

3. 当低压系统管道发生氨气泄漏时，首先要（　　），切断系统与该冷却设备的联系。

A. 立即停止压缩机运转　　B. 迅速查明跑氨部位

C. 关闭该冷却设备的供液阀、回气阀　　D. 向领导报告泄漏事故

4. 考核压缩机操作管理是否正常合理的指标是（　　）。

A. 氨液消耗量　　B. 单位产品耗电量

C. 单位产品耗冷量　　D. 单位冷量耗电量

5. (　　) 是衡量冷库耗电的综合指标，它不但反映了制冷设备的设计、运行和管理情况，而且反映了冷库结构的设计、使用情况和冷库储藏货物的管理情况（入库门的开启、人员进出时间和货物进出时间等）。

A. 单位产品耗电量　　B. 氨液消耗量

C. 单位产品耗冷量　　D. 单位冷量耗电量

三、判断题（正确的在括号内画“√”，错误的画“×”）

1. 安全阀必须定期检验，两年应校验一次，并加铅封。在运行过程中，由于超压，安全阀启跳后，需重新进行校验，以确保安全阀的功能。(　　)

2. 严禁用截止阀替代中间冷却器、蒸发器、气液分离器、低压循环储液器等设备的节流阀，以避免因供液不当造成压缩机出现湿行程。(　　)

3. 冷凝器与储液器之间设有均压管，两台以上储液器之间还分别设有气体和液体连通管，它们应处于开启状态，在运行中不得将均压管关闭。(　　)

4. 按照规定，氨瓶必须每两年进行一次技术检验，如果发现瓶壁有裂纹或局部腐蚀，以及发现有结疤、凹陷、鼓包、伤痕和重皮等缺陷时，应禁止使用。(　　)

5. 在大量氨液溢出的情况下，可以使用氧气呼吸器或者防毒面具，穿戴防化服进入泄漏区域进行施救工作。(　　)

四、简答题

1. 什么是“液爆”？如何防止“液爆”？

2. 冷库常规的节能措施有哪些？

附　录

附录 A　参考图表

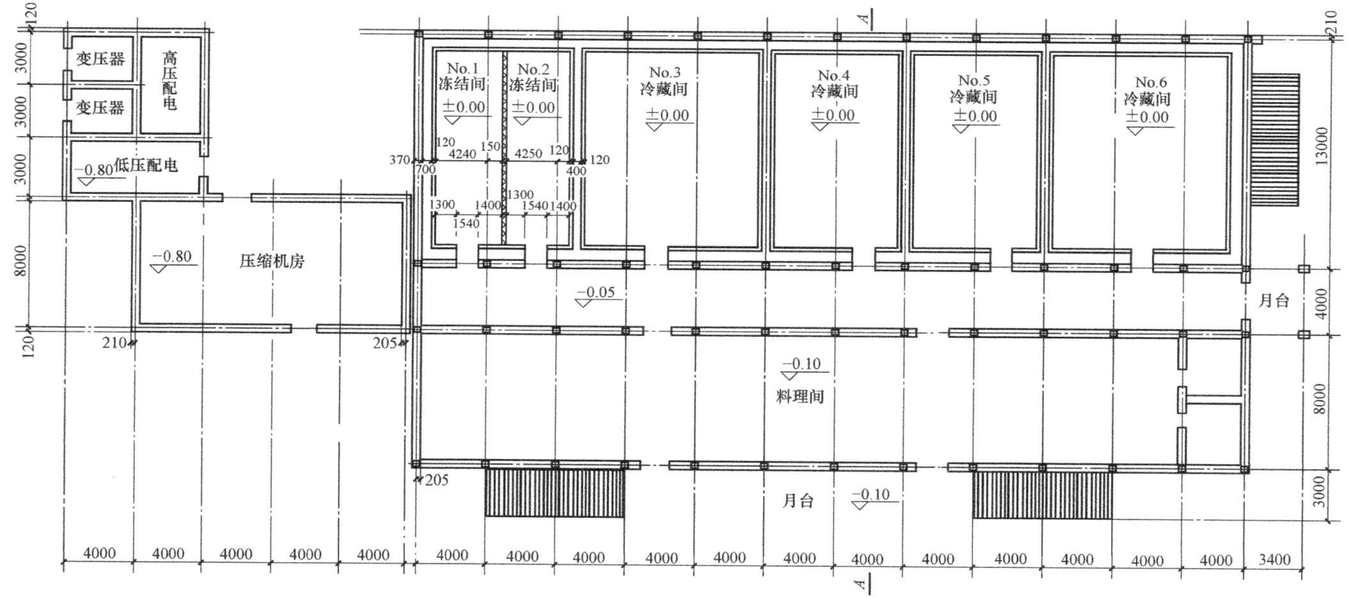

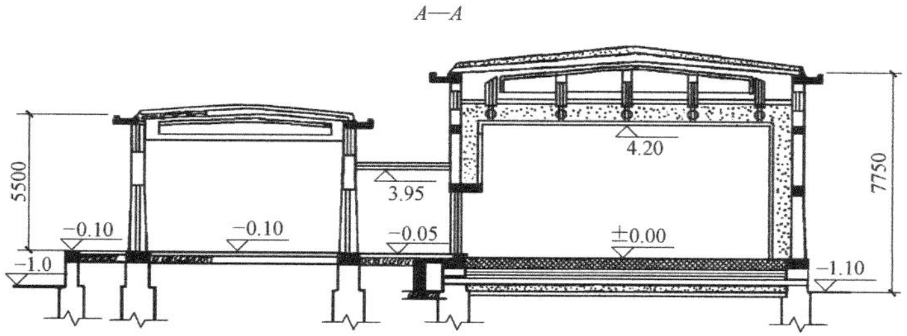

冷库建筑做法说明

名称	构造	厚度/mm	名称	构造	厚度/mm
屋面及阁楼层（由上及下）	水泥砂浆保护层		内墙	1:2水泥砂浆抹面	20
	二毡三油防水层	9		砖墙	120
	1:3水泥砂浆找平	30		稻壳保温层	600
	炉渣保温层	80		砖墙	120
	1:3水泥砂浆找平	15		1:2水泥砂浆抹面	20
	钢筋混凝土槽形板				
	空气间层				
	稻壳保温层	800			
	钢筋混凝土单筋板，下喷大白浆二度	100			
外墙（由外及内）	1:2水泥砂浆抹面	25	地坪（由上及下）	钢筋混凝土	100
	砖墙	370		1:2水泥砂浆	20
	1:2水泥砂浆	20		二毡三油防水层	
	二毡三油隔气层	9		软木	200
	稻壳保温层	700		二毡三油隔气层	9
	砖墙	120		素混凝土	80
	1:2水泥砂浆抹面	20		炉渣混凝土方块350mm×350mm	50
				炉渣粉	50
				干砂垫层内埋200mm(内径)混凝土通风管	450
				素土夯实	

图 A-1　10000t 氨冷库平面图

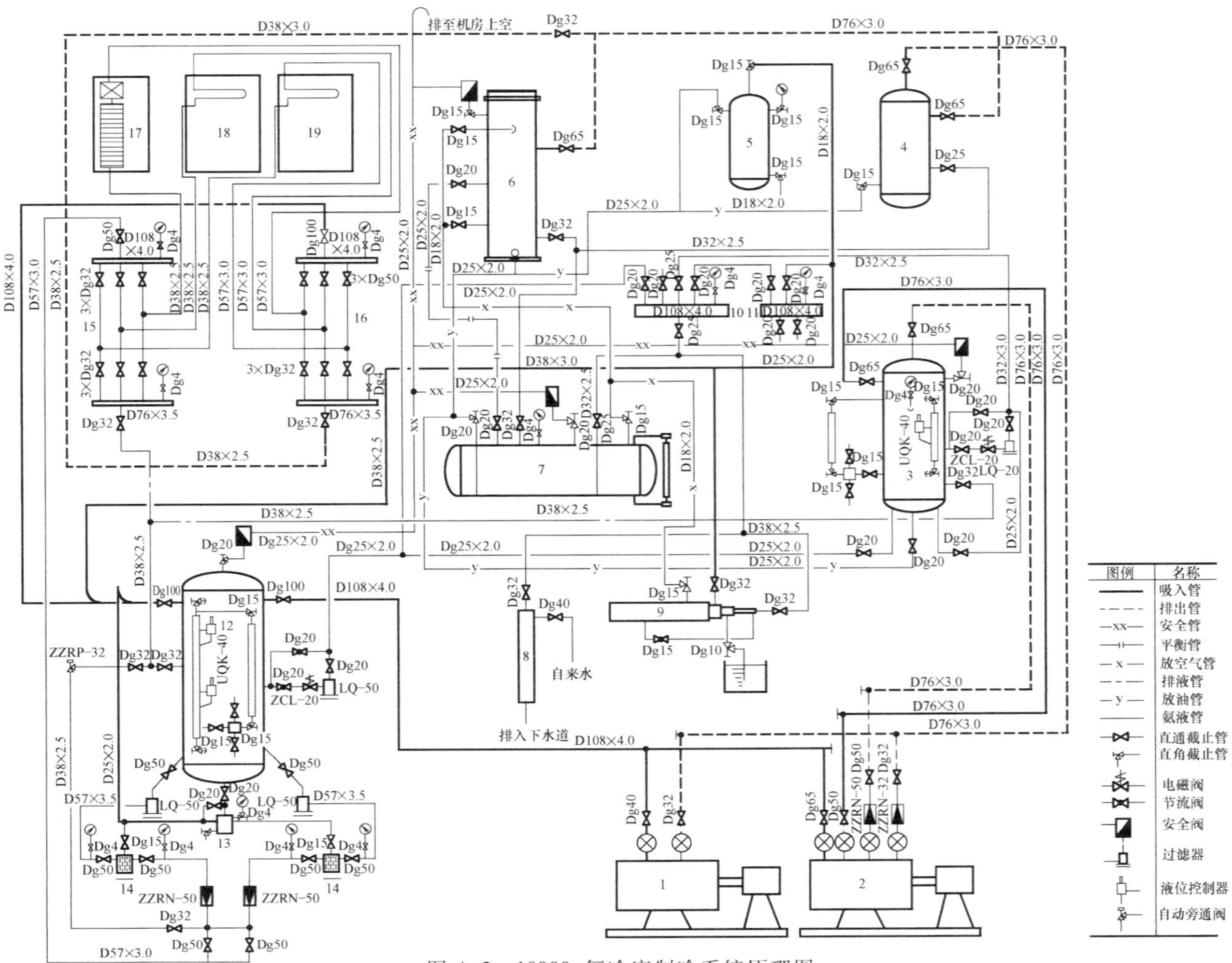

图 A-2 10000t 氨冷库制冷系统原理图

1—单级压缩机 2—双级压缩机 3—中间冷却器 4—氨油分离器 5—集油器 6—立式冷凝器 7—氨储液器 8—紧急泄氨器 9—空气分离器 10—总调节站 11—加氨站 12—低压循环储液器 13—低压集油器 14—屏蔽氨泵 15—低压液体调节站 16—低压气体调节站 17—搁架式排管 18、19—双层 U 形顶排管

表 A-1　制冷车间日常运行记录表

________年________月________日　星期________　室外气温________　室外相对湿度________

一、制冷压缩机工作情况

压缩机号	工作条件		记录时间												日平均	工作时间/h
			2	4	6	8	10	12	14	16	18	20	22	24		
1号单级机组	排出压力/MPa															开机： 停机： 运行小时：
	排出温度/℃															
	吸入压力/MPa															
	吸入温度/℃															
	润滑油压力/MPa															
	出水温度/℃															加油时间： 加冷冻机油质量/kg：
	电流表读数/A															
	电压表读数/V															
2号单级机组	排出压力/MPa															开机： 停机： 运行小时：
	排出温度/℃															
	吸入压力/MPa															
	吸入温度/℃															
	润滑油压力/MPa															
	出水温度/℃															加油时间： 加冷冻机油质量/kg：
	电流表读数/A															
	电压表读数/V															
3号双级机组	排出压力/MPa	高压缸														开机： 停机： 运行小时：
	排出温度/℃															
	吸入压力/MPa															
	吸入温度/℃															
	排出压力/MPa	低压缸														
	排出温度/℃															
	吸入压力/MPa															
	吸入温度/℃															
	润滑油压力/MPa															加油时间： 加冷冻机油质量/kg：
	出水温度/℃															
	电流表读数/A															
	电压表读数/V															

（续）

压缩机号	工作条件		记录时间												日平均	工作时间/h
			2	4	6	8	10	12	14	16	18	20	22	24		
4号 双级机组	排出压力/MPa	高压缸														开机： 停机： 运行小时：
	排出温度/℃															
	吸入压力/MPa															
	吸入温度/℃															
	排出压力/MPa	低压缸														
	排出温度/℃															
	吸入压力/MPa															
	吸入温度/℃															
	润滑油压力/MPa															加油时间： 加冷冻机油质量/kg：
	出水温度/℃															
	电流表读数/A															
	电压表读数/V															

二、冷凝器及辅助设备工作情况

设备名称	工作条件		记录时间												日平均	备注
			2	4	6	8	10	12	14	16	18	20	22	24		
冷凝器	进水温度/℃															
	出水温度/℃															
	氨压/MPa															
调节站	氨液温度/℃															
	氨压/MPa															
高压储液器	液面(高、低或正常)	1号														
	压力/MPa															
	液面(高、低或正常)	2号														
	压力/MPa															
低压循环储液器	液面(高、低或正常)	1号														
	压力/MPa															
	液面(高、低或正常)	2号														
	压力/MPa															
中间冷却器	液面(高、低或正常)	1号														
	压力/MPa															
	液面(高、低或正常)	2号														
	压力/MPa															
排液桶	液面(高、低或正常)	1号														
	压力/MPa															
	液面(高、低或正常)	2号														
	压力/MPa															

（续）

三、氨泵运行情况														
编号	工作条件	记录时间											日平均	备　注
		2	4	6	8	10	12	14	16	18	20	22	24		
1号	进口压力/MPa														
	出口压力/MPa														
	电流/A														
2号	进口压力/MPa														
	出口压力/MPa														
	电流/A														

四、水泵运行情况															
编号	工作条件	记录时间												日平均	备　注
		2	4	6	8	10	12	14	16	18	20	22	24		
1号	进口压力/MPa														
	出口压力/MPa														
	电流/A														
2号	进口压力/MPa														
	出口压力/MPa														
	电流/A														

五、冷风机工作情况															
编号	工作条件	记录时间												日平均	备　注
		2	4	6	8	10	12	14	16	18	20	22	24		
1号	电流/A														
2号	电流/A														
3号	电流/A														
4号	电流/A														
5号	电流/A														
6号	电流/A														

六、库房各冷间温度/℃															
冷间名称	编　号	记录时间												日平均	备　注
		2	4	6	8	10	12	14	16	18	20	22	24		
冷却间 0℃	1号														
	2号														
	3号														
	4号														

（续）

六、库房各冷间温度/℃															
冷间名称	编　　号	记录时间												日平均	备　　注
		2	4	6	8	10	12	14	16	18	20	22	24		
冻结间 -23℃	1号														
	2号														
	3号														
	4号														
冷藏间 -18℃	1号														
	2号														
	3号														
	4号														
地下室 0℃	1号														
	2号														
	3号														
	4号														
冰库 -10℃	1号														
	2号														

0~8时夜班值班记事		8~16时早班值班记事		16~24时中班值班记事	
值班长		值班长		值班长	

备注

机房主管：

表 A-2 氨单级压缩机单位容积制冷量（转速≥960r/min） （单位：10^3kJ/m^3）

蒸发温度/℃	冷凝温度/℃																									
	15	16	17	18	19	20	21	22	23	24	25	26	27	28	29	30	31	32	33	34	35	36	37	38	39	40
-5	3.03	3.00	2.98	2.95	2.93	2.90	2.88	2.85	2.82	2.80	2.77	2.72	2.75	2.69	2.67	2.64	2.61	2.58	2.56	2.53	2.50	2.47	2.44	2.41	2.39	2.36
-6	2.89	2.87	2.85	2.82	2.80	2.77	2.75	2.72	2.70	2.67	2.65	2.62	2.60	2.57	2.54	2.52	2.49	2.46	2.44	2.41	2.38	2.36	2.33	2.30	2.27	2.25
-7	2.77	2.74	2.72	2.70	2.67	2.65	2.62	2.60	2.58	2.55	2.53	2.50	2.48	2.45	2.43	2.40	2.38	2.35	2.32	2.30	2.27	2.24	2.22	2.19	2.16	2.14
-8	2.64	2.62	2.60	2.58	2.55	2.53	2.51	2.48	2.46	2.43	2.41	2.39	2.36	2.34	2.31	2.29	2.26	2.24	2.21	2.18	2.16	2.13	2.11	2.08	2.05	2.03
-9	2.53	2.50	2.48	2.46	2.44	2.41	2.39	2.37	2.35	2.32	2.30	2.27	2.25	2.22	2.20	2.17	2.15	2.12	2.10	2.07	2.05	2.02	2.00	19.7	1.94	1.92
-10	2.41	2.39	2.37	2.35	2.32	2.30	2.28	2.26	2.24	2.21	2.19	2.16	2.14	2.11	2.09	2.07	2.04	2.02	1.99	1.97	1.94	1.92	1.89	1.87	1.84	1.81
-11	2.30	2.28	2.26	2.23	2.21	2.19	2.17	2.15	2.12	2.10	2.08	2.06	2.03	2.01	1.99	1.97	1.94	1.92	1.89	1.87	1.85	1.82	1.80	1.77	1.75	1.72
-12	2.19	2.17	2.15	2.13	2.11	2.09	2.07	2.05	2.02	2.00	1.98	1.96	1.94	1.91	1.89	1.87	1.84	1.82	1.80	1.77	1.75	1.73	1.70	1.68	1.65	1.62
-13	2.09	2.07	2.05	2.03	2.01	1.99	1.97	1.95	1.92	1.90	1.88	1.86	1.84	1.81	1.79	1.77	1.75	1.72	1.70	1.68	1.66	1.63	1.61	1.58	1.56	1.54
-14	1.99	1.97	1.95	1.93	1.91	1.89	1.87	1.85	1.83	1.81	1.79	1.77	1.74	1.72	1.70	1.68	1.66	1.63	1.61	1.59	1.57	1.55	1.52	1.50	1.47	1.45
-15	1.90	1.88	1.86	1.84	1.82	1.80	178	1.76	1.74	1.72	1.70	1.68	1.66	1.63	1.61	1.59	1.57	1.55	1.53	1.50	1.48	1.46	1.43	1.41	1.39	1.37
-16	1.80	1.78	1.76	1.74	1.72	1.71	1.69	1.67	1.65	1.63	1.61	1.59	1.57	1.54	1.53	1.50	1.48	1.46	1.44	1.42	1.40	1.38	1.36	1.33	1.31	1.29
-17	1.71	1.69	1.67	1.65	1.63	1.61	1.60	1.58	1.56	1.54	1.52	1.50	1.48	1.46	1.44	1.42	1.40	1.38	1.36	1.33	1.31	1.29	1.27	1.25	1.23	1.20
-18	1.62	1.60	1.58	1.56	1.55	1.53	1.51	1.49	1.47	1.45	1.43	1.41	1.39	1.37	1.35	1.33	1.31	1.29	1.27	1.25	1.23	1.21	1.19	1.17	1.15	1.13
-19	1.53	1.51	1.49	1.48	1.46	1.44	1.43	1.41	1.39	1.37	1.35	1.33	1.31	1.29	1.28	1.26	1.24	1.22	1.20	1.18	1.15	1.13	1.11	1.09	1.07	1.05
-20	1.45	1.43	1.42	1.40	1.38	1.36	1.35	1.33	1.31	1.29	1.27	1.26	1.24	1.22	1.20	1.18	1.16	1.14	1.12	1.10	1.08	1.06	1.04	1.02	1.00	0.98
-21	1.37	1.35	1.34	1.32	1.30	1.29	1.27	1.25	1.23	1.22	1.20	1.18	1.16	1.14	1.13	1.11	1.09	1.06	1.05	1.03	1.01	0.99	0.97	0.95	0.93	0.91
-22	1.29	1.28	1.26	1.25	1.23	1.21	1.20	1.18	1.16	1.14	1.13	1.11	1.09	1.07	1.05	1.04	1.02	1.00	0.98	0.96	0.94	0.92	0.90	0.88	0.86	0.84
-23	1.22	1.21	1.19	1.17	1.16	1.14	1.12	1.11	1.09	1.07	1.06	1.04	1.02	1.00	0.99	0.97	0.95	09.3	0.91	0.90	0.88	0.86	0.84	0.82	0.80	0.78
-24	1.15	1.14	1.12	1.11	1.09	1.07	1.06	1.04	1.02	1.01	0.99	0.97	0.96	0.94	0.92	0.90	0.89	0.87	0.85	0.84	0.82	0.80	0.78	0.76	0.74	0.72
-25	1.09	1.07	1.06	1.04	1.02	1.01	0.99	0.98	0.96	0.94	0.93	0.92	0.90	0.88	0.86	0.84	0.83	0.81	0.79	0.77	0.76	0.74	0.72	0.70	0.68	0.66

表 A-3 氨双级压缩机（高、低压缸容积比 1：2）单位容积制冷量（转速≥960r/min） （单位：10^3kJ/m^3）

蒸发温度/℃	冷凝温度/℃																									
	15	16	17	18	19	20	21	22	23	24	25	26	27	28	29	30	31	32	33	34	35	36	37	38	39	40
-20	1.64	1.63	1.63	1.63	1.62	1.62	1.62	1.61	1.61	1.61	16.0	1.60	1.60	1.60	1.59	1.59	1.59	1.58	1.58	1.58	1.57	1.57	1.57	1.56	1.56	1.56
-21	1.57	1.56	1.56	1.56	1.56	1.55	1.55	1.55	1.54	1.54	1.54	1.53	1.53	1.53	1.53	1.52	1.52	1.52	1.51	1.51	1.51	1.50	1.50	1.50	1.50	1.49
-22	1.50	1.50	1.50	1.50	1.49	1.49	1.48	1.48	1.48	1.48	1.47	1.47	1.47	1.46	1.46	1.46	1.45	1.45	1.45	1.45	1.44	1.44	1.44	1.43	1.43	1.43
-23	1.44	1.44	1.43	1.43	1.43	1.42	1.42	1.42	1.42	1.41	1.41	1.41	1.41	1.40	1.40	1.40	1.39	1.39	1.39	1.39	1.38	1.38	1.38	1.37	1.37	1.37
-24	1.37	1.37	1.37	1.37	1.37	1.36	1.36	1.36	1.36	1.35	1.35	1.35	1.34	1.34	1.34	1.34	1.33	1.33	1.33	1.32	1.32	1.32	1.32	1.31	1.31	1.31
-25	1.32	1.31	1.31	1.31	1.30	1.30	1.30	1.30	1.30	1.29	1.29	1.29	1.28	1.28	1.28	1.28	1.27	1.27	1.27	1.27	1.26	1.26	1.26	1.25	1.25	1.25
-26	1.26	1.25	1.25	1.25	1.24	1.24	1.24	1.24	1.23	1.23	1.23	1.23	1.22	1.22	1.22	1.22	1.21	1.21	1.21	1.21	1.20	1.20	1.20	1.20	1.19	1.19
-27	1.20	1.20	1.20	1.20	1.19	1.19	1.18	1.18	1.18	1.18	1.17	1.17	1.17	1.17	1.16	1.16	1.16	1.15	1.15	1.15	1.14	1.14	1.14	1.14	1.13	1.13
-28	1.14	1.14	1.14	1.14	1.13	1.13	1.13	1.13	1.12	1.12	1.12	1.12	1.11	1.11	1.11	1.11	1.10	1.10	1.10	1.10	1.09	1.09	1.09	1.09	1.08	1.08
-29	1.09	1.09	1.09	1.09	1.08	1.08	1.08	1.07	1.07	1.07	1.07	1.06	1.06	1.06	1.06	1.05	1.05	1.05	1.05	1.05	1.04	1.04	1.04	1.04	1.03	1.03
-30	1.04	1.04	1.03	1.03	1.03	1.03	1.03	1.02	1.02	1.02	1.02	1.01	1.01	1.01	1.01	1.01	1.00	1.00	1.00	1.00	0.99	0.99	0.99	0.99	0.98	0.98
-31	0.99	0.99	0.98	0.98	0.98	0.98	0.98	0.97	0.97	0.97	0.97	0.97	0.96	0.96	0.96	0.96	0.95	0.95	0.95	0.95	0.95	0.94	0.94	0.94	0.94	0.93
-32	0.95	0.95	0.94	0.94	0.94	0.93	0.93	0.93	0.93	0.93	0.92	0.92	0.92	0.92	0.92	0.91	0.91	0.91	0.91	0.91	0.90	0.90	0.90	0.90	0.90	0.89
-33	0.90	0.90	0.90	0.90	0.90	0.89	0.89	0.89	0.89	0.89	0.88	0.88	0.88	0.88	0.88	0.87	0.87	0.87	0.87	0.87	0.86	0.86	0.86	0.86	0.86	0.85
-34	0.86	0.86	0.86	0.86	0.86	0.85	0.85	0.85	0.85	0.85	0.84	0.84	0.84	0.84	0.84	0.83	0.83	0.83	0.83	0.83	0.82	0.82	0.82	0.82	0.82	0.81
-35	0.82	0.82	0.82	0.82	0.82	0.81	0.81	0.81	0.81	0.81	0.80	0.80	0.80	0.80	0.80	0.79	0.79	0.79	0.79	0.79	0.78	0.78	0.78	0.78	0.78	0.77
-36	0.78	0.78	0.78	0.77	0.77	0.77	0.77	0.77	0.77	0.76	0.76	0.76	0.76	0.76	0.75	0.75	0.75	0.75	0.75	0.75	0.74	0.74	0.74	0.74	0.74	0.73
-37	0.74	0.74	0.74	0.74	0.74	0.73	0.73	0.73	0.73	0.72	0.72	0.72	0.72	0.72	0.71	0.71	0.71	0.71	0.71	0.71	0.70	0.70	0.70	0.70	0.70	0.69
-38	0.70	0.70	0.70	0.70	0.70	0.69	0.69	0.69	0.69	0.69	0.68	0.68	0.68	0.68	0.68	0.68	0.67	0.67	0.67	0.67	0.67	0.66	0.66	0.66	0.66	0.66
-39	0.67	0.67	0.67	0.66	0.66	0.66	0.66	0.65	0.65	0.65	0.65	0.65	0.64	0.64	0.64	0.64	0.64	0.64	0.64	0.63	0.63	0.63	0.63	0.62	0.62	0.62
-40	0.63	0.63	0.63	0.63	0.62	0.62	0.62	0.62	0.62	0.62	0.61	0.61	0.61	0.61	0.61	0.60	0.60	0.60	0.60	0.60	0.62	0.59	0.59	0.59	0.59	0.59

表 A-4　氨双级压缩机（高、低压缸容积比 1∶3）单位容积制冷量（转速≥960r/min）　（单位：$10^3 kJ/m^3$）

蒸发温度/℃	冷凝温度/℃																									
	15	16	17	18	19	20	21	22	23	24	25	26	27	28	29	30	31	32	33	34	35	36	37	38	39	40
−20	1.53	1.52	1.52	1.52	1.51	1.51	1.50	1.50	1.50	1.50	1.49	1.49	1.49	1.48	1.48	1.48	1.47	1.47	1.47	1.46	1.46	1.46	1.45	1.45	1.45	1.44
−21	1.46	1.45	1.45	1.45	1.44	1.44	1.44	1.44	1.43	1.43	1.43	1.42	1.42	1.42	1.41	1.41	1.41	1.40	1.40	1.40	1.39	1.39	1.39	1.38	1.38	1.38
−22	1.40	1.39	1.39	1.39	1.38	1.38	1.38	1.37	1.37	1.37	1.36	1.36	1.36	1.36	1.35	1.35	1.35	1.34	1.34	1.34	1.33	1.33	1.33	1.32	1.32	1.32
−23	1.34	1.33	1.33	1.33	1.32	1.32	1.32	1.31	1.31	1.31	1.31	1.30	1.30	1.30	1.29	1.29	1.29	1.28	1.28	1.28	1.28	1.27	1.27	1.27	1.26	1.26
−24	1.28	1.28	1.27	1.27	1.27	1.26	1.26	1.26	1.25	1.25	1.25	1.25	1.24	1.24	1.24	1.23	1.23	1.23	1.22	1.22	1.22	1.22	1.21	1.21	1.21	1.20
−25	1.22	1.22	1.22	1.21	1.21	1.21	1.20	1.20	1.20	1.20	1.19	1.19	1.19	1.18	1.18	1.18	1.17	1.17	1.17	1.17	1.16	1.16	1.16	1.15	1.15	1.15
−26	1.17	1.16	1.16	1.16	1.16	1.15	1.15	1.15	1.14	1.14	1.14	1.14	1.13	1.13	1.13	1.12	1.12	1.12	1.12	1.11	1.11	1.11	1.11	1.10	1.10	1.10
−27	1.11	1.11	1.11	1.11	1.10	1.10	1.10	1.10	1.09	1.09	1.09	1.09	1.08	1.08	1.08	1.07	1.07	1.07	1.07	1.06	1.06	1.06	1.06	1.05	1.05	1.05
−28	1.06	1.06	1.06	1.06	1.05	1.05	1.05	1.05	1.04	1.04	1.04	1.04	1.03	1.03	1.03	1.03	1.02	1.02	1.02	1.01	1.01	1.01	1.01	1.00	1.00	1.00
−29	1.02	1.01	1.01	1.01	1.01	1.00	1.00	1.00	1.00	0.99	0.99	0.99	0.99	0.98	0.98	0.98	0.98	0.97	0.97	0.97	0.97	0.96	0.96	0.96	0.96	0.95
−30	0.97	0.97	0.97	0.96	0.96	0.96	0.96	0.95	0.95	0.95	0.95	0.94	0.94	0.94	0.93	0.93	0.93	0.93	0.92	0.92	0.92	0.92	0.91	0.91	0.91	0.91
−31	0.92	0.92	0.92	0.91	0.91	0.91	0.91	0.90	0.90	0.90	0.90	0.90	0.89	0.89	0.89	0.89	0.88	0.88	0.88	0.88	0.88	0.87	0.87	0.87	0.87	0.86
−32	0.88	0.87	0.87	0.87	0.87	0.86	0.86	0.86	0.86	0.86	0.85	0.85	0.85	0.85	0.84	0.84	0.84	0.84	0.84	0.83	0.83	0.83	0.83	0.82	0.82	0.82
−33	0.84	0.84	0.83	0.83	0.83	0.83	0.83	0.82	0.82	0.82	0.82	0.82	0.81	0.81	0.81	0.81	0.81	0.80	0.80	0.80	0.80	0.79	0.79	0.79	0.79	0.79
−34	0.80	0.79	0.79	0.79	0.79	0.79	0.78	0.78	0.78	0.78	0.78	0.77	0.77	0.77	0.77	0.77	0.76	0.76	0.76	0.76	0.76	0.75	0.75	0.75	0.75	0.75
−35	0.76	0.76	0.76	0.75	0.75	0.75	0.75	0.74	0.74	0.74	0.74	0.74	0.74	0.73	0.73	0.73	0.73	0.72	0.72	0.72	0.72	0.72	0.71	0.71	0.71	0.71
−36	0.72	0.72	0.72	0.71	0.71	0.71	0.71	0.71	0.70	0.70	0.70	0.70	0.70	0.69	0.69	0.69	0.69	0.69	0.68	0.68	0.68	0.68	0.68	0.68	0.67	0.67
−37	0.68	0.68	0.68	0.68	0.67	0.67	0.67	0.67	0.67	0.67	0.66	0.66	0.66	0.66	0.66	0.65	0.65	0.65	0.65	0.65	0.64	0.64	0.64	0.64	0.64	0.64
−38	0.65	0.65	0.64	0.64	0.64	0.64	0.64	0.63	0.63	0.63	0.63	0.63	0.63	0.62	0.62	0.62	0.62	0.62	0.61	0.61	0.61	0.61	0.61	0.60	0.60	0.60
−39	0.61	0.61	0.61	0.61	0.61	0.60	0.60	0.60	0.60	0.60	0.59	0.59	0.59	0.59	0.59	0.59	0.58	0.58	0.58	0.58	0.58	0.58	0.57	0.57	0.57	0.57
−40	0.58	0.58	0.58	0.57	0.57	0.57	0.57	0.57	0.57	0.56	0.56	0.56	0.56	0.56	0.56	0.55	0.55	0.55	0.55	0.55	0.55	0.54	0.54	0.54	0.54	0.54

表 A-5　氨压缩机单位冷量耗电量定额（转速≥960r/min）

（单位：kW · h/10^6kJ）

氨压缩机			蒸发温度/℃（设计值）	月平均冷凝温度/℃												
				15	16	17	18	19	20	21	22	23	24	25	26	27
单级机			-10	3.38	40.32	41.80	43.35	44.97	46.62	48.18	49.78	51.42	53.14	54.94	56.56	58.25
单级机			-15	49.32	51.09	52.88	54.70	56.54	58.40	60.26	62.15	64.06	65.99	67.93	69.91	71.92
双级机组	高、低压缸容积比	1:2	-28	81.66	83.52	85.39	87.25	89.14	91.02	92.91	94.89	96.73	98.76	100.70	102.66	104.64
			-30	89.97	91.65	93.39	95.20	97.09	99.05	100.77	102.58	104.50	106.50	108.60	110.39	112.28
			-33	96.14	98.12	100.12	102.13	104.14	106.14	108.29	110.47	112.64	114.81	116.99	119.16	121.33
			-35	108.48	110.13	111.85	113.64	115.53	117.51	119.23	121.02	122.89	124.87	126.95	128.79	130.67
		1:3	-28	79.39	80.90	82.47	84.10	85.70	87.30	88.99	90.69	92.39	94.11	95.83	97.59	99.36
			-30	86.94	88.47	90.04	91.72	93.48	95.35	97.00	98.72	100.51	102.37	104.35	106.14	108.01
			-33	94.99	96.78	98.57	100.39	102.20	104.02	105.88	107.77	109.68	111.59	113.50	115.43	117.39
			-35	105.21	106.86	108.58	110.37	112.26	114.26	116.01	117.82	119.73	121.74	123.82	125.68	127.62

氨压缩机			蒸发温度/℃（设计值）	月平均冷凝温度/℃												
				28	29	30	31	32	33	34	35	36	37	38	39	40
单级机			-10	60.02	61.88	63.87	65.59	67.40	69.31	71.37	73.54	75.38	77.34	80.06	81.16	83.95
单级机			-15	73.95	76.00	78.08	80.23	82.34	84.67	86.96	89.28	91.65	94.06	96.49	98.95	101.77
双级机组	高、低压缸容积比	1:2	-28	106.62	108.63	110.63	112.78	114.86	116.94	119.02	121.12	123.36	125.61	127.85	130.10	132.35
			-30	114.26	116.32	118.49	120.33	122.29	124.34	126.52	128.81	130.77	132.80	134.90	137.10	139.51
			-33	123.53	125.73	127.93	130.31	132.70	135.09	137.48	139.87	142.33	144.79	147.25	149.71	152.17
			-35	132.63	134.69	136.91	138.82	140.78	142.83	144.98	147.18	149.18	151.26	153.41	155.61	158.02
		1:3	-28	101.15	102.94	104.73	106.51	108.41	110.25	112.11	113.98	115.94	117.89	119.85	121.81	123.77
			-30	109.94	111.97	114.12	115.96	117.85	119.81	121.86	124.06	126.02	128.05	130.15	132.35	134.64
			-33	119.35	121.31	123.27	125.35	127.45	129.55	131.65	133.75	135.88	138.01	140.13	142.28	144.43
			-35	129.62	131.72	133.94	135.95	138.03	140.18	142.42	144.79	146.89	149.09	151.40	153.84	156.47

表 A-6 部分食品焓值（一） （单位：kJ/kg）

温度/℃	牛肉、禽类	羊肉	猪肉	肉类副食品	去骨牛肉	瘦鱼	肥鱼	鱼块	鲜蛋
-25	-10.89	-10.89	-10.47	-11.72	-11.30	-12.14	-12.14	-12.56	-8.79
-20	0	0	0	0	0	0	0	0	0
-18	4.61	4.61	4.61	5.02	5.02	5.02	5.02	5.44	4.19
-16	10.05	9.63	9.63	10.89	10.47	10.89	10.89	11.30	8.37
-14	15.91	15.49	15.07	17.17	16.75	17.59	17.17	18.00	12.56
-12	22.19	21.77	21.35	24.28	23.45	24.70	24.28	25.54	17.59
-10	30.15	29.73	28.89	33.08	31.40	33.49	32.66	34.75	22.61
-8	39.36	38.52	37.26	43.12	41.03	43.54	42.29	45.64	28.47
-6	50.66	49.40	47.31	55.27	52.34	56.52	54.43	58.62	36.01
-4	66.15	64.48	61.13	72.85	69.08	74.11	71.18	77.46	47.73
-2	98.81	95.88	91.69	109.69	103.41	111.79	106.34	117.56	54.63
0	232.37	223.99	211.85	261.26	242.83	256.86	249.12	281.77	237.39
2	241.16	230.27	217.71	268.37	249.53	272.98	256.23	288.89	243.67
4	245.35	236.55	223.99	275.07	256.23	280.10	262.93	296.43	249.95
6	251.63	242.83	229.86	282.19	262.98	287.22	269.63	303.54	256.23
8	258.33	249.12	236.14	289.31	269.21	294.33	276.75	311.08	262.51
10	264.61	255.40	242.00	296.01	275.91	301.03	283.45	318.20	268.79
12	270.89	261.68	248.28	303.12	282.61	308.15	290.15	325.73	275.07
14	277.59	267.96	254.14	310.24	289.31	315.27	296.84	332.85	281.85
16	283.87	274.24	260.42	316.94	296.01	322.38	303.96	340.39	287.63
18	290.15	280.52	266.28	324.06	302.71	329.50	310.66	347.50	293.91
20	296.84	286.80	272.56	331.18	309.41	336.20	317.36	355.04	300.19
22	303.12	293.08	278.42	337.88	315.69	343.32	324.48	362.16	306.89
24	309.82	299.36	285.54	344.99	322.38	350.44	331.18	369.28	313.17
26	316.10	305.64	290.56	352.11	329.08	357.55	337.88	376.81	319.45
28	322.38	311.92	296.84	359.23	335.78	346.67	344.99	383.93	325.73
30	329.08	318.20	302.71	366.35	342.48	371.37	351.69	391.47	332.01
32	335.36	324.48	307.99	373.04	349.18	378.49	358.39	398.58	338.29
34	342.06	330.76	314.85	380.16	355.88	385.60	365.51	406.12	344.57
36	348.34	337.04	321.13	387.28	362.16	392.72	372.21	413.24	350.85
38	355.04	343.32	326.99	394.40	368.86	399.84	378.91	420.77	356.72
40	361.32	349.60	333.27	401.10	375.56	406.54	385.60	427.89	363.00

表 A-7 部分食品焓值（二） （单位：kJ/kg）

温度/℃	全脂牛奶	奶油	熟黄油	奶油冰激凌	牛奶冰激凌	葡萄、樱桃、杏	水果浆果	糖水果浆果	糖浆果
-25	-12.56	-9.21	-8.79	-16.33	-14.65	-17.17	-14.24	-17.59	-22.19
-20	0	0	0	0	0	0	0	0	0
-18	5.44	3.35	3.35	6.12	6.28	7.54	6.70	7.96	10.05
-16	11.30	7.12	7.12	15.49	13.40	15.91	13.40	16.75	20.93
-14	17.59	11.30	11.30	24.28	22.19	25.54	20.93	26.38	33.08
-12	25.12	15.91	15.91	34.75	33.08	35.17	29.73	36.84	46.89
-10	32.66	20.52	20.52	46.89	47.31	49.82	39.36	49.40	63.064
-8	42.29	25.96	25.96	62.38	65.31	66.57	51.50	64.90	85.83
-6	54.85	31.40	31.40	86.67	92.11	93.78	68.66	87.60	120.16
-4	73.69	36.84	36.84	131.88	138.58	149.05	104.21	135.23	169.98
-2	111.37	43.12	43.12	221.06	229.86	229.02	211.01	239.90	176.26
0	319.03	51.92	51.92	227.76	236.55	236.14	271.72	247.02	182.55
2	326.57	58.20	58.20	234.46	243.25	243.25	279.26	254.14	188.83
4	334.53	64.06	64.06	241.16	249.95	250.37	268.80	261.26	195.11
6	342.48	70.76	70.76	247.86	257.07	257.49	294.33	268.37	201.39
8	350.44	77.46	77.46	254.56	263.77	264.61	301.87	275.49	207.67
10	258.39	85.41	85.41	261.26	270.47	271.72	309.41	282.61	213.95
12	366.35	95.04	95.04	267.96	277.59	278.84	316.94	289.73	220.23
14	374.30	149.47	149.47	274.56	284.28	285.96	324.48	296.84	226.51
16	382.26	161.19	161.19	281.35	290.98	293.08	332.25	303.96	232.79
18	390.63	172.08	172.08	288.05	297.68	300.21	339.55	311.08	239.07
20	398.58	182.55	182.55	294.75	304.38	307.31	347.09	318.20	245.35
22	406.54	192.17	192.17	301.45	311.08	314.43	354.62	325.31	251.63
24	414.49	200.55	200.55	308.15	317.78	321.55	362.16	332.46	257.91
26	422.45	208.50	208.50	314.85	324.90	328.66	369.69	339.55	264.19
28	430.40	215.62	215.62	321.55	331.60	335.78	377.23	346.67	270.47
30	438.36	222.74	222.74	328.25	338.29	342.90	384.77	353.79	276.75
32	445.89	230.27	230.27	334.94	344.09	350.02	392.30	360.90	283.03
34	453.85	237.39	237.39	341.64	351.69	357.13	399.84	368.02	289.31
36	461.80	243.25	243.25	348.34	358.81	364.25	407.38	375.14	295.59
38	469.76	248.70	248.70	355.04	365.51	371.37	414.91	382.26	301.87
40	477.30	253.72	253.72	361.74	372.21	378.49	422.45	389.37	308.15

附录B 单元练习参考答案

单元一 冷库的总体认识

一、填空题（将正确答案填写在横线上）

1. 冷却、冻结、冷藏。

2. 冷却物冷藏库、冻结物冷藏库。

3. 地坪冷桥、管道冷桥、库门冷桥、吊装螺栓冷桥。

4. 地坪架空、地坪隔热层下部埋设通风管道、对地坪预热。

5. 聚氨酯库板、聚苯乙烯库板。

二、单项选择题（在每小题的四个选项中，选出一个正确的，并将正确答案的序号填写在括号内）

1. B　2. C　3. A　4. D　5. B

三、判断题（正确的在括号内画"√"，错误的画"×"）

1. √　2. ×　3. ×　4. ×　5. √

四、简答题

1. 答：土建式冷库的基础与地坪结构由上至下依次由以下部分构成：

钢筋混凝土面层、防水层、隔热层、隔气层、混凝土基层、防冻胀通风管道、砂垫层或煤渣混凝土层。

2. 答：冷库的库板之间均采用加硬钢铁制成的偏心拉力锁扣（偏心钩和槽钩钢板）互相扣紧，此偏心拉力锁扣由精确定位的钩形锁臂及一条钢轴组成，确保库体结构更加坚固耐用，库板接合处为凹凸接口，并有密封胶边（海绵胶带密封），确保库体密封，以防漏冷。

单元二 冷库制冷系统的认识

一、填空题（将正确答案填写在横线上）

1. 设备布置、管道配置、供液方式。

2. 上进下出式、分液器或在配管。

3. 储液器。

4. 下进上出。

5. 高压高温气体、高压液体。

二、单项选择题（在每小题的四个选项中，选出一个正确的，并将正确答案的序号填写在括号内）

1. B　2. D　3. C　4. D　5. B

三、判断题（正确的在括号内画"√"，错误的画"×"）

1. ×　2. ×　3. √　4. ×　5. √

四、简答题

1. 答：在氟利昂制冷系统中普遍应用回热循环的作用是：

首先，能使膨胀前的制冷剂具有较大过冷度，膨胀阀前后生成的闪发气体多少与阀前后的温差有关，温差越小，则节流损失也越少，闪发气体也越少。其次，闪发气体多少也影响库温的稳定性，闪发气体多，流经膨胀阀的制冷剂流量时多时少不稳定，膨胀阀后分液器内配液也难以均匀，将使蒸发温度不稳定，造成库温的波动。第三，未蒸发的制冷剂液体在回热器中同液体进行热交换，得到完全蒸发并形成一定的过热度，可避免压缩机的液击。

2. 答：确定制冷系统压缩级数的主要根据是压力比值：

选用活塞式氨压缩机时，当冷凝压力与蒸发压力的比值小于或等于 8 时，应采用单级压缩。氟系统当冷凝压力与蒸发压力的比值小于或等于 10 时，采用单级压缩。

当冷库制冷系统的冷凝压力与蒸发压力的比值超出单级压缩要求，如氨系统冷凝压力与蒸发压力的比值大于 8，氟系统冷凝压力与蒸发压力的比值大于 10 时，就应考虑采用双级压缩形式。

单元三　冷库控制系统与能量调节的认识

一、填空题（将正确答案填写在横线上）

1. 液压泵出口、曲轴箱。

2. 吸气压力、排气压力。

3. 断相、电流过负荷。

4. 1. 8。

5. 抽气电磁阀、氨泵起动接触器、压差控制器。

二、单项选择题（在每小题的四个选项中，选出一个正确的，并将正确答案的序号填写在括号内）

1. D　　2. D　　3. C　　4. A　　5. C

三、判断题（正确的在括号内画“√”，错误的画“×”）

1. √　　2. ×　　3. √　　4. ×　　5. √

四、简答题

1. 答：压缩机控制回路的工作原理：

当同时满足以下两个条件时：①压缩机延时时间超过设定延时（一般设置 3min）；②非化霜状态下库温≥设定开机温度时或强制制冷时，温控器内制冷触点 BT1 闭合，若外接热继电器、压力控制器和电动机综合保护器的常闭触点正常，压缩机控制回路才得电通电，让压缩机起动运行，制冷指示灯 HL2 点亮。当满足下列条件之一时，温控器内制冷触点 BT1 断开，压缩机停止工作，制冷指示灯 HL2 灭：①自动/手动开关 SA 置于中间位置；②在自动运行状态下，库温≤设定停机温度时或电热化霜开始时或强制制冷结束时。或者因热继电器过热保护、压力控制器过压力保护、电动机综合保护器保护，使其中的常闭触点之一断开，压缩机也会失电停机。

2. 答：压缩机能量调节和库温调节原理：

采用微机温控器 14 进行能量调节，当库房温度下降到微机温控器 14 调定值的下限时，控制器上微动开关的电触点断开，切断压缩机控制电路，使压缩机停机。当库房温度回升到微机温控器 14 调定值的上限时，控制器上微动开关的电触点接通控制电路，使压缩机通电正常运行。

单元四　冷库制冷设备的安装

一、填空题（将正确答案填写在横线上）

1. 砌体结构或钢筋混凝土的块型。

2. 水冷式冷凝器、水泵、冷却塔。

3. 换热管、筒壳内、换热器。

4. 8ASJ10。

5. 500mm。

6. 回气集管、供液集管。

7. 100mm、5%。

二、单项选择题（在每小题的四个选项中，选出一个正确的，并将正确答案的序号填写在括号内）

1. B　2. D　3. A　4. C　5. B　6. C　7. B

三、判断题（正确的在括号内画“√”，错误的画“×”）

1. √　2. √　3. ×　4. √　5. ×　6. √　7. √

四、简答题

1. 答：经过初平与精平两次水平调整，使设备达到水平状态，其目的是：①保持机组稳定及重心作用力的平衡，防止变形且较少运转中的振动；②减少机组的磨损和动力消耗；③保证机组的正常润滑和正常运转。

2. 答：吊顶式冷风机根据用途分为三类：①DDKLL 型用于库温为 0℃左右的冷却物冷藏间；②DDKLD 型用于库温为-18℃左右的冻结物冷藏间；③DDKLJ 型用于库温为-25℃或低于-25℃的冻结间。

3. 答：冷风机安装完毕后应进行试压、试水和试验风机。当冷风机安装结束后应用 1.6MPa 的压缩空气试压检漏，试压合格后进行试水。试水时要求淋水盘喷淋均匀，下水畅通，冷风机各连接处不漏水，承水盘的排水通畅，不积水。试验风机前应先检查叶轮与机壳有无碰撞情况，并向风机轴承注油，做好试机前的准备。在风机运转时，要求主体不产生抖动，无异常杂音，电动机的电流和温升正常，润滑部件温度符合要求，出风均匀。待风机调试正常后，在冷风机出风口预留螺孔上装上导风板，并根据风量分布要求调整好导风板的安装角度。

单元五　冷库辅助设备的安装

一、填空题（将正确答案填写在横线上）

1. 储氨器、储氨器的容积为 5.0m^3、安装方式为卧式。

2. 液相连通管和气相连通管。

3. 氨泵气蚀。

4. 入口直径为 40mm、扬程为 30mH_2O、屏蔽电泵、卧式。

5. 不凝性气体（主要是空气）、制冷剂。

二、单项选择题（在每小题的四个选项中，选出一个正确的，并将正确答案的序号填写在括号内）

1. D　2. A　3. A　4. D　5. C

三、判断题（正确的在括号内画“√”，错误的画“×”）

1. √　2. √　3. ×　4. ×　5. ×

四、简答题

1. 答：辅助设备的种类很多，按照它们的作用，基本上可以分为两大类：一是维持制冷循环正常工作的设备，如两级压缩的中间冷却器等；二是改善运行指标及运行条件的设备，如油分离器、集油器、氨液分离器、空气分离器，以及各种储液器等。

2. 答：制冷系统在运行时，由于在充灌制冷工质前系统中有残留空气、添油及充入制冷工质时有空气侵入、检修压缩机时机腔内残留空气、蒸发压力低于大气压时空气经不严密处渗入等原因，制冷系统中往往会混有空气和其他不凝性气体，这些气体一般集中在冷凝器、高压储液器、低压循环储液器或中间冷却器中。

单元六　装配式冷库的安装

一、填空题（将正确答案填写在横线上）

1. 2mm。

2. 24V。

3. 气液分离器、制冷剂液体、油分离器、润滑油。

4. 300~500mm，300~500mm。

5. 300mm。

6. 水封、热空气。

7. 冷桥、保温。

二、单项选择题（在每小题的四个选项中，选出一个正确的，并将正确答案的序号填写在括号内）

1. C　2. B　3. A　4. A　5. C　6. A　7. A

三、判断题（正确的在括号内画“√”，错误的画“×”）

1. ×　2. √　3. √　4. √　5. √　6. ×　7. ×

四、简答题

1. 答：在做冷库基础时，要使基础留有一定坡度，不能太斜，仅供出水即可。然后找平，组装冷库前在基础上铺垫30~50mm的木板或槽钢。这样做一方面可防止水对库底的侵蚀，另一方面可减缓冷库底部对外传热。

2. 答：机组中压缩机安装螺栓配有专用减振弹簧（或橡胶垫），已起到良好的减振效果，制冷机组整机安装时一般不需要再加减振，只需要一个坚实的混凝土浇筑机台或地面。特殊情况如需加减振（如机组安装在屋顶，防止振动产生噪声传入室内），用户可根据需要在机架与楼面之间配置合适的橡胶隔振垫或采取相应的减振措施。

3. 答：在冷凝器或储液器至蒸发器的液体管道上，由于安装有干燥器、过滤器、电磁阀等附件，致使产生膨胀阀前压力损失和供液到高处的静液柱压力损失，且管外浸入的热量使制冷剂温度上升，如以上因素超过制冷剂的过冷度时，将会出现闪发气体，造成膨胀阀的供液量不足，从而降低制冷能力。为防止产生闪发气体，应在制冷系统中设置气液热交换器，使膨胀阀前的液体制冷剂得到一定的过冷。

单元七　冷库制冷系统的调试

一、填空题（将正确答案填写在横线上）

1. 污物和机械杂质、正常流动、制冷能力。

2. 吹污工作、气密性试验、制冷剂大量泄漏。

3. 压力试漏、真空试漏、充液试漏。

4. 各部件的装配情况、传动机构和轴封部分、必要的磨合。

5. 拆卸检查、空车、空气负荷、带制冷剂负荷。

二、单项选择题（在每小题的四个选项中，选出一个正确的，并将正确答案的序号填写在括号内）

1. A　　2. B　　3. A　　4. D　　5. C

三、判断题（正确的在括号内划"√"，错误的划"×"）

1. √　　2. ×　　3. ×　　4. √　　5. √）

四、简答题

1. 答：在制冷系统吹污工作合格后，还必须对整个制冷系统进行气密性试验。制冷剂具有很强的渗透性，制冷系统稍有不严密处，就会造成制冷剂大量泄漏，影响系统的正常工作。同时，有的制冷剂还带有毒性，泄漏后对人体有害。例如，氨有毒，泄漏后对人体有严重危害。氟利昂虽无毒，但泄漏量在空气中超过30%（体积分数）时，也会导致人员窒息休克。另外，如有空气渗入系统，会导致制冷系统工作不正常。

因此，制冷系统应有良好的气密性能。吹污工作完成后，必须对制冷系统进行认真、细致的气密性试验，以检查系统安装质量，检查系统在压力状态下的密封性能是否良好。

2. 答：制冷压缩机调试，一般要经过拆卸检查、空车、空气负荷和带制冷剂负荷四个阶段的检查。通过拆卸，可以检查主要零件是否存在制造缺陷。通过三次逐渐加载递进的试车，可以检查零部件的装配质量，使相对运动的零部件得到磨合，各摩擦件间的配合密闭性、摩擦面的表面质量得到进一步提高，并确认油压是否满足机器正常运转的需要、能量调节装置是否正常。

单元八　冷库制冷系统的运行调节

一、填空题（将正确答案填写在横线上）

1. 降温速度、土建结构、遭受破坏。

2. 安全运行、经济性、使用期限。

3. 安全运行、机器工作温度、冷凝压力。

4. 下降，能耗增大；升高；安全、正常运行。

5. 运行状况，压力和温度，安全、高效、经济。

6. 运行工况参数，安全、经济，功耗少、制冷量大、效率高。

二、单项选择题（在每小题的四个选项中，选出一个正确的，并将正确答案的序号填写在括号内）

1. B　2. A　3. A　4. D　5. C　6. D　7. B

三、判断题（正确的在括号内画“√”，错误的画“×”）

1. √　2. √　3. ×　4. √　5. ×　6. √　7. √

四、简答题

1. 答：1）冷库缓慢降温，有利于建筑工程的水分向外排泄，使库房土建结构中所含的游离水分在降温过程中逐渐挥发出来，达到一定的干燥程度，防止建筑物在水分过高的时候结冰，避免土建结构在低温时因水分冻结而遭到破坏，减少冷库的安全隐患。

2）从库房起始温度降至设计温度的最初阶段，是防止冷库外墙结构遭受破坏的一个关键阶段。若温度下降太快，会严重损害外墙结构。这是因为当库房温度急剧下降时，较热的外墙材料骤然遇冷而收缩的缘故。为防止和减少这种冷缩现象对冷库外墙的影响，必须缓慢降温，使库房温度逐渐降至设计温度。

3）冷库各楼层、各房间的降温应同时进行，使主体结构的温度应力及干缩率保持均衡，避免建筑物产生裂缝。

2. 答：在冷库制冷系统实际运行中，影响运行工况参数的因素是不断变化的。例如，随着环境温度、被冷却物体温度、机器设备的能力、冷却水温度等不断变化，运行工况参数也将发生相应的变化，从而与设计的参数值有偏差。因此，实际运行时的参数不可能与设计计算的数值完全相同，需要实时调整。

制冷系统的运行调节，就是要控制各个运行工况参数，使制冷系统在安全、经济的条件下运行，以达到功耗少、制冷量大、效率高，并确保安全运行的目的。

单元九　冷库制冷装置的日常维护

一、填空题（将正确答案填写在横线上）

1. 低压系统或曲轴箱内；空气；阀门；轴封。
2. 排气压力、排气温度、有爆炸的危险。
3. 系统、金属材料的腐蚀、润滑油的氧化。
4. 高压区、制冷系统、冷凝器和储液器。
5. 70~150、受热、变成蒸气。
6. 冷凝器、热阻、传热系数。

二、单项选择题（在每小题的四个选项中，选出一个正确的，并将正确答案的序号填写在括号内）

1. B　2. A　3. A　4. C　5. A　6. A　7. C

三、判断题（正确的在括号内画“√”，错误的画“×”）

1. √　2. √　3. ×　4. √　5. √　6. ×　7. ×

四、简答题

1. 答：制冷系统中混有空气及不凝性气体时，会出现如下现象（征兆）。

1）排气压力表指针剧烈摆动，而且摆动幅度较大、速度较慢（即使系统中不含有空气，如果排气量不连续，表针也会摆动，但摆幅小、速度快）。

2）制冷压缩机的排气压力和排气温度都高于正常值。经合理操作调整后，此现象无明显改善。

3）冷凝器内压力高于该冷凝温度所对应的饱和压力，或者说，冷凝温度低于该冷凝器内压力所对应的饱和温度。在诸多现象中，冷凝压力变高是判断制冷系统是否混有空气的重要依据。

2. 答：

将冷凝器表压力换算成绝对压力 p，即

$$p=(1.156+0.098)\text{MPa}=1.254\text{MPa}$$

查氨温度与饱和压力对应表可知，当温度为 29℃时，$p_k=1.132\text{MPa}$（绝对压力），则空气质量分数为

$$g=\frac{1.254-1.132}{1.254}\times100\%=9.73\%$$

因上述三种现象同时出现，且 9.73%已大于 5%，可认为制冷系统中已混有空气，影响正常运行，应考虑实施放空气操作。

3. 答：在生产实践中，一般是根据企业的管理水平及设备运行状况，对可能积油的设备实行定期放油。或者是以系统运行中出现的有关迹象为依据，在排除其他原因的基础上，结合放油周期做出综合判断。

例如，某氨制冷系统运行过程中，发现冷凝温度和冷凝压力都偏高，从连续的记录来看，呈缓慢上升趋势，且制冷量下降。经查，冷凝负荷、冷却水均无变化，相关设备并无故障，而且已接近放油周期。因此，冷凝温度（压力）偏高，应是冷凝器积油到一定程度所致。考虑到油分离器在冷凝器之前，此时也应有一定量的积油。所以，应先对油分离器实施放油操作，后对冷凝器实施放油操作。

在制冷装置的维护管理中，要根据上述征兆做出综合分析，随时掌握系统各相关设备的积油情况，及时将积油排出系统。

单元十　冷库制冷装置的运行维护

一、填空题（将正确答案填写在横线上）

1. 换热条件恶化、制冷量减小、制冷压缩机功耗增大。
2. 制冷剂、减弱、湿压缩事故。
3. 吸气过热度、气缸壁结霜或冲击安全盖、湿行程。
4. 节流阀、供液阀；过多；液体。
5. 吸气阀、液体、压缩机。

二、单项选择题（在每小题的四个选项中，选出一个正确的，并将正确答案的序号填写在括号内）

1. B　2. A　3. C　4. A　5. C　6. D　7. B

三、判断题（正确的在括号内画“√”，错误的画“×”）

1. √　2. √　3. ×　4. ×　5. √

四、简答题

1. 答：在生产实践中，一般是根据冷库的运行规律及设备运行状况，对冷库蒸发器实行定期融霜。或者是以蒸发器的结霜情况为依据，结合融霜周期，对是否需要实施融霜操作做出综合判断。其综合判断依据见下表。

序号	设备	判断依据	
		观察现象	除霜周期
1	蒸发器	表面70%以上结霜，且霜层较厚，翅片间隙趋于堵塞	蒸发器连续运行10~12h，则应除霜
2	冷风机	通风量减少，风压差增大	
3	冷间	降温困难	
4	压缩机	吸气温度过低，机头结霜	
5	膨胀阀	开度正常	

例如，在某冷库氨制冷系统运行过程中，冷间降温逐渐困难。观察到蒸发器表面80%以上已结霜，霜层很厚，翅片间隙趋于堵塞，冷风机通风量减少，压缩机吸气温度过低，机头结霜明显。经查，制冷系统的膨胀阀开度正常，制冷负荷、冷却水均无明显变化，相关设备并无故障。从连续的记录来看，该蒸发器已连续运行了8h，接近融霜周期。因此，应考虑对该蒸发器实施融霜操作。

2. 答：在制冷系统的运行管理中，为了防止压缩机湿行程的发生，应重点关注一些操作环节。如应随时观察氨液分离器（低压循环储液器）和中间冷却器等容器的液面高度，蒸发器结霜厚度，以及库房内热负荷的变化情况，及时调整节流阀、供液阀的开度。只要操作人员具有高度的责任心，正确调整低压循环储液器、氨液分离器和中间冷却器等容器的液面，慎重调节吸气阀，如有异常，立即关小吸气阀和供液阀，就能有效防止湿行程的发生。

氨制冷系统湿行程常见的预防措施见下表。

序号	应重点关注的环节	应及时调整的措施
1	节流阀开启是否过大	关小或关闭节流阀
2	氨液分离器（低压循环储液器）液面是否过高	调整节流阀，排液或停止供液。液面高度一般在30%~40%，最高不得超过50%
3	中间冷却器液面是否过高	停止供液，液位高度通常为50%
4	压缩机吸气阀是否开得过大	关小或关闭吸气阀，处理完毕后再缓慢打开
5	库房内热负荷是否突然增大	冷库出入货物通知机房操作人员，以做出相应的调整
6	系统冲霜后，是否过快打开回气阀	关闭回气阀，处理后再缓慢打开
7	放空气节流阀开启是否过大	关小放空气节流阀
8	压缩机能量输出是否过大	调配压缩机容量
9	系统中制冷剂是否过多	排除多余的制冷剂
10	蒸发器积油是否过多	排放积油

单元十一　冷库制冷装置的检修

一、填空题（将正确答案填写在横线上）

1. 气阀组件、活塞连杆组件、曲轴。
2. 与原动机分装、密封性较差、工质易泄漏。
3. 剖分式、整体式。
4. 刚性好、结构简单、高速多缸。

5. 运行调节、库房管理、机器设备磨损。

6. 太少、下降、增大。

7. 偏大、升高、减小、增大。

8. 较厚、较多、传热效果下降。

9. 升高、增大、下降、降低。

二、单项选择题（在每小题的四个选项中，选出一个正确的，并将正确答案的序号填写在括号内）

1. A　2. B　3. A　4. B　5. C　6. A　7. C　8. D　9. D　10. A

三、判断题（正确的在括号内画"√"，错误的画"×"）

1. ×　2. √　3. √　4. √　5. √　6. √　7. √　8. ×

四、简答题

1. 答：1）在制冷压缩机拆卸全过程中，必须严格遵守各项检修和安全操作规程，落实各项安全措施。

2）拆卸前，必须关闭所有与压缩机相关联的外管阀门，挂牌警示。一定要打开压缩机放空阀，接通大气，确保将吸排气腔、曲轴箱和气缸内的气压卸为常压后，才能开始进行下一步的拆卸工作。

3）拆卸前，必须可靠地切断压缩机的所有电源，挂牌警示，并有专人监护，禁止合闸。

4）工作环境应保持良好通风，防止制冷剂浓度超标；拆卸过程中应用安全行灯照明。

5）检修及盘车应相互监护，以免发生人身或设备事故；拆卸吸、排气阀盖及气缸盖时，应对称留两个螺母，用螺钉旋具将压盖撬起检查，确认缸内已卸为常压后再将螺母全部卸去。

6）在处理临时故障时，应待气缸温度降至60℃以下，方可拆卸气缸上的部件，否则，因润滑油的高温汽化，可能会引起气缸着火爆炸事故。

2. 答：在开始装配之前，应根据标记和编号，将所有的零部件按装配顺序、分类排列整齐，并清点数目，各种工、量具也应分类排列整齐。准备好各种易损件，如所需的垫圈、挡销、密封垫片和填料等。再次进行安全检查，确保与压缩机连接的阀门和电源都处于关闭、切断状态；确保曲轴箱内不存在异物。

3. 答：冷库氨制冷系统蒸发压力（温度）过高和过低故障的原因分析及排除方法见下表。

故障情况	原因分析	排除方法
蒸发压力（温度）过高	1）压缩机制冷量小于冷间热负荷 2）压缩机高、低压腔窜气，如阀片、活塞环泄漏，旁通阀漏气等 3）系统供液量过多 4）冷藏间进货量过多，超过允许的热负荷 5）能量调节装置失灵 6）压缩机工作能力减退 7）库房防气隔热层损坏或受潮	1）增加压缩机运行台数或减少冷间热负荷 2）检修压缩机 3）适当关小膨胀阀 4）适当控制进货量 5）检查修理 6）检修压缩机 7）检修防气隔热层

（续）

故障情况	原因分析	排除方法
蒸发压力（温度）过低	1）调节阀开启过小或阻塞，供液不足 2）供液管堵塞，或阀头掉下卡住 3）蒸发器排管内、外表面有油污或霜层太厚 4）氨液分离器下液管油污太多，下液管阻塞 5）系统内制冷剂（氨液）不足 6）盐水池内盐水浓度不够，蒸发器外表面结冰 7）压缩机制冷量大于冷间热负荷，或蒸发面积过小 8）供液管道中有"气囊"	1）开大膨胀阀，或检修 2）检查管路、阀门，并进行修理 3）清扫排管表面，并进行热氨融霜 4）及时放油，清除油污 5）补充制冷剂（氨液） 6）检查盐水浓度，加盐使之达到要求的浓度 7）减少压缩机制冷量或运行台数，调整蒸发器的配合比 8）采取措施排除（如利用旁通管抽除）

4. 答：特征症状：

1）蒸发压力和蒸发温度偏高。

2）制冷压缩机的吸气温度偏低，回气过潮（湿），吸气阀结霜，排气温度偏低。

验证排查方法：

1）初始阶段制冷量较大，但温度降到一定程度以后，再继续降温就非常困难。

2）关小供液节流阀：观察蒸发压力和蒸发温度是否下降。

是，则原因成立。

5. 答：特征症状：

1）蒸发压力和蒸发温度偏高。

2）压缩机吸气压力偏高而排气压力偏低。

3）压缩机吸、排气压差较小。

4）旁通阀、回油阀与吸气端相连的一侧是热的。

验证排查方法：

1）转换或增加压缩机运行台数，情况明显改善。

2）在制冷压缩机正常运转时，先关闭吸气阀，等油压降低至报警，停机，关闭排气阀。观察排气与吸气之间的压力平衡所需的时间。

是，则原因成立。压力平衡所需的时间为15min时，为严重窜气应该立即修理；时间为40min~1h时，为一般窜气。

单元十二　冷库的安全及能耗管理

一、填空题（将正确答案填写在横线上）

1. 安全阀、压力及压差控制器、熔塞。

2. 1m、泄压管畅通。

3. 高压排气管、出液管。

4. 单位冷量耗电量、单位产品耗冷量、单位产品耗电量。

5. 单位产品耗冷量。

二、单项选择题（在每小题的四个选项中，选出一个正确的，并将正确答案的序号填写在括号内）

1. C　　2. A　　3. B　　4. D　　5. A

三、判断题（正确的在括号内画“√”，错误的画“×”）

1. ×　　2. √　　3. √　　4. ×　　5. ×

四、简答题

1. 答：在满液情况下关闭管道和设备的进出口截止阀时，因吸收外界热量，液态制冷剂会产生体积膨胀而使管道或设备引起爆裂事故，通常称为“液爆”。有液态制冷剂的管道和设备，严禁同时将两端阀门关闭，若供液管、排液管、液体调节站等管道的两端阀门关闭，则应在关闭前进行适当的抽空处理。

2. 答：1）采用新型隔热材料，增加冷库围护结构的保温性能，减少冷量损失，以减少能耗。

2）设计建造大容量单体冷库，大容量单体冷库的外表面比相同容量的多间小冷藏间的冷库要小。

3）在允许的条件下，应尽量采用单机双级制冷压缩机。

4）用微机对制冷系统或制冷装置实行自动控制管理。

5）尽量提高蒸发温度。

6）尽量降低冷凝温度以减少能耗。

7）提高操作管理人员的节能意识，使其精心操作，加强对冷库的管理，减少冷耗。

8）利用制冷装置的废热与余冷。

参考文献

[1] 王一农，高润海．冷库工程施工与运行管理［M］．2版．北京：机械工业出版社，2011.

[2] 陈福祥．制冷空调装置操作安装与维修［M］．北京：机械工业出版社，2015.

[3] 余华明．冷库及冷藏技术［M］．北京：人民邮电出版社，2003.

[4] 李敏．冷库制冷工艺设计［M］．北京：机械工业出版社，2009.

[5] 张建一，李莉．制冷空调装置节能原理与技术［M］．北京：机械工业出版社，2007.

[6] 劳动和社会保障部教材办公室．冷库技术［M］．北京：中国劳动社会保障出版社，2008.

[7] 姜周曙．制冷空调自动化［M］．西安：西安电子科技大学出版社，2009.